원헬스로 여는
수의정책
콘서트

ONE HEALTH · ONE WELFARE

원헬스로 여는 수의정책 콘서트

김용상 지음

수의정책으로 풀어 쓴
사람 · 동물 · 환경의 지속 가능한 공존 이야기

BnCworld

| 머리말 |

2020년 11월 출간한 국내 최초의 수의정책 안내서인 『수의정책 콘서트』는 저에게 많은 보람과 자부심을 가져다 주었습니다. 주변의 격려도 많았습니다. 이러한 보람과 격려는 저에게 또 한 번의 용기를 내게 했고 그 결과물이 바로 이 책 『원헬스로 여는 수의정책 콘서트』입니다. 수의정책에 관한 객관적 사실을 전달하고 소개하는 것에 중점을 두었던 『수의정책 콘서트』와는 달리, 현재 또는 앞으로 다가올 구체적 수의 사안 등에 대한 저의 개인적 분석과 의견을 중심으로 좀 더 생생한 수의정책 콘서트를 하고 싶었습니다. 34년이 넘게 수의 공직자로서 겪은 수의 정책에 관한 경험과 지식을 온전히 담았습니다. 공직 생활을 마무리하는 시점에서 수의업계, 나아가 국민에 조금이나마 기여하고 싶었습니다.

원헬스 개념은 코로나19 팬데믹과 같은 전 세계적 위기 속에서 더욱 절실히 다가왔습니다. 코로나19는 인간과 동물, 환경 간의 상호작용이 얼마나 중요한지를 여실히 드러냈습니다. 야생동물에서 인간으로 전염된 바이러스가 어떻게 전 세계로 확산되어 수많은 생명을 위협했는지를 우리는 직접 목격했습니다. 이와 같은 상황에서 수의학과 수의정책은 더 이상 선택이 아닌 필수 요소가 되었습니다. 이 책은 이러한 상황에 대한 제 고민과 연구의 결과물이며, 미래의 수의정책이 나아가야 할 방향에 대한 제안합니다.

수의정책은 최근 사회적, 경제적, 국제적 측면에서 영향력이 급속히 커지고 있습니다. 사람과 동물의 건강과 복지 문제만이 아니라 가난, 기아, 기후변화 등 전 지구적 문제에도 중요한 역할을 합니다. 이러한 수의정책에 대한 올바른 이해, 합리적 접근 기술, 충분한 실행능력 등은 수의정책 관계자에게 필수적입니다. 정책 과정에 대한 올바른 인식이 있어야 올바른 수의정책을 수립할 수 있기 때문입니다.

1990년, 수의직 공무원으로 사회생활을 시작한 저는 지금까지 수의정책을 다루면서 항상 고민이 많았습니다. 주된 고민은 과연 국가 정책에 대한 올바른 인식이 있는지, 정책 과정에 관한 적절한 기술적 · 행정적 지식이 있는지, 정책을 수립하고 실행할 개인적 역량이 있는지, 현장에서 정책이 제대로 시행되는지를 어떻게 알 수 있는지, 그리고 이해관계자로부터 정책 성과에 대한 객관적인 평가를 어떻게 받을 수 있는지 등에 관한 것이었습니다.

저는 이 책에서 정책이란 무엇이고, 정책의 구성 요소는 무엇이고, 정책은 어떻게 수립되고 시행되고 평가되어야 정책 당국이 원하는 최적의 정책이 될 수 있는지를 모든 정책 과정을 통해 살펴보았습니다.

이 책은 수의 의료, 동물위생, 수의공중보건, 동물복지, 원헬스, 기후변화 등 수의와 관련된 모든 분야의 정부 정책을 다룹니다. 넓게 보면, 수의정책을 통해 바라본 사람, 동물, 그리고 이들이 살아가는 환경의 지속 가능한 공존에 관한 이야기입니다. 우리나라, 선진국, 국제기구, 주요 연구자, 시민단체 등이 제시하는 수의정책 사안을 중심으로 이야기를 풀었습니다.

이 책은 수의 분야를 둘러싼 구체적인 정책 사안을 짚어보고, 이에 관한 바람직한 정책 방안과 그 근거를 제시합니다. 최적의 정책 성과를 달성하는 데 부딪치는 장애 요인과 이에 대한 극복 방안을 다룹니다. 특히, 저는 3가지 방향에 중점을 두고 수의 정책을 논하였습니다. 첫째는 차단방역, HACCP 등 문제 발생을 사전에 차단하는 '예방적 접근'입니다. 둘째는, 위험분석, 연구 결과 등에 근거하여 정책 방안을 설정하는 '과학적 접근'입니다. 그리고 셋째는, 인센티브 제공, 이해관계자 참여 보장 등을 통해 모든 이해관계자가 참여하고 협력하는 '총체적 접근'입니다. 즉, 원헬스 접근방식을 중심으로 수의정책을 살펴보았습니다.

이 책을 쓰면서 저는 수의정책과 관련된 국내외 민관 기관, 학자, 전문가 등의 수많은 과학적 자료, 학술 논문, 기고문 등을 인용하였고 참고했습니다. 더불어 독자들이 추가적인 지적 욕구 및 이해를 충족할 수 있도록 각주 및 미주를 통해 책 내용의 객관성과 투명성을 최대한 담보하기 위해 노력하였습니다.

이 책을 쓰는 데 3년이 넘는 오랜 시간이 소요되었습니다. 저는 독자들이 이 책을 통해 수의정책이 우리의 일상생활과 얼마나 밀접하게 연관되어 있는지, 수의정책은 어떠한 정책 과정을 거쳐야 하는지 등을 알 수 있기 바랍니다. 수의정책은 공중보건, 농업, 생태계 관리 등 여러 분야에서 중요한 역할을 합니다. 우리는 매일 식탁에서 먹는 음식, 애완동물과의 상호작용, 주변 환경의 변화 속에서 수의정책의 영향을 받고 있습니다. 이 책은 수의정책이 어떤 방식으로 우리의 삶에 영향을 미치는지를 설명하고, 더 나아가 수의정책에 적극적으로 참여할 수 있도록 돕고자 합니다.

이 책이 출간될 수 있는 것은 이병용, 강호성, 박성대 수의사 등 많은 분들의 도움 덕분입니다. 동물과 사람의 건강, 나아가 원헬스를 위해 수의정책 현장에서 수고하시는 모든 분들께 경의를 표합니다. 이 책을 출판해 준 비앤씨월드에도 감사드립니다. 이 책을 읽어 주시는 독자 여러분께 진심으로 감사드립니다. 여러분의 관심과 참여가 원헬스의 실현을 앞당길 것입니다.

마지막으로 언제나 삶에 있어 원동력이자 버팀목이 되어준 아내 이성원, 아들 김일중, 딸 김세정에게 많이 고맙고 사랑한다고 말하고 싶습니다. 저의 형제인 김용연, 김용환, 김미라에게도 같은 마음입니다. 그리고 가족을 위해 한 평생 희생하시고 헌신하신, 하늘에 계신 아버지와 84세의 연세에 지금도 시골 논밭에서 일하시는, 사랑하는 어머니께 이 책을 올립니다.

• 2024년 10월 세종에서 **김용상**

| 추천글 |

수의학은 사람과 동물의 생명과 건강을 지키는 학문이다. 이 책은 날로 그 중요성이 증대되고 있는 수의정책에 대해 저자가 경험한 분야별 체험서이다. 수의정책 관련자, 수의과대학생, 보건산업 관련자에게 적극 추천한다.

• **정병곤**(한국동물약품협회장)

나는 저자와 40년 넘게 교류해왔다. 저자는 그간 과학적 지식과 합리적 사고를 바탕으로 올곧은 정책을 수립하고 추진함으로써 수의 산업계로부터 많은 인정과 지지를 받았다. 이 책을 통해 저자의 축적된 지식과 경험을 공유할 수 있어 매우 기쁘다.

• **송치용**(한국가금수의사회장)

저자는 2020년『수의정책 콘서트』에 이어 이번에『원헬스로 여는 수의정책 콘서트』를 출간하였다. 수의분야에 있어 정책에 관한 책은 이들 밖에 없다. 이번 책은 수의 분야가 앞으로 나아가야 할 방향에 관한 교과서라 할 수 있다.

• **김태융**(대한수의사회 동물보건의료정책연구원장)

저자는 또 한 번 멋진 성과를 이뤄냈다. 이번 책은 수의정책에 관해 더욱 깊이 있고 풍부한 내용을 담고 있다. 수의정책의 바이블이라 할 수 있다. 공직생활을 마무리할 시점에 쓴 이 책은 저자가 동물보건업계에 주는 귀한 선물이다.

• **위성환**(가축위생방역지원본부장)

| 목차 |

PART 02 | 수의 정책 일반

PART 03 | 수의 의료 정책

PART 04 | 동물위생 정책

PART 05 | 수의공중보건 정책

PART 06 | 동물복지 정책

PART 07 | 원헬스 정책

PART 08 | 기후변화와 수의 정책

| 두문자어 및 약어 |

AMR	항생제 내성 (Antimicrobial Resistance)
APHIS	미국농무부 동식물위생검사청 (Animal and Plant Health Inspection Service)
ASF	아프리카돼지열병 (African Swine Fever)
AVMA	미국수의사회 (American Veterinary Association)
BSE	소해면상뇌증 (Bovine Spongiform Encephalopathy)
CDC	미국질병통제예방센터 (Centers for Disease Control and Prevention under the U.S. Department of Health and Human Services)
CFIA	캐나다식품검사청 (Canadian Food Inspection Agency)
CFR	연방법전 (Code of Federal Regulation)
Codex	국제식품규격위원회 (Codex Alimentarius Commission)
ELISA	효소연결면역흡착분석법 (Enzyme-Linked Immunosorbent Assay)
ESG	환경, 사회 및 지배구조 (Environment, Social and Governance)
EU	유럽연합 (European Unions)
EVA	유럽수의사회 (European Veterinary Association)
FAO	세계식량농업기구 (Food and Agriculture Organization of the United Nations)
FDA	미국식품의약품청 (Food and Drug Administration)
FMD	구제역 (Food and Mouth Disease)
FSIS	미국농무부 식품안전검사청 (USDA Food Safety Inspection Service)
FVE	유럽수의사회 (Federation of Veterinarians of Europe)
GAP	우수동물위생규범 (Good Animal (Hygienic) Practice)
GDP	국내총생산 (Gross Domestic Product)
GIS	지리정보시스템 (Geographic Information System)
GMO	유전자변형생물체 (Genetically Modified Organisms)
GMP	제조품질관리기준 (Good Manufacturing Practice)

GPS	위성항법장치 (Global Positioning System)
HACCP	위해요소중점관리기준 (Hazard Analysis and Critical Control Point)
HPAI	고병원성조류인플루엔자 (Highly Pathogenic Avian Influenza)
ILRI	국제축산연구소 (International Livestock Research Institute)
IMF	세계통화기금 (International Monetary Fund)
IPCC	기후변화에관한국가간협의체 (Intergovernmental Panel on Climate Change)
ISO	국제표준화기구 (International Standard Organization)
KAHIS	가축방역통합시스템 (Korea Animal Health Integrated System)
LSD	럼피스킨병 (Lumpy Skin Disease)
MERS	중동호흡기증후군 (Middle East Respiratory Syndrome)
NGO	비정부기구 (Non–Governmental Organization)
OECD	경제협력개발기구 (Organisation for Economic Cooperation and Development)
PCR	중합효소연쇄반응법 (Polymerase Chain Reaction)
PPP	공공–민간 파트너십 (Public–Private Partnership)
SARS	중증급성호흡기증후군 (Severe Acute Respiratory Syndrome)
SDG	지속가능발전목표 (Sustainable Development Goals)
SARS	중증급성호흡기증후군 (Severe Acute Respiratory Syndrome)
SOP	표준작업절차 (Standard Operating Procedures)
SPS 협정	위생 및 식물위생에 관한 협정 (Agreement on Sanitary and Phytosanitary Measures)
TAD	초국경동물질병 (Transboundary Animal Diseases)
UN	세계연합기구 (United Nations)
UNESCO	유엔아동기금 (United Nations Educational, Scientific and Cultural Organization)
UNEP	유엔환경계획 (United Nations Environment Programme)
USDA	미국농무부 (United States Departmet of Agriculture)
VICH	동물약품국제기술조정위원회 (Internation Cooperation on Harmonisation of Technical Requirements for the Registration of Veterinary Medicinal Products)
WHO	세계보건기구 (World Health Ogranization)
WOAH	세계동물보건기구 (World Organization for Animal Health)
WTO	세계무역기구 (World Trade Organixation)
WVA	세계수의사회 (World Veterinary Association)
WWF	세계야생동물기금 (World Wildlife Fund)

Part 01

정책 일반

| 01 | 정책에 대한 올바른 인식이 훌륭한 정책을 이끈다

1.1 사람 있는 곳에 정책도 있다

정책Policy[1]의 정의는 다양하다. 사전적으로는 '정부, 단체 및 개인이 정치적인 목적을 실현하거나 사회적인 문제를 해결하기 위하여 취하는 방법이나 수단'이다. 보통은 '정부 또는 공공 기관이 공적 목표, 즉 공익을 달성하기 위하여 마련한 장기적인 행동 지침'을 말한다. 이는 '공공문제를 해결하고자 정부에 의해 결정된 행동 방침'[2]이다.

인류 사회는 인류의 삶에 끊임없이 영향을 끼치는 다양한 사회적, 경제적, 정치적 성질의 현상 또는 문제를 가지고 있고, 이러한 문제는 빈곤, 실업, 범죄부터 의료 불평등, 평생 교육, 환경 보호까지 다양하며, 이는 모두 정책 대상, 즉 정책 사안이 된다. 정부가 정책을 마련하는 이유는 이들 현상 또는 문제를 체계적, 조직적으로 파악하고 다루기 위한 기본 틀을 제공하기 위해서이다.

정책은 정책 추진 조직이 다루어야 할 사항의 우선순위를 설정하고, 추진에 필요한 자원을 할당하고, 관련되는 다양한 추진 주체 간의 활동을 조정하는 데 도움이 된다.

정책은 공중보건 개선, 경제성장 촉진, 시민권 보호와 같은 특정 사회적 목표나 목적을 달성하기 위한 수단이다. 정책은 '공공재Public Goods'를 제공하여 '공공의 이익Public Interests' 달성을 추구한다. 정부 정책은 공공재의 제공과 공공의 이익을 모두 중요하게 고려한다.

정책은 환경 파괴, 독점과 같이 시장이 자원을 효율적으로 배분하지 못하

---

1 어원은 policy의 그리스어원 'polis'로서 원래 도시국가를 의미했다. 산스크리트어원인 'pur'는 도시를 의미한다. 이것이 후에 라틴어에 와서는 국가(politia)를 의미하는 것으로 변화되었다.

2 행정학사전에 따른 정의이다.

는 시장 실패 상황을 해결하는 데 도움이 된다. 이 경우 정부는 시장에 개입하여 실패 상황을 바로잡고 사회 전체에 이익이 되는 방식으로 자원을 할당할 수 있다.

최근에는 세계적으로 기업이나 조직의 지속 가능성을 평가하는 데 사용되는 세 가지 주요 기준인 '환경, 사회 및 지배구조ESG'가 강조되고 있다. 이러한 시대에 정부와 민간 간의 역할 분담과 정책 과정에 대한 올바른 이해는 정책의 성공과 실패를 예측하거나 평가하는 데 중요하다. 정부는 규제 권한과 법률을 집행할 수 있는 능력을 보유하고 있어 ESG 기준이 보편적으로 충족되도록 보장한다. 반면에 민간 부문은 혁신, 효율성 및 확장성을 ESG 활동에 도입하여 종종 규제 요건을 뛰어넘고, 경쟁 우위와 기업의 책임을 통해 업계 전반의 변화를 주도한다.

사람, 동물 및 환경의 건강에 관한 정책은 대부분 수의, 즉 동물보건 의료에 관한 정책과 밀접한 관련이 있다. 경제, 교육, 외교, 통상 등 수의와 관련이 없는 듯한 분야의 정책도 실상은 수의 분야에 직간접적으로 영향을 미친다. 정책이란 무엇인지, 어떻게 수립되고 실행되는지 등을 잘 아는 것은 수의 정책에 대한 올바른 접근 및 이해의 기초가 된다.

수의 정책 과정에 정책 당국은 수의 업계의 전문성과 관점을 적절히 고려해야 하며, 수의 업계는 정부 수의 정책에 부합되게 수의 서비스를 제공할 필요가 있다. 수의 정책에서 수의 업계는 정책의 대상이자 곧 주체이다.

1.2. 정책은 문제 해결을 위한 총체적 노력이다

정부 정책은 모든 사회에서 거버넌스의 중추 역할을 하며 사회 발전의 기반, 경제 번영의 촉진, 사회 정의 실현, 그리고 문화 발전의 촉진을 위한 청사진 역할을 한다. 이는 정부 정책이 사회의 전반적인 발전과 번영에서 핵심적이고 지침이 되는 역할을 한다는 것을 의미한다. 본질적으로 정부 정책은 통치 기관의 집단적 의지를 구현하고 통치하는 국가의 가치, 우선순위, 열망을 반영한다.

정부 정책은 사회가 직면한 다양한 문제와 과제를 해결하기 위해 고안된 다각적인 수단이다. 이러한 문제에는 경제적 불안, 사회적 불평등, 환경파괴, 공중보건 위기, 지정학적 긴장 등이 있다. 정책은 교육, 의료, 경제, 환경, 외교 등 특정 분야로 세분화되거나 포괄적일 수 있다. 시행 기간으로 장단기를 나눌 수도 있다.

현대 사회에서 국가적 차원의 정책이 필요한 이유는 많다. 기후변화 대응, 경제 안정성, 사회 복지, 공공 안전, 법과 질서 유지, 재난 대응 등 다양한 측면에서 국가의 정책적 개입이 필수적이다. 교통, 통신, 에너지 등 국가적 인프라 구축에도 필수적이다. 국가적 정책은 금융, 무역, 고용 등 경제의 성장과 번영을 촉진하고 보건 의료, 교육, 사회 안전망 등 사회 복지와 공공 서비스 제공을 통해 국민 삶의 질을 향상시키는 데 중요한 역할을 한다.

정부 정책은 ▲ 법률, 훈령, 고시 등 규정, ▲ 시행 프로그램 및 행정 서비스, ▲ 세금 및 보조금, ▲ 유인책 및 벌칙, ▲ 홍보 및 교육, ▲ 국제 협약 등 다양한 수단을 통해 시행된다.

이러한 정부 정책은 효과성, 지속 가능성, 공익과의 조화 등을 위해 일반적으로 유의해야 할 사항이 몇 가지 있다.

첫째, 목적의 명확성이다. 성공적인 정책은 명확하고 잘 정의된 목표에서 시작된다. 이는 정책이 해결하고자 하는 구체적인 문제를 파악하고 측정 가능한 목표를 제시하는 것이다. 명확한 목표는 모호함을 방지하고 모든 실행 및 평가 단계를 안내한다.

둘째, 실현 가능성이다. 정책은 사용 가능한 자원, 인프라 및 기술로 실제 현장에서 구현할 수 있어야 한다. 재정적으로는 비용 대비 효과적으로 실행 가능해야 하며 정부 예산 내에서 비용을 관리할 수 있어야 한다. 또한 잠재적인 도전과 장애물을 예상하기 위한 철저한 위험 평가가 필요하다.

셋째, 포용성이다. 효과적인 정책은 소외 계층을 포함한 전체 인구의 다양한 요구와 관점을 고려한 포용적인 정책이다. 포용성은 폭넓은 수용과 준수를 촉진하여 저항을 줄이고 정책의 영향력을 강화한다.

넷째, 적응성이다. 좋은 정책은 변화하는 상황에 맞게 적응할 수 있을 만큼 유연해야 한다. 이러한 적응성은 경제 변화나 자연재해와 같은 예기치 못한 사건이 정책의 타당성과 효과에 영향을 미칠 수 있는 역동적인 사회경제적 환경에서 매우 중요하다. 적시에 조정할 수 있도록 정기적인 검토 및 평가 메커니즘을 마련해야 한다.

다섯째, 책임성이다. 책임 구조는 정책이 의도한 대로 시행되고 목표를 달성할 수 있도록 보장한다. 여기에는 진행 상황을 모니터링하고 보고하는 투명한 프로세스와 명확한 책임 소재가 포함된다. 정책 입안자와 시행자는 자신의 행동에 대해 책임을 져야 한다.

| 02 | 정책 과정에 대한 총체적 이해가 중요하다

2.1. 정책은 순환한다

정책은 시간이 지남에 따라 개발, 실행 및 평가되며 각 단계의 결정은 후속 결정에 영향을 미친다. 또 때로는 앞 단계로 피드백된다. 이런 이유로 정부 정책은 결정의 연속체이다.

정책이 수립, 시행되고 평가받는 일련의 과정, 즉 정책 과정은 본질적으로 복잡하며 여러 단계를 거친다. 정책은 7개 과정, 즉 ▲ 정책 대상을 정하는 '정책의제 형성', ▲ 정책 대상에 대한 대안을 마련하는 과정인 '정책 형성', ▲ 실제 적용할 정책을 만드는 '정책 수립', ▲ 정해진 정책을 실행하는 '정책 집행', ▲ 이해관계자 등과 소통하는 '정책 홍보', ▲ 시행된 정책을 평가하는 '정책

[그림 1] 정책과정 흐름도

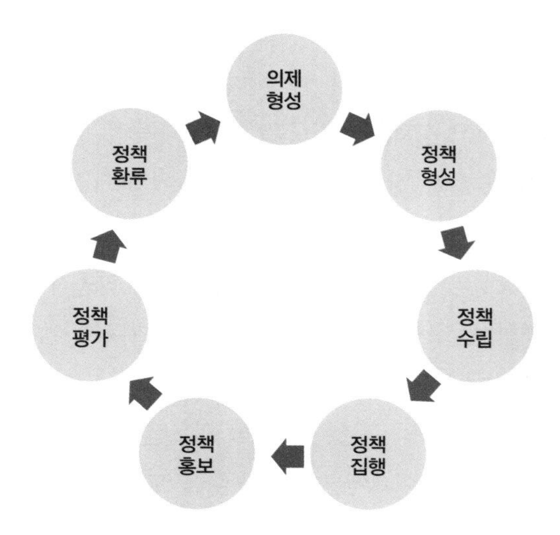

평가', ▲ 평가된 결과를 다시 정책에 반영하는 '정책 환류'를 거친다.[1]

이러한 순환과정은 정책이 지속적으로 개선되고 변화하는 사회적 요구와 환경에 맞추어 적응할 수 있도록 한다. 이를 통해 정책의 효과성을 높이고 자원 낭비를 줄이며 보다 효과적인 문제 해결을 도모할 수 있다. 또한 정책 순환과정은 정책 결정자와 이해관계자 간의 소통과 협력을 강화하고 정책의 투명성과 책임성을 향상한다.

정책 결정 과정에는 공무원, 이익 단체, 시민 등 다양한 주체가 참여한다. 이들은 사회적 목표에 부합하고 다양한 이해관계자의 요구를 충족하는 정책을 개발하기 위해 복잡한 협의, 협상, 의사결정 과정을 거친다.

정책이 개발되면 다양한 프로그램, 선도적 활동, 규정 등을 통해 실행에 옮긴다. 실행에는 자원 할당, 기관 역량 구축, 이해관계자 참여 등 다양한 활동이 포함되며, 이를 통해 정책이 의도한 목표를 효과적으로 달성할 수 있도록 한다.

또한 정책의 효과와 영향을 결정하기 위해 정책을 평가한다. 이에는 정책이 목표를 어느 정도 달성했는지 평가하고 개선할 수 있는 부분을 파악하고 결과를 개선하기 위해 정책을 조정하는 것이 포함된다.

정책 과정은 여러 가지 상황과 이해관계자의 다양한 이해와 요구를 반영해야 한다. 정책 수립 기관 외에도 시민단체, 산업계, 학계 등 다양한 이해관계자의 참여가 중요하다. 시간이 지남에 따라 새로운 정보 출현, 사회적 요구 또는 정치적 상황 변화 등에 따라 정책도 수정, 보완, 폐기된다. 정책은 철저한 정보 수집과 분석에 기반해야 한다. 또한 정책은 종종 반복적이다. 새로운 정책을 시행하고 결과를 평가한 후 문제점을 수정하고 개선하는 과정을 거치는 경우가 많다.

2.2. 철저한 준비와 분석이 정책 과정의 성공을 좌우한다

정책 형성은 사회적, 경제적 문제 등 정책 사안을 해결하기 위해 정책을 구상하고 개발하는 단계이다. 정책 형성 단계는 정책의 방향과 구체적인 내용을 결정하는 핵심 단계로, 이후 정책 집행과 평가의 기초가 된다. 성공적인 정책 형성은 문제 해결의 첫걸음이자 정책 효과성의 핵심이다. 이 과정에서 철저한 준비와 분석은 이후의 정책 개발, 실행, 평가 단계에서의 성공을 좌우한다.

정책 형성의 첫 번째 단계는 문제 식별이다. 이는 사회나 특정 집단에서 발생하는 문제를 인식하고 이를 해결해야 할 필요성을 제기하는 과정이다. 문제는 다양한 형태로 나타날 수 있으며 경제적 불평등, 환경오염, 교육 격차 등 다양한 분야에서 발생할 수 있다. 문제 식별은 정책 형성의 출발점으로, 이 단계에서 문제가 명확하게 정의되지 않으면 이후의 모든 단계가 왜곡될 수 있다.

다음 단계는 문제 분석과 자료 수집이다. 정책 입안자는 문제의 원인을 분석하고 관련 자료를 수집하여 문제의 규모와 범위를 파악한다. 이 과정에서 통계 자료, 설문 조사, 전문가 의견 등이 활용된다. 문제 분석은 문제 해결을 위한 근거 기반의 접근방식을 제공하며, 올바른 정책 결정을 위한 필수적인 단계이다.

문제 분석이 완료되면 정책 목표를 설정한다. 정책 목표는 해결하고자 하는 문제에 대한 구체적인 목표를 의미하며, 단기적 목표와 장기적 목표로 나눌 수 있다. 예를 들어 환경오염 문제를 해결하기 위한 정책 목표는 단기적으로는 오염물질 배출 감소, 장기적으로는 지속 가능한 환경 조성일 수 있다. 명확한 목표 설정은 정책의 방향성을 제시하고 성과를 측정할 수 있는 기준을 제공한다.

다음은 다양한 정책 옵션을 개발하는 단계이다. 이 과정에서는 여러 가지 가능한 해결책을 제시하고 각각의 장단점을 분석한다. 정책 옵션 개발은 창의성과 혁신이 요구되는 단계로, 기존의 해결책 외에도 새로운 접근방식을 모색하는 것이 중요하다. 이 과정에서 전문가 자문, 벤치마킹, 시뮬레이션 등이 활용될 수 있다.

정책 옵션이 개발되면 이를 평가하고 선택하는 단계가 이어진다. 각 정책 옵션의 실행 가능성, 비용, 효과 등을 종합적으로 평가하여 가장 적합한 해결책을 선택한다. 이 과정에서는 정치적, 경제적, 사회적 요소를 모두 고려해야 하며 이해관계자들의 의견도 중요한 참고 자료가 된다. 평가와 선택 과정은 정책 형성의 핵심 단계로, 최종 결정된 정책이 실제로 문제를 해결할 수 있는지를 판단하는 중요한 과정이다.

정책 형성 과정은 여러 가지 도전과 기회를 동반한다. 문제의 복잡성, 이해관계자의 다양한 의견, 제한된 자원 등이 주요 도전 과제이다. 그러나 이 과정은 또한 혁신적인 해결책을 모색할 수 있는 기회이다. 다양한 관점의 융합, 데이터 기반의 접근방식, 협력적 의사결정 등이 정책 형성의 성공을 좌우하는 요소들이다.

2.3. 정책 수립 과정은 투명해야 한다

정책 수립은 정책 목표를 달성하기 위한 미래의 활동에 관한 일련의 결정을 준비하는 과정이다. 정책 수립은 정책의 분석과 결정, 그리고 결정된 정책을 구체화하는 기획 과정을 포괄하는 의미로 사용된다.

정책 수립에 영향을 미치는 요인은 크게 '과학', '정치', 그리고 '문화'이다. 이들 세 가지 요인은 상호작용한다. 정책수립자는 정책을 둘러싼 주변 환경, 과학적 고려사항, 정치적 압력, 문화적 경향 등을 고려할 필요가 있다.

과학기술 발전은 새로운 정책 수립을 이끈다. 주요 질병에 대한 새로운 백신이 개발되거나 진단법이 확립되면 이를 반영한 정책이 수립되곤 한다.

정치적 환경도 정책에 큰 영향을 미친다. 2010년 구제역FMD 백신접종 정책 도입이 대표적이다. 2010.11.28. 경북 안동시 소재 돼지농장에서 구제역이 발생한 이후, 2011.4.21.까지 전국적 발생으로 약 350만 두가 넘는 소, 돼지 등 감수성 동물이 살처분되는 등 약 3조 원의 경제적 피해가 발생하였다. 이는 심각한 사회적 · 정치적 문제가 되었다. 이에 이명박 정부는 감염된 또는 감염 우려가 있는 가축에 대한 기존의 전 두수 살처분 정책을 폐기하고 감수성 동물에 대한 백신접종 정책으로 전환하였다.[3]

문화가 정책에 영향을 미치는 사례도 많다. 일례로 21세기 들어 우리나라에서도 동물보호 문화가 급속히 확산되어 개고기에 대한 사회적 거부감이 급증하였다. 2022.4.27. 동물보호법이 개정되어 '정당한 사유 없이 동물을 죽음에 이르게 하는 행위'를 금지함으로써 개고기는 사실상 유통 금지되었다. 이어 2024.1.9. '개 식용 목적의 사육 · 도살 및 유통 등 종식에 관한 특별법'이 제정되어 식용을 목적으로 개를 도살, 사육 또는 증식하거나 개를 원료로 조리 · 가공한 식품을 유통 · 판매하는 행위가 금지되었다. 이로써 1980년대 이후 해묵은 '개 식용 논쟁'이 사실상 막을 내렸다.

---

3 정부는 2010.12.22. 농림수산식품부 장관 주재로 긴급 가축방역협의회를 열어 구제역 확산을 막기 위한 비상대책의 일환으로 예방백신접종을 실시하기로 방침을 정했다. 이에 따라 2010.12.25.부터 백신접종이 시작되었다.

[사진 1] 시민단체 개 식용 반대 활동. (좌) 2023.3.23. 개식용 반대 시민단체 시위 모습. (우) 2024.1.9. 개식용 종식 특별법 제정 환영 기자회견 모습

이는 우리 사회가 이미 동물복지 중시 사회로 전환했음을 보여주는 기념비적 사건이다.

정책을 수립할 때 항상 고려해야 할 사항이 있다. 정책을 둘러싼 다양한 '이해관계자의 요구', '인적, 물적 자원 및 인프라', 정책을 실제 현장에서 실행하게 만드는 '프로그램' 등이 대표적이다.

정책은 투명한 과정을 거쳐 수립되어야 한다. 투명성은 정책 결정 과정의 신뢰성을 높이며 이해관계자들의 참여를 촉진한다. 이는 다양한 관점을 반영하고 정책의 수용성을 높여 효과적인 실행을 가능하게 한다. 또한 투명한 과정은 부패와 비리를 예방하고 공공 자원의 효율적인 사용을 보장한다. 정책의 결과와 과정이 공개되면 시민들은 정책의 정당성과 공정성을 확인할 수 있으며, 이는 정부에 대한 신뢰를 증진한다. 투명성은 정책의 성공과 지속 가능성을 확보하는 데 필수적이다.

이를 위해서는 이해관계자의 적극적인 참여와 협의가 중요하다. 이는 추후 해당 정책의 성공적인 실행 가능 여부를 결정짓는 중요 요인 중 하나이다. 왜냐하면 투명한 과정은 의도하지 않은 결과들을 미리 점검할 수 있게 하고, 이해관계자의 폭넓은 지지를 받을 수 있도록 이끌며, 정책 목표를 달성하기 위해 적절한 정책 수단이 사용되었음을 보증하기 때문이다.

특정 계층이나 이념, 특히 정치권력에 치우치지 않는, 오직 국민을 위한 정책을 수립하는 것이 중요하다. 올바른 정책을 적극적으로 추진하고 국민을 위해 해당 정책이 과연 옳았는지 끊임없이 점검하는 것이 바람직하다.

정부는 정책 수립 시 사회적 기대를 반영할 책임이 있다. 이는 정부와 공공 기관이 본연의 책임을 다하는 것을 의미한다.[2] 사회적 기대와 '사회적 책임Government Social Responsibility'[4]은 정책 과정에서 수시로 점검하고 반영해야 할 요소이다.

민주 국가는 정책 과정에 정부 기관, 지방자치단체, 국제기구 등 공식적 참여자 외에도 시민단체 및 비영리단체, 협회 등 이해관계자 집단, 학계 및 연구기관, 언론, 일반 시민 등 비공식 참여자도 참여하여 영향력을 행사할 수 있다. 이러한 비공식적 참여자는 정책의 정당성과 효율성을 높이며 다양한 관점을 반영하여 보다 포괄적이고 효과적인 정책 수립을 가능하게 한다. 시간이 흐를수록 이들 비공식적 참여자가 정책에 미치는 영향이 커지고 있다. 이들의 목소리를 반영할 수 있는 체계를 구축하는 것이 중요하다.

한편 정책 입안자가 정책 수립 과정에서 유의해야 할 핵심적 사항은 다음과 같다.

첫째, 정책의 명확한 목표와 목적을 설정한다.

둘째, 이해관계자의 관점, 요구, 우려 사항을 파악하고, 정책에 이들의 의견이 반영되도록 이들을 참여시키고 적극 소통한다. 이는 전문가 협의, 공개회의 또는 포럼, 설문조사 등의 형태로 이행된다.

셋째, 데이터, 연구, 분석 등에 근거하여 결정을 내리는 '증거 기반' 접근방식을 사용한다.

넷째, 정책 방안의 실현 가능성과 실용성을 고려한다. 이에는 자원 가용성,

4 정부가 사회적, 환경적, 경제적 영역에서 사회적 기대를 반영하여 법적 규정의 범위를 넘어 적극적이고 선도적인 행동으로 긍정적 효과를 가져오게 하는 책임을 의미한다.

관리 역량, 실행의 잠재적 장벽에 대한 평가가 포함된다. 비실용적이거나 지나치게 야심 찬 정책은 성공 가능성이 적다.

다섯째, 정책 시행에 따른 비용과 혜택을 고려한다. 여기에는 '비용-편익 분석Cost-Benefit Analysis'을 수행하거나 다양한 정책 옵션에 대한 필요 자원을 추정하는 것이 포함될 수 있다.

여섯째, 정책의 사회적 형평성을 고려한다. 소외된 집단에 불균형적으로 영향을 미치지 않도록 한다.

일곱째, 정책을 시행하고 집행하는 데 필요한 현실적인 사항을 고려한다. 이에는 규제 틀, 행정 구조, 모니터링 및 평가 구조 등이 포함된다.

정책 수립의 마지막 과정은 정책 채택이다. 정책 수립 단계에서 개발되고 고려된 다양한 시행 방안 중 특정 방안을 선택하는 과정이다. 이 과정에는 ▲ 정치적 의사결정[5], ▲ 이해관계자 간의 협상과 타협, ▲ 정책 정당화[6], ▲ 정책 실행 계획 수립, ▲ 법적 및 절차적 요건 확인이라는 단계가 포함된다.

2.4. 정책 평가는 중요성에 비해 소홀하기 쉽다

정책 평가는 시행된 정책의 효과와 영향을 평가하여 원하는 결과를 달성할 수 있도록 필요한 조치를 할 수 있는 기회를 제공한다. 평가가 없으면 정책이 목표를 달성했는지 판단하거나 개선이 필요한 부분을 파악할 수 없다. 이는 정책 담당자에게 책임성을 부여하고 자원 배분을 안내하며 향후 정책 개발에 정보를 제공하여 증거 기반의 의사결정을 촉진한다. 평가를 소홀히 하면 비효율적이거나 해로운 정책이 지속되고 자원이 낭비되며 대중의 신뢰가 떨어질

---

5 이 결정은 정치적 이념, 여론, 다양한 이해관계자의 이해관계 등 다양한 요인에 의해 영향을 받을 수 있다.

6 정책 옵션이 선택되면 정책 입안자는 이익 단체, 미디어, 대중과 같은 정책 과정의 다른 주체들로부터 지지를 얻어 정책을 정당화해야 한다.

위험이 있다. 결국 철저한 정책 평가는 효과적인 거버넌스를 조성하고 사회적 요구를 지속적으로 개선하는 데 필수적이다. 정책 평가는 주기적으로 이루어져야 한다.

정책의 성공적 시행 또는 성과 도출 여부 등을 평가하려면 다각적인 접근 방식이 필요하다. 정책의 의도된 효과와 의도하지 않은 효과를 모두 포착할 수 있는 포괄적인 평가 틀이 중요하다. 정책 평가에는 정책의 성격, 목표, 자원 등에 따라 다양한 방법이 있다.

첫째, '목표 달성 평가'는 정책이 설정된 목표를 얼마나 달성했는지를 평가한다. 이는 주로 정량적인 자료를 사용하여 성과를 측정한다. 예를 들어 정책의 목표가 실업률 감소라면 정책 시행 전후의 실업률 변화를 분석하는 방식이다.

둘째, '비용-편익 분석'은 정책의 경제적 효율성을 평가한다. 정책 시행에 따른 모든 비용과 편익을 금전적 가치로 환산하여 비교한다. 이는 정책이 경제적으로 타당한지 자원이 효율적으로 사용되고 있는지를 판단하는 데 중요한 도구이다.

셋째, '과정 평가'는 정책이 어떻게 실행되고 있는지를 평가한다. 이는 정책 집행 과정에서의 문제점을 식별하고 이를 개선하기 위한 피드백을 제공한다. 예를 들어 정책이 시행되는 과정에서의 행정적 절차, 자원 배분, 이해관계자 참여 등을 분석한다.

넷째, '결과 평가'는 정책이 사회에 미친 영향을 평가하는 방법이다. 이는 정책의 장기적인 효과와 부작용을 분석하며 정책이 궁극적으로 사회적 목표를 얼마나 달성했는지를 평가한다. 예를 들어 교육 정책이 학생들의 학업 성취도에 미친 장기적인 영향을 분석하는 것이다.

다섯째, '비교 평가'는 유사한 정책을 시행한 다른 지역이나 국가와 비교한다. 이는 정책의 상대적 효과성을 평가하고 다른 사례에서의 성공 요인이나 실패 요인을 파악하는 데 유용한다.

일반적으로 활용되는 정책 평가 기준으로는 ①정책의 목표가 명확히 수립되었는지에 관한 '목표의 명확성', ②정책이 목표를 달성하는 정도인 '효과성', ③정책이 달성한 결과와 이를 위해 사용된 비용 등 자원 간의 관계에 관한 '효율성', ④정책이 공정하고 포용적으로 영향을 미쳤는지에 관한 '형평성', ⑤정책의 긍정적인 결과가 시간이 지나도 부작용 없이 유지될 수 있는지에 관한 '지속 가능성', ⑥'대중 및 이해관계자의 피드백', ⑦변화하는 상황에 따른 정책의 유연성을 보여주는 '적응성 및 개선' 등이 있다.

이러한 정책 평가는 일반적으로 ▲ 평가 기준 설정, ▲ 자료 수집 및 분석, ▲ 결론 도출, ▲ 권고사항 만들기의 단계를 거친다.

| 03 | 성공적인 정책에는 필수 조건이 있다

정책이 성공하기 위해서는 여러 조건이 충족되어야 한다.

첫째, 명확한 목표 설정이다. 목표는 '구체적이고specific', '측정 가능하며measurable', '달성 가능하고achievable', '관련성이 있고relevant', '시간제한 있는time-bound' 것이어야 하다. 각 영어 단어의 첫 글자를 따서 'SMART'해야 한다.[3]

둘째, 철저한 사전 준비 및 연구이다. 정책 수립 전에 충분한 데이터 수집과 분석을 통해 문제의 본질을 파악해야 한다. 관련 분야의 최신 연구 결과를 활용하여 정책의 과학적 근거를 마련해야 한다. 정책 내용에 '타당한 인과 관계[7]'가 있어야 한다. 가능하면 다른 나라 또는 지역에서 유사한 정책이 어떻게 시행되었고 어떤 결과를 낳았는지 분석하여 교훈을 얻어야 한다.

---

7 바람직한 상태를 나타내는 정책 목표와 이를 달성하기 위한 정책 수단, 그리고 이러한 수단을 실행한 결과로 나타나는 정책 산출 간에 얼마나 긴밀한 인과관계가 있는가에 관한 것으로 '기술적 타당성'이라고도 한다.

셋째, 적절한 재정적, 인적 및 기술적 자원 배분이다. 자원이 부족하면 아무리 잘 설계된 정책도 효과를 발휘하지 못할 수 있다. 필요에 따라 자원을 확장하거나 조정하는 내용을 정책에 포함하여야 한다.

넷째, 강력한 정치적 의지와 리더십이다. 강력한 헌신적 리더십은 정책 과정의 복잡성을 헤쳐 나가고 합의를 끌어내며 정책을 추진할 수 있게 만든다. 정치적 의지는 저항을 극복하고 필요한 자원을 확보하며 추진력을 유지하는 데 필수적이다. 리더는 정책의 이점을 효과적으로 전달하고 지지를 결집하며 일관된 행동과 결정을 통해 목표에 대한 헌신을 보여줄 수 있어야 한다.

다섯째, 유연성 및 적응성이다. 정책 환경이 바뀔 경우 이를 반영하여 정책을 유연하게 조정해야 한다. 예상치 못한 문제에 신속히 대응할 수 있는 체계를 마련해야 한다. 시행 과정에서 얻은 피드백을 적극 반영하여 정책을 개선해야 한다. 이러한 유연성과 적응성은 정책이 시간이 지나도 관련성과 효과를 유지할 수 있도록 보장한다.

여섯째, 지속적인 모니터링과 평가이다. 이것이 없는 정책은 나침반 없는 항해와 비슷하다. 정책이 계획대로 진행되고 있는지 모니터링하고, 정책 진행 중에 중간 평가를 통해 문제점을 파악하고 개선할 수 있어야 한다. 또한 정책이 종료된 후 최종 평가를 통해 성과를 분석하고, 향후 정책 수립에 교훈을 제공해야 한다.

일곱째, 이해관계자의 참여 및 소통이다. 성공적인 정책은 이해관계자와의 적극적인 참여 및 이들과의 효과적인 소통에 달려 있다. 투명한 소통으로 신뢰를 구축해야 한다. 정책 결정 과정에 다양한 이해관계자가 참여할 수 있는 기회를 제공하고, 이들의 의견을 적극 수렴하여 정책에 반영해야 한다.

여덟째, 정치적 지지이다. 정책이 성공하기 위해서는 정치적 지지가 중요하다. 정책 추진에 대한 정치 지도자의 강력한 의지가 필요하다. 여야 간의 협력과 지지가 있어야 정책이 원활하게 추진될 수 있다. 정책에 대한 국민의 지지가 중요하며, 이를 위해 공공의 신뢰를 얻어야 한다.

아홉째, 강력한 법적 및 제도적 지원이다. 정책은 권한과 집행 메커니즘을 제공하는 적절한 법적 틀에 의해 뒷받침되어야 한다. 제도적 지원은 담당 기관의 정책 시행과 감독을 보장한다.

| 04 | 정책은 현장이 우선이다

정책의 성공 여부와 효과성은 현장 여건이 좌우한다. 정책은 정책이 시행되는 현장 상황을 적절히 고려해야 성공할 수 있다. 현장 중심의 정책은 실제 경험과 관찰에 기반하기 때문에 실용적이고 효과적이다. 많은 정부기관이 선호하는 "우리의 문제는 현장에 답이 있다."라는 일명 '우문현답' 활동도 이러한 인식의 결과이다.

현장의 사회적, 경제적, 문화적 조건 등을 무시한 채 정책을 수립하면 정책의 내용과 목표가 실제 현장의 요구와 괴리가 발생할 수 있다. 예를 들어 농촌 지역에서 도시 중심의 산업 정책을 그대로 적용한다면 지역의 특성과 경제적 여건을 반영하지 못해 정책이 실패할 가능성이 높다.

정책이 현장의 여건에 맞지 않아 이해관계자가 정책의 목표와 방법에 동

[사진 2] 우문현답 활동 현장 사진. (좌) 정황근 전 농식품부장관의 AI 방역현장 점검 모습, (우) 송미령 농식품부장관의 AI 방역현장 점검 모습

의하지 않으면 정책의 수용성 및 지속 가능성에 문제가 생긴다.[4] 정책이 현장의 문제를 해결하기 위해서는 현장의 여건을 철저히 분석해야 한다. 정책이 어떻게 작동하는지, 어떤 문제가 발생하는지, 어떻게 개선할 수 있는지 등을 현장에서 직접 확인해야 한다. 이를 바탕으로 정책을 개선하고 조정해야 한다.

현장 상황에 근거한 정책은 현장의 이해관계자와 직접 협력함으로써 현장 상황과 필요에 더욱 맞춤화될 수 있다. 이를 위한 현장 상황에 대한 주기적인 모니터링과 평가가 필수적이다.

현장과의 소통과 협력은 정책 입안자가 정책의 대상이 되는 집단에 미치는 영향을 더 잘 이해하는 데 도움이 된다. 이는 사회복지, 의료, 교육 등과 같이 정책이 개인과 지역사회에 지속적으로 커다란 영향을 미치는 분야에서 특히 중요하다.

정책 수립 시 현장을 고려하는 것은 이해관계자 간의 협업을 촉진하고 신뢰를 구축한다. 정책 입안자가 현장의 이해관계자와 소통하면 우호적 관계를 맺고 협력적 파트너십을 구축하며 당면한 문제에 대한 공통된 이해를 도모할 수 있다.

현장 기반의 정책 개발은 '의도하지 않은 결과'나 '부정적인 영향'을 식별하는 데 유익하다. 정책 입안자는 실제 상황에서 정책을 시험함으로써 잠재적 문제를 예측하고 부작용 방지를 위한 정책 조정을 할 수 있다.

또한 현장 중심 접근방식은 정책 결정의 혁신과 실험을 촉진한다. 정책 입안자는 현장에서 새로운 접근방식을 시험함으로써 성공과 실패를 통해 정책을 개선할 수 있다. 이는 보다 효과적이고 효율적인 정책으로 이어지고, 복잡한 문제에 대한 새로운 아이디어와 해결책을 창출하는 데 도움이 된다.

물론 현장에서 정책적 해답을 찾는 데도 어려움은 있다. 특히 정책 사항이 복잡하거나 정치적으로 민감한 환경에서는 이해관계자와 소통과 협력이 어렵고, 시간이 많이 소요된다. 그러나 역설적으로 현장 중심 접근방식이 이러한 어려움을 극복하는 가장 빠른 길인 경우가 많다.

| 05 | 정책 과정은 지속적인 탐구와 개선의 과정이다

'지속적인 탐구와 개선'은 정책 수립과 실행에서 정책 담당자가 가져야 할 중요한 태도이다. 이러한 태도는 거버넌스가 정적인 노력이 아니라 유동적이고 복잡한 과정이라는 인식에 근거한다.

정책을 둘러싼 상황이 변화하면 정책도 변화해야 한다. 정책 관계자는 정책의 관련성과 효율성을 계속 유지하기 위해 필요 시 정책을 조정하는 데 개방적이어야 한다. 정책이 의도한 목표를 달성하지 못했을 때 이를 실패로 여기지 말고 현실적 접근방식을 찾고 개선할 기회로 삼아야 한다.

자료 기반 평가는 탐구와 개선의 초석이다. 정책의 결과와 영향을 주기적으로 측정하는 것은 필수적이다. 여기에는 데이터와 성과 지표를 수집하고 분석하여 정책이 얼마나 잘 작동하는지 파악하는 것이 포함된다. 정책이 기대에 미치지 못할 경우 정책 담당자는 정책이 잘못 설계되었는지, 예상치 못한 문제에 직면했는지 등 그 원인을 파악해야 한다.

정책 담당자는 다른 기관, 국가의 모범 사례를 벤치마킹하고 유사한 분야 또는 상황에서 효과가 있었던 사례를 연구한다. 이를 통해 좋은 정책을 수립, 개선하는 데 귀중한 자료, 정보를 얻을 수 있다.

이해관계자와 소통하고 대중과 전문가로부터 피드백을 구하는 것도 학습 과정의 또 다른 핵심 요소이다. 정책의 영향을 받는 이해관계자의 우려, 요구, 경험은 소중하다. 이들의 인사이트를 통해 정책 효과의 사각지대를 찾고 정책의 영향에 대한 보다 포괄적인 이해를 얻을 수 있다.

혁신은 지속적인 개선의 중요한 요소이다. 혁신적인 기술과 해결책은 보통 효율적, 효과적 정책으로 이어진다. 정책 담당자는 정책 목표를 더 효율적으로 달성하기 위한 새로운 접근방식을 탐색하고 채택하는 데 개방적이어야 한다.

정책 담당자는 자신의 전문성 개발을 위한 학습에 끊임없는 노력과 충분한 투자가 필요하다. 이를 통해 복잡한 정책 과제를 해결하는 데 필요한 전문 역량을 강화해야 한다.

정책 과정에서 이해관계자와의 피드백 체계 구축은 필수적이다. 이는 정책 입안자, 시행자, 대중 간의 정기적인 소통을 가능하게 하여 문제와 개선이 필요한 영역을 쉽게 파악할 수 있게 한다. 이러한 지속적인 피드백 과정은 효과적인 거버넌스의 초석이다.

정책에 대한 체계적 모니터링 및 평가 체제도 중요하다. 이는 정책의 영향을 평가하고 필요한 조정을 위한 구조적 접근방식을 제공한다.

또한 정책 경험을 통해 얻은 지식은 문서로 만들어 정부 기관 및 대중과 공유해야 한다. 이러한 관행은 기관의 역량을 축적하고 리더십의 변화로 인해 배운 교훈을 잃지 않도록 보장한다.

Part 02

수의 정책 일반

| 01 | 수의 정책은 다면적, 전문적, 확장적이다

1.1. 수의 정책은 공적 수의 서비스의 실행 프로그램이다

수의 정책[8]이란 동물의 건강과 복지를 보증하고, 식품안전 및 공중보건을 보호하고, 환경을 보호하기 위한 일련의 규제, 계획 및 지침이라 할 수 있다.[5]

[그림 2] 동물 보건복지 넥서스

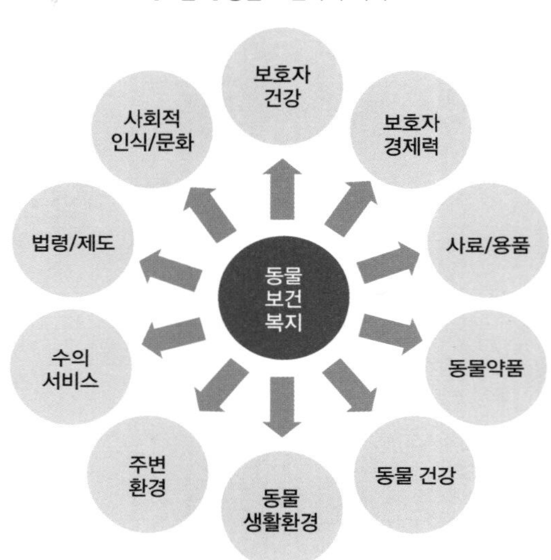

수의 정책은 사회에서 수의 서비스가 실행되고 규제되는 방식을 형성하는 데 중요한 역할을 한다. 이는 수의사가 양질의 수의 의료 서비스를 제공하고

---

8 예를 들어 '반려동물 보호 및 관련산업 육성 세부대책'(2016년, 농식품부), '국가 항생제 내성관리 대책'(2016년, 정부 관계부처 합동), '수출주도형 동물약품산업발전 종합대책'(2016년, 농식품부), '2023/2024 동절기 AI 특별방역대책'(2023, 농식품부), '동물용의약품 안전성 및 유효성 평가 지침'(2019년, 농림축산검역본부) 등이 있다.

동물의 건강과 복지를 증진하고 공중보건을 보호하는 공적 틀을 제공하는 데 결정적 영향을 미친다.

수의 정책의 목적은 보통 ▲ 동물 질병의 예방 및 통제, ▲ 동물의 건강 및 복지 증진, ▲ 인수공통질병, 항생제 내성Antimicrobial Resistance 등 동물유래 공중보건 위험 통제, ▲ 지속 가능한 동물 산업 유지, ▲ 동물유래 식품의 안전성 보증, ▲ 식량안보, 빈곤 경감에 기여, ▲ 동물 및 동물 제품의 국제 무역 촉진, ▲ 지속가능한 환경보호 등이다.

이상적인 수의 정책은 '과학적으로 타당하고', '이해관계자와 적절히 소통 및 협력하면서 투명한 절차를 통해 수립되었고', '추진 주체와 이해관계자가 쉽게 이해할 수 있으며', '정책 내용이 지역, 계층, 집단 등에 따라 차별적이지 않아 동등하게 적용될 수 있는', 그리고 '현장 여건을 반영한' 정책이라 할 수 있다.

수의 분야는 과학의 발전, 사회적 요구, 전 세계적 도전과제 출현 등으로 상당한 정책적 변화를 경험하고 있다. 인수공통전염병 등 최근의 주요 수의 이슈는 대부분 동물, 사람, 환경과 모두 직간접적으로 연계되어 서로 영향을 미친다. 따라서 각 관련 영역 간의 연관성 및 의존성에 대한 올바른 이해가 중요하다.

수의 정책의 중심 사안은 동물의 건강과 복지이다. 다만 이는 공중보건, 환경 보존, 지속 가능한 농업 등과 같은 동물을 둘러싼 사회적 가치 요소들과 균형을 맞추어야 한다.

최근 수의 정책의 주요 경향으로 ▲ 동물복지 법령 강화, ▲ '정밀 의학 Precision Medicine'[9] 등장, ▲ 블록체인, 원격의료, 빅데이터 활용 등 첨단 기술의 통합적 활용 증가, ▲ 원헬스 접근방식 적용 확대, ▲ 항생제 내성 통제

9 이는 환자의 유전적, 환경적, 생활 습관적 특성을 고려하여 맞춤형 치료와 예방 전략을 개발하는 의학적 접근법이다.

강화, ▲ 지속 가능한 축산 관행 장려, ▲ 동물사육 시 우수 위생관리기준 적용, ▲ 사전 예방 중심의 방역 및 위생 관리, ▲ 사람과 동물의 유대 강화, ▲ 국제 협력 강화 등이 있다.

1.2. 수의 정책은 사람, 동물 및 환경의 건강과 복리를 다룬다

수의 정책의 영역은 '동물위생', '수의 공중보건', '동물복지', 그리고 '환경보건'으로 크게 나눌 수 있다. 최근에는 수의 과학기술의 발달, 동물 위생 및 복지 통제기법 발전 등에 따라 수의 영역이 더 다양해지고 넓어지고 있다.

첫째, 수의 정책은 질병 관리 조치, 예방접종 프로그램, 예찰 체계 등을 통해 동물 건강을 보호한다. 정부는 동물 건강에 관한 연구개발 및 혁신을 위한 자금 등 자원을 제공해야 한다.

둘째, 수의 정책은 동물 및 동물유래 산품에서 기인하는 인수공통질병, 유해잔류물질 등으로부터 사람을 보호하는 데 기여한다. 여기에는 예찰, 이른 경보, 신속 대응 등을 위한 메커니즘이 포함된다.

셋째, 정부는 관련 업계 및 이해관계자가 동물복지 기준을 준수하도록 적절한 정책을 수립하고 시행한다. 정부는 동물복지에 대한 대중의 인식 제고를 위한 교육 및 훈련도 중시해야 한다.

넷째, 수의 정책은 환경오염과 자원 소비를 줄이는 등 지속가능한 동물사육 방법을 촉진하여 환경보건을 강화한다. 또한 동물 배설물 처리와 축산폐기물 관리 등을 통해 환경오염을 방지하고 생태계를 보호하는 데 기여한다.

수의 정책이 다루는 동물은 가축, 반려동물, 야생동물, 실험동물, 수생동물, 전시동물 등 인간을 포함한 사실상 모든 동물이다. 동물, 사람, 그리고 환경의 건강에 영향을 미치는 바이러스, 세균과 같은 미생물도 수의 정책의 대상이다.

인류는 동물과 이들의 생산물이 없이는 생존할 수 없다. 고기, 알, 우유 등

먹거리뿐만 아니라 의류, 신발, 의약품, 화장품 등 수많은 것들이 동물에서 유래한다. 경운, 스포츠, 오락, 수송, 연구 등에도 동물이 큰 역할을 한다. 수의 정책은 동물 및 동물유래 산품이 사람에 미치는 인수공통질병, 항생제 내성, 병원성 미생물 등 건강 문제를 다룬다. 이와 관련되는 빈곤, 기근, 식량안보, 농촌개발 등도 수의 정책의 대상이다.

수의는 인간과 동물이 살아가는 생태계 즉, 환경의 건강도 주요 관심 영역이다. 이 때문에 생물다양성Biodiversity, 기후변화, 환경오염 등도 주요 수의 정책 대상이다.

세계동물보건기구WOAH[10]는 "수의 서비스는 공공재Public Goods[11]로서 주로 동물위생 보호, 공중보건 보호, 동물복지 보호, 생물학적 위협 경감, 식품안전, 시장접근, 식량안보, 가난 경감과 같은 영역에서 기여한다."고 규정한다.[6]

우리나라에서도 수의 정책의 범위는 계속 확장되고 있다.

첫째, 동물위생의 경우, 1990년대 이전에는 수의 정책의 주요 대상 동물이 1961.12.30. 제정된 가축전염병예방법에 따른 가축이었다. 이후 반려동물, 수생동물, 야생동물, 실험동물, 전시동물 등으로 계속 확대되었다.[12] 정책 대상 질병도 처음에는 주로 가축질병이었다. 지금은 인수공통질병, 초국경동물질병TAD, 반려동물질병, 야생동물질병, 수생동물질병, 실험동물질병, 종간전파질병Spill-over Diseases 등으로 확대되었다.

둘째, 수의공중보건의 경우, 1962.01.20. 축산물위생관리법 제정 이후 주

---

10 WOAH는 1924년 창설되어 2024년 2월 기준 전 세계 183개 회원국으로 구성된 정부간 국제기구이다. WTO/SPS 협정은 WOAH를 동물 및 동물성 제품의 국제 무역에서 동물위생과 관련된 국제기준을 마련하는 조직으로 규정한다.

11 이는 비경합성과 비배제성을 그 특징으로 하는 재화를 말한다. 그 성격으로 인해 공공재의 공급 주체는 국가나 지방자치단체 등의 공공 기관이나 공기업이 거의 대부분이다.

12 1991.7.1. 동물보호법, 2005.02.10. 야생생물보호및관리에관한법률, 2007.12.21. 수산동물질병관리법, 2008.03.28. 실험동물에관한법률, 2016.05.29. 동물원및수족관의관리에관한법률이 제정되었다.

된 정책 사항은 도축검사, 축산물 안전성 검사였다. 주요 위생검사 대상도 예전에는 사실상 인수공통병원체, 유해잔류물질에 한정되었다. 지금은 위생관리기준Sanitation Standard Operating Procedure, 위해요소중점관리기준HACCP, 회수Recall, 이력추적관리Traceability, 위험평가Risk Assessment 등 새로운 위생관리기법으로 확대되었다. 이는 정책의 중심이 정부의 제품검사 위주에서 민간의 과학적 시스템 관리로 전환했음을 의미한다.

셋째, 동물복지의 경우 2000년대 이전에는 대상 동물이 주로 농장동물과 반려동물이었다. 지금은 수생동물, 실험동물, 전시동물, 오락동물, 야생동물 등 거의 모든 동물이 대상이다. 주된 복지 사항도 사육 환경, 동물학대, 동물유기 등 문제의 개선에서 동물을 '지각이 있는 존재Sentient Being'로 인정하는 동물권 인식으로 확장되었다.

넷째, 원헬스 분야는 새롭게 확장된 수의 영역이다. 동물과의 정서적 교감, 동물을 이용한 사람 심리 치유, 야생동물 유래 종간전파 인수공통질병, 항생제 내성 등이 최근 대표적인 원헬스 이슈이다. 예를 들어 미국에서는 2021년 코로나바이러스감염증-19Coronavirus Disease 2019, 즉 코로나19 대유행으로 인해 사회적 거리 두기가 행해지면서 사람 간 직접 접촉이 어려웠다. 이때 대안으로 '소 껴안기'가 전국적으로 유행했다고 하는데 이는 코로나19 대유행에 따른 스트레스와 우울감을 많은 사람들이 동물과의 교감을 통해 극복하려고 한 시도였다.

[사진 3] 소 껴안기 모습 [7]

또 대부분의 수의 정책은 기후변화와 밀접한 관련이 있다. 수의 분야는 기후변화에 영향을 미치거나 또는 역으로 기후변화의 영향을 받는 사람, 동물, 생태계의 건강을 다룬다.

1.3. 수의학적 전문성이 수의 정책의 근간이다

수의 정책은 동물위생, 동물복지, 수의 공중보건, 그리고 환경위생 관련 사안, 즉 수의 사안에 특별히 초점을 맞추기 때문에 다른 정책과 차별된다. 수의 정책은 동물 및 동물유래 물품을 둘러싼 수의학적 환경에서 발생하는 고유한 도전과 기회를 해결하는 데 그 특별함이 있다.

수의 정책은 동물과 사람의 건강은 다르며 동물마다 고유한 건강 요건과 문제가 있다는 점을 반영한다. 이러한 인식은 효과적이고 인도적인 수의 관행을 마련하는 데 매우 중요하다.

첫째, 종별로 고유한 건강상 요구를 인식한다. 동물은 종마다 생리적, 해부학적 구조가 달라 특화된 건강 관리 접근이 필요하다. 예를 들어 반추동물은 여러 개의 방으로 이루어진 복잡한 위를 가지고 있어 적절한 소화를 유지하고 복부 팽만감이나 산증과 같은 상태를 예방하기 위해 특별한 식이요법과 의료적 관리가 필요하다.

둘째, 환경 및 서식지 고려이다. 동물의 건강은 자연 서식지와 생활환경의 영향을 많이 받는다. 예를 들어 야생동물은 자연스러운 행동과 식습관을 유지할 수 있는 서식지가 필요하다. 삼림 벌채, 오염, 도시화로 인해 이러한 서식지가 파괴되면 스트레스, 영양실조, 새로운 질병에 대한 노출 등 심각한 건강 문제가 발생할 수 있다. 좁은 공간에 갇혀 있거나 운동량이 부족한 반려동물은 비만, 행동 문제, 관절 질환에 걸리기 쉽다.

셋째, 영양 및 식이 요건이다. 적절한 영양 섭취는 동물 건강의 기본이지만, 동물 종에 따라 필요한 식단은 매우 다양하다. 초식동물은 소화기 건강에 중요한 섬유질이 풍부한 식단이 필요하다. 육식동물은 심혈관 및 시력 건강에 필수적인 아미노산인 단백질과 타우린이 풍부한 식단이 필요하다.

넷째, 번식 건강 관리이다. 가축 사육 프로그램은 바람직한 형질을 향상시키는 것을 목표로 하므로 근친교배 및 관련 건강 문제를 예방하는 것이 중요하다. 반면 반려동물은 개체수 증가를 억제하기 위해 중성화 수술이 필요한 경우가 많다.

다섯째, 행동 및 정신 건강이다. 동물에서 불안, 공격성, 우울증과 같은 행동 문제는 부적절한 사회화, 부적절한 훈련 또는 환경적 스트레스 요인으로 인해 발생할 수 있다.

수의 정책은 과학적 연구 성과 및 기술적 발전에 따라 후속하여 추진되는 경우가 많다. 수의 정책은 이러한 혁신이 안전하고 효과적으로 사용되고, 동물과 보호자의 요구를 충족할 수 있도록 이에 유연하게 적응해야 한다.

수의 정책을 다른 정책과 구별하는 또 다른 중요 요소는 수의 정책은 원헬스 접근방식에 중점을 둔다는 점이다. 점점 더 상호 연결되는 세상에서 동물, 인간, 환경의 건강은 뗄 수 없는 관계이기 때문이다. 질병은 동물 종의 경계를 존중하지 않으며, 동물에서 인간으로 또는 그 반대로 쉽게 이동한다. 세 가지 요소의 건강을 동시에 고려함으로써 보건 역학을 포괄적으로 이해하고 질병 예방 및 통제를 위한 효과적인 전략을 수립할 수 있다. 수의학, 의학, 환경 과학 간의 파트너십을 촉진함으로써 집단적 전문성과 자원을 활용하여, 즉 '다학제적 접근'[13]을 통해 복잡한 보건 문제를 총체적으로 해결할 수 있다.

수의 정책은 동물의 건강 및 복지 보호뿐만 아니라 광범위한 사회경제적 동력을 형성하는 데도 중요한 역할을 한다.

---

13 학제(學際)란 '학문과 학문 사이'를 뜻하며, 다학제적 접근이란 여러 학문 영역 간 총체적인 협력활동에 기반한 접근을 말한다.

첫째, 동물에 경제적 수익을 의존하는 농수산업 종사자의 생계와 복리에 큰 영향을 미친다. 수의 관련 규정은 농수산업의 생산성과 지속 가능성에 직접적 영향을 미친다. 질병 예방과 통제를 우선시하는 효과적인 수의 정책은 농수산업계 보호, 회복력 제고 및 사회경제적 안정에 기여한다.

둘째, 식량안보와 식품 안전에 핵심적 역할을 한다. 축산업에서 질병 예찰, 백신접종, 위생 기준 등은 식품 매개성 인수공통질병 등의 위험을 최소화한다. 동물성 식품 안전성에 대한 신뢰를 소비자에게 심어 줌으로써 식량안보를 뒷받침하고 지속 가능한 농업을 지원한다.

셋째, 국제적 '위생 기준' 준수를 보장함으로써 동물성 제품의 국제 무역을 촉진한다. 조화로운 규정과 인증 절차는 국가 간 무역을 간소화하고 촉진한다. 반대로, 부적절한 수의 인프라 및 질병 발생은 무역 기회를 차단하여 해당 산업에 막대한 경제적 손실을 초래한다.

넷째, 인류의 건강과 복리에도 큰 영향을 미친다. 수의공중보건 조치는 인수공통전염병, 항생제 내성균 등의 발생과 확산을 막는 데 중요하다. 수의 정책은 인수공통질병을 원천에서 통제함으로써 사람의 의료체계에 대한 부담을 줄인다.

다섯째, 생물다양성 보존, 생태계 건강 보호 등을 통해 지속가능한 환경 유지에 기여한다. 집약적 가축 사육 체계는 천연자원에 압력을 가하여 환경 파괴를 초래할 수 있다. 생태친화적 동물산업 관행, 동물복지 기준, 지속 가능한 토지 관리 등을 장려하는 수의 정책은 환경 위험을 완화한다.

신종 전염병, 기후변화, 식량 불안과 같은 전 세계적인 도전과제를 헤쳐 나가는 과정에서 모두를 위한 과학적 증거에 기반한 수의 정책의 중요성은 아무리 강조해도 지나치지 않는다.

1.4. 정책 수립 시 사회적, 경제적, 정치적 측면을 고려한다

정책은 목표가 합리적이고, 투명한 과정을 거쳐서 수립되고, 체계적으로 시행되어야 최적의 성과를 얻을 수 있다.

훌륭한 수의 정책을 수립하기 위해서는 해당 수의 이슈를 둘러싼 문제나 이해관계자 우려 사항을 '과학적 사실에 근거해서', '시의적절하고', '올바르게' 규정하는 것이 중요하다. 인수공통전염병, 가축질병 발생에 따른 긴급대응 등의 수의 이슈는 보통 여러 영역 및 여러 전문 분야가 관련되고 이들이 상호 의존적으로 작용한다는 특성이 있다. 이해관계자 간의 수의 이슈에 대한 인식 차이, 이해충돌, 정책적 우선 관심 순위 차이 등이 있다. 이는 정책의 목적과 목표에 대한 견해를 서로 다르게 만들고, 정책 사안에 대한 종합적인 접근 및 합리적인 정책 방안 마련을 어렵게 만든다.

수의 정책은 미치는 영향의 범위가 매우 넓어서 정책 수립 시 사회적, 경제적, 정치적 측면을 적절히 고려할 필요가 있다. 수의 정책은 사회적 환경의 변화, 동물 질병의 다양한 전파 경로, 끊임없이 발전하는 수의 기술 등을 능동적으로 반영해야 한다. 수의 정책은 동물권Animal Rights,[14] 동물복지, 생태계 건강, 동물의 유전적 가치, 생물다양성, 식량안보 등 사회적 가치 변화에도 큰 영향을 받는다.

정책 성과는 투명한 과정을 거쳐 이해관계자들의 체계적인 평가를 계속 받아야 한다. 특히, 정부 정책 조치로 인해 피해를 겪는 농가 등에 대한 보상은 가축방역 정책에서 투명성을 보증하는 데 핵심적 조치이다. 예를 들어 보상이라는 정책 수단을 통해 가축질병 발생 의심 건에 대한 가축 사육 농가의 이른 신고를 촉진한다. 축산농가는 질병 발생에 따른 정부 방역당국의 살처분 조치

---

14 이는 비인간동물 역시 인간과 같이 인권에 비견되는 생명권을 지니며 고통을 피하고 학대 당하지 않을 권리 등을 지니고 있다는 개념이다.

로 인해 입은 경제적 손실에 대한 보상을 확신한다면, 질병 발생을 수의당국에 더 쉽게 신고할 것이다.

수의 정책의 성공적인 이행을 위해서는 수의 정책 당국 내 거버넌스의 질이 무엇보다 중요하다. 좋은 거버넌스는 수의 서비스가 효과적이고 투명하며 책임감 있게 동물 보건 사안을 해결할 수 있도록 보장한다. 좋은 거버넌스는 다음과 같다.

첫째, 견고한 법률 및 규제 틀이다. 이 틀은 질병 예방, 통제 조치, 동물복지, 식품 안전 등 동물 건강의 모든 측면을 포괄해야 한다. 효과적인 법률을 통해 동물위생과 공중보건을 보호하기 위한 정책을 시행하고, 검사를 하고, 필요한 조치를 할 수 있는 권한을 갖출 수 있다.

둘째, 적절한 인적 및 재정적 자원의 확보이다. 임상 서비스부터 규제 집행, 역학 감시까지 다양한 업무를 수행할 수 있는 잘 훈련되고 유능한 수의 인력이 필수적이다. 지속적인 전문성 개발과 교육 프로그램도 필요하다. 질병 감시, 실험실 검사, 긴급 대응 등을 지원하기 위한 충분한 재원이 있어야 한다.

셋째, 기술적 역량이다. 수의 당국은 동물 보건 문제를 효과적으로 관리하고 통제할 수 있는 기술적 역량을 갖춰야 한다. 여기에는 첨단 진단실험실, 정보 관리 시스템, 역학 도구에 대한 접근성이 포함된다. 정확하고 시의적절한 진단 서비스를 제공할 수 있는 국가표준실험실Reference Laboratory과 네트워크를 구축할 필요가 있다. 질병 발생을 추적하고 데이터를 관리하며 이해관계자 간의 소통을 촉진하는 첨단 정보관리 시스템이 중요하다.

넷째, 투명성 및 책임성이다. 수의 당국은 동물 보건 정책, 질병 발생, 규제 조치에 관한 정보에서 대중과 이해관계자에게 투명해야 한다. 이러한 투명성은 이해관계자 간 신뢰를 구축하고 협력을 촉진한다.

다섯째, 다양한 이해관계자의 적극적인 참여이다. 의사결정 과정에서 이해관계자의 참여는 중요하다. 이는 수의 정책이 실용적이고 널리 수용되며 다양한 집단의 요구에 맞게 조정되는 데 기여한다.

우수한 수의 거버넌스와 관련하여 WOAH는 각국이 ▲ 질병의 이른 검출을 위한 적절한 예찰 및 신고, ▲ 질병 발생 시 신속한 대응, ▲ 병원체 유입 방지를 위한 차단방역Biosecurity 조치, ▲ 국가적 방역조치에 따른 피해 농가 등에 대한 적절한 보상, ▲ 백신접종 등을 포함하는 국가적 동물위생 체계를 구축할 것을 강조한다.[8]

수의 정책은 법적, 제도적 근거가 있느냐가 중요하다. 보통 수의 정책은 규제적 성격이 강하기 때문이다. 수의 정책은 시행 과정에서 다양한 수준의 물리적, 경제적 제한 기준을 지킬 것을 이해관계자에게 요구한다. 이 과정에서 경제적 이해 침해 등을 이유로 이해관계자의 저항, 비협조 등이 있을 수 있다. 이러한 관계를 합리적으로 조정하고 해결하는 효과적인 수단이 바로 법적, 제도적 근거이다.

정책 당국이 수의 정책을 수립할 때 다른 정책과 달리 특별히 고려해야 할 요소들이 있다.

첫째, 원헬스 접근방식 활용이다. 수의 문제에 대한 체계적 접근 및 해결책을 마련해 이를 적극 활용하고, 이에 관한 연구와 혁신을 장려해야 한다.

둘째, 과학적 근거이다. 수의 정책은 질병 예찰 등 과학적 증거와 자료에 기반하여 수립되어야 한다.

셋째, 유연성이다. 수의 정책은 새로운 질병 발생, 새로운 동물복지 문제 대두, 새로운 수의 기술 등장 등과 같은 변화하는 상황에 맞게 유연하게 수정 또는 조정되어야 한다. 유연성 제고에 도움이 되는 방안으로는 ▲ 증거에 기반한 의사결정, ▲ 이해관계자와의 참여 및 협업, ▲ 위험 평가 및 관리, ▲ 정기적인 검토 및 평가 등이 있다.

넷째, 비용 대비 효율성이다. 수의 정책은 대부분 정책 대상 이해관계자의 비용 부담을 초래한다. 정책 입안자는 정책 수립 시 다양한 정책 수단별로 잠재적 비용과 편익을 고려하여 경제적 부담을 최소화해야 한다.

다섯째, 국제 표준 및 규정이다. 초국경 동물질병, 항생제 내성, 기후변화 등은 대부분 국제적 연관성이 있어 국제적 관련 규정 및 기준을 적용받는다. 따라서 이를 숙지하고 정책에 적절히 반영해야 한다.

1.5. 수의사의 사회적 역할과 책임이 증대한다

수의사는 수의 진료, 동물위생, 동물복지, 공중보건 등에 관한 법령을 준수해야 한다. 또한 높은 수준의 엄격한 윤리 기준도 준수해야 한다. 원헬스 전문가로서 적극적인 리더십 발휘도 요청된다. 이처럼 수의사에 대한 사회적 요구와 기대는 끊임없이 진화하고 있으며 수의사는 다음과 같은 사항을 유의해야 한다.

첫째, 예방 중심의 접근방식이다. 수의사는 동물 건강에서 예방 관리의 중요성에 대한 보호자의 인식 및 역량 제고를 위해 전문적 정보 및 기술 제공 등 다양한 노력이 필요하다. 우수동물사육규범GAP 준수, 정기적 질병 예찰, 백신 접종, 구충, 차단방역 등이 대표적이다. 반려동물의 건강한 생활 습관 장려 등도 이에 해당한다.

둘째, 정신 건강의 중요성이다. 사람과 마찬가지로 동물도 폐쇄적 생활환경, 운동 부족, 생리학적 특성 표현 기회 부족 등의 경우 정신 건강 문제를 겪을 수 있다. 특히 반려인은 수의사가 반려동물의 정신 건강 문제에 정통하고 적절한 치료 방안과 자문을 제공할 수 있기를 기대한다.

셋째, 첨단 수의 진료 기술의 활용 능력이다. 이에는 원격진료Telemedicine, 디지털 장비[15] 등을 활용한 동물의 건강 및 행동 추적, 인공지능 기반 진단과

---

15 디지털 방사선 촬영(X-ray), 초음파 검사기, 자기공명영상(MRI), 컴퓨터 단층 촬영(CT), 디지털 청진기, 웨어러블 모니터링 장치, 디지털 현미경, 레이저 치료기, 전기자극 치료기, 전자 의료기록 시스템 등이 있다.

치료[16] 등이 포함된다.

넷째, 수의 직업에서 다양성과 포용성 확대이다.[9],[10],[11],[12],[13],[14] 수의 업무는 수의학적 전문성 때문에 보통 배타적 성향이 강하다. 그러나 최근에는 수의 분야에서 다양성과 포용성에 대한 인식이 높아지고 있다. 수의 의료 영역이 크게 확대되어 다른 유관 전문가 등과의 소통과 협업이 필요하기 때문이다. 다양성과 포용성에 대한 열린 마음이 필요하다.

다섯째, 지속 가능한 지구 생태계를 위한 수의 서비스 제공이다. 이에는 친환경적 수의 의료 관행 장려, 지속 가능한 동물 제품 추천, 동물복지와 환경보존 옹호 등이 포함된다.

여섯째, 동물에 대한 윤리적 취급이다.[15],[16],[17],[18],[19],[20],[21] 이는 본질적으로 동물에 대한 인간의 도덕적 책임을 인식하는 철학이자 실천이다. 이는 동물의 필요와 인간의 필요 사이의 균형을 맞추는 것을 목표로 한다. 또 동물, 사람, 환경이 지속 가능한 방식으로 공존하는 보다 자비롭고 조화로운 세상을 만들기 위한 기본 요소이다.

사람, 동물 및 환경을 둘러싸고 있는 복잡하고 진화하는 보건 사안들을 고려할 때, 미래에는 다양한 이유로 수의사에게 더욱 강력하고 광범위한 역할이 요구된다. 그 역할은 다음과 같다.

첫째, 세계화, 기후변화, 병원체 변이 증가 등으로 인한 초국경 동물질병, 재난형 질병의 지속적 발생에 대응해야 한다.

둘째, 신종 인수공통전염병에 대한 대응력을 높여야 한다. 수의사는 인수공통 팬데믹을 탐지, 모니터링, 통제하는 최전선에 서 있다. 공중보건 인프라에서 이들의 역할을 강화하면 미래의 팬데믹에 더 잘 대비하고 대응할 수 있다.

---

16 방사선 사진 판독, 초음파 및 MRI 이미지 분석, 피부 및 병변 이미지 분석, 질병 예측 모델, 유전적 질병 분석, 맞춤형 치료 계획, 로봇 수술 등에 AI가 활용되고 있다.

셋째, 사회적인 동물복지 향상 요구에 부응해야 한다. 수의사는 동물복지 기준을 시행하는 데 중추적 역할을 한다. 동물 학대를 방지하고 인도적인 대우를 장려하며 동물 관련 산업 전반에 걸쳐 윤리적 관행을 보장하는 데 기여해야 한다.

넷째, 환경보호 수준을 강화해야 한다. 수의사는 생산성과 환경 보존의 균형을 맞추는 지속 가능한 농업 관행을 개발하고 실행하는 데 앞장설 수 있다. 이들이 환경 정책과 보존 노력에 더욱 깊이 참여함으로써 생태학적 문제를 더 잘 해결하고 지속 가능한 미래를 도모할 수 있다.

다섯째, 식량 안보와 안전 보증에 기여한다. 식품 시스템에서 수의사의 역할을 강화하면 가축의 건강과 생산성을 보장하고 식량 안보를 강화하며 영양 결과를 개선하고 지속 가능한 농업 관행을 지원할 수 있다.

여섯째, 원헬스 접근법이다. 수의사는 건강에 대한 보다 통합적인 접근방식을 포함하도록 책임을 확대함으로써 전 세계 보건 문제를 해결하는 포괄적인 전략에 기여할 수 있다.

일곱째, 공공 교육 및 옹호이다. 교육 및 옹호 활동에서 수의사의 역할을 확대하면 중요한 건강 문제, 책임감 있는 반려동물 소유, 지속 가능한 관행에 대한 인식을 높이기 위한 노력을 더욱 강화할 수 있다.

수의사는 파트너십과 협력의 정신에 근거해서 정책 과정에 적극 참여하여 수의학적 전문성을 제공해야 한다. 이를 위한 다양한 법적, 제도적 수단과 경로를 확립하는 것이 중요하다. 먼저, 법령으로 이를 위한 조직 틀을 규정할 수 있다. 가축전염병예방법에 따른 '가축방역심의회', 동물보호법에 따른 '동물복지위원회' 등이 이에 해당한다. 또한 법령에서 정책 수립 시 수의 전문성을 구하도록 규정할 수 있다. 가축전염병예방법에 따른 '가축전염병 예방 및 관리대책', 야생생물보호및관리에관한법률에 따른 '야생생물 보호 기본계획' 등이 그 예이다.

수의사는 개인적, 집단적 차원에서 사회적 리더십을 발휘함으로써 동물과 인류의 삶에 긍정적 영향을 미칠 수 있다. 이를 위해 필요한 대표적 자질로는 ▲ 동물 건강과 복지에 대한 열정, ▲ 효과적인 소통과 협업, ▲ 전략적 사고와 문제 해결, ▲ 윤리적 의사결정, ▲ 평생 학습 등을 들 수 있다.[22]

1.6. 정책 과정에서 민간 수의조직의 역할이 커진다

민간 수의조직의 공적 수의 활동 참여는 수의 서비스 자원의 효율성과 혁신을 촉진한다. 질병 예찰, 진단, 치료 방법 개선 등에 이들의 전문성을 활용할 수 있다. 예를 들어 2023.10.19. 국내 최초로 발생한 럼피스킨병LSD의 경우, 백신접종 및 흡혈해충 방제 과정에 대한수의사회, 공수의, 방제전문업체 등의 기여가 컸다.

또한 민간 수의조직은 특히 정부 자원이 제한적인 도서 및 산간벽지 등에서 수의 서비스 제공의 격차를 해소할 수 있다. 정부와 민간 수의조직이 협력하면 필수 수의 서비스에 대한 농가 등 수요자의 접근성을 더욱 높이고 보다 많은 혜택을 제공할 수 있다.

민간 수의조직은 수의 정책의 개발, 시행, 평가에 영향력 있는 이해관계자이다. 수의 정책 과정에서 이들의 역할과 참여가 형식적 수준이 아닌 실질적 차원으로 강화되고 확대되어야 한다.[23] 이들은 전문 지식, 자원 및 네트워크를

[사진 4] (좌) 럼피스킨 백신접종, (우) 흡혈곤충 방제 모습

활용하여 몇 가지 방식으로 정책에 영향을 미친다.

첫째, 정책 입안자와 입법자에게 동물보건 전문가의 이익을 대변한다. 이들은 유리한 법안과 정책을 위한 로비를 통해 수의 업계의 목소리를 반영한다. 이들의 전문적 지식과 경험은 의견제출, 근거 자료 제공 등을 통해 정책 입안자에게 귀중한 통찰력을 제공하는 등 정책 과정에 기여한다.[24]

둘째, 수의학적 전문성을 제공하여 정책 개발에 기여한다. 이들은 정책 결정에 필요한 기술 지식과 실무 경험을 보유하고 있다. 정책 과정에서 이들 민간 조직의 전문성이 활용될 때 정책의 질적 수준 및 완결성이 높아지며, 이해관계자들로부터 해당 정책에 대한 신뢰와 지지를 얻을 수 있다.

셋째, 대중, 정책 입안자, 수의 업계에 중요한 수의 사안에 관한 교육을 제공한다. 이들은 컨퍼런스, 워크숍, 평생 교육 프로그램 등을 마련하여 수의 분야의 모범 사례와 새로운 사안에 대한 정보를 전파한다. 이를 통해 이해관계자의 지식 기반을 형성함으로써 간접적으로 정책에 영향을 미칠 수 있다.

넷째, 수의 직업을 위한 표준과 모범 사례를 개발하고 홍보한다. 이러한 표준은 수의 직업에 관한 정부 정책에 영향을 미칠 수 있다. 예를 들어 대한수의사회의 '수의사 윤리강령'은 수의사의 수의사법 준수에 관한 정부의 규제 수준에 영향을 미친다.

다섯째, 동물 건강 및 복지 문제를 현장에서 감시하고 보고하는 데 이바지한다. 예를 들어 임상수의사는 질병 발생이나 기타 동물 건강 문제를 가장 먼저 파악하여 정부당국에 보고한다.

정부는 민간 수의조직의 역할을 강화하기 위해 다양한 방안을 채택할 수 있다. 이러한 방안들은 협력을 강화하고, 전문성을 인정하며, 민간 조직의 참여를 촉진함으로써 정책 결정 과정에서 민간 수의조직의 영향력을 확대하는 것을 목표로 한다.

첫째, 정부는 민간 조직이 정책 개발 및 의사 결정 과정에 적극적으로 참여할 수 있도록 공식적인 참여 경로를 마련한다. 예를 들어 정책자문위원회나 실무작업반Task Force 등에 이들을 포함해야 한다.

둘째, 정부는 민간 조직과의 정보 공유를 강화하여 협력관계를 공고히 한다. 정기적인 회의와 워크숍을 통해 최신 정보를 교환하고, 연구 결과와 자료를 공유함으로써 민간 조직이 정책 제안과 평가에 실질적으로 기여할 수 있도록 지원해야 한다. 이러한 협력은 더 나은 정책을 개발하는 데 필수적이다.

셋째, 정부는 민간 조직이 독립적으로 연구를 수행하고, 정책 개발에 기여할 수 있도록 재정적 지원과 인센티브Incentives를 제공한다. 예를 들어 연구 보조금이나 프로젝트 자금을 지원하여 이들이 수행하는 연구와 자료 수집 활동을 촉진할 수 있다.

넷째, 정부는 민간 조직의 역량 강화를 위해 교육 프로그램과 훈련 기회를 제공한다. 정책 분석, 데이터 활용 등에 관한 교육을 통해 민간 조직이 정책 과정에서 더 효과적으로 활동할 수 있도록 지원해야 한다. 이러한 프로그램은 민간 조직의 전문성을 높이고, 정책 개발에 실질적으로 기여할 수 있도록 한다.

다섯째, 정부는 민간 수의조직이 원활하게 활동할 수 있도록 법적 및 제도적 지원을 강화한다. 민간 조직의 활동을 지원하는 법률과 규정을 마련하고, 이들이 정책 과정에서 중요한 역할을 할 수 있도록 제도적 기반을 마련해야 한다. 예를 들어 공공 정책에 대한 자문 역할을 명확히 규정하고, 민간 조직의 의견이 반영될 수 있는 공식적인 절차를 마련해야 한다.

1.7. 정책 시행 시 애로사항을 미리 파악해야 한다

정책 당국이 정책 시행 중 주로 직면하는 어려움은 다음과 같다.

첫째, 다양한 이해관계자의 다양한 이해이다. 이해관계자는 농가, 지역주민, 시민단체, 소비자 등 정책 사안별로 매우 다양하며, 이들의 이해도 서로 다양할 뿐 아니라 때론 서로 충돌한다. 정책 과정 중에 이들 간 이해의 균형을 잡는 것은 쉽지 않지만 매우 중요하다.

둘째, 자원의 제한이다. 여기에는 재정적, 인적, 인프라 자원이 포함된다. 수의 서비스는 질병 예찰, 백신접종 캠페인, 공공 교육 프로그램과 같은 활동에 상당한 자금이 필요하다. 수의사와 지원 인력이 부족하여 적절한 서비스 제공에 어려움이 있는 경우가 많다.

셋째, 과학적 불확실성이다.[25],[26] 수의 분야는 복잡하고 계속 발전한다. 수의 정책은 종종 불확실하지만, 활용할 수 있는 최상의 과학적 증거에 근거해야 하는 경우가 많다. 정책 담당자는 정책 환경이 갈수록 더 복잡해지고, 정책 실수로 인한 비용이 계속 증가함에 따라 불확실성에 책임감 있게 대처해야 한다.

넷째, 대중의 인식 미흡이다. 정책 문제에 대한 잘못된 정보 및 인식 부족은 대중의 참여를 왜곡한다. 백신, 항생제 사용, 질병 예방에 대한 오해는 규정 미준수로 이어져 정책 효과를 저해한다. 이 때문에 공공 교육 및 홍보 캠페인이 필수적이다.

다섯째, 사회 · 정치적 역학이다. 수의 정책은 종종 사회 · 정치적 환경의 영향을 받는다. 성공적 실행을 위해서는 정치적 의지와 지원이 필수적이다. 그러나 정부의 변화, 정치적 불안정, 정치적 우선순위의 차이로 인해 정책이 차질을 빚을 수 있다. 특히 정책이 관행의 변화나 새로운 규제의 부과를 수반하는 경우 농가, 업계 관계자, 일반 대중을 포함한 다양한 이해관계자의 저항이 있을 수 있다.

여섯째, 글로벌 상호의존성이다. 현대 세계의 상호 연결된 특성은 정책을 수립하고 시행할 때 글로벌 요인도 고려해야 함을 의미한다. 초국경 동물질병은 국제적인 협력과 조율이 필요하다. 무역 정책과 국제 협약도 중요한 역할을 하며 국익과 국제적 의무의 균형을 맞추는 것은 어려운 일이다.

일곱째, 질병의 복잡성과 새로운 위협이다. 끊임없이 진화하는 동물 질병의 특성은 지속적인 도전과제이다. 신종 질병에 대한 지속적인 관심과 이에 대한 시의적절한 대응이 필요하다.

정부 정책 담당자는 수의 정책을 시행하는 과정에서 직면하는 위와 같은 다양한 어려움이나 문제점을 사전에 파악하고 해결해야 수의 정책을 성공적으로 실행할 수 있다. 이를 위한 주된 접근방식은 다음과 같다.

첫째, 이해관계자 참여 강화이다. 정책 과정에서 일반적 문제 중 하나는 이해관계자 참여가 부족하다는 것이다. 농부, 동물복지 단체, 일반 대중은 종종 다양하고 때로는 상충되는 이해관계를 가지고 있다. 이러한 이해관계자들 간의 대화를 위한 정기적이고 체계적인 플랫폼을 구축해야 한다.

둘째, 교육 및 훈련 강화이다. 수의 정책 시행에서 볼 수 있는 지속적 문제점 중 하나는 수의 전문가와 동물 보호자 간의 교육 및 훈련 수준의 격차이다. 수의 전문가에게 의학 및 기술 발전에 대한 최신 정보를 제공하는 지속적인 교육 프로그램에 대한 자금과 지원을 우선적으로 고려해야 한다. 또한 공공 교육 캠페인 등을 통해 동물 보호자에게 동물 관리의 모범 사례, 예방접종의 중요성, 동물의 윤리적 대우 등에 대해 알릴 수 있다.

셋째, 규제 틀 개선이다. 비효율적이거나 오래된 규제 틀은 수의 정책의 실행을 방해할 수 있다. 기존 법률과 규정을 정기적으로 검토하고 갱신하여 현재의 과학 지식 및 업계 관행에 부합하도록 해야 한다. 또한 규정 미준수에 대한 처벌을 명시한 명확하고 시행 가능한 지침을 만들면 정책 준수를 강화할 수 있다.

넷째, 자료 수집 및 질병 예찰 강화이다. 정확한 자료 수집과 예찰은 수의 사안에 대해 정보에 입각한 의사결정과 적시 개입을 위해 매우 중요하다. 동물 보건 동향, 질병 발생, 시행된 정책의 효과를 모니터링할 수 있는 강력한 데이터 시스템에 투자해야 한다. 이러한 사전 예방적 접근방식을 통해 새로운 보건 위협에 신속하게 대응할 수 있다.

다섯째, 수의 서비스 접근성 촉진이다. 수의 서비스에 대한 접근성은 특히 농촌과 소외된 지역에서 여전히 중요한 문제이다. 보조금 지급 등을 통해 수의사들이 이러한 지역에서 진료하도록 장려할 수 있다. 또한 원격의료의 사용을 장려하면 원격 상담과 진단을 통해 수의 진료의 범위를 넓힐 수 있다.

여섯째, 연구개발 지원이다. 진화하는 보건 문제를 해결하기 위해서는 수의학적 기술의 지속적인 발전이 필수적이다. 자금, 협력 프로그램 등을 통해 이를 지원해야 한다. 공공 기관, 민간 기업, 국제기구 간의 파트너십을 장려하면 혁신을 촉진하고 새로운 치료법, 백신, 진단 도구의 개발을 촉진할 수 있다.

일곱째, 경제적 장벽 해결이다. 경제적 제약은 종종 수의 정책의 효과를 제한한다. 특히 질병 발생과 같은 위기 상황에서 동물 소유주에게 재정적 지원을 제공하는 것을 고려해야 한다. 보조금, 보험, 긴급 자금 등은 농가와 반려동물 소유주의 재정적 부담을 완화하여 경제적 장벽이 중요한 보건 조치를 시행하는 데 방해가 되지 않도록 할 수 있다.

1.8. 수의 공직자의 자세가 중요하다

수의 공직자는 수의 정책이 과학에 근거한 정책이 되도록 하는 데 중요한 역할을 한다. 그들이 정책에 대해 갖고 있는 태도와 관점은 수의 정책을 수립하고 실행하는 정부당국의 역량에 큰 영향을 미친다. 수의 공직자가 가져야 할 대표적 태도는 다음과 같다.

첫째, 공감과 연민이다. 이는 동물의 건강과 복지를 최우선으로 고려하여 정책을 수립하도록 한다. 공감적 접근은 동물의 필요와 고통을 이해하고 사려 깊은 정책 조치를 통해 이를 해결하려는 노력이다. 연민은 동물의 삶에 대한 정책의 광범위한 영향을 고려하도록 유도한다. 이러한 태도는 이해관계자 간의 상충되는 이해관계의 균형을 맞추는 데 도움이 되며 인도적인 정책을 촉진한다.

둘째, 과학적 무결성이다. 수의 공무원은 과학적 증거를 바탕으로 정책을 다루어야 한다. 이러한 태도는 수의 정책에 대한 이해관계자와 대중의 신뢰와 믿음을 증진한다.

셋째, 사전 예방적 사고방식이다. 수의 공직자는 동물과 공중보건에 대한 새로운 위협이 있는지 계속 감시해야 한다. 이러한 위협은 문제가 발생하기 전에 예방하는 게 최선이다.

넷째, 협업과 포용성이다. 수의 공직자는 동물 건강, 인간 건강, 그리고 환경 건강의 상호 연관성을 인식해야 한다. 이러한 관점은 의학, 생태학, 농업, 그리고 공중보건과 같은 다양한 분야 전문가들과의 학제 간 협력이 필요하다. 수의 정책 담당자는 농부, 반려인, 업계 관계자, 공중보건 관계자 등 다양한 이해관계자와 협력하면서 포용적인 태도를 가져야 한다.

다섯째, 윤리적 진실성이다. 수의 공직자는 업무에서 최고 수준의 정직성, 투명성, 그리고 책임감을 지녀야 한다. 이것은 개인적인 이득, 정치적인 압력, 또는 여론에 의해 영향을 받지 않고 윤리적인 고려와 동물과 인간의 복지에 기초한 결정을 내리는 것이다. 윤리적 태도는 대중의 신뢰와 정당성을 유지하는 데 필수적인 공직자의 공정성과 책임감을 증진한다.

여섯째, 지속적인 학습과 적응력이다. 수의 분야는 끊임없이 진화한다. 수의 공무원은 평생 학습자이어야 하며, 변화에 적응해야 한다. 새로운 아이디어에 개방적이고 새로운 정보와 변화하는 환경에 대응하여 기꺼이 정책을 조정할 수 있어야 한다. 이러한 적응력은 진화하는 도전에 직면하여도 정책의 관련성과 효과를 유지할 수 있도록 한다. 또한 좌절에 직면했을 때 긍정적인 전망과 인내심을 유지하여 빨리 회복할 수 있도록 돕는다.

끝으로, 공공 서비스에 대한 헌신이다. 이는 지역사회에 봉사하고 개인의 이익보다 공동선을 우선시하는 것이다. 이러한 헌신에는 대중의 이익을 위해 정책을 설계하고 실행해야 한다는 의무감과 책임감이 수반된다. 이는 공무원들이 대중의 우려를 해소하고, 긴급상황에 대응하며, 투명한 정보를 제공하기 위해 성실하게 일하도록 유도한다.

| 02 | 과학은 수의 정책의 핏줄과 같다

2.1. 수의 정책은 과학적 근거를 요구한다

모든 공공 정책 문제에는 숨겨져 있든 드러나 있든 과학적 요소가 포함되어 있다. 과학적 사고란 문제를 해결하기 위해 다양한 증거를 고려하고, 건설적인 분석을 통한 최선의 답을 찾기 위해 열린 마음으로 접근하는 것이다. 정책 담당자와 과학자는 서로 작용하는 부문이나 사안 등에 소통을 강화하는 것이 중요하며, 정책 결정 과정에 과학적 사실이 적절히 반영될 수 있는 합리적 시스템을 구축하는 데 서로 적극 협력해야 한다

우선, 수의 정책의 과학적 특성을 이해할 필요가 있다. 수의 정책은 최신 과학적 연구와 자료 등 과학적 증거를 활용하고, 증거 기반 의사결정을 통해 지속적으로 개선된다. 수의 정책은 다양한 관련 학문 분야와의 협력을 통해 강화된다. 또한 자료 기반의 모니터링과 평가를 통해 그 효과를 계속 검증한다.

과학적 증거는 다양한 정책 방안의 위험과 이점을 식별하고 평가하는 데 기여한다. 예를 들어 정부가 특정 동물 질병의 확산을 통제하기 위해 새로운 규제의 도입을 고려하는 경우, 과학적 증거를 활용하여 다양한 규제 조치의 효과를 미리 평가하고 해당 규제 조치가 동물복지, 공중보건 및 경제에 미칠 수 있는 영향을 판단할 수 있다.

과학적 증거는 수의 정책에 대한 대중의 신뢰와 믿음을 구축하는 토대이다. 동물 건강과 복지는 대중의 중요한 관심사이며, 대중은 관련 정책이 확고한 과학적 증거에 기반하기를 원한다. 정책 결정이 과학적 증거에 근거하지 않거나 증거가 편향적이거나 부적절하다고 인식되면 해당 정책에 대한 대중의 신뢰를 얻기는 어렵다. 이는 결국 대중의 정책 호응 부족으로 이어져 정책의 효과를 떨어뜨린다.

과학적 증거는 국제 협력과 조화를 촉진한다. TAD를 효과적으로 예방 및

통제하기 위해서는 국제적 협력이 필요하다. 이때 과학적 증거가 기반이 된다.

과학적 증거는 정책 결정의 투명성을 보장한다. 동물의 건강과 복지에 관한 정책은 보통 수립, 시행 및 평가의 과정에서 대중의 감시와 평가를 받는다. 정부는 정책 결정에 관한 과학적 정보를 투명하게 제공함으로써 정책이 객관적이고 엄격한 분석에 기반했음을 입증할 수 있다. 이는 정책 결정이 공정하고 책임감 있게 이루어지도록 돕는다.

또한 과학적 증거에 근거한 수의 정책은 자원의 효율적인 사용을 도우며, 비과학적 정책으로 인해 의도하지 않은 결과가 초래하는 것을 방지하는 등의 이점이 있다.

2.2. 과학과 정책은 상호 작용한다

수의는 과학이다. 수의 정책은 과학적 사실에 근거한다. 수의 정책 대상은 동물질병, 식품안전, 동물복지, 환경보호 등으로 이는 과학의 영역이기 때문이다. 과학이 뒷받침되지 않는 수의 정책은 이해관계자 또는 사회적 요구 수준의 정책 품질을 달성할 수 없다. 정책과 과학의 연관성을 이해하는 것은 매우 중요하다.[27],[28]

과학과 정책은 상호작용한다. 예를 들어 동물에서 항생제 사용 및 내성에 관한 연구는 항생제 규제 정책으로, 동물복지에 관한 연구는 동물보호정책으로 이어진다.

점점 더 복잡하고 빠르게 변화하는 오늘날, 정책 결정이 객관적 증거에 근거해야 한다는 점은 과거 어느 때보다 중요하다. 이것은 수의 정책에 특히 중대한 영향을 미친다.[29]

정책 입안자 관점에서 과학은 파편화되어 있고 서로 다른 과학적 주장, 의견 등이 조정되지 않아 타당성과 유용성이 결여된 결과를 가져올 수 있는 것으로 취급될 수 있다. 더구나 현실 세계에서 과학은 수용할 수 있는 속도보다 좀 더 빠르게 변화하기도 해서, 정책 입안자가 알고 싶어하는 것과 과학이 현실적으로 제공할 수 있는 해답 사이에 잠재적인 단절이 발생할 수 있다. 반대로 과학자는 정책을 정치적 이데올로기, 통념, 관습, 희망적 사고에 의해 주도되며 지혜보다 희망이, 입증된 효과보다 감정이, 증거보다 직관이 우선하는 것으로 볼 수 있다.[30]

과학은 정책 담당자가 합리적 결정을 내리는 데 필요한 과학적 근거를 제공한다. 예를 들어 문제 식별 단계에서는 문제의 근본 원인과 잠재적 해결책을 파악하는 데, 정책 수립 단계에서는 정책 입안자가 다양한 정책 옵션의 유효성을 평가하는 데, 정책 시행 단계에서는 정책이 효과적이고 효율적으로 시행되고 있는지 확인하는 데, 그리고 정책 평가 단계에서는 정책의 영향을 평가하고 개선할 수 있는 영역을 식별하는 데 큰 도움이 된다.

과학은 정책이 현실적, 객관적 증거에 근거하는 데 기여한다. 그러나 정책 입안자는 과학자와 다른 우선순위와 제약이 있을 수 있어 때로는 이들 간에 긴장이 있을 수 있다. 정책 입안자는 신뢰할 수 있는 과학적 정보에 접근하기 위해 적극 노력하고, 과학자는 정책 당국이 접근하기 쉬운 방식으로 연구 결과를 전달하는 것이 중요하다. 또한 정책 입안자는 과학적 증거에 개방적이고 정책 조정에 유연해야 한다.

정책 입안자는 과학적 증거가 항상 결정적인 것은 아니라는 '과학의 한계'[17]를 인식해야 한다. 과학자는 이용할 수 있는 증거를 바탕으로 정책 입안자에 다양한 옵션을 제공할 수 있지만, 궁극적으로 정책 결정에는 다양한 가치와 이해관계 간의 절충이 수반되는 경우가 많다. 따라서 정책 결정자는 과학적

---

17 대표적으로 인간이 관찰하고 이해하는 것에 의존하는 '인간의 제한된 이해력', 기술적 도구와 장비에 의존하는 '기술적 한계', 우주, 양자 역학, 의식 등과 같은 여러 분야에서 여전히 설명할 수 없는 현상에 직면하고 있는 '모든 것을 설명하지 못하는 불확실성', 인간이 진행시키는 작업이기 때문에 '인간적인 요소와 편향' 등을 들 수 있다.

증거, 사회적 가치, 정치적 타당성, 경제적 고려 사항 등 다양한 요소를 고려하는 것이 중요하다.

또한 과학과 정책의 관계는 다양한 요인의 영향을 받는다. 예를 들어 정치적 이념, 경제적 이해관계, 여론은 모두 정책 과정에서 과학적 증거가 인식되고 사용되는 방식에 영향을 미친다. 특히 과학적 증거가 기존 정책과 모순되는 경우 과학자와 정책 입안자 사이에 갈등이 발생할 수 있다.

이러한 문제를 해결하려면 과학자와 정책 입안자 간의 과학적 자료 및 정책과정에서 투명성 및 개방성을 높이고, 협력과 소통의 문화를 조성하는 것이 중요하다. 여기에는 정책 담당자와 대중의 '과학적 소양'과 신뢰를 증진하기 위한 노력이 포함될 수 있다.

수의 정책의 특징 중 하나인 증거 기반의 정책 결정을 지원하기 위해 과학 연구와 인프라에 투자하는 것도 중요하다. 여기에는 연구, 자료 수집, 과학 기관에 대한 자금 지원, 과학 정보의 품질과 접근성 개선 등이 포함될 수 있다.

또한 과학과 정책의 관계는 기후변화, 신종 인수공통전염병, 생물다양성 등과 같은 국제적 이슈의 영향을 받는다. 국제적 차원의 연구나 대응 노력이 이에 집중되기 때문이다.

정책은 수의 과학 연구의 방향을 설정하는 데 중요한 역할을 한다. 예를 들어 동물 실험에 관한 법적 윤리 규정은 동물복지를 염두에 두고 윤리적으로 연구가 수행되도록 보장한다. 마찬가지로 동물 사료나 동물 제품 생산에 유전자변형생물체GMO를 사용하는 것에 대한 정책적 규제는 수의 분야의 GMO 연구에 영향을 미친다.

동물의 건강과 복지, 공중보건, 동물 관련 산업의 지속가능성을 보장하기 위해서는 과학과 수의 정책 간의 긴밀한 관계는 필수적이다. 과학과 정책 간의 유기적 관계를 촉진하는 방법은 다양하다.[31] 일례는 자문위원회, 협의회, 전문가 패널 등을 운용하는 것이다. 정기적인 포럼, 워크숍 또는 컨퍼런스도 있다. 온라인 소통 네트워크도 좋은 방법이다. 과학과 정책은 서로 간에 ▲ 열린 소통, ▲ 협업, ▲ 상호 존중, ▲ 증거에 기반한 의사결정, ▲ 포용성, ▲ 투명성 등을 유의하고 건강한 관계를 유지해야 한다.

이러한 유기적 관계를 강화하기 위한 효과적인 방법 중 하나는 수의 전문가를 수의 정책 결정 기관 또는 과정에 직접 참여시키는 것이다. 이는 다양한 이점이 있다.

첫째, 전문 지식에 즉각적으로 접근할 수 있다. 정책 입안자는 종종 복잡한 수의 사안에 직면하는데, 이러한 사안에는 깊은 이해와 기술적 전문성이 요구된다. 수의 전문가가 있으면 실시간 상담이 가능하므로 정책 입안자는 이러한 문제의 과학적 측면을 빠르게 파악할 수 있다. 이러한 직접적인 접근은 정책 결정의 질을 크게 향상시켜 과학적 현실에 근거한 결정을 내릴 수 있도록 한다.

둘째, 수의 과학과 정책은 서로 다른 일정, 우선순위, 환경에 따라 운영된다. 정책 결정 기관에 소속된 수의 전문가는 이러한 간극을 좁히는 중재자 역할을 한다. 이들은 복잡한 과학 데이터에서 실행이 가능한 착안 사항을 발굴하고 정책 담당자에게 수의 문제의 시급성과 관련성을 공감할 수 있는 방식으로 전달할 수 있다. 이러한 역할은 정책 결정 과정에서 수의 사안이 오해되거나 간과되지 않도록 하는 데 중요하다.

셋째, 정책 결정 기관의 수의 전문가는 과학적 의제를 정책적 필요에 맞게 조정하는 데 도움을 줄 수 있다. 정책 입안자의 즉각적인 관심사를 이해함으로써 수의 전문가는 특정의 수의 정책 문제를 해결하는 방향으로 연구 노력을 기울일 수 있다. 이러한 조율을 통해 과학적 연구는 관련성과 시의성을 모두 확보하여 현재의 정책 과제에 대한 실행 가능한 솔루션을 제공할 수 있다.

넷째, 증거에 기반한 정책 결정 문화를 조성할 수 있다. 정책 입안자는 수의학 전문가와 직접 소통할 수 있을 때 경험적 증거와 과학적 엄격성에 기반한 결정을 내릴 가능성이 높아진다.

다섯째, 과학계와 정책 기관 간의 상호 이해와 존중을 증진할 수 있다. 수의 전문가는 타협의 필요성과 정치적 역학의 영향 등 정책 결정 과정의 복잡성과 제약에 대한 통찰력을 얻을 수 있다. 반대로 정책 입안자는 과학적 방법과 의사결정에서 경험적 증거의 중요성에 대해 더 큰 인식을 갖게 된다.

2.3. 이해관계자 간 과학적 사실에 대한 이해가 다르다

'과학적 무결성Scientific Integrity'[18]은 수의 정책의 토대인 과학적 근거의 온전함을 의미한다. 과학에서 증거의 조작, 무시, 편향적 취사선택 등은 없어야 한다. 과학적 주장에 대한 비평을 충분히 검토하지 않는 것도 진실성을 떨어뜨린다.[32]

정책 결정에서 과학적 증거를 적절히 사용하는 것은 매우 중요하지만 이에는 어려움도 많다. 그중 하나는 동물보건 문제의 복잡성으로, 이해관계자 간에 이해관계와 관점이 서로 다르다. 또 하나는 신뢰할 수 있는 자료의 가용성 부족이다. 많은 경우 이용할 수 있는 데이터가 없거나 제한적이다.

정책 결정 과정에서 정책을 뒷받침하는 과학적 근거를 마련하는 데 정책 입안자, 과학자와 기타 이해관계자는 보유한 다양한 과학적 자료를 투명하게 공개하는 것이 바람직하다. 특히 정부 연구기관, 공공 기관이 보유한 조사 및 연구 자료가 주요 대상이다. 투명한 공개를 원칙으로 해야 한다. 일례로 질병관리청이 2022년 2월부터 4월까지 Q-열 고위험군인 가축위생방역지원본부 직원 616명에 대해 항체검사를 실시한 결과 13.5%의 양성률을 보였다. 한타

---

18 이는 과학 연구 및 실무 수행에서 윤리적 원칙과 전문적 기준을 준수하는 것을 말한다. 여기에는 과학 연구의 설계, 실행 및 보고에서 정확성, 정직성 및 객관성이 포함된다. 과학적 무결성을 유지하는 것은 과학에 대한 대중의 신뢰를 유지하고 지식을 발전시키며 과학적 연구 결과가 신뢰할 수 있고 타당하다는 것을 보장하는 데 매우 중요하다.

바이러스 감염증의 경우, 국내에서 등줄쥐를 잡아먹는 포식동물의 종다양성이 높은 지역일수록 사람에게서 발생률이 감소하였다. 이들 연구는 건강보험심사평가원 등에서 제공한 자료로 진행됐다.

과학적 사실에 정치가 개입하는 것도 문제이다. 2008년 미국산 수입 쇠고기의 소해면상뇌증(BSE) 오염 우려 사태가 대표적 사례이다. 과학의 영역인 질병을 정치의 영역으로 다룬 것이 BSE를 둘러싼 당시의 전 국민적, 사회적, 정치적 혼란의 근본 원인이다. 코로나19 사태 시 정치적 유불리에 근거해서 미국 트럼프 대통령이 보인 과학 경시의 모습도 비슷하다.

2.4. 위험분석은 수의 정책의 과학적 실행 틀이다

WOAH는 위험분석Risk Analysis을 '질병 위험을 식별 · 평가 · 통제하기 위한 정형화된 절차의 집합'으로 규정한다.[33] 이는 '위해 확인', '위험 평가', '위험 관리', '위험 정보소통'으로 구성된다.

첫째, '위해 확인'은 수의 분야에서 전염병, 식품 매개 병원체, 화학적 오염물질 등 다양한 건강상 위험을 확인하는 것이다. 이는 예찰, 실험실 검사, 문헌 검토 등 다양한 방법을 통해 찾아낸다. 위해 확인은 후속하는 위험 평가 및 위험 관리 전략의 토대가 되며, 확인된 위해를 효과적으로 완화하기 위한 예방 조치를 안내한다.

둘째, '위험 평가'는 확인된 위해가 실제 위험으로 바뀔 가능성과 결과를 평가하는 것이다.[19] 이는 정량적, 정성적 방법 등이 있다. 정량적 평가는 수학적

---

19 위험분석에서 '위해'와 '위험'은 밀접한 개념이다. 위해(Hazard)는 해로움이나 부정적인 영향을 초래할 잠재적인 원천을 의미한다. 이는 부상, 질병, 손상 또는 손실을 초래할 내재된 능력을 가진 모든 것을 지칭한다. 위해는 일반적으로 위협을 가하는 조건이나 상황이다. 반면에 위험(Risk)은 특정 상황에서 위해가 실제로 해를 끼칠 가능성이나 확률을 의미한다. 위험은 위해가 실제로 해를 끼칠 가능성과 그로 인한 잠재적 영향의 정도(심각성)을 측정하는 것이다.

모델과 통계 분석을 활용하여 위험 전파 역학, 노출 경로, 인구 감수성 등의 요인을 기반으로 위험을 정량화한다. 정성적 평가는 전문가의 판단과 위험 매트릭스에 의존하여 심각도, 불확실성, 이해관계자의 우려와 같은 요소를 고려한다. 위험평가를 통해 대응조치의 우선순위를 정하고, 자원을 효율적으로 할당할 수 있다.

셋째, '위험 관리'는 식별된 위험을 효과적으로 통제 또는 완화하는 조치이다. 위험 관리에는 규제 조치, 차단방역 조치, 백신접종, 공중보건 대응조치 등이 포함된다. 검역 규정 및 식품 안전 기준과 같은 규제 조치는 무역과 상거래를 통한 전염병의 유입과 확산을 방지하는 것을 목표로 한다. 종합적인 위험 관리 전략을 실행함으로써 위험의 발생과 영향을 최소화한다.

넷째, '위험 정보소통'은 이해관계자 간의 잠재적 위험, 위험 관리 전략 등에 관한 정보를 시의적절하고 투명하게 교환하는 것이다. 여기에는 예찰 활동, 발병 조사, 실험실 분석 결과를 소통하는 것이 포함된다. 위험 정보소통은 이해관계자가 잠재적 위험으로부터 자신과 동물을 보호하기 위해 정보에 입각한 결정을 내리는 데 도움이 된다. 위험 정보소통은 이해관계자 간의 신뢰와 믿음을 구축하는 데 중요하다. 투명성, 정직성, 열린 대화는 효과적인 위험 정보소통 관행의 필수 요소이다. 이는 신뢰와 협력의 문화를 조성함으로써 이해관계자들이 정책 당국이 권장하는 위험 관리 조치를 준수하려는 의지를 강화한다.

[그림 3] 위험분석 구성요소 [34]

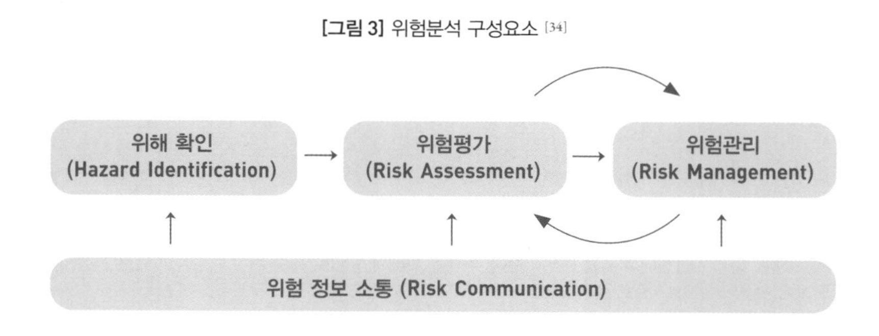

앞의 네 가지 요소는 위험분석 과정 중 반복적이고 역동적으로 상호 작용한다. 예를 들어 위해 확인 결과는 위험 정보소통 채널을 통해 받은 이해관계자의 피드백을 바탕으로 위험 평가 방법의 수정 또는 위험 관리 전략의 조정을 유도할 수 있다.

'위험분석' 기법은 수의 정책 과정에서 다음과 같이 다양하게 활용될 수 있다.

첫째, 백신접종, 동물이동 통제, 검역 등 효과적인 질병 통제 및 예방조치를 개발하거나 이들 조치의 효과를 평가한다. 예를 들어 백신접종 프로그램 실행에서 해당 질병 발생 가능성과 위험의 심각성을 평가할 수 있다.

둘째, 식품 공급망에서 잠재적 공중보건 위험을 식별하고 이를 통제하는 조치를 마련하고 시행 효과를 평가한다. 예를 들어 동물 사료가 병원균에 오염될 위험을 평가하고, 그 결과를 토대로 사료의 안전성을 보장하는 방안을 마련할 수 있다.

셋째, 국가간 또는 지역간 이동하는 사람, 동물, 물품 등을 통한 다양한 위험을 관리한다. 예를 들어 이 기법을 사용하여 동물과 동물성 제품의 국경 간 이동을 통한 동물질병 전파 위험을 가할 수 있다. 또한 위험평가 결과를 바탕으로 해당 위험을 관리하기 위한 최적의 조치에 마련할 수 있다.

넷째, 동물위생, 공중보건 등에서 위험관리의 비용 대비 효과 등 경제적 영향을 분석한다. 위험분석은 잠재적 위험을 식별하고 그 영향을 완화하여 공중보건과 경제적 이익을 모두 보호하는 데 기여한다.

다섯째, 동물복지 정책이 동물복지에 미치는 잠재적 영향을 평가하고 부정적인 영향을 완화하는 방법을 파악하는 데 효과적이다.

수의 정책 과정에서 위험분석 기법을 적용하는 데 유의해야 할 사항이 있다. 우선, 다양한 정부 기관, 전문가 등 이해관계자 간의 협업이 필수적이다. 이러한 협력은 정책이 모든 이해관계자의 관점과 이익을 고려하도록 보장한다. 또 하나는 정책의 영향에 대한 지속적인 모니터링과 평가이다. 예를 들어 새로운 정보가 입수되거나 새로운 위험이 발생하면 위험평가를 다시 하고, 필요 시 이에 근거하여 정책을 수정하거나 갱신할 수 있다.

| 03 | 수의 정책 대상은 종종 정치적 대상이다

민주 사회에서 정당 및 정치적 단체 등은 표방하는 정치 이념과 사회적 가치를 실현하기 위해 입법 활동, 행정기관과 협업, 정치적 압력 등 다양한 형태의 정치적 행위를 한다.

정치와 정부 정책은 복잡하게 연결되어 있지만 사회 기능을 형성하는 거버넌스에서 뚜렷하게 다르다. 정치는 한 사회 내에서 권력을 획득, 행사, 경쟁하는 과정을 포괄한다. 반면, 정부 정책은 다양한 문제를 해결하고 특정 목표를 달성하기 위해 권한을 가진 사람들이 시행하는 결정, 행동 및 규제를 의미한다.

정치는 서로 다른 이해관계, 이념, 가치를 수렴하는 장으로, 다양한 정당, 파벌, 운동이 형성되는 경우가 많다. 선거, 토론, 로비 및 기타 정치 활동을 통해 개인과 집단은 사회 내 권력의 분배와 행사에 영향을 미친다. 정치적 과정을 통해 누가 의사결정 권한이 있는지, 자원이 어떻게 배분되는지, 어떤 정책이 우선순위가 되는지 결정된다. 이념적 차이, 사회경제적 격차, 문화적 다양

[사진 5] 수의업계의 정치적 노력
(좌) '2021년도 대한수의사회 특별위원회 현안토론회' 후 모습, (우) 2022.4.4. 국민의힘 이준석 대표와 수의업계 면담 모습(왼쪽부터 문두환 대한수의사회 부회장, 한호재 서울대 수의대 학장, 최영민 서울시수의사회장, 이준석 대표, 박효철 대한수의사회 신사업추진단장, 우연철 대한수의사회 사무총장)

성, 역사적 유산은 모두 정치 환경을 형성하여 다양한 정치 행위자들이 추구하는 의제에 영향을 미친다.

반면에 정부 정책은 정치적 의제와 공약을 실행 가능한 조치와 법률로 전환하는 정치 과정의 가시적 표현이다. 정책은 연구, 협의, 입법, 행정 조치 등을 포함하는 복잡한 과정을 통해 수립된다.

정치와 정부 정책은 상호의존성이 있음에도 불구하고 뚜렷한 특징과 기능이 있다. 정치는 본질적으로 역동적이고 논쟁적이며, 한 사회 내의 다양한 관점과 이해관계를 반영한다. 여기에는 설득, 협상, 민주적 참여를 통한 권력 행사뿐만 아니라 정당성과 권위를 위한 경쟁이 포함된다. 선출직 공무원, 이익단체, 언론 매체, 일반 시민을 포함한 정치 행위자들은 여론을 형성하고 의사결정 과정에 영향을 미치기 위해 지속적인 토론과 동원 노력에 참여한다.

대조적으로 정부 정책은 정치 과정의 결과를 대변하고 집권 세력의 우선순위와 가치를 반영하여 보다 공식화되고 제도화되는 경향이 있다. 정책은 법률, 규정 및 행정 지침으로 성문화되어 거버넌스와 공공 행정의 틀을 제공한다. 정치는 이념적 논쟁과 당파적 갈등을 수반할 수 있지만, 정책 실행에는 복잡한 사회 문제를 효과적으로 해결하기 위한 실용주의, 전문성, 행정 역량이 필요하다.

또한 정치와 정책은 지방 자치단체부터 중앙 정부, 국제기구에 이르기까지 다양한 거버넌스 수준에서 운영된다. 정치는 종종 선거 경선과 의회 토론을 통해 이루어지지만, 정책 결정에는 공무원, 전문가, 이해관계자, 국제기구 등 다양한 주체들이 참여한다. 선거에서 얻은 지지는 정책 이니셔티브에 정치적 정당성을 부여하고, 효과적인 정책은 정치 지도자와 정당의 신뢰도와 인기를 높일 수 있으므로 정치와 정책의 관계는 공생 관계에 있다.

정부당국은 공익을 창출하고 공공 복리를 증진하는 실행 가능한 조치로 정치적 과제를 전환하는 데 중요한 역할을 한다. 정부 부처는 책임을 효과적으로 수행하기 위해 정당의 정치적 행동을 정책 결과의 주요 결정 요인으로 활용해야 한다. 정당의 우선순위, 이념, 전략을 이해함으로써 정부 부처는 정책 조치의 관련성, 실현 가능성, 정당성을 높이는 동시에 복잡한 정치 환경을 헤쳐 나갈 수 있다.

정부 부처는 각 정당과 건설적 관계를 구축하여 정책 사안에 관한 대화, 협력, 공감대를 촉진해야 한다. 각 부처는 정당 지도자, 국회의원, 풀뿌리 활동가들과 교류함으로써 의견을 구하고, 피드백을 수집하고, 정책 제안을 둘러싼 협력관계를 구축할 수 있다.

정책 당국은 정책 결정 과정에서 법령 준수, 공정성, 전문성을 유지하는 것이 필수적이다. 각 부처는 법적 및 윤리적 기준을 준수하고 증거에 기반한 의사결정 원칙을 지키며, 부당한 정파적 영향이나 조작으로부터 공익을 보호해야 한다. 정부 부처는 모범적인 거버넌스 관행과 민주적 규범을 존중해야 한다.

각 정당은 수의 정책의 개발과 실행에 영향을 미칠 수 있다. 예를 들어 동물복지 관련 정강은 관련 부처, 기관 등을 통해 동물복지를 강화하는 법령 추진이나 정강을 뒷받침하는 정책 프로그램 마련, 자금 지원 등을 유도한다.

이익 단체, 이해관계자, 대중의 정치적 압력은 수의 정책에 영향을 미친다. 예를 들어 축산 단체는 수입 동물 및 동물생산품에 대한 검역 등 규제 강화를 위해 국회나 정부에 압력을 행사한다.

사람, 동물 및 환경의 건강을 다루는 수의 정책 사안은 대부분 국민 생활밀착형 이슈로 정치적 영향력이 크다. 예를 들어 동물학대, 대규모 살처분 등과 같은 사회적 관심이 큰 사안은 이해관계자 간의 이해 차이가 커 종종 커다란 정치적 사안이 되기도 한다.

수의 정책은 국제 정치의 영향을 받는다. 세계무역기구WTO, 세계식량농업기구FAO 등 국제기구의 기준이나 SPS 협정 등 국제 규약은 국제적 차원의 정치적 활동의 결과물이다. 이들은 수의 정책 대상에 대한 접근방식과 해결방안 마련에서 정부당국에 지침 또는 권고 기준을 제공한다.

한 국가의 정치적 환경은 수의 정책의 방향 설정 및 시행 방식에 영향을 미친다.[35] 예를 들어 동물복지에 소홀한 것으로 인식되는 정부는 동물복지 단체와 대중의 비판과 반발에 직면한다. 동물복지 운동이 활발한 국가는 동물복지 규제와 보호를 수의 정책의 우선순위에 둘 수 있다.

21세기 들어 동물의 건강과 복지, 공중보건, 환경 보존 등의 중요성은 점점 더 커지고 있다. 이는 수의사의 역할 특히, 정치적 역할의 확대를 요구한다. 더 좋은 수의 서비스 환경 조성을 위해 정치권과 적절히 협력해야 한다. 수의사는 다양한 사회적 수의 이슈에 대한 전문성, 통찰력과 리더십을 제공해야 한다.[36]

오늘날, 수의사의 적극적인 정치적 활동 참여는 시대적 요청이며 사회 전체에 도움이 된다.[37] 수의사들이 정치적 활동에 적극 참여하는 것은 여러 이유로 꼭 필요하다.[38],[39]

우선, 정치적 활동 참여로 수의학적 전문성을 수의 정책에 좀 더 효과적으로 반영할 수 있다. 이들의 정치적 참여는 좀 더 과학적이고 실효성 있는 정책 수립에 기여할 수 있다.

둘째, 정치적 활동을 통해 동물 학대 방지, 야생동물 보호, 그리고 동물 실험 윤리 등과 관련된 법률 및 규제를 강화할 수 있다.

셋째, 정치적 활동을 통해 수의학 교과과정, 면허 발급, 직업윤리, 수의약

[사진 6] 수의사 출신 주요 정치인 모습. 좌로부터 김병순(4선 국회의원), 이우재(민중당 상임대표, 재선 국회의원), 이길재(재선 국회의원), 허영(한국사료협회장), 송치용(정의당 부대표, 사회민주당 대표)

품 규제 등 다양한 직업적 사안에서 자신들의 직업적 활동을 보호하고 증진할 수 있다.

넷째, 생태계와 야생동물 보호에 대한 깊은 이해를 바탕으로 정치적 활동에 적극 참여함으로써, 지속 가능한 환경 정책을 개발하고 실행하는 데 기여할 수 있다.

마지막으로, 일반 대중에게도 긍정적인 영향을 미칠 수 있다. 수의사들은 그들의 지식을 통해 대중에게 동물의 건강과 복지, 공중보건 등의 중요성을 알릴 수 있다. 이를 통해 인간, 동물, 그리고 환경이 조화롭게 공존하는 데 기여할 수 있다.

| 04 | 우수한 거버넌스에 우수한 정책이 있다

4.1. 거버넌스는 정책 과정의 엔진이다

정책 과정에서 '거버넌스Governance'[20]는 정부, 민간 부문, 시민 사회 등 다양한 이해관계자가 참여하여 공공 정책을 만들고 실행하는 과정과 체계를 의미한다.

정부 측면에서의 거버넌스는 공공 부문에서의 관리와 의사결정 과정을 의미하며, 이는 정책의 수립, 시행, 평가를 포함한 모든 행정 활동을 포괄한다. 거버넌스는 투명성, 책임성, 참여, 법치, 효율성, 공정성 등의 주요 원칙을 포함한다. 우수한 거버넌스는 이러한 원칙들이 균형을 이루어 공공의 이익을 극대화하는 것을 목표로, 다음과 같은 다양한 역할을 한다.[40]

첫째, 정책 당국이 정책 과정에서 이해관계자와 일반 대중의 요구나 의견

---

20 '거버넌스'란 효과적인 의사결정, 책임성, 투명성, 대응력을 가능하게 하는 프로세스와 시스템을 의미한다. 우수한 거버넌스는 동물, 인간, 환경에 도움이 되는 방식으로 정책이 개발되고 시행되도록 보장한다.

을 책임감 있게 다루도록 한다. 이를 위해서는 정책의 개발과 실행에 대한 투명성과 정보 접근성뿐만 아니라 정책 과정에 대한 이해관계자의 감시와 이들의 피드백을 보장해야 한다. 독립 기관이나 위원회와 같은 정책 과정 감시 조직은 정책이 공정하고 투명한 방식으로 개발되고 실행되도록 보장하는 데 기여한다.

둘째, 정책이 투명하고 포용적인 과정을 통해 개발되는 것을 보장한다. 정책 입안자가 최상의 증거를 바탕으로, 이해관계자와 대중의 다양한 관점과 요구를 고려하여 정책을 개발하도록 돕는다. 시민단체는 정책 입안자에게 특정 집단의 이해 또는 시각에 근거한 의견을 제공한다.

셋째, 정책의 효과적, 효율적 시행을 보장한다. 이에는 정책 입안자와 이해관계자의 강력한 의지가 필요하다. 이를 위해서는 자원의 할당, 정책 시행 주체별 역할과 책임 설정, 정책 성과 모니터링 및 평가 구조 개발 등이 필요하다.

정부 수의조직에서 '좋은 거버넌스'를 구현하기 위해서는 투명성, 책임성, 참여, 효율성, 공정성, 법치주의, 효과성 등 여러 요건이 필요하다.[41],[42] 투명성은 모든 활동과 의사결정을 공개적으로 수행하는 것이다. 책임성은 조직의 행동과 결정에 대해 책임을 지는 것이다. 참여는 이해관계자들이 정책 결정 과정에 적극적으로 참여할 수 있도록 하는 것이다. 효율성은 시간, 인력, 재정 등의 자원을 최적화하여 목표를 달성하는 것이다. 공정성은 모든 이해관계자를 차별 없이 공평하게 대하는 것이다. 법치주의는 모든 활동이 법에 따라 이루어지는 것을 말한다. 효과성은 조직의 목표를 실질적으로 달성하는 것을 의미한다.

4.2. 정부 수의조직은 시대적 역할에 부합해야 한다

21세기에 들어 정부 수의조직의 역할은 더욱 복잡하고 중요하다. 이는 전 세계적인 인구 증가, 글로벌화, 기후변화, 동물 유래 팬데믹, 재난형 동물질병 등 다양한 요인에 기인한다. 정부 수의조직은 단순히 동물 건강과 복지를 넘어, 다음과 같은 광범위한 사회적, 경제적, 환경의 문제를 다룬다.

첫째, 공중보건 보호이다. 인수공통전염병은 공중보건에 중대한 위협을 제기한다. 정부 수의조직은 이들 질병의 모니터링, 진단, 예방, 통제를 통해 인간과 동물 모두의 건강을 보호한다. 항생제 내성도 심각한 공중보건 위협이다. 정부 수의조직은 동물에서 항생제의 적절한 사용을 감독하고, 항생제 내성의 확산을 방지하기 위한 규제를 시행한다.

둘째, 식품 공급망의 안전성 보증과 식품 안전이다. 정부 수의조직은 식품 사슬의 전 과정에서 동물유래 식품의 안전성과 품질을 보장한다. 이는 도축장과 가공시설에서의 위생 검사, 동물성 제품의 안전성 평가 등을 포함한다.

셋째, 동물복지 증진이다. 정부 수의조직은 동물의 윤리적 대우와 복지를 보장하는 법적 규제를 수립하고 시행한다. 이는 반려동물, 농장동물, 야생동물 모두를 포함하며 적절한 사육 환경, 건강 관리, 동물 학대 방지를 위한 법적 조치 등을 포함한다.

넷째, 환경 보호와 지속 가능성이다. 정부 수의조직은 생물다양성 보전, 서식지 보호, 멸종 위기종 관리 등을 통해 환경 보호에 기여한다. 또한 기후변화로 인해 발생하는 새로운 질병 패턴을 모니터링하고 적절한 대응 전략을 개발한다.

다섯째, 연구와 교육이다. 정부 수의조직은 새로운 진단 기술, 치료법, 예방 백신 등의 연구를 주도한다. 또한 질병의 역학 연구를 통해 보다 효과적인 질병 관리 방안을 마련한다. 또한 수의사와 관련 전문가들을 교육하고 훈련하는 역할도 수행한다.

여섯째, 정책 개발과 국제 협력이다. 정부 수의조직은 수의 정책을 개발하고 시행한다. 국제기구와 협력하여 글로벌 차원의 질병 예방 및 통제 전략을 수립하고, 국제 표준과 규제를 준수함으로써 글로벌 공중보건에 기여한다.

WOAH는 수의 기관이 갖추어야 핵심 요소를 제시한다.[43]

첫째, 정책, 법령 및 프로그램을 개발, 시행 및 갱신할 수 있는 리더십, 조직 구조 및 관리 시스템이다. 수의 기관의 의사결정은 부당한 재정적, 정치적, 기타 비과학적 영향으로부터 자유로워야 한다. 또한 다른 관련 정부 기관과 협력해야 하며, 관련되는 국제적 활동도 적극 수행해야 한다.

둘째, 정책을 효과적, 효율적으로 수행할 수 있는 역량이 있는 수의 인력이다. 수의 기관은 잘 관리된 물리적 자원, 적절한 운영 자원, 그리고 비상 상황이나 새로운 문제에 대응할 수 있는 특별 자원에 접근할 수 있어야 한다.

셋째, 수의 인력의 역할과 관련된 독립적인 기준 및 교육이다. 또한 민관 수의조직 간의 소통 및 협력 구조가 있어야 한다.

영국 동물위생청Animal and Plant Health Agency은 지자체 수의조직의 업무 수행 준칙을 제시하였다.[44] 주된 내용은 ▲ 지역의 요구는 법적 틀 내에서 융통성 있게 도울 것, ▲ 한정된 자원을 효과적으로 활용할 것, ▲ 동물 위생 및 복지에 관한 위험에 근거한, 쉽게 접근할 수 있는 대응 정책을 개발할 것, ▲ 고위험 부문에 활용 가능한 자원을 집중할 것, ▲ 이해관계자 간 소통과 협력을 촉진할 것, ▲ 지역 수의조직의 업무 목표 기대치를 명확히 할 것, ▲ 국가 정책에 대한 지역 차원의 구체적 실행 계획을 수립할 것 등이다.

지자체에서 정책을 수립하고 시행하는 데 가장 중요한 점은 이해관계자와의 소통 및 협력이다. 이를 위해 지자체 수의조직은 지역의 수의 단체 활동에 적극 참여할 필요가 있다.

4.3. 지자체의 수의직 공무원 부족이 심각하다

오늘날 지방자치단체의 수의 공무원 부족 문제는 심각하다. 소요 정원은 있으나 한 명도 없는 시 · 군 · 구도 많다. 2021년 기준 지자체 소요 가축방역관(수의사)은 2,018명으로 추산되지만, 실제는 1,270명으로 37%나 부족하다. 특히 농촌 지역은 더욱 심각하다. 2023년 상반기의 경우, 강원, 충남, 충북, 전남, 전북, 경북에서 208명의 지방 수의 공무원 채용 공고를 냈는데, 단 29명만 지원하였다. 최근 몇 년간 지자체별 지방수의직 임용지원 접수율은 10~20%대였다. 국회 입법조사처가 매년 작성하는 국감 이슈 분석에서 가축 전염병 방역 인력 문제는 항상 등장한다.

미국도 사정이 비슷하다. 미국농무부USDA는 2020년 도축검사관과 같은 '공중보건 수의사Public Health Veterinarian' 정원의 18%가 공석이라고 밝혔다.[45] 이러한 높은 공석률은 부분적으로 이러한 직책에 대한 낮은 급여가 원인이다. 농무부 식품안전검사처FSIS의 초급 공중보건 수의사는 연간 약 6만 달러로 시작하는 반면 임상수의사는 일반적으로 10만 달러 이상의 수입을 기대할 수 있다.

또 근무 지역 특성이 도시보다는 농촌에 가까울수록 근무하기를 꺼리는 경향이 최근 들어 더욱 강해지고 있다. 여기에는 몇 가지 이유가 있다.

첫째, 제한된 경력 기회이다. 농촌 지역 시 · 군의 경우 수의 공무원 정원이 대부분 1~2명이다. 공직 생활 시작부터 퇴직할 때까지 수의 또는 축산 부서에서만 근무하는 것이 보편적이다. 7급 수의직으로 들어와 6급 수의직으로 나가는 경우도 많다. 일례로 2023년 9월 기준 경기도 31개 시 · 군 과장(5급) 보직 중 수의사무관(5급) 정원이 있는 곳은 12곳에 불과하다. 이는 수의 공무원이 다양한 부서 또는 고위직 근무 등 경력 발전의 기회를 갖는 것을 어렵게 한다.

둘째, 어려운 근무 여건이다. 농촌 지역은 도시에 비해 상대적으로 교통, 거주, 문화, 교육, 스포츠 등 생활 여건이 크게 미흡하다. 농촌 지역은 이들이 일과 삶의 균형을 유지하고 충분한 사회적 관계를 유지하는 데 어려움이 많다.

셋째, 근무 인프라 및 자원 부족이다. 농촌 지역은 이들이 동물질병 실험실, 진단 장비, 현장 예찰 등 수의 서비스를 지원하는 데 필요한 인프라와 자원이 부족하다. 이는 수의 업무 수행에 자긍심과 조직에 충성심을 떨어뜨린다.

넷째, 과도한 업무 부담이다. 농촌 지역 수의 공무원은 대부분 가축방역, 축산물 안전, 동물복지 등 수의관련 업무를 함께 담당한다. 이들 분야의 업무량은 계속 증가 추세이다. 특히 2000년대 들어 동물복지 관련 업무는 폭증하고 있다. 구제역, 아프리카돼지열병ASF 등이 발생할 경우, 업무량은 가학적 수준이다. 2017년과 2020년에는 포천시와 파주시의 수의 공무원이 과로로 순직하였다.

다섯째, 상대적으로 열악한 보수이다. 신규 수의직 공무원의 경우, 신규 동물병원 임상수의사보다 보수가 훨씬 적다. 이들 간의 임금 격차는 근무 기간이 길어질수록 보통 더 커진다. 수의과대학이 1998년부터 4년제에서 6년제로 바뀐 것도 영향이 있다. 6년제 이후 기회비용이 커져 기대하는 보상도 커졌는데, 수의직 공무원은 이러한 기대를 충족하지 못하는 일자리라는 인식이 크다.

지자체, 특히 농촌 지역의 수의 공무원 부족은 결국 농촌 지역과 농산업 등 수의 서비스가 필요한 분야에 부정적 영향을 미친다. 정부당국은 이 문제의 심각성을 인식하고 국가적 차원의 필수 인력 확보 측면에서 특단의 해결책을 시급히 마련할 필요가 있다.

첫째, 급여, 복리후생, 전문성 개발 기회 등을 포함한 경쟁력 있는 인력 유인 방안을 마련해야 한다. 특히 급여 수준의 획기적 개선이 중요하다. 자녀 학자금 지원, 세금 감면, 주택 수당과 같은 재정적 인센티브 제공 등도 적극 고려할 필요가 있다.

둘째, 수의사 신규 채용 시 임용 직급을 현행 7급에서 상향 조정할 필요가 있다. 채용 직급을 3~6급으로 다양화하는 것이 바람직하다. 7급 채용은 현실적으로 경제적, 사회적 대우 측면에서 합리적이지 않다. 의사는 보통 5~6급으로 채용한다. 2024.8.10. 강원도가 수의사의 6급 신규 채용을 공고하였고, 2024년 4월 환경부에서 수의 공무원을 5~6급으로 채용하는 등 바람직한 움직임도 있다.

셋째, 적절한 근무 자원 제공, 일과 삶의 균형 지원, 사회적 가치 인정 등 긍정적 업무 환경을 조성할 필요가 있다. 이는 수의사 채용에서 유인 요인이 될 수 있다.

넷째, 전자적 업무프로그램, 원격진료 등 최신 기술을 활용해 농촌 지역 수의 공무원의 물리적 업무 부담을 낮추고 업무 수행 효율성을 높여야 한다.

위와 같은 이유 등으로 수의 공무원에 대한 인기는 최근 많이 떨어졌다. 이런 문제를 근원적으로 해결하기 위해서는 이들의 법적 역할, 업무 범위 등의 재정립을 적극 고려할 때가 되었다. 수의사는 수의 진료, 즉 진단과 치료에 집중하는 것이 바람직하다. 수의 의료 서비스에 포함되지만 진료를 보조하는 업무나 또는 수의사의 감독하에 수행 가능한 단순진료 업무는 수의사뿐만 아니라 준수의 전문가도 할 수 있도록 허용하는 것이 합리적이다. 예를 들어 약물투여 및 도포, X-ray 등 질병 검사장비 작동, 검사시료 채취, 백신접종, 도축검사 보조 등이 주요 고려 대상이다.

| 05 | 수의 정책은 이해관계자와의 복잡한 동행이다

5.1. 이해관계자에 대한 올바른 인식이 중요하다

이해관계자Stakeholder는 어떤 프로젝트나 조직, 정책, 제품 등에 직접적이거나 간접적인 영향을 받거나 영향을 미칠 수 있는 개인, 그룹, 조직 등을 의미한다. 이해관계자는 해당 프로젝트나 조직의 성공과 실패에 중요한 역할을 하며 다양한 관점과 이익을 가질 수 있다. 각기 다른 기대와 목표를 가지고 있으며, 그들의 요구를 충족시키기 위해 정책당국은 균형 잡힌 접근방식을 취해야 한다.

수의 정책에서 이해관계자는 어떤 수의 정책에 이해관계가 있고, 해당 정책의 시행에 영향을 받는 개인, 집단 또는 조직을 말한다.[46] 이들의 이해 Interest 정도는 이들이 정책에 얼마나 영향을 미칠 수 있는지, 반대로 얼마나 영향을 받는지에 달려 있다.

정책 과정에서 주요 이해관계자의 관점을 파악하고 이해하는 것은 좋은 정책을 개발하는 데 중요한 요소이다.[47]

정책 과정에서 이해관계자의 역할은 ▲ 올바른, 효율적, 효과적 정책 방향 및 실행 방안 제시, ▲ 정책 수립 주체에 필요한 도움과 자원 제공, ▲ 정책 과정 감시 및 피드백 제공, ▲ 효과적 정책 시행 및 성공적 성과 도출을 위한 동력 제공, ▲ 이해당사자 간의 이해충돌 최소화 등 다양하다.

우선 정책 수립 과정에서 이해관계자는 첫째, 문제를 파악하고 의제를 설정하는 데 기여한다. 수의 전문가와 단체는 새로운 건강 위협이나 복지 사안에 대한 전문 지식을 제공한다. 농가와 단체는 실질적 문제와 경제적 영향을 강조한다. 둘째, 정책 옵션 개발에 기여한다. 수의 전문가는 과학적 의견을 제시하여 정책이 증거에 기반하도록 한다. 동물복지 단체는 윤리적 고려 사항을 옹호하여 정책이 동물의 권리를 보호하도록 한다. 산업 단체와 농가는 제안된 정책의 실현 가능성과 경제적 영향에 대한 통찰력을 제공한다.

정책 시행 과정에서 수의 전문가는 질병 진단 등 수의 서비스 제공을 통해 직접적인 역할을 한다. 농가와 산업 단체는 새로운 규정을 채택하고 준수하는 데 도움을 준다.

정책 평가 단계에서 이해관계자는 자신들의 경험과 관찰을 바탕으로 피드백을 제공한다. 수의 전문가와 농가는 실질적인 성과와 도전과제에 관한 정보와 의견을 제시한다. 수의 단체는 해당 수의 정책이 동물의 건강과 복지에 미치는 영향을 감시한다. 산업계 단체는 경제적 영향을 평가한다. 정부 기관은 데이터를 분석하여 정책 목표의 달성 여부를 판단한다.

피드백 단계에서 이해관계자는 지속적인 대화를 통해 실제 성과와 새로운 이슈를 바탕으로 정책이 발전할 수 있도록 한다. 수의 전문가 등은 정책의 효과성, 윤리적 기준 등을 강화하기 위한 개선 방안을 제안한다. 농가와 업계 단체는 정책이 실현 가능하고 경제적으로 실행 가능한 상태를 유지할 수 있도록 돕는다.

WOAH는 수의조직이 지켜야 할 이해관계자에 관한 세부 사항[21]을 규정한다.[48] 수의조직은 이해관계자와의 정보소통, 협의 및 협력에 관한 정책, 법령 및 프로그램을 실행해야 한다. 또한 자신들의 정책, 프로그램 및 기타 활동을 효과적이고 투명하며 시의적절한 방법으로 이해관계자와 소통해야 한다.

FAO도 동물위생에서 이해관계자의 중요성을 강조한다.[49],[50] FAO는 성공적인 예찰 시스템의 핵심 요소 중 하나로 이해관계자의 수용성Acceptability을 제시한다. 특히, 예찰 체계의 전 과정에 이해관계자의 참여를 강조한다.

유럽연합은 'Animal Health Law(EU) 2016/429'에서 동물위생관리, 동물질병 긴급대응, 관련 법령 및 조치 마련 등에서 이해관계자 간의 협력의 중요성을 강조한다. 동 법은 이해관계자 식별, 이해관계자와의 협의, 투명성, 소통, 협력, 일관성[22] 등을 규정하고 있다.

5.2. 과학적 분석을 통해 이해관계자를 설정한다

이해관계의 분화, 상호 연결 및 분포가 고도로 복잡해진 현대 사회에서 이해관계자의 영향력은 계속 커지는 추세이다. 정책적 이슈 해결에 대한 책임 또한 소수의 개인, 집단이 부담할 수 없는 수준인 경우가 대부분이다. 정책 과정에서 이해관계자 파악은 분석 기술 부족, 오랜 소요 기간, 예상치 않은 결과

21 이해관계자 간 정책 활동의 절차와 합의 구조, 민간 이해관계자 파악과 협력, 긴급 통제프로그램에서 이해관계자의 역할과 소통 등이다.

22 동 법은 동물 보건 및 복지와 관련된 조치가 EU 법률 및 국제 표준과 일치하도록 요구한다.

도출에 대한 부담 등으로 중요성에도 불구하고 충분히 이루어지지 않고 있다.

정책 과정의 모든 단계에서 이해관계자를 시의적절하게 정확히 파악하는 것은 필수적이다. 이해관계자 분석은 정책 개발 과정에서 모든 관련 관점을 고려할 수 있도록 만든다.

이해관계자 분석은 ①다양한 관점, 수준에서 정책 대상에 접근하고, ② 다양한 정보에 접근 가능하고, ③이해관계자 간 서로 다른 이해의 정도를 파악하고, ④정책 과정에서 이해관계자 간 서로 다른 역할 수행 등 다양한 장점이 있다.[51]

'ISO[23] 26000 Social Responsibility'[24]는 7대 원칙의 하나로 '이해관계자 이해 존중'을 든다. 특히 'ISO 26000:2010 Clause 5.3'에서 '조직의 사회적 책무를 다루는 데 이해관계자 파악 및 관련 활동이 가장 핵심'이라고 규정한다.

정책 입안자가 이해관계자를 효과적으로 분석하기 위해서는 다음의 몇 단계를 거친다.[52],[53]

첫째, 정책의 목표와 달성하고자 하는 결과를 파악한다. 이를 통해 정책의 영향을 받을 가능성이 높고 정책의 성공에 이해관계가 있는 관계자와 집단을 파악한다.

둘째, 정책 환경을 '맵핑Mapping'하여 이해관계자와 정책과의 관계를 파악한다.[54] 이는 기존 정책 및 법령을 검토하고 관련 조직 및 이익 단체를 파악할 수 있게 한다.

---

23 ISO는 여러 나라의 표준 제정 단체들의 대표로 이루어진 국제적인 표준화 기구이다. 1947년에 출범하였으며 나라마다 다른 산업, 통상 표준의 문제점을 해결하기 위해 국제적으로 통용되는 표준을 개발하고 보급한다.

24 이는 사회적 책임에 관한 국제 표준으로, 조직이 사회적 책임을 다하기 위해 고려해야 할 원칙과 지침을 제시한다. 2010년에 ISO에서 발표했다. 7개 핵심 주제(지배구조, 인권; 노동, 환경, 소비자, 공정운영, 지역사회 참여와 발전)에 대해 준수해야 할 7대 원칙(책임성, 투명성, 윤리적 행동, 이해관계자의 이익 존중, 법 준수, 국제행동 규범 존중, 인권 존중) 등을 규정한다.

셋째, 이해관계자 분석을 수행하여 이해관계자의 관심과 영향력 수준에 따라 이해관계자를 식별하고 우선순위를 정한다. 이해관계자 분석은 일반적으로 '이해관계자 파악' → '이해관계자의 이해관계 및 우려 사항 파악'[25] → '이해관계자의 영향력 평가'[26] → '이해관계자 우선순위 설정'[27]의 단계를 통해 이뤄진다.

넷째, 이해관계자의 이해관계와 영향력 수준에 적합한 방식으로 이해관계자를 참여시킨다. 참여는 상담, 설문조사, 공청회 등 다양한 형태로 이루어질 수 있다. 정책 입안자는 이해관계자 참여를 위해 이들에게 시의적절하게 관련 정보를 제공하고, 협력적이고 서로 존중하는 환경을 조성해야 하며, 적절한 이해관계자 참여 방안을 수립할 필요가 있다.

5.3. 이해관계자의 적극적 참여를 보장해야 한다

정책은 계획 수립부터 시행, 평가 및 피드백의 전 과정에서 이해관계자의 참여가 보장되어야 하며, 이것이 공정한 것이다.[55] 이는 정책이 성공적인 성과를 창출하는 데 핵심이다. 정부 정책 당국은 특히 민간 이해관계자에 참여 기회를 제공하고, 이들이 충분히 활동할 수 있는 분위기를 조성해야 한다.

정책 과정에서 이해관계자의 참여 행태는 자문회의, 전문가 회의, 관계자 회의, 공청회, 서면 의견제출, 설문조사, 온라인 플랫폼, 현장 점검, 워크숍 등 다양하다. 투표, 집단행동도 특수하지만 이에 해당한다.

정책 과정에서 이해관계자 참여는 이점이 많다.[56],[57],[58]

첫째, 정책에 대한 대중의 신뢰와 정당성을 부여하고 정책 성과를 향상한

---

25 이는 기존 문헌을 검토하고, 설문조사 또는 인터뷰를 실시하고, 언론 보도를 분석하여 수행할 수 있다.

26 이는 이해관계자가 의사결정권자에 대한 접근성, 자원 동원 능력, 대중의 지지 수준을 분석하여 수행할 수 있다.

27 이해관계자의 이해관계와 영향력 수준에 따라 우선순위를 정해야 한다.

[사진 7] 이해관계자 공청회 모습. 2018.7.16. 농림축산검역본부 주최 '동물용의약품 안전성 · 유효성 심사 가이드라인 국민참여 토론회' 모습(서울역 KTX 대회의실)

다. 이해관계자 간 서로 다른 의견을 나누고 논쟁함으로써 서로에게 영향을 미칠 기회를 제공한다. 이는 이해를 둘러싼 정책 당국과 이해관계자 간, 또는 이해관계자 간의 충돌을 줄여준다. 또한 이는 해당 정책에 대한 이해관계자의 '주인의식 Ownership'을 형성하여 정책 실행 시 이해관계자의 높은 지지를 이끈다. 이는 궁극적으로 정책의 지속 가능성을 높여준다.

둘째, 정책에 대한 잠재적 도전과 기회를 파악하는 데 도움이 된다. 이해관계자는 자신들의 다양한 관점, 요구 및 경험을 표현하기 때문에 이들의 참여는 해당 정책에 대한 공동의 지식 풀Pool을 마련한다. 정책 과정에서도 이들을 활용할 수 있다. 이를 통해 정책이 효과적이고 실현 가능하며, 정책의 영향을 받는 사람들의 요구에 부응하는지를 확인한다. 이해관계자 참여는 정책과 관련된 정보의 폭과 깊이를 넓힘으로써 정책 결정의 질을 높인다.

셋째, 정책 실행의 잠재적 장애물을 파악하고 이를 극복하는 방안을 마련하는 데 기여한다. 정책이 실제의 필요와 우선순위를 반영한 산물임을 보증한다. 이해관계자는 정책 실행에 관한 현실적 문제를 더 잘 이해할 가능성이 높기 때문이다.

이해관계자 참여는 정책 과정에서 최대한 오래 유지되어야 한다.[59] 참여 동기를 유지하고 이들에게 필요한 정보를 제공하고, 이들이 할 수 있는 의미 있는 업무를 계속 찾아야 한다. 시간이 지나감에 따라 새로운 이해관계자의 참여가 필요할 수도 있다.

반면에, 이해관계자의 참여가 미흡할 경우 다양한 문제가 있다. 이해관계자의 신뢰를 충분히 확보하지 못해 추진 정책의 정당성을 확보하기 어렵다. 이는 정책 추진의 동력을 떨어뜨린다. 심지어 이해관계자의 반대 활동 등으로 정책 추진이 좌절될 수 있다. 설령 정책이 끝까지 추진되더라도 성과가 미흡할 가능성이 높다.

경제협력개발기구OECD는 정책 과정에서 이해관계자 참여의 장기적 이점을 4가지로 구분했다.[60] 이는 비용 및 시간 절감, 광범위한 경제적 혜택을 포함하는 '경제적 효율성', 효과적인 실행, 법령의 적절한 시행, 정치적 수용성, 정책 결정 및 성과에 대한 소유의식을 포함하는 '수용성 및 지속 가능성', 신뢰 구축을 통한 소비자 만족, 사회적 책무 함양을 포함하는 '사회적 평등 및 연대', 그리고 인식 제고, 정보 공유, 의견 수렴을 포함하는 '역량 및 지식 개발'이다.

정부당국은 정책 개발 과정에서 정기적인 소통, 의사결정과정 참여 등 다양한 방식으로 이해관계자의 적극적인 참여를 촉진해야 한다.[61]

동물위생에서 이해관계자의 범위는 TAD, 풍토성 동물질병, 종간전파 인수공통질병, 대규모 가축 살처분, 백신접종, 항생제 내성, 차단방역 등 해당 사안에 큰 영향을 받는다. 이해관계자는 정책당국의 방역 또는 위생 조치의 실행에 영향을 받는 집단, 조직 또는 사람이다. 이해관계자는 이들 조치의 내용, 적용 범위, 실행단계, 실행방법 등에 따라 달라진다. 한편, 이들 조치는 질병 발생 상황뿐만 아니라 이해관계자의 수, 이해관계자에 미치는 영향의 정도, 이해관계자의 관심 수준 및 참여 정도 등에 영향을 받는다.

질병관리 프로그램은 이해관계자 간의 비용과 혜택의 수준, 이해관계자의 참여 촉진 및 방해 요인 등을 고려해야 한다. 이들 요인은 프로그램에 포함될 방역 조치를 선택하는 데 영향을 미친다. 이해관계자는 프로그램의 개발, 입안, 실행, 관리 및 피드백의 모든 과정에 참여해야 한다.

동물위생 분야에서 위와 같은 이해관계자 접근방식은 수의공중보건, 동물복지 등 다른 수의 분야에서도 비슷하다.

5.4. 이해관계자 간의 소통과 협력이 중요하다

정책 과정에서 이해관계자 상호 간의 소통과 협력은 필수적이다.[62] 이해관계자의 가치, 선호, 경험 등에 따라 특정 정책 이슈에 대한 이해가 다를 수 있다. 이해관계자 참여를 협력관계로 이해할 때 상호합의에 의한 민주적 정책 결정이 가능하다. 특정 정책은 다양한 방식으로 다른 정책들과 연계되어 있다는 정책의 복잡성을 고려할 때, 특정 정책 이슈를 해결하기 위해서 관련 민관기관 등이 협력하여 통합적인 해결책을 마련하는 것이 필수적이다. 왜냐하면 정책 실행을 위한 자원이 유한하기 때문이다.

조직적 측면에서 협력이 필요한 때도 있다. 혼자 하는 것보다 다른 상대방과 함께 업무를 수행할 때 더 높은 성과, 즉 시너지 효과가 있는 경우이다. 이때 중요한 것은 적합한 협력 대상 사안을 선정하는 것이다. 협력 당사자 간에 공유하는 목표가 있을 경우도 협력이 필요하다.

이해관계자 간 협력 시 지켜야 할 원칙으로 ▲ 협력적 포용, ▲ 동등한 파트너십, ▲ 지식 공유, ▲ 투명성, ▲ 정보 접근, ▲ 주인 의식, ▲ 책임 공유, ▲ 역할의 한계 인식 등이 있다.[63]

정책 과정에서 이해관계자는 정책에 대한 다양한 관점과 이해관계가 있고, 정책으로부터 서로 다른 영향을 받을 수 있어 이들 간의 소통은 매우 중요하다. 정책 입안자는 이들과의 소통을 통해 정책이 실행 가능한지, 이들이 수용할 수 있는지, 의도한 정책 목표를 달성할 수 있는지 등을 확인할 수 있다.

이해관계자 상호 간의 소통과 협력은 정책의 목표, 정책의 과학적 근거, 다양한 이해관계 등에 대한 공동의 이해를 높여 정책의 성공적 실행을 이끈다. 이들 간의 소통은 서로 다른 입장 간의 절충점을 파악하는 데도 도움이 된다. 이는 정책 과정에서 혁신과 창의성을 촉진한다.

이해관계자와의 소통에서 준수해야 할 원칙으로는 ▲ 투명성, ▲ 적극적 피드백, ▲ 명확하고 간결한 언어 사용, ▲ 우려와 질문에 대한 충실한 답변,

▲ 파트너십, ▲ 이해관계자 유형별 맞춤형 소통, ▲ 일관성과 연속성, ▲ 정기적 소통 실태 평가 등이 있다.

WOAH는 수의기관이 이해관계자와의 소통에서 지켜야 할 원칙으로 5가지를 제시한다.[64] 이는 ①자신의 임무 범위 내의 문제에 대해 소통할 수 있는 권한과 역량이 있을 것, ②수의 전문성과 소통 전문성을 결합할 것, ③소통은 투명성, 일관성, 적시성, 균형, 정확성, 정직성, 공감이라는 기본 기준을 준수할 것, ④소통은 지속적인 과정일 것, ⑤전략적 또는 운영상의 소통 계획의 수립, 실행, 모니터링, 평가 및 수정을 감독할 것이다.

정책 문제에 대한 정확한 정보를 이해관계자가 서로 적시에 충분히 소통하는 것은 해당 문제를 가장 적절하게 다룰 수 있도록 함으로써 이해관계자 간에 공유된 최선의 가치, 최적의 성과를 달성하는 지름길이다.

5.5. 이해충돌에 대한 대응책은 미리 마련해야 한다

정책 과정에서 이해관계자는 다양한 이해관계와 관점이 있다. 이러한 복잡한 이해관계 속에서 이해충돌이 있을 수 있다. 이해충돌은 정책 결정 과정에 관여하는 개인이나 조직이 의사결정이나 행동에 영향을 미칠 수 있는 상충하는 이해관계가 있을 때 발생한다. 이러한 이해충돌은 금전적 이해관계, 개인적 관계, 이념적 편견, 직업적 소속 등 다양한 형태로 나타날 수 있다.

이해충돌은 여러 가지 방식으로 정책 과정의 무결성과 정당성을 훼손할 수 있다. 첫째, 편향된 의사결정으로 이어질 수 있으며, 더 넓은 공익보다는 특정 이해관계자의 이익을 위해 정책이 만들어질 수 있다. 이는 정부 기관에 대한 신뢰를 떨어뜨리고, 정책 결과의 신뢰성을 악화한다. 또한 이해관계의 충돌은 부패나 부당한 영향력에 대한 인식을 만들어 거버넌스의 공정성과 투명성에 대한 대중의 신뢰를 더욱 약화시킬 수 있다.

정책 과정에서 이해 상충을 해결하려면 투명성, 책임성, 윤리적 행동을 촉진하기 위한 사전 예방적 조치가 필요하다. 한 가지 접근방식은 이해관계자가 잠재적인 이해 상충을 공개적으로 신고하도록 의무화하는 것이다. 또한 엄격한 행동 강령과 윤리 지침을 시행하면 이해관계자의 행동을 통제하고 부당한 영향력의 위험을 완화하는 데 도움이 될 수 있다.

또한 이해관계자의 다양성과 포용성을 증진하면 정책 결정 과정에서 다양한 관점이 반영되도록 함으로써 이해 상충을 완화하는 데 도움이 될 수 있다.

수의 정책 과정에서 이해관계자 간에 발생할 수 있는 주요 이해충돌로는 ▲ 동물복지 대 경제적 이익, ▲ 공중보건 대 업계 이익, ▲ 정부 규제 대 개인 자유, ▲ 과학적 증거 대 문화적 관행, ▲ 동물권 대 재산권[28], ▲ 지역적 이익 대 글로벌 이익, ▲ 단기적 이익 대 장기적 이익, ▲ 자원 활용 대 보존, ▲ 직업적 이익 대 공공 이익, ▲ 이해관계자 간의 지식, 전문성 및 힘의 역학 차이 등이다.

정책 과정에서 이해관계자 간에는 정책 사항에 대한 이해가 서로 다를 경우 이해충돌이 발생한다. 이에 대한 신중한 접근 및 합리적 해결 구조가 필수적이다. 예를 들면 가축질병 발생 시 '감염 우려 가축 대규모 살처분', '백신접종', '동물복지 조치' 등 방역조치에서 이해충돌이 있을 수 있다.[65],[66],[67]

정책 사항에 대한 이해관계자들 간의 이해충돌 해결에서 핵심은 충돌 주체인 다양한 이해관계자 간 이해관계를 파악하고 공익 추구를 위한 절충안을 마련하는 것이다. 정책 과정에서 이해관계자 간의 이해 상충을 효과적으로 해결하고 극복하기 위한 전략으로는 ▲ 투명성 제고, ▲ 협업 장려, ▲ 증거에 기반한 의사결정, ▲ 독립적인 검토[29], ▲ 교육 및 홍보 강화, ▲ 공정한 대표성,

---

28 동물권 운동가는 보호받아야 할 고유한 동물의 권리를, 축산농가는 동물을 재산으로 보아 이윤을 얻을 권리를 주장할 수 있다.

29 이에는 전문가 패널 또는 규제 기관의 검토가 포함될 수 있으며, 이를 통해 정책 결정에 대한 편견 없는 관점을 제공할 수 있다.

▲ 윤리적 원칙 고려[30], ▲ 대중의 의견과 참여, ▲ 지속적인 평가, ▲ 갈등 해결 메커니즘 등이 있다.

| 06 | 수의 정책의 효과적 실행에는 다양한 충족 요건이 있다

6.1. 이해관계자의 충분한 실행 역량이다

정책 당국이 수의 정책을 효과적, 효율적으로 실행하기 위해서는 다음과 같은 실행 역량이 필요하다.[68],[69],[70],[71]

첫째, 정책의 분석 및 개발 능력이다. 정책 실행의 핵심은 정책 사항을 철저히 분석하고 새로운 과제 또는 문제를 해결할 수 있는 강력한 틀을 개발하는 능력에 있다. 정책 담당자는 현실과 정책 목표 간의 격차를 파악하고 해결 방안을 찾아야 한다. 또한 사람, 동물 및 환경의 건강 모두를 보호하는 정책을 수립할 수 있도록 과학적 원칙, 역학, 인수공통전염병 등에 대한 깊은 이해가 있어야 한다.

둘째, 규정의 준수 및 집행 능력이다. 수의 관련 법령, 업계 기술 표준, 모범 사례 등에 대한 깊은 이해가 필수적이다. 정책 담당자는 정책 사항의 세부 사항에 대한 법적, 제도적 규제 요건을 파악하고 이를 준수해야 한다.

셋째, 위험 평가 및 관리 능력이다. 수의 사안은 사전 예방적 위험 평가 및 관리 전략이 필요하다. 정책 담당자는 건강상 잠재적 위협을 식별하고 평가하는 데 전문성이 있어야 한다. 또한 질병 발생이나 환경 위험에 대한 예방, 이른 발견, 신속한 대응을 우선시하는 종합적인 위험관리 계획을 수립할 수 있어야 한다.

넷째, 이해관계자 소통 및 협력이다. 정책 담당자는 일반 대중을 포함한 다

---

30 정책은 유익성, 비악용성, 정의, 자율성이라는 윤리적 원칙을 고려하여 개발되어야 한다.

양한 이해관계자와 강력한 협력관계를 구축해야 한다. 정책 결정 과정을 투명하게 공개하고 소통해야 한다. 이를 위해서는 대인관계 기술, 인문학적 소질, 공감 능력 등이 필요하다.

다섯째, 지속적인 학습 및 혁신이다. 이는 지속적인 실행 역량 강화에 필수적이다. 이를 위해 정책 담당자는 전문적인 교육과정 개발, 교육 방법론 등에 대한 적절한 지식이 있어야 한다.

끝으로 윤리적 고려 및 의사결정이다. 수의 정책은 형평성, 공정성, 사회적 책임의 원칙에 따라 인간과 동물 모두의 건강과 복지를 증진할 수 있어야 한다. 공익을 위해 상충하는 이해관계의 균형을 맞추고, 상충하는 가치를 조정할 수 있어야 한다.

WOAH는 각국 수의당국이 WOAH 규약을 준수할 수 있는 충분한 역량을 갖추도록 관련 정보 제공, 교육 및 훈련 자료 개발, 우수 거버넌스 구축 등 다양한 지원 활동을 한다. 대표적으로 2004년 개시한 'GF-TAD'[31], 2007년 시작된 'Performance of Veterinary Services Pathway'[32] 등이 있다. FAO는 각국의 수의 정책 역량 강화를 위한 훈련 프로그램, 기술 등을 제공한다. 최근에는 특히 동남아지역 등에서 TAD에 대한 긴급 대응 역량 강화를 위한 다양한 프로젝트를 진행하고 있다.

6.2. 과학적, 합리적 수의 법령이다

수의 법령은 수의 정책의 근간 중 하나이다. 정책의 대상, 세부 시행방안 등 수의 정책을 구성하는 요소들 대부분은 법령으로 규정된다. 수의 법령은

---

31 'Global Framework for the Progressive Control of Transboundary Animal Diseases'로 각국의 TAD 통제 및 예방 역량을 강화하는 것을 목표로 교육 및 훈련, 예찰, 실험실 진단, 비상 계획 등 역량 구축을 강조한다.

32 이는 국가 수의 서비스의 성과를 평가하고 개선이 필요한 부분을 파악하기 위한 평가도구이다.

수의 서비스 및 관련 이해관계자에 관한 규제와 관행을 규율하는 법적 틀을 제시한다.

수의 법령에서 동물의 건강과 복지, 축산식품 안전, 축산시설 출입 통제, 동물질병 예찰, 이른 확인 및 신고, 동물 이동제한, 검역, 검사, 압류, 폐기 등을 규정하는 것은 수의 정책의 수립 및 실행 체계의 기본적 요소이다.

수의 정책은 사람, 동물, 환경의 건강상 위험을 예방 또는 통제하기 위한 다양한 요건, 수단 등을 포함하고 있어 본질적으로 강제적, 규제적 성격이 강하다. 수의 정책이 위험 관리에 편중되는 경우 불필요하고 과도한 규제 조치를 양산하기 쉽다. 규제 조치로 인해 이해관계자가 얻는 이익과 불이익 간의 균형이 잡힌 수의 정책이 되기 위해서는 규제 조치에 대한 합리적인 접근이 필요하다.

먼저, 정책 개발 과정에 주요 이해관계자를 참여시킨다. 그들의 의견을 구하고, 그들의 관점을 고려하여 규제의 실질적인 의미와 잠재적 영향을 이해할 필요가 있다. 열린 대화와 협업을 장려하여 규제를 제거 또는 간소화할 수 있는 영역을 파악해야 한다.

둘째, 위험 기반 접근방식을 채택하여 위험도에 따른 규제 조치의 우선순위를 설정한다. 위험도가 높은 분야에 자원과 규제를 집중함으로써 이해관계자의 불필요한 부담을 줄이면서도 원하는 결과를 달성할 수 있다.

셋째, 수의 정책은 과학적 근거, 전문가 조언 등에 근거함으로써 자의적이거나 불필요한 조치를 피하고 꼭 필요한 규제 요건만을 포함할 수 있다.

넷째, 규제 조치를 시행하기 이전에 이들 규제의 잠재적인 경제적, 환경적 영향을 충분히 평가하는 것이 바람직하다. 이 과정은 의도하지 않은 결과, 부담스러운 요건 또는 불필요한 규제를 최소화, 제거 또는 수정하는 데 도움이 된다.

다섯째, 기존의 정책을 이해관계자와 함께 정기적으로 검토하여 유효성, 관련성, 효율성을 평가하는 것이 효과적이다. 정책을 통해 달성한 성과를 분석하고, 이에 대한 이해관계자의 피드백을 고려한다. 이 과정을 통해 비효율적 규제를 폐지, 수정, 간소화한다.

여섯째, 규제의 유연성도 중요하다. 유연성과 적응성을 염두에 두고 규정 등을 설계해야 한다. 대부분의 수의 문제는 시간이 지남에 따라 진화한다. 새로운 지식과 기술 또는 변화하는 상황에 따라 시행 중인 규제조치를 조정할 수 있다. 이를 통해 쓸모없거나 부담이 될 수 있는 경직된 규제를 방지할 수 있다.

6.3. 공공-민간 파트너십 구축이다

정책 과정의 모든 단계에서 '공공-민간 파트너십PPP'은 성공적인 정책 성과를 이루는 데 필수적이다. WOAH는 이를 '공공 부문과 민간 부문이 지속 가능한 방식으로 혜택을 제공하는 공동의 목표를 달성하기 위해 책임에 동의하고 자원과 위험을 공유하는 공동 접근방식'으로 정의한다.[72] PPP는 '인프라 또는 공공 서비스에 상당한 투자가 필요한 정책[33]'을 구현하는 데 주로 사용될 수 있다.

PPP는 정부에 다양한 이점을 제공한다. 정부와 민간 부문이 위험을 공유하여 정부의 재정 부담을 줄이고 민간 부문이 고품질 서비스를 제공하도록 인센티브를 제공할 수 있다. 또한 민간 부문의 신선한 아이디어와 전문성을 도입하여 공공 서비스의 효율성과 품질을 개선할 수 있다. 다만 PPP는 양자 간 협상의 복잡성, 추진 업무 소요비용 초과 가능성, 투명성, 책임성 등 몇 가지 과제가 있다. 정책 입안자는 PPP의 이점과 과제를 신중하게 고려한 후 시행 여

33 PPP는 보건, 교통, 교육, 에너지, 수자원 등 다양한 분야에 적용할 수 있다. 예를 들어 의료 및 교육 시설의 건설 및 운영 등이 있다.

부를 결정하는 것이 중요하다.

수의 부문에서 우수한 PPP는 동물의 건강과 복지를 증진하고, 공중보건 및 환경 위생을 촉진하며, 수의 관련 산업의 발전을 지원하는 파트너십이다. 이러한 민관 협력은 두 부문의 강점과 자원을 활용하여 보다 효과적이고 포괄적인 정책을 촉진한다.[73],[74]

첫째, 자원의 공동 활용이다. 정부는 종종 예산 제약과 한정된 자원으로 인해 정책 개발과 실행에 어려움을 겪는다. 민간 기업과의 파트너십을 통해 추가 자금, 첨단 기술, 전문 지식을 활용할 수 있다. 이러한 협력을 통해 좀 더 광범위한 연구, 더 나은 예찰 체계, 인프라 개선이 가능해져 끝내는 좀 더 효과적인 동물 보건 프로그램과 정책으로 이어질 수 있다.

둘째, 민간의 혁신 성과 및 잠재력 활용이다. 민간 부문은 일반적으로 시장에서 경쟁력을 유지해야 하므로 필요에 따라 더 민첩하고 혁신적이다. 민간 기업은 종종 정책 개발과 실행을 향상시킬 수 있는 최첨단 기술, 새로운 접근방식, 효율적인 관리 관행을 제공한다. 이러한 혁신은 신종 전염병, 항생제 내성, 진화하는 동물복지 기준과 같은 복잡한 문제를 해결하는 데 특히 중요하다.

셋째, 수의 정책의 도달 범위와 영향력을 향상한다. 민간 기업은 종종 농부, 반려인, 업계 단체 등 동물 건강 전반에 걸쳐 광범위한 네트워크와 협력관계를 맺고 있다. 이러한 네트워크는 정책이 이해관계자, 수혜자에게 효과적으로 미칠 수 있도록 한다. 또한 민간단체는 교육 및 홍보 활동을 지원하여 수의 규정 및 지침에 대한 인식을 높이고 준수를 촉진할 수 있다.

넷째, 민관 간의 신뢰와 협력 강화이다. 두 부문이 투명하고 효과적으로 협력할 때 공동의 책임감과 상호 이익이 증진된다. 이해관계자는 자신이 직접 참여해 만든 정책을 지지하고 준수할 가능성이 높으므로 이러한 협력은 더욱 강력하고 신뢰할 수 있는 정책으로 이어질 수 있다.

다섯째, 정책의 대응력 및 유연성 향상이다. 시장의 요구와 변화에 신속하게 대응할 수 있는 민간 부문의 능력은 종종 느린 정부의 관료적 절차를 보완할 수 있다. 질병 발생과 같은 위기 상황에서 이는 더욱 중요하다. 민간 파트너는 신속한 물류 지원, 자원 배분, 긴급 조치를 신속하게 시행하여 동물과 공중보건에 미치는 영향을 완화할 수 있다.

WOAH는 좋은 PPP의 요소로 ▲ 투명성, ▲ 책임성, ▲ 파트너 간 목표와 목적 공유, ▲ 각 당사자의 명확한 역할과 책임 정의, ▲ 효과적인 거버넌스, ▲ 이해관계자와 대중의 참여, 소통 및 협업, ▲ 지속 가능한 자금 조달, ▲ 정기적 모니터링, 평가 및 개선, ▲ 정보 공유, ▲ 적응력,[34] ▲ 지속 가능성 등을 제시한다.[75]

PPP가 유용하게 활용될 수 있는 주요 수의 정책 분야가 있다.[76]

첫째, 질병 감시 및 통제 강화이다. 정부 기관, 연구 기관, 수의 단체, 민간 업계 간의 협력 활동은 동물질병 확산을 감시하는 강력한 시스템의 구축을 촉진할 수 있다. PPP는 자원, 전문 지식, 데이터 공유 메커니즘을 모아 신종 전염병의 이른 발견, 신속한 대응, 격리 전략을 강화할 수 있다.

둘째, 백신접종 프로그램 지원이다. 정부는 제약회사, 수의 단체, 공중보건 기관 등과 협력하여 고위험군을 중심으로 저렴한 백신의 공급을 확대하고, 새로운 백신의 연구개발을 지원할 수 있다. 또한 백신접종률을 높이고, 질병 유병률을 낮출 수 있다.

셋째, 동물복지 활동 촉진이다. PPP는 동물복지 표준, 지침, 규정의 개발과 시행을 촉진한다. 또한 동물복지 문제에 대한 대중의 인식을 높이기 위한 교육 프로그램을 지원한다.

넷째, 수의 교육 및 훈련 촉진이다. PPP는 변화하는 수의 직업의 요구를 충족하기 위해 수의 교육 및 훈련을 발전시키는 데도 중요한 역할을 한다. 학술

---

34 PPP는 정책 환경, 시장 상황, 질병 발생 등 변화하는 상황에 적응력이 있어야 한다.

기관, 수의 단체, 민간 업계 간의 협력 활동은 수의대 학생과 실무 전문가를 위한 혁신적인 교과과정, 실습 교육 프로그램, 평생 교육 기회 개발을 지원할 수 있다. PPP는 업계의 전문 지식, 기술, 실제 경험을 수의사 교육에 통합함으로써 이들이 신종 인수공통전염병, 기후변화 등 새로운 도전과제를 해결하는 데 필요한 지식, 기술, 역량을 갖추도록 돕는다.

다섯째, 수의 인프라 및 서비스 강화이다. PPP는 특히 개도국의 소외된 지역사회에서 수의 인프라 및 서비스를 강화하는 데 기여한다.[35] 정부는 국제기구, 자선 단체, 민간 후원자 등과 협력하여 재정 자원, 기술 지원, 역량 강화 지원을 동원하여 이들 지역의 수의 진료, 진단 시설, 필수 의약품에 대한 접근성을 개선할 수 있다. 또한 PPP는 원격진료, 이동 진료소, 지역사회 기반 지원 프로그램에서 민관 협력을 촉진하여 취약 계층에게 수의 서비스를 확대하고 축산인의 생계 회복력을 향상시킬 수 있다.

| 07 | 수의 정책은 국제기준의 영향을 받는다

7.1. WOAH, WHO, Codex 기준이 중요하다

수의 관련 국제 조직[36]은 각국이 수의 정책을 수립하고 시행하는 데 많은 영향을 미친다.

첫째, 국제적 협업과 정보 공유를 촉진한다. 이러한 협력은 전 세계적 문제를 해결하는 포괄적, 효과적 정책을 개발하고 시행하는 데 도움이 된다. 예를

35 수의 부문에서 국제적 PPP 성공 사례로 케냐의 'Milk for Schools', 에티오피아의 'Livestock and Irrigation Value Chains for Ethiopian Smallholders', 탄자니아의 'Veterinary Epidemiology, Economics and Public Health' 등의 프로젝트가 있다.

36 WOAH, FAO, WHO, WWF, ILRI, ISO, WVA, 국제생물학적통제기구(IOBC), 국제 동물복지기금(IFAW), 세계자연보전연맹(IUCN), 세계야생동물보건기구(WWHO), UNEP, 국제동물보건기구(IAHO) 등이 있다.

들어 WOAH는 수의 역량 강화를 위한 교육과 훈련 프로그램을 개발도상국에 제공한다. 국제축산연구소ILRI는 주로 개도국의 동물보건 역량 강화 프로그램을 제공한다.

둘째, 수의 서비스 관련 국제적 표준의 조화를 촉진한다. WOAH의 육상동물위생규약Terrestrial Animal Health Code, 국제식품규격위원회Codex의 식품규격Food Code가 대표적이다.

셋째, 국제적 수준에서 질병 예찰을 촉진한다. 이를 통해 국가 간 TAD의 확산 방지 등에 기여한다. 예를 들어 WHO와 FAO는 조류인플루엔자Avian Influenza, 에볼라와 같은 동물 질병을 예방하고 통제하기 위해 협력한다.

국제적 협력을 강화할 필요성이 높은 대표적 사항으로는 ▲ 원헬스 사항별 공동 목표 개발, ▲ 국제적 표준 및 규정 마련, ▲ 개도국에 대한 수의 자원 지원 등이 있다.

WOAH는 국제 거래되는 동물 및 동물유래 산물의 위생 기준을 설정하고, 국제적인 질병 보고 시스템을 운영한다. 동물위생 및 동물복지 관련 국제적 기준 마련, 동물 질병 진단 매뉴얼기준 개발 등 다양한 활동을 한다. 또한 회원국 간의 협력을 촉진하여 국가 간 동물 질병의 발병과 확산을 막는 데 중요한 역할을 한다.

FAO는 동물 건강 관련 프로그램 운영 등 기술 지원과 역량 강화를 주도한다. 이는 특히 개발도상국에서 중요한 역할을 한다. FAO는 식량 안전성을 보장하고, 농업 생산성을 높이기 위해 동물 질병 통제와 예방에 중점을 둔다. 이를 통해 전 세계적으로 식량 공급의 안정성을 증진한다.

WHO는 인수공통전염병, 항생제 내성 등에 대한 글로벌 차원의 건강 전략을 개발하고 시행하는 데 핵심적인 역할을 한다. WHO는 원헬스 접근법에 중점을 둔다.

7.2. WTO/SPS 협정은 헌법적 지위이다

WTO의 SPS 협정[37]은 국제 무역을 촉진하는 동시에 인간, 동물, 식물의 건강을 보호하는 데 헌법만큼 중요한 역할을 한다. SPS 협정은 각국 정부가 적용하는 수입 규제, 시험 및 검사 요건, 검역 조치 등 '동물 및 식물 위생 조치Sanitary and Phytosanitary Measures, SPS 조치'가 따라야 하는 일반 원칙과 구체적 요건을 명시한다. SPS 조치는 인간, 동물 또는 식물의 생명과 건강을 보호하기 위한 목적으로 다음과 같은 원칙에 부합해야 한다.

첫째, '과학적 정당성Scientific Justification'이다. 정부가 시행하는 SPS 조치는 국제 표준, 지침 또는 권고에 근거하거나 적절한 경우, 과학적 원칙과 증거를 기반으로 해야 함을 의미한다. 예를 들어 2011년 일본 후쿠시마 원전 사고 이후 많은 국가에서 방사능 오염 우려로 인해 특정 수산물의 수입을 제한했다.

둘째, '차별 금지No Discrimination'이다. SPS 조치는 국내산 제품과 외국산 제품에 동등하게 적용되어야 하며, 국내 제품에 부당한 이점을 부여하는 데 사용할 수 없다. 예를 들어 정부는 동일한 위험을 초래하는 유사한 국내 제품의 판매를 허용하는 경우 건강 위험을 이유로 외국 제품의 수입을 금지할 수 없다.

셋째, '무역 장벽 최소화Minimal Trade Restriction'이다. SPS 조치는 필요 이상으로 무역을 제한해서는 안 된다. 정부는 해당 조치가 무역에 미칠 수 있는 잠재적 영향을 신중하게 생각해 부정적인 영향을 최소화해야 한다. 예를 들어 정부가 특정 제품에 검역 요건을 부과하려는 경우 공중보건과 안전을 보호하는 데 똑같이 효과적이면서도 덜 무역 제한적인 조치가 있는지 고려해야 한다.

---

37 WTO의 위생 및 식물위생 조치 관련 국제 협정으로, 국가가 식품 안전, 동물 및 식물의 건강 보호를 위해 관련 물품의 수입을 규제하는 조치를 허용하는 규범이다. 다만 이러한 조치는 무역을 불필요하게 제한하지 않아야 한다.

넷째, '투명성Transparency'이다. SPS 조치는 투명해야 한다. 즉, 각국 정부는 SPS 조치와 이를 뒷받침하는 과학적 증거에 대한 정보를 이해관계자 및 일반 대중에 제공해야 한다. 이를 통해 다른 WTO 회원국은 해당 SPS 조치에 대한 근거를 이해하고 해당 조치가 WTO/SPS 협정에 부합하는지 평가할 수 있다.

다섯째, '동등성Equivalency'이다. 동등성은 무역을 촉진하는 데 유용한 도구이다. 한 국가는 다른 국가가 취한 동등한 조치를 인정함으로써 불필요한 무역 장벽을 부과하지 않으면서도 자국민을 건강 위험으로부터 보호할 수 있다.

여섯째, '조화Harmonization'[38]이다. 식품 및 농산물의 국제 무역을 촉진하는 데 국제 표준, 지침 및 권고가 중요한 역할을 한다. 협정은 WTO 회원국이 국제 표준을 SPS 조치의 기초로 사용하도록 권장한다.

일곱째, '분쟁 해결Dispute Settlement'이다. 본 협정은 SPS 조치에 대한 회원국 간의 분쟁을 해결하기 위한 구조를 제공한다. 회원국 간 SPS 조치에 관한 분쟁이 있는 경우 해당 사안은 WTO의 분쟁해결기구Dispute Settlement Body에 회부될 수 있다. 이는 분쟁이 WTO/SPS 협정에 부합하는 방식으로 공정하고 투명하게 해결되도록 보장한다.

SPS 협정은 1995년 발효된 이래 그간 수많은 혜택을 제공했지만 동시에 많은 비판과 도전에 직면하는 등 국제 무역에 지대한 영향을 미쳤다.[77],[78],[79],[80],[81]

SPS 협정의 주요 이점은 첫째, 국제 무역의 투명성과 예측 가능성 향상이다. 이 협정에 따라 회원국은 무역에 영향을 미칠 수 있는 신규 또는 변경된 SPS 조치를 WTO에 통보해야 한다. 이러한 통지 절차를 통해 무역 파트너는 의견을 제시하고 변화에 대비할 수 있어 갑작스러운 무역 중단의 가능성을 줄

38 조화는 식품안전, 동물위생 및 식물 건강에 대한 국제 표준, 지침 및 권장사항을 개발하고 촉진하는 과정을 의미한다.

일 수 있다. 투명성은 좀 더 예측이 가능한 거래 환경을 조성하여 기업이 더욱 자신감을 가지고 국제 시장에 참여할 수 있도록 한다.

둘째, 과학에 기반한 규제 촉진이다. SPS 협정은 모든 SPS 조치가 과학적 원칙과 증거에 기반해야 하며, 보건 및 안전 규제로 위장한 자의적 또는 보호주의적 조치의 사용을 금지한다. 이 협정은 위험 평가와 과학적 정당성을 강조함으로써 합리적이고 비차별적인 조치의 채택을 장려한다.

셋째, 표준의 조화이다. 이 협정은 SPS 조치에 관한 국제 표준과 국가 SPS 조치의 조화를 장려한다. 국제 표준을 충족하는 제품은 여러 시장에서 인정받을 가능성이 높아 조화는 수출업체의 규정 준수에 따른 복잡성과 비용을 줄여준다. 이러한 조화는 기술 장벽을 낮추고 표준에 대한 상호 인정을 촉진하여 글로벌 무역을 촉진한다.

그러나, SPS 협정이 그간 가져온 단점과 과제도 있다. 첫째, 가장 큰 단점은 개발도상국이 협정 조항을 준수하는 데 겪는 어려움이다. 많은 개발도상국은 과학적 위험평가를 수행하고 국제 표준을 이행하며 효과적인 신고 시스템을 구축할 수 있는 기술적, 재정적 자원이 부족하다. 이 협정에는 기술 지원 및 역량 강화를 위한 조항이 포함되어 있지만 불균형이 지속되어 개발도상국이 국제 무역의 혜택을 충분히 누리는 데 장애가 되고 있다.

둘째, 무역 분쟁 및 긴장 발생 가능성이다. WTO의 분쟁 해결 메커니즘은 강점이기도 하지만 무역 긴장과 갈등을 유발할 수도 있다. 국가는 SPS 조치를 불공정한 무역 장벽으로 인식하여 외교 관계를 긴장시킬 수 있는 분쟁으로 이어질 수 있다. 또한 일부 SPS 조치의 과학적 근거는 국가마다 증거와 허용 가능한 위험 수준을 다양하게 해석하기 때문에 논쟁의 여지가 있을 수 있다.

셋째, 무역과 건강 보호 사이의 균형이 어렵다. 무역 원활화에 중점을 둔 SPS 조치는 때때로 건강과 안전을 적절히 보호하는 데 대한 우려를 불러일으킨다. 국제 무역 규범을 준수해야 한다는 압박이 특히 과학적 증거가 확실하지 않은 경우 낮은 수준의 건강 보호 기준을 채택하게 될 수 있다. 건강 보호와 무역 촉진이라는 목표의 균형을 맞추는 것은 여전히 미묘하고 지속적인 과제이다.[82]

넷째, 새로운 위험에 대한 적응이다. 세계 무역의 역동적인 특성과 새로운 보건 위험의 출현은 SPS 협정에 지속적인 도전을 제기하고 있다. 이 협정은 진화하는 과학 지식, 새로운 질병, 농업 관행의 변화에 적응해야 한다. 변화하는 환경 속에서 SPS 조치가 효과적이고 관련성을 유지하려면 지속적인 국제 협력과 유연성이 필요하다

7.3. 동물위생 국제기준은 WOAH 동물위생규약이다

WTO/SPS 협정은 WOAH를 동물위생에 대한 국제 표준 설정 기관으로 규정한다. WOAH는 '육상 및 수생 동물 보건 규약'[39]을 통해 동물(수생동물 포함) 및 동물 유래 제품의 국제 무역에서 중요한 역할을 담당하고 있다.

이 규약의 주요 역할은 국경을 넘어 동물 질병의 확산을 방지하는 동시에 국제 무역을 촉진하기 위한 기준을 수립하는 것이다. 동물 질병의 진단, 감시, 보고에 관한 지침을 제공하여 각국이 질병 발생을 효율적으로 감지하고 통제할 수 있도록 돕는다. 이 규약은 이러한 관행을 표준화함으로써 모든 무역 상대국이 동일한 원칙을 준수하도록 보장하여 국제 무역을 통한 질병 전파 위험을 줄인다. 이러한 조화는 교역국 간의 신뢰를 유지하고 시장에 유입되는 동물성 식품이 안전하게 소비될 수 있도록 보장하는 데 매우 중요하다.

또한 이 규약에는 동물의 건강과 복지를 보장하는 데 필수적인 질병 예방 및 통제를 위한 구체적인 조치가 포함되어 있다. 이러한 조치는 차단방역 조치, 백신접종 프로토콜, 검역 절차 등 광범위한 주제를 다룬다. 이러한 규약을 이행

---

39 WOAH의 'Terrestrial Animal Health Code' 및 'Aquatic Animal Health Code'를 말한다.

함으로써 각국은 동물 질병과 관련된 위험을 효과적으로 관리하고 완화하여 해당 질병을 근절하거나 통제하기 위한 전 세계적인 노력에 기여할 수 있다.

규약의 또 다른 중요한 측면은 공정한 거래 관행을 촉진하는 역할이다. 이 규약은 투명하고 과학에 기반한 틀을 제공함으로써 동물위생 조치가 부당한 무역 장벽으로 사용되는 것을 방지한다. 또한 수출입 규정을 수립할 때 위험 평가와 과학적 증거를 사용하도록 장려한다.

이 규약은 새로운 과학 지식과 새로운 질병 위협을 반영하기 위해 정기적으로 갱신된다. 회원국 및 과학 전문가를 포함한 이해관계자가 검토 과정에 참여하여 포괄적이고 포용적인 갱신이 이루어지도록 보장한다.

7.4. 식품안전 국제기준은 Codex 규약이다

WTO/SPS 협정은 Codex[40]를 식품안전에 대한 국제 표준 설정 기관으로 규정한다. 식품안전 조치와 관련된 무역 분쟁이 발생하는 경우, WTO는 Codex 규약을 참조하여 해당 조치가 정당한지 또는 차별적인지를 판단할 수 있다. Codex의 식품 규약은 Codex에서 개발한 국제 식품 표준, 지침, 실천 강령 및 권장 사항을 통칭한다.

Codex 규약은 과학적이고 합의에 기반한 접근방식을 통해 개발되며 식품 생산, 가공 및 유통에 대한 지침을 제공한다. 이러한 지침은 국가가 국내 식품안전 규정의 근거로, 국제 무역 파트너의 제품이 필요한 식품안전 표준을 충족하는지 확인하기 위한 기준으로 사용된다.

Codex 규약은 식품 산업과 국제 무역에서 식품의 안전과 품질을 보장하는

---

40 Codex는 'FAO/WHO 합동 식품기준 프로그램Joint FAO/WHO Food Standard Programme'의 실행과 관련되는 모든 사안을 담당하는 조직이다. FAO와 WHO가 1962년에 공동 설립하였으며, 현재 회원국은 150개국이다.

데 중요한 역할을 한다. Codex 규약은 ①식품의 생산, 가공, 라벨링 및 마케팅에 대해 국제적으로 인정된 일련의 표준을 제공하고, ②국가 간 무역 협상을 위한 공통 기반을 제공하며 모든 국가에 공평한 경쟁의 장을 제공함으로써 무역에 대한 비관세 장벽을 방지하는 데 도움이 되며, ③많은 국가에서 국가 식품안전 규정의 기초로 사용됨으로써 식품안전 규정이 여러 국가에 걸쳐 일관성을 유지하여 혼란을 방지하고, ④식품 산업에서 새로운 기술과 혁신의 개발 및 채택을 위한 체계를 제공하며, ⑤국제적으로 인정받는 식품안전 및 품질 표준을 확립함으로써 식품에 대한 소비자의 신뢰도를 높이고, ⑥식품에 정확한 라벨을 부착하여 공정한 거래 관행을 장려하며, ⑦식품 생산에서 책임감 있는 자원 사용을 장려하고 폐기물을 줄임으로써 지속 가능성을 장려한다.

Part 03

수의 의료 정책

| 01 | 수의 의료 서비스는 수의 정책의 원류이다

1.1. 수의 의료 서비스의 사회적 가치는 점증한다

수의 의료 서비스는 동물의 건강과 복리에서 중요한 역할을 한다. 이러한 서비스의 범위는 예방접종 및 정기 검진과 같은 질병 예방 조치부터 질병, 부상, 만성 질환의 치료까지 광범위하다.

예방 조치는 수의 의료의 핵심적 가치 중 하나로 정기적 건강 검진, 예방접종, 기생충 관리 등이 대표적이다. 동물이 아프거나 다치면 수의사는 X-ray, 혈액 검사, 초음파 등의 진단 도구를 사용하여 문제의 원인과 심각성을 파악한다. 치료는 약물 및 외과적 개입부터 물리치료 및 화학요법과 같은 전문 요법까지 다양하다.

'수의 의료 서비스'는 최근, 다음과 같은 이유로 그 중요성이 계속 증대되고 있다.

첫째, 반려동물의 급증이다. 이는 세계적인 핵가족화, 1인 가구의 급증, 소득 증가, 재택근무 급증 등이 주요 요인이다. 특히 2020년 이후 전 세계적 코로나19 발생으로 인해 수많은 사람이 지역적 봉쇄, 이동 제한 등으로 가정에 머무는 시간이 많아짐에 따라 반려동물과의 교감, 정서적 지지 등을 찾게 된 것도 원인 중 하나이다. 반려동물의 급증은 수의 의료 서비스의 수요 증가를 초래한다.

신한카드가 자사 고객의 동물병원, 애견 호텔, 애견 카페, 애견 미용 가맹점 등의 1인당 연평균 이용액을 분석한 결과, 2019년 262,000원에서 2022년 353,000원으로 늘었다고 한다.[83] '펫이코노미'pet+economy, '펫팸족'pet+family이 급속히 부상하고 있는 것이다.

둘째, 수의 의료 서비스가 제공되는 축산업, 수산업, 반려동물 산업 등의 지속적 성장이다. 특히, 집약적 동물산업의 경우 동물의 건강과 복지를 보장하고, 동물 질병을 통제하는 데 수의 의료 서비스는 필수적이다.

셋째, 신종 및 재출현 인수공통질병의 전 세계적 지속적 발생이다. 이들 질병의 예방, 감시 및 통제에서 모니터링, 예찰 등은 핵심적 역할을 한다.

넷째, 동물복지의 중요성에 대한 대중의 인식 증가이다. 동물의 복지는 동물에 고통, 괴로움, 불편함 등을 초래하는 질병, 상해에 대한 적절한 예방 및 통제, 그리고 건강 유지를 토대로 한다. 이는 수의 의료 서비스의 수요 증가를 초래한다.

다섯째, 원헬스 접근법의 출현이다. 사람이 건강하고 행복하기 위해서는 동물도 건강해야 한다는 인식은 동물 건강관리를 위한 수의 의료의 확대를 초래한다.

여섯째, 수의 의료의 전문화 등 기술 발전이다. 수의 의료는 내과, 외과, 방사선과, 신경과, 종양학, 심장학, 치의학 등으로 전문화하고 있다. 이러한 전문화는 동물에게 좀 더 많은 수의 의료 서비스를 제공한다. 또한 기술 발전으로 진단 도구와 치료 옵션이 개선되어 수의학적 치료에의 접근이 쉬워졌다.

최근 수의 의료 서비스의 중요성이 두드러진 분야는 크게 두 가지이다. 하나는 질병 감시 및 통제이다. 정부당국은 동물질병의 예방, 감시, 추적 및 통제에 관한 전략을 수립한다. 또한 질병 발생에 관한 자료 분석 기술의 발전 등은 질병 패턴을 효과적으로 분석하는 데 크게 기여한다. 또 다른 한 분야는 새로운 질병 치료법 개발이다. 새로운 기술의 개발과 혁신이 이를 촉진한다. 동물의 생리와 질병 역학에 관한 과학적 이해가 높아짐에 따라 치료법도 다양해지고 있다. 유전체학, 로봇공학, 인공지능 등은 질병 치료에 새로운 기회를 창출하고 있다. 드론, 원격 감지 기술 등은 잠재적인 가축질병 발생을 용이하게 예찰할 수 있도록 돕는다.

수의 의료 서비스는 몇 가지 특성이 있다.

첫째, 예방 중심이다. 수의사는 아프거나 다친 동물을 치료하지만, 중심 업무는 질병을 예방하는 것이다. 여기에는 예방접종, 구충, 영양 관리, 차단방역 조치 등이 포함된다. 국가적 차원의 동물질병 통제프로그램도 핵심 가치는 예방이다.

둘째, 공중보건 지향이다. 사람 질병의 약 60%가 인수공통질병이기 때문이다. 여기에는 인수공통질병 예찰, 역학 조사, 식품안전 검사, 종간전파 질병 차단방역 등이 포함된다.

셋째, 다학제적 접근방식Multi-disciplinary Approach이다. 수의 의료는 동물위생, 동물복지, 공중보건, 환경보호 등 다양한 분야가 관련된다.

넷째, 동물 보호자와 관련 산업에 대한 경제적 영향이다. 특히 FMD, ASF, 고병원성조류인플루엔자HPAI와 같은 재난형 질병은 경제적 영향이 매우 크다. 반려인의 경제적 수준도 고려하여야 한다.

다섯째, 윤리적 고려이다. 아픈 동물의 치료, 동물의 육체적 및 정신적 고통 최소화 등 동물의 건강과 복지를 최우선해야 한다.

수의 의료 서비스는 다양한 이유로 사회적 가치를 점점 더 인정받고 있다. 첫째, 공중보건을 개선한다. 동물의 건강을 보장함으로써 인수공통전염병을 예방하는 데 기여한다. 특히 코로나19와 같은 잠재적 팬데믹의 발생 예방을 위한 동물위생의 중요성이 부각되면서 더욱 주목받고 있다. 둘째, 동물복지에 기여한다. 이는 동물에 대한 연민과 윤리적 대우를 강조하는 사회적 가치에 부합한다. 셋째, 환경의 지속 가능성에 기여한다. 건강한 동물은 더 적은 자원이 필요하고, 더 적은 폐기물을 생산한다. 끝으로, 반려인의 정신적, 정서적 건강을 지원한다. 인간의 복리에 미치는 이러한 영향은 즉각적이고 가시적인 혜택을 넘어서는 사회적 가치를 강조한다.

1.2. 수의 의료 환경은 복잡하고 다면적이다

수의 의료 서비스를 둘러싼 사회적, 경제적, 정치적, 수의 의료 기술적 환경은 복잡하고 다면적이다. 그 각각의 환경을 살펴 보면 다음과 같다.

첫째, 사회적 환경이다. 동물은 식량, 반려, 문화, 스포츠 등 인류의 삶에서 중요한 역할을 한다. 인구 증가, 도시화, 이주와 같은 인구통계적 요인은 사회가 요구하는 수의 의료 서비스 유형의 변화에 영향을 미친다. 예를 들어 급속한 도시화에 따라 반려동물에 대한 수요는 증가하고 가축에 대한 수요는 감소할 수 있다.

[그림 4] 반려동물 생태학적 모델[84]

둘째, 경제적 환경이다. 경제 발전에 따른 국민소득 증가에 따라 동물성 단백질에 대한 수요 급증 등 소비자의 식품 소비 패턴 변화하고 있다. 이는 안정적인 동물 사육 및 높은 생산성 유지를 위한 수의 의료 서비스의 수요 증대를 초래한다.

셋째, 정치적 환경이다. 이의 주요 동인 중 하나는 정부의 역할이다. 정부는 수의 의료 서비스 제공에서 면허, 인증, 진료, 동물약품 관리 등 강력한 규제 시스템을 운용한다. 특히 도서벽지 등 수의 인력이 부족한 지역에서는 수의 의료 서비스의 가용성과 경제성에 큰 영향을 미친다. 어떤 경우에는 정치적 이념이 경제 발전보다 동물복지를 우선시하여 선도적 동물복지 활동을 지원하는 정책으로 이어질 수 있다. 반대의 경우도 있을 수 있다.

넷째, 수의 의료 기술적 환경이다. 최근 수의 의료 기술이 크게 발전하고 있다. 예를 들어 원격진료, 이동식 정밀검사장비 활용, 폐쇄회로 텔레비전 CCTV 등 영상기술을 활용한 질병 진단, 모니터링 기술 등이 있다. 이는 수의 진료의 공간적, 시간적 제약을 크게 줄여 언제, 어디서든 매우 다양한 수준으로 수의 의료 서비스를 제공할 수 있게 되었다.

| 02 | 사회적 이슈가 많다

2.1. 반려동물과 반려인이 급증한다

농식품부 '2022 동물보호 국민의식조사'에 따르면, 국내 반려인은 2022년 기준으로 602만 가구, 1,306만 명이다. 가구수 기준으로 25.4%이다. 반려견 545만 두, 반려묘 254만 두로 이는 전년 대비 각각 5.2%, 12.7% 증가했다.

반려동물 증가는 정책적 측면에서 의미하는 바가 크다.

첫째, 반려인이 증가함에 따라 동물복지에 관한 관심도 증가한다. 정부는 법적, 제도적 관련 규제를 엄격히 시행하여 동물 학대, 유기 등의 문제를 줄일 수 있다. 또한 반려인 교육 등을 통해 책임 있는 동물 양육을 장려하는 것이 중요하다.

둘째로, 반려동물 산업이 성장한다. 반려동물 시장은 사료, 약품, 건강관리 제품, 호텔, 그루밍 등에 걸쳐 빠르게 성장하고 있다. 정부는 이러한 산업을 관리하는 데 적절한 규제 및 표준을 도입하여 소비자 보호와 산업 발전을 동시에 추진할 수 있다.

셋째, 공공시설과 도시 계획에 영향을 미친다. 반려인은 반려동물과 함께 오락 및 체육 시설, 공원, 아파트 등 다양한 장소를 이용한다. 이에 정부는 반려동물의 공공시설 출입 규제, 공원에 반려동물 놀이 공간 마련 등 다양한 사항을 고려해야 한다. 반려동물 친화적인 공원, 보행로, 주택 등을 위한 도시 계획이 필요하다.

넷째, 인수공통질병 전파와 환경오염의 위험 증가이다. 이에 관한 반려인 대상의 적절한 캠페인이 필요하다. 또한 분뇨 처리, 환경친화적 제품 개발 등도 환경보호에 기여한다.

위와 같은 측면 외에 반려동물 증가는 ▲ 다양한 수의 의료 수요 증가, ▲ 수의 의료 기술 발전, ▲ 수의 의료 비용 부담 증가 등의 정책적 고려가 필요하다.

2.2. 동물병원 진료비에 논란이 많다

동물병원과 관련되는 일반적 정책 사항으로는 '수의사 면허', '영업 신고', '진료 행위', '진료비용 고시 및 게시', '동물진료법인', '공수의' 등이 있다.

그동안 동물병원 진료비에 대한 사회적 논란이 많았다. 이는 주로 진료비의 투명성 부족에 따른 문제이다. 동물병원에서 제공하는 서비스와 그에 따른 비용이 명확하게 공개되지 않는 경우가 많아 반려인들은 진료비의 적정 여부를 판단하기 어려웠다. 이는 병원마다 진료비의 차이가 크게 나기 때문에 더욱 문제가 된다. 이러한 불투명성은 불신을 초래하고 일부 주인들은 높은 비용 때문에 필요한 진료를 포기하기도 한다.

2022.1.4. 수의사법 개정에 따라 수술 등 중대 진료 이전에 예상 진료비용을 고객 등에 알릴 것과 진찰, 입원, 예방접종, 검사 등에 따른 진료 비용을 동물 소유자 등이 쉽게 알 수 있도록 인쇄물, 인터넷 홈페이지 등에 게시하는, 즉 진료비용 고시 및 게시 제도가 2023.1.5.부터 시행되었다. 진료비 공개

제도를 통해 진료 서비스 공급자와 수요자 간 진료비에 대한 합리적 공감대를 마련할 필요가 있다. 동물의 질병명, 진료 항목 등 동물진료에 관한 표준화된 분류체계도 조속히 확립되어야 한다.

[표 1] 고시 대상 진료비 전국단위 통계(단위: 원)[41]

항목		평균비용	최저비용	중간비용	최고비용
초진 진찰료	개	10,840	3,000	10,000	75,000
	고양이	10,889	3,000	10,000	75,000
재진 진찰료	개	8,549	2,000	7,000	100,000
	고양이	8,456	2,000	7,700	70,000
상담료		11,461	2,000	10,000	90,000
입원비	개-소형	52,337	10,000	45,000	300,000
	개-중형	60,540	12,000	55,000	250,000
	개-대형	79,873	22,000	70,000	355,000
	고양이	72,718	10,000	60,250	500,000
종합백신(개)		25,991	8,000	25,000	75,000
종합백신(고양이)		39,610	10,000	40,000	115,000
광견병백신		24,427	5,000	25,000	70,000
켄넬코프백신		21,889	5,000	20,000	55,000
인플루엔자백신		34,650	5,000	35,000	70,000
전혈구검사비/판독료		38,202	10,000	33,000	300,000
엑스선촬영비/판독료		37,266	10,000	33,000	161,000

정부당국은 소유자 등의 진료비 부담을 줄이기 위해 다양한 정책 방안을 고려할 수 있다. 우선, 저소득층 등을 위해 진료 비용의 일부를 보조할 수 있다. 공공 동물병원을 설립하여 저렴한 가격에 진료를 제공할 수 있다. 특히, 국가적인 동물 의료보험 도입을 적극 강구할 필요가 있다. 우리나라는 동물보

41 농림축산식품부, 2023년 8월

호법 제23조에 따라 맹견 소유자는 보험 가입이 의무이다. 우리나라 반려동물 보험가입률은 1% 정도이다. 앞으로 맹견 피해 이외의 보험 수요에 대한 좋은 보험상품도 개발될 필요가 있다. 동물병원의 진료비에 대한 투명성을 강화하고 동시에 과다한 비용을 부과하는 병원들에 대한 규제도 강화해야 한다.

다행인 점은 진료비는 그간 예방접종, 중성화 수술, 병리학적 검사 등 '질병 예방' 목적의 일부 진료 항목만 부가가치세가 면제되었으나, 2023.10.1.부터 면제 대상에 진찰 및 입원 관리, 조제 · 투약, 영상진단 의학적 검사 및 내시경 검사 등 '질병 치료' 목적의 진료 항목도 추가되어, 소비자의 진료비 부담이 줄었다. 다만 진료비에 대한 부가가치세 면제는 앞으로 사람과 마찬가지로 공익적 측면에서 원칙적 면세, 예외적 과세 형태로 정립되어야 한다.

미국과 영국의 경우 동물병원 진료비에 대한 정부 차원의 규제는 없다. 동물병원이 자율적으로 책정하고 소비자는 의료보험 등을 활용한다. 반면 독일은 동물보건법에 따라 시술을 시작하기 전에 미리 수수료를 공개하고 치료 비용 견적을 제공한다.

2.3. 상업적 강아지 번식은 근절되어야 한다

반려동물 시장에서 흔히 언급되는 '강아지 공장'은 상업적 목적을 위해 많은 수의 어미 개를 한 곳에 가둬 놓고 최대한 짧은 기간 안에 임신과 출산을 반복하도록 유도하는 곳을 말한다. 2023년 4월 기준으로 동물보호법에 따라 반려동물 생산업소로 허가받은 곳은 전국적으로 2,115개소이다. 문제는 무허가 업소 즉, 불법 번식장이 많다는 것이다.

번식장에서 출생하는 반려견에 대한 정확한 통계는 파악하기 어렵지만 한국농촌경제연구원은 2018년 46만 마리, 반려동물협회는 36만 마리로 추정하였다.[85] 2019~2021년간 전체 판매 동물의 40.3%가 불법 번식, 유통, 판매된 것으로 추정한다.[86] 일부 동물권 단체의 조사에 따르면 반려동물 경매장 참가 번식장의 22%가 무허가 생산업소였으며, 불법 번식장에서 출하된 동물의 비율도 15~19%에 달했다.[87]

상업적 강아지 번식, 특히 불법적 번식은 심각한 문제점들이 있다. 동물복지 관점에서는 근절되어야 한다.

첫째, 상업적 번식은 종종 비인도적인 환경에서 이루어진다. 많은 번식업자는 최소한의 비용으로 최대한 많은 강아지를 생산하려고 한다. 이로 인해 번식견들은 비좁고 비위생적인 공간에서 생활하며 충분한 운동과 사회적 교류를 하지 못하는 경우가 많다. 이러한 환경은 신체적, 정신적으로 스트레스를 초래하며, 동물의 전반적인 복지를 저해한다.

둘째, 과잉 생산에 따른 비인도적 처분이다. 상품성이 떨어진다는 이유로 매년 최소 8만 마리의 재고가 발생한다.[88] 이들 '재고견'은 대부분 사육공간 부족 등의 이유로 굶어 죽거나 안락사된다. 이는 사회적으로 큰 문제이며 동물의 생명을 존중하는 관점에서도 용납될 수 없다.

셋째, 유전적 질병과 건강 문제의 증가이다. 상업적 번식업자들은 종종 외모나 특정 특성을 강조하기 위해 근친교배를 반복한다. 이는 유전적 다형성을 감소시켜 유전적 질병의 발병 확률을 높인다. 이러한 질병은 강아지의 삶의 질을 크게 저하시킬 뿐만 아니라 반려동물 주인에게도 큰 경제적, 정서적 부담을 안긴다.

[사진 8] 불법 개 번식장 언론보도 모습

넷째, 반려동물에 대한 책임 있는 소유를 저해한다. 상업적 번식업자는 종종 반려동물을 단순히 상품으로 취급하며 구매자들도 이러한 시각을 가질 수 있다. 이는 반려동물의 복지와 건강을 고려하지 않는 무책임한 소유로 이어질 수 있다.

세계적으로 강아지의 상업적 번식에 관한 법적 규제는 다양하다. EU는 동물복지법령에 따라 이를 엄격히 규제한다. 사육자는 동물에 적절한 사료, 물, 쉼터, 수의학적 치료를 제공해야 하고, 관련 시설은 정부당국에 등록하고 정기적인 점검을 받아야 한다. 특히, 벨기에는 2019년, 이탈리아는 2020년 개와 고양이의 상업적 사육을 법으로 금지했다. 영국은 2020년부터 강아지와 고양이를 상업적 목적으로 제3자에게 판매하는 것을 법으로 금지했다. 미국은 동물복지법Animal Welfare Act에 따라, 개나 고양이를 판매하는 펫샵 등 사육업자는 면허를 받아야 한다. 호주는 각주 동물복지법에 따라 상업적 사육 시 동물복지에 관한 최소 기준을 충족해야 한다.

반려동물의 상업적 번식이 불가피한 경우에는 엄격한 동물복지 기준 적용 등 강력한 규제가 필요하다. 특히, 온라인을 통한 반려동물의 판매나 홍보는 금지해야 한다. 현행법상 반려동물의 비대면 거래는 금지되어 있지만, 온라인상에서 판매 및 홍보, 가격 비교, 상담 등이 가능하다. 개, 고양이 등을 사육업자나 판매업자로부터 구입하지 않고 유기동물보호소나 기존 반려인 등으로부터 입양하는 사회적 관행을 확립해야 한다. 불법적 번식 행위에 대한 강력한 법적 처벌도 요구된다.

2.4. 산업동물 임상수의사가 부족하다

미국, 유럽 등 대부분 선진국은 임상수의사 인력 부족 문제를 겪고 있다. 미국수의사회AVMA에 따르면 2020년 현재 미국에서는 수요 대비 약 2.1% 수준인 2,000명 이상의 수의사가 부족한 상황이다. 유럽수의사회EVA에 따르면, 유럽은 수요 대비 11% 수준인 약 2.2만 명의 수의사가 부족한 상황이다.

우리나라도 인력 부족 현상은 21세기 들어 심해지고 있다. 2020년의 경우,

대학 졸업 예정자 대비 수의사 채용 공고의 비율이 1:1.8이다. 대한수의사회 '2021년도 수의사 인력 현황'에 따르면, 국내 수의사 인력은 약 8,200명으로, 이는 OECD 회원국 중에서 인구 대비 가장 적은 수치이다.

임상수의사 인력이 부족한 주된 원인은 다음과 같다.

첫째, 수의 의료 서비스에 대한 수요 증가이다. 전 세계적으로 동물성 단백질의 소비 급증에 따라 산업동물이 급증하고 있다. 또한 수명 연장, 핵가족화, 1인 가구 증가 등에 따라 반려동물을 키우는 인구도 크게 늘고 있다. 이는 모두 수의 의료 수요를 높인다.

둘째, 수의사의 직업적 분포 변화이다. 수의 의료는 최근 반려동물, 특수동물 등 특정 분야에서 수요가 급증하고 있다. 이들 분야에서 진료의 전문화 현상도 두드러져 수의사 인력이 이 분야에 집중된다. 이는 산업동물 진료를 필요로 하는 농촌 지역 등 특정 지역, 특정 분야에서 부족 현상을 초래한다.

셋째, 근무 조건 악화이다. 임상수의사 대부분은 장시간 격무에 시달린다. 이는 정신적, 육체적 소진과 높은 이직률로 이어진다. 대한수의사회에 따르면 반려동물병원의 약 50%가 임상수의사 1인이 운영하며, 그중 64.9%는 주 6일 근무한다. 임상수의사 51.1%의 일평균 8~10시간 근무하며 심지어 그들 중 33.1%는 하루 10~12시간 근무한다.[89]

넷째, 의사, 한의사 등 유사 의료직업군과 비교할 때 상대적으로 낮은 보수 문제이다. 이는 수의과대학 졸업자들이 수의 임상 분야에 진입하려는 동력을 떨어뜨린다.

임상수의사 부족 현상은 동물 위생 및 복지, 공중보건 체계의 약화부터 관련 산업에 대한 경제적 영향까지 수많은 문제를 낳는다. 수의 진료에 대한 접근성이 제한되면 가축, 반려동물이 질병과 부상에 대한 진단, 치료를 받지 못할 수 있다. 농가는 생산성 저하, 수의 의료 비용 증가, 질병 감염으로 동물 폐사 등 등에 직면하여 궁극적으로 생활 소득과 농장의 지속 가능성에 부정적 영향을 미친다. 공중보건 수의사가 부족하면 동물성 식품유래 질병의 예방 및 통제 역량이 떨어지고 발생 위험이 증가한다.

임상수의사 인력 부족 문제를 해결하려면 정부당국, 수의 단체 등의 다각적이고 협력적인 접근이 필수적이다.

첫째, 예비 인력 육성이다. 정부는 수의과대학 졸업 후 산업동물 임상수의사로 활동하기를 희망하는 학생들에게 장학금, 보조금 등 인센티브를 제공할 수 있다.

둘째, 원격진료, 전자적 건강기록 시스템 등 다양한 혁신적 의료 기술의 적극적 활용이다. 이들은 특히 수의 의료 서비스가 취약한 지역에 대한 의료 접근성을 개선하는 데 기여한다.

셋째, 농촌 등 근무 기피 지역의 근무 조건 개선이다. 경쟁력 있는 높은 급여를 제공하고, 가족 생활 편의 시설, 의료 및 세제 혜택 등 다양한 실질적 복지 혜택을 제공하는 것이다. 이를 통해 다른 지역 또는 직업에 근무하는 수의사에 대한 상대적 박탈감을 해소 또는 경감할 수 있다.

넷째, 수의 직업의 다양성과 포용성 증진이다. 현재, 수의 직업으로는 수의사, 동물보건사, 가축방역사, 수산질병관리사 등이 있다. 앞으로 더 다양한 수의 직업이 창출될 것이다. 이들 상호 간의 열린 마음과 협력적 자세를 통해 더 다양하고 질 높은 수의 의료 서비스를 제공할 수 있다.

다섯째, 전문성 개발 지원이다. 임상수의사들의 전문성 향상을 위한 교육 · 훈련을 위한 자금을 지원하여 이들이 최신의 발전을 따라갈 수 있도록 한다. 이는 수의과대학 및 전문 단체와의 파트너십을 통해 이루어질 수 있다. 또한 새로운 치료법과 기술 개발을 위한 연구를 지원함으로써 이들의 직업 만족도와 경력 발전 기회를 향상시킬 수 있다.

[표 2] 활동분야별 수의사 분포[42]

구분		임상	공무원	공중 방역 수의사	학계	수의 관련 사업	축산물 위생	유관 기관	농장	군진	비수의 업종	비근로자	재외 거주	계
2022년	인원(명)	7,990	2,211	441	694	878	107	325	60	157	584	1,663	99	15,209
	비율(%)	52.5	14.5	2.9	4.6	5.8	0.7	2.1	0.4	1.0	3.8	10.9	0.7	100
2012년	인원(명)	4,939	1,754	415	508	867	253	373	69	152	283	1,668	200	11,481
	비율(%)	43.0	15.3	3.6	4.4	7.6	2.2	3.2	0.6	1.3	2.5	14.5	1.7	100

대한수의사회 자료에 따르면 2022년 기준 지난 10년간 늘어난 수의사의 대부분이 임상과 공직에 종사했다. 특히 증가 인원 3,728명 중 임상수의사가 3,051명으로 81.8%를 차지하였고, 이들 중 반려동물 임상수의사가 2,847명을 차지한다. 농장동물 임상수의사는 93명 증가에 그쳤다. 제왕절개 할 수의사가 없어 새끼와 어미 소가 죽어가고 있다고 말할 정도다.

2023년 기준 국내 수의사 면허 보유자는 22,292명으로 이들 중 현업 종사자는 14,123명(63.4%)이다. 현업 종사자 중 동물병원에 8,515명(60.3%)이 종사한다. 진료 대상별로 보면 반려동물 6,938명(81.5%), 농장동물 964명(11.3%), 혼합진료 613명(7.2%) 등이다.

미국도 산업동물 임상수의사의 부족 문제는 심각하다. USDA는 농촌 및 소외 지역에서 3년 동안 일하기로 약속하는 수의사에게 '대출상환 지원 프로그램Veterinary Medicine Loan Repayment Program'[43]을 제공한다. USDA는 졸업 후 농촌 지역에서 개업하기로 약속한 수의과대학 학생에게 장학금과 보조금을 제공한다. 또한 농촌 지역의 수의 진료 접근성을 높이기 위해 노력하는 단체에

---

42 출처: 대한수의사회, 2023년

43 연간 최대 25,000달러의 대출 상환 지원금을 제공하며, 3년 약정 기간 동안 최대 75,000달러를 지원한다. 이 재정 지원은 수의사가 해당 기간 동안 학자금 부채를 관리하는 것을 돕는다. 서비스 의무를 완료하지 않으면 벌금이 부과되고 받은 지원금이 환수될 수 있다.

자금을 지원한다.[44]

산업동물 임상수의사를 체계적으로 육성 및 지원하기 위해서는 법적, 제도적 개선도 필요하다.

첫째, 임상수의사의 진료권을 심각히 침해하는 산업동물에 대한 축산농가 등의 자가 진료 금지이다. 이는 이들의 수익 악화뿐만 아니라 정체성에 심각한 부정적 영향을 미친다.

둘째, 원격진료 허용이다. 화상 진료 상담, 원격 임상 모니터링과 같은 원격진료는 농촌 지역의 거리 문제와 수의 진료 접근성 부족 문제 등을 극복하는 데 기여한다.

셋째, 이동 동물병원 활성화이다. 이는 농촌의 동물에 수의 진료 접근성과 편의성을 높일 수 있다. 이동병원은 질병 진단과 치료, 예방조치 등 다양한 서비스를 제공할 수 있다.

넷째, 가축방역사 등 준수의 전문가의 역할 확대이다. 이들은 일련의 교육과 훈련을 받은 후 백신 투여, 검체 채취, 실험실 검사 등을 담당할 수 있다. 이를 통해 산업동물 임상수의사의 업무량을 줄이고, 진료의 가용성을 높일 수 있다.

2.5. 준수의 전문가의 제도적 정립이 필요하다

우리나라의 '준수의 전문가Paraveterinary Professionals'는 법적, 제도적으로 도입 초기 단계이고, 일반 동물병원에서도 이들의 역할과 책임의 수준이 매우 다양이다. 준수의 전문가는 의료 산업에 필수 존재이다. 이들의 역할은 수의사가 동물에게 종합적인 진료를 제공할 수 있도록 지원하는 다양한 업무를 포함

---

44 'Veterinary Services Grant Program'을 통해 지원한다. 이는 USDA/NIFA이 주관하며, 도서 지역 등에서 수의사 부족 상황을 효과적으로 완화하는 데 필요한 장비, 인력 등을 진료소에 제공하기 위한 활동을 지원하도록 설계되었다.

한다. 수의 의료 수요의 급격한 확대, 동물병원의 급증, 수의 의료 업무의 세분화, 수의사 부족 등을 고려할 때 이들은 우리 현실에 맞게 시급히 활성화되고 정착되어야 한다.

[그림 5] 호서대학교 동물보건복지학과 이수체계도[45]

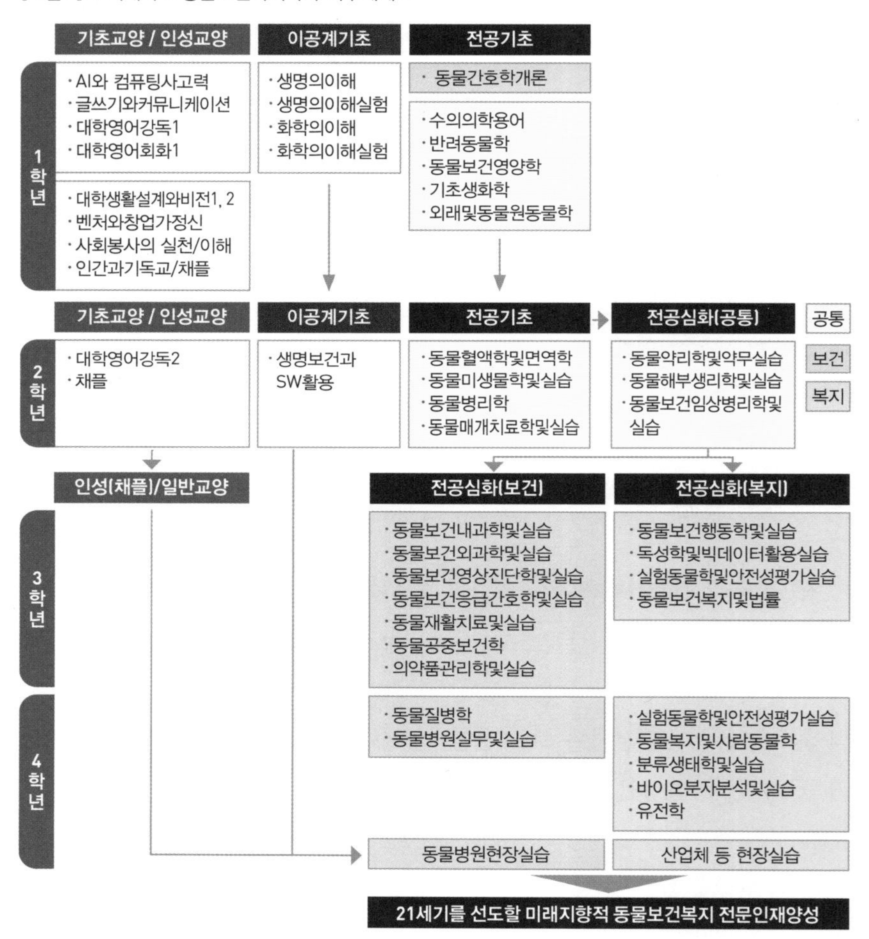

45 호서대학교 동물보건복지학과 인터넷 홈페이지. 2024.7.16. 인터넷 접속

준수의 전문가는 대체로 동물병원, 정부 수의기관 동물질병진단실험실 등에서 수의사의 예찰, 검사, 진료 등을 돕는 역할을 한다. 미국의 수의 테크니션Veterinary Technician, 영국의 수의 간호사Veterinary Nurse, 일본의 동물간호사Animal Health Technician[46] 등이 대표적이다. 이들 직업은 1960년대 영국에서 처음 시작되었고, 현재 미국, 호주, 뉴질랜드, 일본, 홍콩 등에서 대표적인 전문 직업 중 하나이다. 세계적으로 수의 의료에 대한 사회적 수요가 증가함에 따라 준수의 전문가에 대한 수요도 함께 증가하고 있다. 수의사의 지도하에 동물 마취, 방사선 촬영, 검사시료 채취, 간단한 시술 등으로 역할이 확대되고 있다. 이들은 특정 교육, 훈련 및 인증 요건을 갖춘 보건 전문가이다. 수의 의료 업계에서 이들의 중요성에 관한 인식이 높아지고 있다.

미국 수의테크니션은 수의 기술 관련 2년제 준학사 학위 프로그램을 이수한 후 국가인증시험을 통해 면허를 취득한다. 이들은 ▲ 동물 임상검사 보조, 약물 투여, 간호 제공, ▲ 혈액, 소변 등 시료 채취, ▲ X-ray, 초음파, 심전도 등의 진단 검사 수행 및 결과 해석 보조, ▲ 수술 중 마취 관리, ▲ 수술 준비, 동물의 활력 징후 모니터링, 멸균 수술 환경 유지 등 수술 과정 지원 등 다양한 업무를 수행한다.

유럽 수의간호사는 학문적 연구와 실습을 병행하여 높은 수준의 역량을 갖추도록 교육받으며, 국가 수의간호협회에 등록된다. 이들의 역할은 미국 수의 테크니션과 같다. 일본 동물간호사는 전문학교를 졸업한 후 수의 단체 또는 전문학교에서 인정시험을 치른다. 일본동물병원복지협회JAHA에서 동물간호사 자격제도를 운영한다.

우리나라의 경우 준수의 전문가로는 2021.9.8. 수의사법 개정으로 신설된

46 일본은 '반려동물간호사법'이 2019.6.28. 제정되어 2022.5.1.부터 시행되고 있다. 이 법은 반려동물 간호사의 자격을 확립하고 그 직무가 적절하게 수행되도록 교육하여 수의 의료의 보급 및 개선과 반려동물의 적절한 관리에 기여하는 것을 목표로 한다.

동물보건사가 대표적이다. 2002.12.26. 가축전염병예방법 전면 개정으로 신설된 가축방역사도 넓은 범주의 준수의 전문가라 할 수 있다. 동물보건사의 업무범위는 '동물의 간호 업무로 동물에 대한 관찰, 체온 · 심박수 등 기초 검진 자료의 수집, 간호 판단 및 요양을 위한 간호', '동물의 진료 보조 업무로 약물 도포, 경구 투여, 마취 · 수술의 보조' 등 수의사의 감독 아래 수행하는 진료의 보조이다. 가축방역사는 가축방역관의 지도 · 감독을 받아 '가축 소유자 등에 행하는 가축방역에 관한 질문', '가축질병 예찰에 필요한 시료의 채취' 등을 행한다.

선진국의 경우, 보통 수의사는 진단과 치료에 집중하고 기타 다양한 수의 의료 업무는 준수의 전문가가 담당한다. 우리나라도 수의 의료의 세분화, 전문화 경향 등을 고려할 때 이들의 업무 범위도 지금보다 법적으로 세분화, 전문화되어야 한다.

외국의 사례 등을 살펴 보면 준수의 전문가의 역할은 다양하다.

첫째, 임상 지원이다. 준수의 전문가는 검사, 시술, 수술 중에 수의사를 보조한다. 동물과 장비를 준비하고 마취를 모니터링하고 수술 후 관리를 제공한다. 이들의 지원은 의료 개입의 안전과 성공을 보장하는 데 매우 중요하다.

둘째, 실험실 업무이다. 이들은 혈액 검사, 소변 검사, 미생물학 등의 진단 검사를 수행한다. 이들은 샘플을 수집 및 처리하고 실험실 장비를 조작하며 결과를 해석한다. 정확한 진단은 적절한 치료법을 결정하고 건강 상태를 모니터링하는 데 필수적이다.

셋째, 환자 관리이다. 약물을 투여하고 상처를 치료하고 활력 징후를 모니터링한다. 세심한 보살핌은 통증을 관리하고 치유를 촉진하며 동물의 편안함을 보장하는 데 도움이 된다.

넷째, 방사선학 및 영상학이다. 이들은 방사선 사진을 촬영 및 현상하고 초음파 기계와 같은 영상 장비를 작동한다. 이러한 영상기술은 골절, 종양, 내부 부상을 진단하는 데 필수적이다.

다섯째, 고객과의 소통이다. 동물 보호자에게 건강 관리, 영양, 예방 조치에 대해 교육하는 것도 테크니션의 역할 중 중요한 부분이다. 치료 후 관리에 대한 지침을 제공하고 고객이 의학적 상태와 치료 옵션을 이해하도록 돕는다.

여섯째, 관리 업무이다. 이들은 환자 등 병원기록 관리, 실험실 진단, 수술 보조, 방사선 촬영, 마취 관리, 고객 교육 등을 담당한다.

준수의 전문가와 수의사 간의 바람직한 관계는 다음과 같다.

첫째, 상호 존중이다. 이들은 모두 서로의 공헌을 인정하고 소중히 여겨야 한다. 수의사는 전문보조원의 기술력과 환자 관리에 의존하고, 준수의 전문가는 수의사의 의료 지도와 의사결정에 의존한다. 존중은 긍정적 업무 환경을 조성하고 상호 결속을 강화한다.

둘째, 명확한 의사소통이다. 동물병원의 원활한 운영을 위해서는 이들 간의 효과적인 의사소통이 필수적이다. 수의사는 명확한 지침과 피드백을 제공해야 하며, 준수의 전문가는 환자 치료에 관한 관찰 사항과 우려 사항을 전달해야 한다. 열린 대화를 통해 치료 계획과 절차에 대해 정보를 얻고 조율할 수 있다.

셋째, 협업이다. 이들의 협업은 공동의 문제 해결과 의사결정을 통해 환자에게 더 나은 결과를 가져온다. 또한 협업 방식을 통해 지식과 기술을 공유할 수 있어 서로의 역량을 향상시킬 수 있다.

넷째, 지속적인 학습이다. 수의 분야는 새로운 진료법, 기술이 계속 등장하면서 끊임없이 진화한다. 수의사와 준수의 전문가 모두 지속적인 교육과 전문성 개발에 참여해야 한다. 최신 기술을 습득함으로써 환자에게 최상의 진료를 제공할 수 있다.

다섯째, 지원 및 역량 강화이다. 수의사는 준수의 전문가의 기술과 경험에 맞는 책임을 맡김으로써 이들의 역량을 강화해야 한다. 이들의 전문적 성장을 위한 기회를 제공하고 성과를 인정해야 한다. 준수의 전문가는 수의사가 수의 진료에 집중할 수 있도록 지원해야 한다.

2.6. 수의 법의학이 필요하다

국내 동물병원 수의사의 86.5%가 매년 동물학대 의심 사례를 경험한다.[90] 임상수의사는 동물 진료 시 동물학대 의심 정황을 발견하면, 증거를 수집한 뒤 관계 당국에 신고할 수 있다. 일례로 농림축검역본부가 받은 반려동물 학대 의심 검사의뢰가 2019년 102건, 2020년 119건, 2021년 228건, 2022년 323건으로 증가했다.

동물도 사람처럼 고의적인 피해, 방치 또는 우발적인 상해의 피해자가 될 수 있다. 수의 법의학은 동물의 고통, 죽음 등의 원인을 파악하고 그것이 고의적인 상해, 방치 등에 의한 것인지 여부를 판단한다. 이 분야는 동물 학대 사건을 철저하게 조사하고 기소함으로써 동물복지를 증진하고 향후 학대를 방지하는 데 기여한다.

최근 동물학대 범죄가 증가하고, 범죄 수법이 다양해지면서 '수의 법의학 Veterinary Forensics'[47]의 중요성이 증대한다. 이는 동물복지 보호와 법 집행의 필요성부터 민사 분쟁 해결, 동물보호 노력 지원 등 여러 가지 이유로 필요하다.

첫째, 동물 학대 조사 시 역할이다. 동물 학대는 동물에게 가해지는 직접적인 고통뿐만 아니라 가정 폭력을 포함한 다른 형태의 폭력과 연관되는 경우가 많다는 점에서 심각한 문제이다. 수의 법의학은 학대가 의심되는 사례를 철저히 조사하여 가해자를 찾아내고 기소할 수 있는 도구와 방법을 제공한다. 상세한 법의학 분석을 통해 동물의 부상 또는 사망 원인을 파악하고 외상 패턴, 독성학적 결과, 부검 소견 등의 증거를 문서화할 수 있다. 이러한 과학적 증거

---

47 수의 법의학은 동물 학대, 죽음 등 동물과 관련된 법적 문제를 조사하기 위해 수의학 및 법과학 원칙을 적용하는 전문 분야이다. 수의 병리학, 독성학, 행동 과학, 법 집행 분야의 지식을 결합한 다학제적 접근방식을 통해 동물 피해자를 위한 정의를 실현한다.

는 법정 등 법적 절차를 뒷받침하는 객관적인 데이터를 제공하여 학대당한 동물을 위한 정의를 실현하는 데 도움이 된다. 독일, 미국에서는 동물학대 전담 경찰이 별도로 존재한다.

둘째, 야생동물 범죄 조사 시 역할이다. 불법 야생동물 거래, 밀렵, 서식지 파괴는 생물다양성과 많은 종의 생존을 위협한다. 유전자 분석, 동위원소 분석, 방사선 촬영과 같은 법의학 기술은 동물의 종을 식별하고, 동물 부위의 지리적 기원을 파악하며, 동물을 죽이거나 포획하는 데 사용된 방법을 밝힐 수 있다. 이러한 정보는 야생동물 범죄를 근절하는 데 중요하다. 법의학 조사를 통해 불법 벌목, 낚시, 사냥에 연루된 사람들에 대한 증거를 수집할 수 있다. 범죄자 기소는 현행 범죄를 처벌할 뿐만 아니라 멸종 위기종을 보호하고 생태계를 보존하는 억지력도 발휘한다.

셋째, 공중보건과 식품안전 사고 조사 시 역할이다. 특히, 인수공통전염병을 조사하는 것은 수의 법의학의 핵심 분야이다. 수의 법의학 기술은 감염의 근원과 확산을 추적하여 발병을 억제하기 위한 신속하고 효과적인 대응을 촉진하는 데 기여한다.

넷째, 반려동물 소유권, 보험 청구, 과실 사건 등 민사 분쟁을 해결하는 데 활용된다. 상세한 법의학 평가를 통해 동물의 사망 또는 부상의 원인을 규명

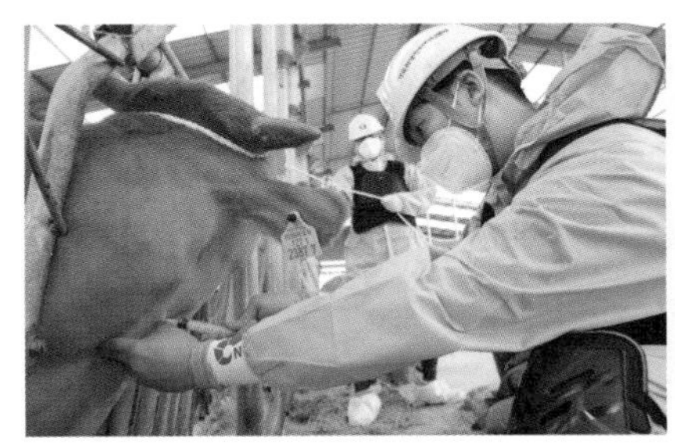

[사진 9] 가축위생방역지원본부 가축방역사 활동 모습. (좌) 혈액 시료 채취, (우) 질병 발생 농장 출입 통제

하여 법적 및 재정적 문제를 명확하게 해결할 수 있다. 예를 들어 수의 과실이 의심되는 경우 법의학 조사를 통해 표준 치료 프로토콜을 준수했는지 여부를 판단하여 법적 분쟁 해결에 도움을 줄 수 있다.

향후 정부 정책에서 수의 법의학은 동물복지, 공중보건, 국제 야생동물 보호 등 다각적인 측면에서 활용될 것이다. 이러한 분야에 수의 법의학을 결합함으로써 정부당국은 동물 관련 범죄와의 전쟁에서 강력한 법적 틀을 확보한다. 앞으로 수의 법의학이 수의과대학 교과과정에 포함되면 관련 전문가도 양성될 것이다.

| 03 | 수의 윤리는 수의 직업의 사회적 가치이다

3.1. 중심 가치는 동물의 건강과 복지를 보장하는 것이다

수의사 윤리는 수의사가 동물, 고객, 지역 공동체와 상호작용할 때 행동과 결정을 내리는 기준이 되는 윤리적 원칙이다. 이는 수의사가 다양한 상황에서 어떻게 행동해야 하는지를 규정하는 일련의 도덕적 원칙과 가치이다.

2019년 국내 임상수의사 대상 조사에 따르면,[91] 응답자의 60%가 매월 1회 이상 업무 수행에서 윤리적 딜레마에 직면한다. 30%는 윤리적 문제로 심각한 스트레스를 받는다. 그럼에도, 65%는 수의 윤리에 관한 별다른 교육을 받지 못했다. '한국형 직무스트레스 척도'에서 표준점수가 남녀 각 56.7과 56.0을 넘으면 높은 스트레스군으로 분류하는데, 임상수의사의 평균 표준점수는 97.7에 달했다.[92]

WVA 등 국제적으로 제기된 수의 윤리의 핵심 가치로는 '선의'[48], '정의',

---

48 선한 일을 하고 동물 환자에게 최선의 이익을 위해 행동해야 할 의무

'전문성 유지', '사전 고객 동의'[49], '비밀 유지', '동물복지 존중', '책임감'[50], '지속적 학습', '소통', '고객 의견 존중', '이해 상충 회피'[51], '사회적 책임'[52] 등이 있다. WOAH는 수의조직이 갖추어야 할 윤리적 기준으로 전문가적 판단, 독립성, 공평성, 정직, 객관성을 제시한다.

수의사 윤리의 사회적 가치는 매우 중요하다.[93],[94],[95]

첫째, 수의사는 동물의 건강과 복지를 옹호해야 한다. 진료에서 윤리 기준을 지키는 것은 살아 있는 모든 생물에 대한 사회의 도덕적 책임을 지는 것이다.

둘째, 고객과 신뢰 관계를 구축해야 한다. 투명성, 정직, 존중은 이러한 관계를 뒷받침한다. 수의사는 고객에게 진단, 치료 방법, 관련 위험 등을 미리 투명하게 설명하고 동의를 얻어야 한다. 이는 고객이 자신의 가치관, 선호도, 재정적 제약을 고려하여 충분한 정보를 바탕으로 진료에 관한 결정을 내릴 수 있도록 돕는다.

셋째, 직업적 청렴성 및 이해 상충 회피 의무가 있다. 수의사는 진료에서 개인적 또는 금전적 이익보다 동물의 건강과 복지를 우선함으로써 최고 수준의 공정성, 객관성, 정직성을 유지할 수 있다.

넷째, 원헬스 접근을 추구한다. 수의사는 동물의 건강과 복지를 넘어서 공중보건, 식품 안전, 환경 보존과 같은 광범위한 사회적 사안을 총체적으로 다루는 원헬스 접근을 추구한다.

다섯째, 윤리적 의사결정을 해야 한다. 수의 진료 과정에서 안락사, 의학적

---

49 동물 환자에게 치료나 시술을 시행하기 전에 동물 소유자의 사전 동의를 얻어야 할 의무

50 자기 행동과 결정에 책임을 지고 동물 환자나 고객에게 발생한 피해나 고통에 대해 책임져야 할 의무

51 수의사의 전문적 판단이나 청렴성을 훼손할 수 있는 금전적 또는 개인적 이득과 같은 이해 상충을 피할 의무

52 환자뿐만 아니라 더 넓은 지역사회와 환경의 건강과 복지를 증진하는 역할을 수행해야 할 의무

무용성[53], 과도한 치료 비용 발생 등과 같은 윤리적 딜레마에 직면할 때 수의사 윤리는 도덕적 나침반 역할을 한다.

대한수의사회는 2020.3월 '수의사윤리강령정책강화특별위원회'[54]를 발족, 1992.2.27. 제정된 '수의사 윤리강령'을 오늘날 시대적 상황에 맞게 전면 개정하는 안을 마련하도록 했다. 임상수의사의 상도덕 위주에 그쳤던 강령을 미국 · 유럽 · 영국수의사회 등이 제시한 국제 수준으로 개편하는 것이 목표였다. 동 위원회는 오랜 논의 과정을 거쳐 전면 개정안을 마련하여 이를 2022.8.10. 대한수의사회에 제출하였다. 대한수의사회는 전면 개정안을 이사회 등을 통해 2023.2.28. 최종 공포하였다.

3.2. 적극적 시행과 엄격한 감시가 필요하다

수의사의 윤리적 문제는 언론보도에 종종 등장한다. 2023년에 소브루셀라병 빈발 지역에서 일부 공수의가 검사시료 채취 시 5건 이상의 부정 채혈을 자행했다.[96] 최근에도 미허가 동물용의약품을 온라인상에 불법 판매해 온 수의사가 적발되었다. 유기동물보호소를 운영하던 동물병원이 유기견을 개 농장에 판매한 사건도 있었다. 동물실험을 위해 불법으로 개를 공급받거나 유기견을 수술 실습용으로 사용한 사례도 있다. 직접 진료 없이 불법 처방전을 발행한 수의사 사례도 종종 보도됐다.

최근 수의사의 사회적 역할과 책임의 지속적 확대는 동시에 이들에 대한 엄격한 윤리 기준의 준수를 요구한다. 이에 부합하는 수의 윤리 운영과 규제

---

53 이는 '치료 목표에 더 이상 도달할 수 없는데도 환자를 계속 치료하지만, 이러한 치료가 환자에게 해로울 수 있는 상황' 등으로 정의한다.

54 동 위원회의 위원(수의사)으로 김용상(위원장, 농림축산검역본부), 천명선(서울대 수의대), 권순균(홍익동물병원), 김원일(전북대 수의대), 박철(동물메디컬센터 W), 박혁(서울대 산업동물물임상교육연구원), 소현희(한솔동물병원), 윤기상(법무법인 케이로), 윤상준(데일리벳) 및 이병용(농림축산식품부)이 참여하였다.

강화가 절실하다.

첫째, 수의 단체를 통한 자율적 규제 강화이다. 대한수의사회에는 '수의사 윤리강령'이 있으나 이는 권고사항으로 위반자에 대한 실효적 규제 수단이 없었다. 다행히 2024.1.23. 수의사법 제25조의2가 개정되어 대한수의사회에 수의사의 윤리기준 위반 시 면허효력 정지처분 요구에 관한 사항 등을 심의 · 의결할 수 있는 윤리위원회를 두도록 하여 자율적 규제의 실효성을 강화하였다.

앞으로 윤리 기준 위반에 대한 신고 절차, 조사 주체 및 절차, 위반 여부 판단 기준, 위반자에 대한 조치, 이의 제기 절차 등이 합리적으로 설정되어 국가 법령 또는 수의사 단체의 자체 규정으로 강제화될 필요가 있다.

둘째, 수의사 간 상호 감시이다. 수의사 단체는 수의사 간에 수의 윤리 기준 위반 여부를 감시토록 하고, 위반 사항 확인 시 단체에 신고토록 하고, 심각한 위반 확인 시는 이를 정부당국에 신고토록 해야 한다. 이때 신고자가 보복 등 불이익을 입지 않도록 적절한 신고자 보호장치가 있어야 한다.

셋째, 윤리 기준에 대한 충분한 이해 및 적절한 이행 역량을 갖추는 데 필요한 교육과 훈련이다. 수의사 연수교육, 심포지엄, 세미나, 화상토론회 등을 통해 구체적인 윤리 기준과 모범 사례 등 관련 정보 및 자료를 제공하는 것이 바람직하다.

넷째, 수의 의료의 투명성과 책임성을 강화하는 제도 마련이다. 이를 통해 수의사의 이해 상충을 공개하고, 정확한 진료 기록을 유지하도록 하여 비윤리적 행동을 예방 또는 최소화할 수 있다.

미국, 영국, 캐나다 등 많은 국가는 수의사 단체가 스스로 수의사 윤리를 규제하기 위해 수의 윤리위원회 등의 장치가 있다. 이는 일반적으로 정부의 감독하에 수의사가 윤리 기준을 준수하는지 여부를 감독하는 전문 규제기관의 형태를 띤다. 이들은 윤리 위반행위를 조사하고 필요한 경우 면허 취소 등 징계를 내릴 수 있는 권한이 있다.

| 04 | 미래 수의 의료는 균형 잡힌 건강한 생태계를 보장한다

4.1. 수의 의료의 주된 공급처는 동물병원이다

동물병원은 동물의 건강과 복지를 보장하고 공중보건을 보호하는 데 중요한 역할을 한다. 동물병원은 동물에 의료 서비스를 제공하는 것 이상으로 정부 수의 정책에서도 중요한 역할을 한다.

첫째, 전문 지식과 자원을 통해 임상 진료 기준을 제시한다. 이는 종종 정부 정책의 근거가 된다.

둘째, 동물 건강에 관한 혁신과 연구의 중심이다. 동물병원은 독자적으로 또는 연구기관과 협력하여 임상시험 등 연구 활동을 통해 새로운 질병 진단 및 치료법, 예방 전략 등에 대한 귀중한 통찰을 제공한다. 요즘 국내 대형 동물병원을 중심으로 논문 등으로 연구 결과 발표가 활발한 것은 고무적이다. 정부당국이 수의 정책을 수립하고 시행할 때 이러한 혁신과 연구는 중요한 고려 요소이다.

셋째, 질병 예찰 및 통제에 중요한 역할을 한다. 동물병원은 진단 검사, 역학 조사 등을 통해 최전선에서 동물질병을 예찰한다. 정부는 이러한 예찰 자료 등을 바탕으로 백신접종, 이동 제한 등과 같은 맞춤형 방역 조치를 마련할 수 있다.

넷째, 수의사와 준수의 전문가에게 임상 훈련, 평생 교육, 연구 기회 등을 제공하여 교육기관의 역할을 한다.

다섯째, 동물병원은 종종 전문 단체, 업계 이해관계자 및 정책 입안자와 협력하여 정부 정책을 뒷받침한다. 이는 재난형 질병 등에 대한 긴급 백신접종, 예찰 등이 가축, 반려동물 등을 대상으로 현장에서 성공적으로 시행되는 데 중요한 역할을 한다.

4.2. 혁신적 수의 의료 기술을 활용한다

수의 의료의 미래는 수의 기술의 발전, 진화하는 사회적 요구, 원헬스에 대한 인식 증가 등으로 인해 혁신적인 변화를 맞이할 것이다.[97] 동물의 복리를 위한 최적의 결과를 달성하기 위해서는 몇 가지 주요 방향에 우선순위를 두어야 한다.

첫째, 혁신적 기술의 수용이다. 예를 들어 원격진료는 농촌, 도서벽지 등에서 수의 의료에 대한 접근성을 혁신적으로 개선할 수 있다. 가상 상담, 원격 모니터링, 모바일 앱Mobile Application 등은 건강 상태를 지속적으로 모니터링하는 데 기여한다. 또한 '웨어러블 장치Wearable Devices'[55]는 생체 신호와 활동 수준을 추적하여 건강 데이터를 실시간 제공한다. 최첨단 수의 진료를 제공하는 데는 지속적인 교육 및 연구가 중요하다. 수의과대학 교과과정에 유전체학, 생물정보학, 재생의학 등을 포함해야 한다.

둘째, 정밀 의학의 발전이다. 개별 동물의 유전적 구성과 특정 건강 프로필에 맞춘 정밀 의학은 중요한 도약을 의미한다. 유전자 검사 등 유전적 특성을 고려한 맞춤형 진료 계획은 질병 예방, 진단, 치료 효과를 높인다. 이러한 접근방식은 치료의 질은 높이고 부작용은 최소화한다. 예를 들어 특정 질병에 대한 유전적 소인을 파악하면 이른 조치와 맞춤형 건강관리 전략이 가능해져 더 나은 건강 결과를 얻고 동물의 수명을 연장할 수 있다.

셋째, 예방 관리 강화이다. 치료에서 예방으로 동물 의료의 초점을 전환하면 동물의 건강을 크게 개선하고 만성 및 전염병의 발생을 줄일 수 있다. 정기적인 건강 검진, 예방접종, 기생충 예방 치료가 표준 관행이 되어야 한다. 영

---

55 이는 신체에 착용하도록 설계된 전자 기기이다. 이러한 장치에는 다양한 활동을 추적하고, 건강 지표를 모니터링하고, 알림을 제공하고, 다른 장치나 인터넷에 연결할 수 있는 센서 및 기타 기술이 포함되어 있는 경우가 많다.

양, 운동, 정신적 자극에 대한 교육은 동물의 전반적인 복리를 유지하는 데 중요하다. 이러한 사전 예방적 접근방식은 동물의 삶의 질을 향상시킬 뿐만 아니라 질병 치료와 관련된 장기적인 비용도 줄여준다.

넷째, 원헬스 개념 적용 강화이다. 인간, 동물, 환경의 건강 간의 상호의존성을 강조하는 원헬스 개념은 미래의 수의 진료의 지침이 된다. 인수공통질병, 항생제 내성, 초국경 동물질병 등을 다루는 데 수의사는 보건 및 환경 전문가 등과 긴밀히 협력해야 한다.

다섯째, 정신 건강 증진이다. 스트레스, 불안, 행동 문제는 동물의 전반적인 건강에 큰 영향을 미친다. 미래의 수의 치료는 행동 건강 평가를 통합하고 훈련과 환경 개선을 위한 자원을 제공해야 한다. 동물의 심리적 안녕을 이해하고 행동 건강 문제를 해결하면 보다 포괄적인 치료로 이어질 수 있다.

여섯째, 수의 진료의 접근성 확대이다. 지역사회 기반 수의 서비스, 수의 진료 보조금 지원 프로그램, 동물 건강 보험 보급, 이동식 수의 진료 봉사 활동 등을 개발하여 모든 동물이 필요할 때 적절한 진료 및 치료 서비스를 받을 수 있어야 한다.

4.3. 원격진료가 보편화된다

원격진료[56]가 필요한 주된 이유는 수의 진료에 대한 환자 및 고객의 접근성 향상이다. 도서벽지 등에 거주하는 동물 보호자는 가까운 지역에 동물병원 부재, 교통편 불편 등의 이유로 수의 진료에 대한 접근성이 현저히 떨어진다. 이러한 경우에 원격진료를 통해 필요할 때 진료를 받을 수 있다. 이는 동물 보호자가 신체적 또는 물류의 이유로 동물병원에 갈 수 없는 경우에 특히 유용하다.

---

56 이는 수의사가 환자를 직접 진찰하지 않고 화상, 모바일 애플 등의 IT 기술을 사용하여 동물의 건강상태를 검사하고 진단하는 것을 말한다.

수의사는 원격진료를 통해 상담, 질병 진단, 약품 처방, 동물 건강 검진 등을 할 수 있다. 또한 방역, 영양, 행동 문제, 사양 관리 등 다양한 사항에 관한 조언과 지원을 고객에게 제공할 수 있다.

수의사는 원격으로 환자를 모니터링 및 추적하고 실시간으로 치료방법을 조정하고, 동물 보호자에게 수의학적 처방 등을 지속함으로써 진료의 품질을 높일 수 있다. 첫 대면 진료를 받은 후에는 원격진료를 통해 후속 진료를 진행할 수 있다. 원격진료는 지속적인 관리와 모니터링이 필요한 만성 질환 환자에 특히 유용하다.

수의사는 원격진료를 통해 질병 의심 사례를 실시간으로 모니터링 및 보고할 수 있으므로 질병을 이른 시기에 찾아내고 신속한 대응이 가능하다. 이는 질병의 확산을 방지하고 질병 발생으로 인한 경제적 피해 등을 최소화하는 데 도움이 된다.

또한 원격진료는 효율적 업무 관리에 도움이 된다. 더 짧은 시간에 더 많은 환자를 진료하고 서류 작업과 같은 관리 업무에 시간을 절약할 수 있다. 이는 특히 최근 산업동물 임상수의사 인력 부족 문제를 해결하는 데 기여할 수 있다.

끝으로 원격진료는 불안이나 공격성과 같은 동물 환자의 행동 문제로 인한 수의 진료의 어려움을 해결하는 데 효과적이다.

우리나라 의료법 제34조는 의료인의 원격의료를 규정하고 있다. 수의사법에서도 이를 허용할 때가 되었다. 다행히 2023년부터 2025년까지 안과 재진 환자에 한정하여 원격진료를 허용하는 '규제샌드박스'[57]가 시행 중이다.

원격진료는 애로사항도 많다.

---

57 이는 사업자가 신기술을 활용한 새로운 제품과 서비스를 일정 조건(기간 · 장소 · 규모 제한)하에서 시장에 우선 출시해 시험 · 검증할 수 있도록 현행 규제의 전부나 일부를 적용하지 않는 것을 말하며 그 과정에서 수집된 데이터를 토대로 합리적으로 규제를 개선하는 제도이다.

첫째, 원격진료의 한계이다. 대부분 질병은 수의사가 직접 환자를 진찰하지 않으면 정확한 진단과 치료에 필요한 중요한 시각적, 촉각적 신호를 놓칠 수 있다. 원격 검진은 신체검사, 진단검사[58], 행동 관찰 등에서 많은 한계가 있다.

둘째, 기술적 문제이다. 원격진료는 인터넷망, 화상 회의 소프트웨어, 이동형 의료 검사 · 진단 기기 등 적절한 기술과 장비가 필요하다. 인터넷 연결이 제한적인 도서벽지는 활용이 제한적이다.

셋째, 개인정보와 데이터의 보호 및 보안이다. 원격진료는 동물 보호자의 개인정보 및 환자의 의료 정보 보안에 취약할 수 있다. 이러한 데이터 및 정보는 무단 접근, 사용 또는 공개되는 것으로부터 보호되어야 한다.

넷째, 비용이다. 원격진료는 장비 확보, 이용료 등에 큰 비용이 들 수 있다. 유료 서비스가 도입되면 반려 가구의 36.4%가 '이용하겠다', 61.1%가 '반반이다'라는 조사 결과도 있다.[98]

미국은 동물병원에서 원격으로 동물의 건강 상담, 후속 진료 예약, 처방전 리필 등이 가능하다. 영국, 일본은 가벼운 건강 문제, 후속 예약 등을 위한 원격진료가 인기를 얻고 있다. 호주는 도서벽지를 중심으로 점점 보편화되고 있다.

58 혈액 검사나 엑스레이와 같은 많은 진단 검사는 전문 장비가 필요하며 원격으로 수행할 수 없다. 즉, 수의사가 정확한 진단에 필요한 특정 검사를 수행하지 못할 수도 있다.

Part 04

동물위생 정책

| 01 | 동물위생은 신체적, 정신적, 행동적 상태를 아우른다

1.1. 동물위생은 모든 수의 정책의 출발점이다

집약적 동물사육은 높은 사육 밀도, 밀폐된 공간, 과도한 스트레스, 유전적 균일성 등으로 인해 동물 질병에 매우 취약하다. 반려동물 급증에 따라 인수공통질병에 대한 반려인의 우려가 증가하고 있다. 세계화로 인해 초국경 동물질병도 빈발하고 있다. 지구온난화에 따른 인수공통 종간전파 질병도 늘어나고 있다.

동물질병은 동물의 건강과 복지뿐만 아니라 경제성 동물의 생산성 저하로 인한 사회경제적 피해, 동물 및 동물유래 물품의 무역 제한 등 매우 다양한 측면에 부정적 영향을 미친다.

동물위생 정책이란 보통 동물의 건강과 복지를 보증하기 위해 정부 기관이 시행하는 일련의 방침, 규정, 조치 등을 말한다. 이는 동물질병을 효과적으로 예방 및 통제하여 동물의 건강과 복지를 증진하며, 동물 질병으로 인한 이해관계자 등의 사회경제적 피해를 최소화하는 것이 목표이다. 따라서 효과적인 동물위생 정책은 동물의 건강과 복지, 식품안전, 공중보건, 지속 가능한 축산업 · 수산업, 환경 보호, 그리고 나아가 식량 안보, 기아 · 빈곤 해결 등에 기여한다.

동물위생 정책은 동물 건강의 중요성에 대한 인식에서 출발한다. 동물은 인류 사회에서 농업, 식량, 무역, 교통, 연구, 반려, 오락, 스포츠 등 다양한 측면에서 중요한 역할을 한다. 동물위생은 동물을 위한 것이지만 동시에 건강한 인류 사회 및 지구 환경을 위한 것이기도 하다. 정책 관계자는 동물위생의 다차원적 중요성과 광범위한 사회적 영향을 충분히 이해하는 것이 필수적이다.

동물의 건강은 동물의 안녕과 복지의 필수 요소이다. 아프거나 다친 동물은 고통과 괴로움을 겪고 삶의 질이 크게 떨어진다. 생명이 위협받기도 한다.

동물에 적절한 관리와 치료를 제공하는 것은 사회적 책임이다.

가축, 양식 어류 등 산업동물은 전 세계 식량 공급에서 매우 큰 부분을 차지하며, 국가 경제의 중요한 한 부분이다. 전 세계 식량 공급에서 차지하는 비중을 보면 단백질 칼로리Calorie 기준으로 축산업이 약 40~50%를 차지하며, 해산식품이 15~20%를 차지한다. 해산식품의 약 50%는 양식이다.

동물 유래 식품의 지속가능한 생산을 위해서는 동물의 건강이 필수적이다. 종돈의 대표적인 생산성 지표인 '모돈당 연간 출하두수Marketed-pigs per Sow per Year'[59]를 보면, 2015년 기준 우리나라는 17.9두로 세계 최고 수준인 덴마크의 29.9두에 비해 11.3두가 적다.[99] 이의 주된 원인은 국내 양돈장에서 돼지생식기호흡기증후군Porcine Reproductive and Respiratory Syndrome, 돼지유행성설사병Porcine Epidemic Diarrhea 등 폐사를 유발하는 질병이 많이 발생하기 때문이다.

동물의 건강은 식량 안보와 밀접한 관련이 있다. 건강한 동물이 생산성이 높기 때문이다. 특히 개발도상국에서는 농업 생산성과 식량 안보가 극도로 중요하며, 건강한 동물은 식량 생산과 안정성을 보장함으로써 기아와 빈곤을 줄이는 데 도움이 된다.

인수공통질병 관리 측면에서도 동물위생은 중요하다. 동물을 건강하게 유지하면 이들 질병이 동물에서 사람으로 전파되는 위험을 예방 또는 최소화할 수 있다.

생태계에서는 모든 생물이 상호 의존적인 관계에 있으며, 동물의 건강은 이러한 관계를 안정적으로 유지하는 데 결정적인 역할을 한다. 건강하지 않은 동물은 생태적 평형을 깨뜨릴 수 있으며, 이는 생태계의 불안정성을 초래하여 자연재해 및 기후변화의 영향을 더욱 크게 만들 수 있다.

---

59 모돈 1두가 연간 생산한 돼지 중 출하한 마리 수. 양돈업 생산성 지표로 활용되고 있는 용어이다.

동물은 의학, 농학, 생태학 등 다양한 분야의 연구와 개발에 필수적이다. 동물의 건강은 연구 결과의 정확성과 신뢰성을 위해 매우 중요하다.

1.2. 가축의 건강은 기아와 빈곤 탈출의 열쇠이다

농업 생산성을 높이지 않고 빈곤에서 탈출한 국가는 없다. FAO에 따르면 농업 기반 국가와 국민 소득수준이 낮은 국가에서는 농업 분야의 성장이 다른 비농업 분야의 성장보다 빈곤 감소에서 2배 더 효과적이다.[100]

농업에서 축산업의 비중은 크다. 농림축산식품부에 따르면 2021년 기준 국내 전체 농업생산액 중 축산생산액 비중은 40.02%이며, 이는 계속 높아지는 추세이다. 축산업은 전 세계 농업 GDP의 약 40%를 차지한다.[101]

세계적 인구 및 소득 증가에 따라 2030년 세계 육류 소비량은 2018~2020년 대비 14% 증가할 것으로 예측된다.[102] FAO는 2007년에서 2050년까지 국제 육류 수요가 연평균 1.7%씩 증가하고, 농식품 전체에서 육류 비중이 계속 높아질 것으로 전망했다.[103] 2000~2018년 기간 한국인 1인당 육류 소비량은 31.9kg에서 53.9kg으로 연간 2.96%씩 증가했다.[104]

세계적으로 특히 개발도상국에서 가축은 다음과 같은 이유로 농업 위기에 대처하고 기아 및 빈곤 탈출을 위한 최상의 수단이다. 가축이 1인당 국내총생산GDP 성장을 위한 중요 추진 동력이다.

첫째, 가축은 주요 영양 공급원이다. 육류, 우유, 달걀과 같은 제품을 통해 필수 단백질, 비타민, 미네랄을 공급한다. 이러한 동물성 식품은 특히 영양실조가 만연한 개발도상국에서 균형 잡힌 식단에 필수적이다. 건강한 가축은 이러한 영양가 있는 식품을 안정적으로 공급하여 기아를 직접적으로 퇴치한다.

둘째, 축산업은 중요한 경제 활동이다. 축산업은 전 세계 수백만 명의 소규모 농부들에게 생계를 제공한다. 건강한 동물은 생산성을 높이고 더 좋은 품질의 제품을 생산하여 농가의 소득을 높인다. 이러한 경제적 부양은 가족과 지역사회를 빈곤에서 벗어나게 한다.

셋째, 가축은 농업의 지속 가능성에 기여한다. 가축은 먹을 수 없는 식물 재료를 가치 있는 단백질 공급원으로 전환하여 자원을 효율적으로 활용할 수 있다. 또한 건강한 가축은 토양 비옥도와 작물 수확량을 향상시키는 중요한 유기질 비료인 분뇨를 생산한다. 가축과 농작물 생산의 시너지 효과는 전반적인 농장 생산성과 식량 안보를 향상시킬 수 있다.

또한 가축의 건강은 인간의 건강과 밀접한 관련이 있다. 인수공통전염병은 심각한 건강 위험을 초래한다. 백신접종, 적절한 영양 공급, 올바른 관리 관행을 통해 가축의 건강을 보장하면 이러한 질병의 발생을 줄여 동물과 인간 모두를 보호할 수 있다.

| 02 | 인류 활동이 증가할수록 동물위생 환경은 더 복잡하다

2.1. 핵심 가치는 사람, 동물, 환경의 건강이다

전 지구적 차원에서 인류의 활동이 계속 증가함에 따라 동물질병을 둘러싼 환경은 더 다양하고 복잡하다.

동물위생을 둘러싼 최근의 주요 변화로는 ▲ 사람, 동물, 물품의 세계적 이동 증가에 따른 동물질병의 세계화, ▲ 동물질병의 분포와 유병률에 영향을 미치는 기후변화의 급속한 진행, ▲ 무분별한 항균제 사용으로 인한 내성균 출현 확대, ▲ 생명 존중에 대한 인식 증가로 동물복지에 관한 관심 증가, ▲ 동물위생 사안에 대한 총체적 접근 및 해결방안 강구를 위한 원헬스 개념 적용 증가, ▲ 유전자 편집, 실시간 질병 예찰 등 첨단 기술 활용 증가, ▲ 질병 관리에서 민관 파트너십 증가, ▲ 동물질병 관리에서 사회경제적 요인의 중요성에 대한 인식 증가 등이 있다.

동물위생 정책이 담아야 할 몇 가지 핵심 가치가 있다.

첫째, 동물의 건강과 복지 증진이다. 여기에는 동물의 신체적, 심리적 복리를 지원하기 위해 적절한 보살핌, 주거, 영양을 제공하는 것이 포함된다. 동물복지를 고려하면 동물이 생활하고 다루어지는 모든 측면에서 질병 예방, 스트레스 감소, 고통 최소화를 목표로 하는 정책이 추진되어야 한다.

둘째, 공중보건 보호이다. 동물의 질병 감시, 통제 및 예방을 목표로 하는 정책은 인간에게 심각한 위협이 될 수 있는 인수공통전염병 등의 위험을 줄이는 데 중요한 역할을 한다.

셋째, 식품 안전 보장이다. 건강한 동물은 안전한 식품을 생산하며, 동물사육 단계에서의 질병 예방, 식품안전 위험요소 사전 차단 등에 중점을 둔 동물위생 정책은 식품 사슬 전체에서 식품안전 보증에 기여한다.

넷째, 지속가능한 환경 유지이다. 동물산업은 삼림 벌채, 수질 오염, 온실가스[60] 배출 등 환경에 중대한 영향을 미친다. 동물위생 정책은 지속 가능한 토지 관리, 자원 보존, 생물다양성 보호와 같은 환경 관리 원칙이 통합되는 경우가 많다. 이는 지속 가능한 동물산업 관행을 촉진하는 데 기여한다.

다섯째, 국제적 협력이다. 질병 전파의 상호 연결된 특성과 국경을 넘는 동물 및 동물성 제품을 고려할 때, 동물위생 위험을 효과적으로 관리하고 질병의 확산을 방지하기 위해서는 국가 간 협력이 필수적이다. 국제 표준, 지침, 협정은 동물위생 조치의 조화를 촉진하고 안전하고 건강한 동물과 동물성 제품의 무역을 촉진한다.

동물위생 조치는 크게 '예방 조치'와 '통제 조치'로 구분된다. 예방 조치로는 모니터링 및 예찰, 차단방역, 이력 추적, 국경 검역, 야생동물 통제, 백신접종, 사육위생관리기준 준수 등이 있다. 통제 조치로는 치료, 감염 우려 동물 살처

60 온실가스(greenhouse gases)란 대기에 존재하는 기체 중에서 지구의 복사열인 적외선을 흡수했다가 다시 지구로 방출하는 특성으로 인해 온실효과를 일으키는 기체를 일컫는 말이다. 온실효과에 대한 기여도는 수증기가 약 60%, 이산화탄소가 약 25%, 그리고 메탄이 약 7%로 알려져 있으며, 이 외에도 여러 플루오르 화합물 기체가 비록 농도는 낮지만 온실효과에 기여한다.

분 및 도태, 긴급 백신접종, 수출입 중단, 이동 통제, 추적조사 등이 있다.

구체적인 동물위생 조치를 마련할 때 고려해야 할 요소로는 ▲ 법령 · 규정 준수 및 집행, ▲ 질병 역학 등 과학적 증거, ▲ 예찰, ▲ 긴급 대응, ▲ 백신접종 등 통제 조치 수준, ▲ 이해관계자 참여 및 소통, ▲ 예산 등 소요 자원, ▲ 동물복지, ▲ 사회적, 경제적 영향, ▲ 국제 규정 및 국제 협력, ▲ 모니터링 및 평가 등이 있다.

질병 예방 및 통제에 관한 전략적 계획을 수립하고 시행하는 데 '위험분석', 질병별 표준대응요령SOP 등과 같은 효과적인 수단이 활용되어야 한다. 국가 질병통제 전략에 따라 통제 조치를 결정할 때는 경제적 피해를 일상적으로 많이 초래하는 '풍토성 질병', 짧은 기간 동안 폭발적 피해를 초래하는 '재난형 질병', 그리고 세계화, 기후변화 등으로 인한 신종 및 재출현 질병 특히 '종간전파 인수공통질병'으로 구분하여 이들의 특성을 우선 고려해야 한다.

최적의 동물위생 정책이 갖추어야 할 요소가 있다. 대표적으로 ▲ 목표와 목적, ▲ 적용 범위, ▲ 정책 수단을 시행하기 위한 규제 틀, ▲ 질병 예찰 및 모니터링, ▲ 질병 위험분석, ▲ 차단방역 조치, ▲ 질병 통제 역량 제고를 위한 연구개발, ▲ 이해관계자와 소통 및 협업, ▲ 재난형 또는 신종질병 발생 비상 대응, ▲ 정책 시행에 필요한 예산 및 자원, ▲ 국제 협력 등이 있다.

2012년 영국동물위생복지위원회Animal Health and Welfare Board for England는 동물 위생 및 복지 정책 수립 시 지켜야 할 3대 목적[61] 및 6대 원칙[62]을 표명하였다.[105]

---

61 ①지속 가능한 식품 생산 및 산업 경쟁력 뒷받침, ②동물관련 공중보건 보호, ③동물의 건강과 복지 증진

62 ①동물 소유주와 정부의 역할과 책임을 합의하고, 동물위생 활동 소요 비용은 공정하게 분담, ②동물위생 관리는 일차적 책임이 있는 동물 소유자가 더 큰 부담을 지며, 정부는 필요한 경우에 전략적 지원 제공, ③관련 정책 조치는 투명하고, 과학적 증거에 근거하며, 비용 대비 효과가 높을 것, ④혁신과 새로운 접근방식 장려, ⑤정부, 동물 소유자와 관련 조직은 관련 법률적 의무사항을 효과적으로 달성할 수 있도록 협력, ⑥동물 소유자의 위생관리 수준 등을 고려하여 위험에 근거한, 목표를 명확히 하는 동물위생 검사 실시

2.2. 예방이 최우선이다

'예방'은 '이른 시기 검출' 및 '신속 대응'과 함께 동물위생 정책의 근간이 되는 개념이다. 동물위생은 기본적으로 동물의 질병을 다룬다. 질병은 예방하는 것이 발생 후 대응하는 것보다 모든 이해관계자에게 비용 대비 더 효과적이다. 일단 어떠한 병원체가 환경에 노출되어 생존에 필요한 조건이 충족되면, 통제가 매우 어렵고 엄청난 비용이 소요되어 근절은 사실상 불가능하다.[106]

전염성 동물질병은 감염된 동물에게 고통을 줄 뿐만 아니라 감염에 취약한 동물이 전염될 위험도 높다. 백신접종, 격리 등 차단방역 조치를 통해 이해관계자는 병원균의 확산을 효과적으로 억제하여 광범위한 발병을 방지할 수 있다.

인수공통질병 예방은 사람의 건강에서 중요하다. 예방은 질병으로 인한 사망 감소, 식품유래 질병 감소, 안정적 식량 공급 등에 기여하여 인류의 기록적 수명 연장에 영향을 준다. 인류의 평균수명은 4천 년 전 이집트인이 36세였고 1850년대까지는 37세로 변화가 없었으나 1990년대 50세, 2023년 73세로 급격히 늘어났다. 보건복지부에 따르면 2022년 기준 한국인의 평균 기대수명은 83.5세이다. 이러한 인류의 평균수명 증가의 가장 큰 이유는 사람에게 질병을 일으키는 감염원을 미리 파악하고 소독, 위생 개념을 적용해서 질병을 예방하고 있기 때문이다.[107],[108]

질병 발생은 가축의 손실, 생산성 저하, 경제적 어려움으로 이어져 농업 공동체를 황폐화시킬 수 있다. 정기적인 건강 모니터링, 질병 감시, 위생 관행과 같은 예방 조치는 축산업계의 경제적 생존력을 보호하는 데 중요한 역할을 한다.

예방 중심의 동물위생은 동물복지에 긍정적 영향을 미친다. 질병은 동물의 신체적 건강을 해칠 뿐만 아니라 심리적 고통을 유발하고 삶의 질을 떨어뜨린다. 일상적인 수의학적 치료, 영양 관리, 사양 개선 등 예방 노력은 동물복지 수준을 높이는 데 기여한다.

동물질병 예방은 항생제, 소독약, 살충제와 같은 동물유래 병원체, 해충 등의 통제를 위한 동물약품 사용의 필요성을 줄여 동물, 사람 및 환경 모두에서 항생제 내성균 감소에 기여한다.

예방 중심의 정책 시행에 필요한 핵심적 요소는 다음과 같다.

첫째, 효과적인 차단방역 조치이다. 정부는 축산시설 출입 통제, 질병 매개체 통제, 소독 등 차단방역 지침을 마련한다. 축산농가 등의 방역역량 제고를 위해 이에 관한 교육 · 훈련 등을 지원할 수 있다. 차단방역 수준이 우수한 농가에는 방역시설자금 우선 지원, 질병 발생 시 살처분 보상금 우대, 방역 점검 면제 등 법적, 재정적 인센티브를 제공할 수 있다.

둘째, 백신접종이다. 정기적인 백신접종은 집단 면역을 유지하는 데 매우 중요하며, 이는 집단 내 병원체의 전반적인 존재를 감소시켜 백신을 접종한 동물과 접종하지 않은 동물 모두를 보호한다.

셋째, 동물 이력 추적 체계 구축이다. 이는 질병 위험에 노출된 동물을 신속히 확인하고, 관련 동물이나 물품을 추적하고, 추가적 확산을 차단하기 위한 역학조사 등에서 중요하다.

넷째, 동물 및 동물유래 물품에 대한 국경 검역 강화이다. 가축전염병예방

[사진 10] HPAI 긴급방역 상황 회의 모습. (좌) 2016년 전국 유관기관단체 긴급회의(왼쪽부터 필자, 김경규 식품산업정책실장, 이낙연 총리, 이준원 차관), (우) 2016년 농식품부장관 주재 중앙사고수습본부 회의

법령 등에 의거, 국제 공항, 항구에서의 검역 또는 수입위생조건에 따른 수입 규제가 대표적 수단이다.

다섯째, 관리대상 질병에 대한 체계적 예찰 및 보고 체계 구축이다. 이를 통해 질병을 이른 시기에 검출하고 신속히 대응할 수 있다. 또한 수집된 자료를 토대로 질병별 발생 위험 수준을 평가하고, 필요 시 질병별 통제프로그램을 마련한다. 이는 질병관리 역량 향상으로 이어진다. 정부당국은 예찰 체계 구축, 예찰 담당자 교육 · 훈련 등 예찰 역량 향상에 필요한 지원을 할 수 있다.

여섯째, 긴급 대응 역량 구축이다. 이는 질병 발생 시 체계적, 효과적인 긴급 대응을 가능하게 함으로써 추가 확산을 차단하고 이른 시기에 질병을 종식할 수 있도록 돕는다.

2.3. 동물위생 조치의 출발은 예찰이다

정부당국은 예찰Surveillance[63]이 국가적 동물위생 활동의 핵심임을 인식하고 체계적인 예찰 체계를 구축해야 한다.[109] 이의 시행에는 수의기관, 임상수의사, 농가 등 이해관계자의 협력이 필수적이다. 또한 예찰 결과 등 관련 자료는 투명하게 공개되어야 한다. 예찰은 다양한 측면에서 중요하다.

우선, 예찰은 이른 시기 경보의 역할을 한다. 질병이 발생하면 초기 단계에서 빠르게 이를 탐지하고 대응할 수 있어 질병 확산을 막을 수 있다. 이는 특히 전염성이 강한 질병의 경우에 중요하다. 예를 들어 FMD나 HPAI와 같은 질병은 빠른 발견과 대응이 없으면 심각한 경제적 손실과 공중보건 문제를 초래할 수 있다.

예찰은 질병 관리의 효율성을 높인다. 지속적인 모니터링을 통해 질병 발

63 동물 질병의 이른 시기 발견 및 통제를 목적으로 특정 동물군의 건강 상태를 확인하기 위한 모든 정기적인 활동이다.

생 패턴을 분석하고 이를 바탕으로 예방 및 통제 전략을 세울 수 있다. 이는 자원의 효율적 배분과도 연결되며 특정 지역이나 시기에 맞춤형 대응이 가능해진다. 예를 들어 특정 계절에 유행하는 질병에 대해 사전 예방접종을 실시하거나, 고위험 지역에 대한 집중 관리가 가능해진다.

또한 예찰은 국제적 차원의 협력을 촉진한다. 가축질병은 국가 간 확산이 될 수 있으므로 글로벌 예찰 시스템을 통해 정보를 공유하고 공동 대응 방안을 모색하는 것이 중요하다.

나아가 예찰은 공중보건과 직결된다. 일부 가축질병은 인수공통전염병이다. 따라서 가축질병의 이른 시기 발견과 대응은 인간의 건강을 보호하는 데도 중요한 역할을 한다. 예를 들어 조류인플루엔자는 사람에게도 큰 위협이 될 수 있어 가축 단계에서의 철저한 관리가 필요하다.

정부당국은 예찰 자료를 사용하여 질병 고위험 지역 또는 개체군을 식별할 수 있고, 여기에 백신접종, 차단방역, 검역과 같은 예방 조치를 집중할 수 있다. 예찰 자료는 기존 질병 통제프로그램의 운용 실태 및 효과를 평가하고 개선이 필요한 영역을 식별하는 데도 사용된다. 이는 질병 동향, 위험 요인, 통제 조치의 효과 등을 연구하는 데 귀중한 정보를 제공한다. 또한 특정 국가나 지역에 특정 질병이 없다는 것을 과학적으로 입증하여 자유로운 무역을 가능하게 하거나 기존의 무역 제한을 해제하는 데 도움이 된다.

예찰 목표로는 ▲ 동물질병 이른 시기 검출 및 대응, ▲ 질병 관리에 필요한 적정 수준의 자원 파악, ▲ 질병관리 수준에 관한 전략적 의사결정 지원, ▲ 질병 감시 체계 효과 측정 등이 있다.

예찰의 중요성을 보여주는 대표적 사례로 HPAI가 있다. 2021년 동절기 중 발생한 47건 중 21건(46.8%), 2022년 동절기 중 발생한 75건 중 23건(30.7%), 2023년 동절기 중 발생한 31건 중 10건(32.6%)이 예찰을 통해 확인되었다.

예찰은 질병통제프로그램의 근간으로 통제 조치의 우선순위와 목표에 대한 길잡이이다. WOAH가 제시하는 예찰 체계의 구성 요소로 ▲ 질병 보고, ▲ 역학적 및 실험실 조사, ▲ 시료 채취, ▲ 정보 수집, 분석 및 소통 등이 있다.[110]

예찰을 효과적으로 수행하려면 ▲ 명확한 목표, ▲ 분명한 대상과 범위, ▲ 위험 기반 대상 설정, ▲ 표준화된 예찰 방법[64], ▲ 효과적인 검사 및 진단 도구, ▲ 신속한 정보 수집 및 공유, ▲ 이해관계자 간 협업, ▲ 최신 기술 활용[111], ▲ 예찰 평가 및 피드백 구조, ▲ 질병 발생 시 대응 계획 등이 필수적이다.[112],[113]

질병 예찰을 위해 활용되는 다양한 수단이 있다. 첫째, 중합효소연쇄반응법PCR, 효소연결면역흡착분석법ELISA 등 최신 질병 진단법이다. 둘째, 지리정보시스템GIS[65] 활용이다. 위성항법장치GPS 기술을 활용한 철새 이동 추적이 대표적이다. 셋째, 실시간 예찰 체계이다. 기계학습Machine Learning 알고리즘을 기반으로 전국 진단 실험실의 검사 결과, 임상수의사의 질병 진단 보고, 소셜 미디어 자료 등을 분석하여 질병 발생을 실시간으로 감지할 수 있다. 넷째, 국가적 차원의 동물위생 정보 관리체계이다. 이는 동물위생에 관한 자료를 수집, 관리, 분석하는 데 사용된다. 또한 이는 질병 동향을 파악하고 질병 유행을 관찰하며 질병 통제 및 예방 노력을 알리는 데 도움이 된다. 우리나라의 경우 농림축산검역본부에서 운영 중인 '가축방역통합시스템KAHIS'[66]이 대표적이다. 다섯째, 표본 예찰이다. 이는 야생동물 다빈도 출몰 지역, 질병 유병률이

---

64 이는 시간 및 지역 간 자료의 일관성과 비교 가능성을 보장하는 데 중요하다.

65 GIS 기술은 동물질병의 분포를 지도화하고, 동물의 이동을 추적하고, 질병 발생 고위험 지역을 식별하는 데 사용된다.

66 가축전염병예방법 제3조의3에 근거하여 가축질병 발생의 사전 예방 및 질병 발생 시 확산 방지를 위해 최신 정보통신(ICT)기술을 활용하여 동물질병 및 가축방역 정보를 통합 관리하는 시스템이다. 2013년부터 본격 운영되고 있다.

[그림 6] KAHIS 시스템 구성도(출처: 농림축산검역본부)

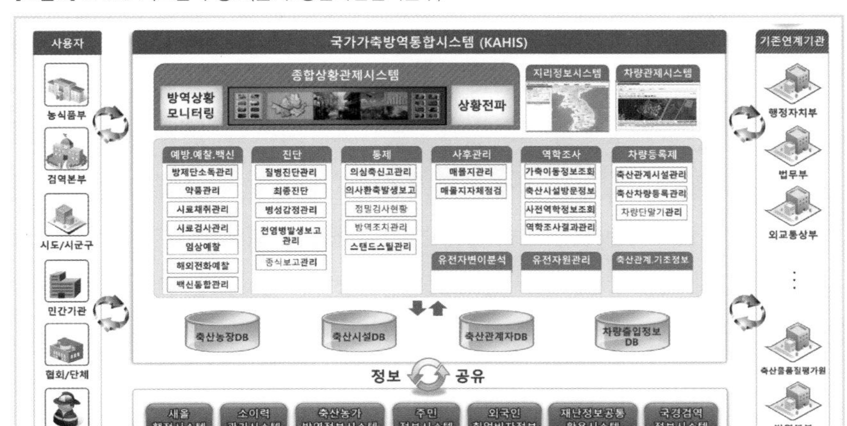

높은 지역 등 고위험 지역에 있는 표본 동물을 예찰하여 질병 발생을 이른 시기에 파악하는 것이다. 여섯째, '참여형 예찰'이다. 이는 농부, 수의사 등 이해관계자를 예찰 활동에 참여시키는 것으로 질병 보고의 적시성과 정확성을 높일 수 있다.

2.4. 정책 시행 수단과 자원의 적절한 배분이 중요하다

동물위생에서 정부당국의 주요 역할은 법령, 제도, 기준 등 규제 조치를 마련하고 실행하는 것이다. 이들 역할 중 일부는 민간에 위임 또는 위탁될 수 있지만, 이들도 궁극적 책임은 정부에 있다. 가축전염병예방법은 국가 및 지방자치단체의 책무를 제3조제1항[67], 제10조[68] 등에서 규정하고 있다.

---

67 농식품부장관, 시·도지사 및 시장·군수·구청장은 가축전염병 예방 및 관리대책을 3년마다 수립하여 시행하여야 한다.

68 농식품부장관은 가축의 전염성 질병의 예방, 진단, 예방약 개발 및 공중위생 향상에 관한 기술개발 등을 포함하는 종합적인 수의과학기술 개발 계획을 수립하여 시행해야 한다.

정부당국은 동물위생 정책을 효과적으로 시행하기 위해 다음과 같은 자원과 수단을 적절히 조합하여 활용해야 한다. 또 이들 자원과 수단을 적절히 확보할 수 있도록 적극 노력해야 한다.[114]

첫째, 법적 및 제도적 틀이다. 정부는 동물위생 기준, 질병 관리 조치, 규정 미준수 처벌 등에 관한 포괄적인 법적 틀을 구축해야 한다. 이러한 법적 틀은 WOAH 등의 국제기준에 부합해야 한다. 또한 동물 건강을 모니터링하고 규정 준수를 보장하기 위해서는 강력한 검사 및 인증 시스템이 필수적이다. 여기에는 농장, 시장, 도축장에서의 수의 검사가 포함된다.

둘째, 기술적 도구이다. KAHIS, GIS 등과 같은 정보관리 시스템은 중요하다. PCR 검사, 신속 항원 검사, 차세대 염기서열 분석 등 최신 진단 도구를 사용하면 질병을 신속하고 정확하게 탐지할 수 있다. 원격 감지 및 드론과 같은 예찰 기술을 통해 대규모 무리를 모니터링하고 질병의 징후를 이른 시기에 발견할 수 있다.

셋째, 인적 자원 및 전문성이다. 잘 훈련된 수의 인력은 정책 실행에 필수적이다. 이해관계자를 위한 지속적인 교육 프로그램을 통해 최신 지식과 관행에 대한 정보를 습득할 수 있도록 해야 한다.

넷째, 재정적 자원 및 인센티브이다. 수의 진료, 연구 및 예찰 프로그램을 유지하려면 지속적인 자금 지원이 필수적이다. 농가가 백신접종 등 차단방역 조치의 모범 사례를 채택하도록 보조금 등 재정적 인센티브를 제공하면 효과적이다.

다섯째, 협업 네트워크이다. 정부당국과 민간업체 간의 협력은 자원 동원과 혁신을 강화할 수 있다. 국제 협력도 필수적이다.

여섯째, 이해관계자 참여 및 교육이다. 정책 결정 과정에 지역사회와 이해관계자를 참여시키면 실용적이고 문화적으로 수용 가능한 정책을 만들 수 있다. 농부, 동물 취급자, 일반 대중을 대상으로 동물 건강과 질병 예방의 중요성에 대해 교육하는 것은 중요하다.

일곱째, 연구개발이다. 동물 질병의 역학을 이해하고 새로운 백신과 치료법을 개발하며 진단 방법을 개선하기 위한 연구에 대한 투자는 필수적이다. 정부는 연구 기관과 대학이 관련 연구를 수행할 수 있도록 지원해야 한다.

적절한 실행 자원 및 수단이 뒷받침되지 않는 정책은 탁상공론이다. 문제는 이들이 보통 제한적이라는 점이다. 그래서 정책에서 자원 투입의 우선순위가 중요하다. 우선순위 설정 시 주요 기준으로는 ▲ 질병으로 인한 경제적 피해 수준, ▲ 해당 질병의 공중보건 위험 수준, ▲ 질병이 국제 무역에 미치는 영향, ▲ 동물위생 위험에 대한 소비자 인식 수준, ▲ 예방 개념 중심의 질병 접근, ▲ 고위험 지역, ▲ 동물복지 우선 등이 있다.

| 03 | 정책 방안 결정 시 사회경제적 영향 분석은 필수이다

3.1. 동물질병이 미치는 사회경제적 영향은 다양하다

동물질병은 질병 종류, 발생 기간 및 심각성, 감염 동물종, 정부당국의 통제 조치 수준 등에 따라 해당 동물뿐만 아니라 인류 사회에 직간접적으로 다양한 사회경제적 영향을 끼친다.

동물질병은 성장률, 사료효율, 번식률 등을 떨어뜨려 생산성을 떨어뜨린다. 진단 및 치료, 백신접종, 예찰, 소독, 이동제한 등 관리 조치는 생산비용을 높인다. 심각한 질병의 경우 대량 폐사가 발생하거나 전염병 확산을 막기 위해 많은 동물을 도태시킬 수도 있다. 또한 해당 동물이나 동물생산품에 대한 무역 제한 및 국제적 시장 상실로 이어져 농가, 관련 업체, 나아가 국가에 경제적 손실을 입힐 수 있다. 간접적 경제적 손실도 있다. 동물질병은 사료, 수송, 가공 등 연관 산업에도 부정적 영향을 미친다. 이동제한, 관련 시설 폐쇄 등으로 발생 지역의 관광객 수를 급감시킬 수 있다.

동물질병은 공중보건에도 엄청난 영향을 미친다. 동물질병의 약 60% 정도가 인수공통전염병이기 때문이다. 이는 노동생산성 저하, 의료비용 증가, 삶의 질 저하 등을 초래한다. 동물성 제품의 안전에 대한 불안감이 커지며, 이는 소비자의 신뢰를 떨어뜨리고 식품 산업에 부정적 영향을 끼친다.

동물질병은 환경과 생태계에도 큰 영향을 미친다. 가축과 야생동물 사이에 질병이 전파될 수 있다. 이는 생태계를 교란하고 생물다양성을 위협한다. HPAI 등 발생 시 대규모 동물 살처분을 통한 일반 매몰로 인해 지하수 오염 등을 초래할 수 있다. 방역용 소독약, 살충제 등은 환경을 오염시킬 수 있다. 동물질병은 생물다양성 감소 등 생태계를 위협한다. 심한 경우 특정 동물종의 멸종을 초래할 수 있다.

동물질병으로 인한 사회적 영향도 있다. 대규모 동물 폐사나 질병 확산은 축산농가 및 관련 산업 종사자에게 큰 심리적 스트레스를 준다. 질병으로 인한 경제적 손실, 시장의 부정적 평판 등은 농가의 생계와 복지에 나쁜 영향을 미치며, 이들에 정서적 압박, 우울증, 불안과 같은 사회적, 심리적 고통을 초래한다. 질병 확산은 사회적 불안감을 증폭시킬 수 있다. 이는 정부에 대한 신뢰 저하, 공공 안전에 대한 우려로 이어질 수 있다.

동물질병의 사회경제적 영향은 일반적으로 집약적 사육 농가가 조방적 사육 농가보다 좀 더 심각하다. 또한 식량안보, 빈곤, 기아 등 측면에서 개발도상국에서 더 심각하다.

동물질병이 미치는 경제적 영향은 농가 등 이해관계자의 질병관리 조치 준수 의지에 영향을 미친다. 따라서 정부당국은 질병관리 정책을 수립할 때 이러한 경제적 영향을 충분히 고려해야 한다.

FAO는 가축질병의 경제적 영향에 관해 몇 가지 핵심 요소를 제시하였다.[115] ①가축 질병의 경제적 영향을 줄이기 위해 질병 예방 및 통제 조치에 투자하는 것이 중요하다. ②축산물 생산과 무역을 뒷받침하는 시장 지향적 정책과 제도를 강화할 필요가 있다. ③소규모 및 방역 취약 농가에 미치는 사회적, 경제적 영향을 해결하는 것이 중요하다. ④가축 사육 및 질병 관리를 둘러싼 다양한 이해관계자 간의 협력과 조정이 중요하다. ⑤질병을 예방 및 통제하는 조치의 이행을 지원하기 위한 방역당국의 역량 구축과 정부 차원의 기술적 지원이 중요하다. ⑥질병 예방 및 통제에 대한 위험 기반 접근방식을 적용하는 것이 중요하다.

3.2. 경제적 영향 분석은 다양한 이점이 있다

동물질병의 경제적 영향에 대한 분석은 보통 사회경제적으로 큰 영향을 미치는 질병이 대상이다. 흔히 사용되는 방법으로 '비용-효과 분석Cost-Effectiveness Analysis'[69], '비용-효용 분석Cost-Benefit Analysis'[70], '손익 분석Cost-Outcome Analysis'[71] 등이 있다. 이러한 경제적 영향 분석은 다양한 이점이 있다.

첫째, 정책 방안의 비용과 효과를 객관적으로 평가할 수 있다. 이는 정부가 한정된 자원을 효율적으로 사용할 수 있도록 도와준다. 예를 들어 특정 동물 질병 예방을 위한 백신 프로그램의 도입 여부를 결정할 때, 백신의 도입 비용과 이를 통해 절감되는 질병 관리 비용, 생산성 향상 효과 등을 비교할 수 있다.

둘째, 한정된 자원을 효과적으로 배분하는 데 유익하다.[116] 경제적 영향 분석은 다양한 정책 방안에 따른 자원 배분의 결과를 모의실험Simulation하고 예측한다. 이를 통해 자원 배분의 효율성을 극대화하고 예산 낭비를 줄일 수

---

69 다양한 정책 옵션 간의 비용과 효과를 숫자로 비교하여 어떤 정책이 가장 효과적인지를 결정하는 데 사용된다.

70 다양한 정책 옵션의 비용과 이익을 모두 고려하여 경제적 효과를 평가한다. 정책이 사회경제적 이익을 높이는지를 결정하는 데 사용된다.

71 정책이 원하는 목표를 달성하기 위해 어느 정도의 비용이 발생할 수 있는지를 평가하는 데 사용된다.

있다. 예를 들어 특정 지역에 집중적인 방역 조치를 시행할 경우와 전국적으로 방역 조치를 분산시킬 경우의 비용 및 효과를 비교함으로써 최적의 자원 배분 전략을 수립할 수 있다.

셋째, 이해관계자의 수용성 증대이다. 경제적 영향 분석은 농가, 소비자 등 다양한 이해관계자들에게 정책의 경제적 이점을 명확하게 제시할 수 있는 근거를 제공한다. 이는 정책에 대한 수용성을 높인다. 예를 들어 특정 예방 조치의 경제적 혜택을 농가에 설명함으로써 농가의 협조를 끌어낼 수 있다.

넷째, 위험 관리와 정책의 유연성 제고이다. 경제적 영향 분석은 정책 시행 전 다양한 위험을 식별하고 평가할 수 있는 기회를 제공한다. 이를 통해 정책 시행 후 발생할 수 있는 예상치 못한 경제적 손실을 최소화할 수 있다. 또한 정책 방안의 경제적 영향을 지속적으로 모니터링하고 평가함으로써 필요 시 정책을 조정하고 수정할 수 있는 유연성을 확보할 수 있다. 예를 들어 특정 질병의 유행이 예상보다 빨리 확산할 경우, 초기 분석을 바탕으로 신속하게 대응 방안을 조정할 수 있다.

다섯째, 정책의 장기적 효과 평가이다. 경제적 영향 분석은 단기적인 비용과 효과뿐만 아니라 장기적인 경제적 영향을 평가하는 데도 유용하다. 이는 정책의 지속 가능성을 평가하고 장기적으로 국가 경제에 미치는 영향을 예측하는 데 도움을 준다. 예를 들어 지속적인 방역 투자와 관리가 장기적으로 축산업의 생산성을 어떻게 높이고 국가 경제에 기여할 수 있는지를 분석할 수 있다.

지속 가능한 동물산업을 위해서는 경제적 측면과 동물위생 측면 간의 균형이 중요하다. 이를 통해 지속 가능한 동물산업의 발전을 도모할 수 있다.

| 04 | 인센티브가 있는 정책이 성공한다

4.1. 규제보다 인센티브가 효과적이다

인센티브는 보통 '개인과 집단이 행동하도록 동기를 부여하거나 자극하는 무엇' 즉, 장려책을 말한다. 인센티브는 공공 정책에서 특정한 행동 경향을 촉진하고 격려하기 위해 널리 사용된다.

인센티브 개념이 사용되는 방식에는 3가지 핵심 요소가 존재한다.[117] 첫째, 인센티브는 잠재적인 이득, 사례, 보상, 또는 원하는 성과에 관한 것이다. 둘째, 인센티브는 '한계적 접근Marginal Approaches'[72]이다. 이는 사람들이 다르게 행동한다면 일어날 무엇인가에 관한 잠재적 이득이다. 셋째, 인센티브는 동기 부여에 관한 것이다.

동물질병을 예방, 예찰, 보고, 대응 및 회복하는 과정에서 다양한 인센티브가 다양한 수준으로 필요하다.[118] 질병 발생 신고자 보상, 이해관계자 교육 및 훈련 제공, 무료 점검 및 검사, 방역 우수농가 방역규제 제외[73] 등이 있을 수 있다.

일부 농가는 질병 감염이 의심되는 동물이 있는 경우 이를 신속히 방역 당국에 신고하지 않고 숨기거나 해당 동물을 몰래 없애려는 유혹이 있을 수 있다. 1998~1999년 말레이시아에서의 니파바이러스Nipah Virus 발생이 대표적 사례이다.[119] 지역주민은 해당 지역에서 동 질병이 발생한 것을 알고 있었지만 신고 시 받게 될 인센티브 부족으로 신고가 신속히 이루어지지 않았다.[120]

최적의 예찰 및 신고를 위해서는 이에 협조하는 이해관계자에 대한 적절한

---

72 특정 정책이나 결정과 관련된 점진적 또는 추가적 편익과 비용을 고려하는 것을 말한다. 이는 개인이 합리적이고 이기적인 방식으로 인센티브에 반응한다는 점을 인정하는 것이다.

73 일례로 고병원성 AI 발생 등으로 인한 방역우수농가는 방역대 내 이동제한 또는 살처분 대상에서 제외하는 것이다.

인센티브 제공이 바람직하다. 정책의 성공 여부가 이들의 참여와 협력에 크게 의존하기 때문이다. 특히 경제적 인센티브가 효과적이다. 왜냐하면 이는 비용 대비 효율적이고, 결과에 직접적인 영향을 미치며, 시장 메커니즘을 활용하기 때문이다. 예찰, 신고 및 대응에서 인센티브와 불이익을 포함하지 않으면 이는 비생산적이며, 성공적 결과를 낳기 어렵다.[121]

또한 인센티브는 비용과 편익에 대한 확실한 증거와 분석에 기반해야 한다. 시행되는 인센티브는 이의 영향 및 효과를 파악하기 위해 주기적으로 모니터링 및 평가되어야 한다.

보통 인센티브는 시행 중인 정책 내용, 인센티브 규모, 집행 구조 등 여러 요인에 따라 장단점이 있다. 이들 모두를 고려한 균형 잡힌 접근이 필요하다.

우선 장점을 살펴 보자. 첫째, 농가의 우수사육규범 등 선진적 동물위생관리 기법의 채택을 촉진한다. 이는 동물복지 개선, 질병 발생 위험 감소, 생산성 향상으로 이어진다. 보조금, 세금 공제 또는 기술 지원과 같은 인센티브는 모범 사례 시행에 따른 비용을 상쇄하는 데 도움이 된다. 둘째, 해당 농가에 높은 수준의 위생관리를 지속 장려한다. 셋째, 동물 건강에 투자하는 농가가 그렇지 않은 농가에 비해 불이익이 없도록 하여 공평한 경쟁의 장을 만든다.

다음은 단점이다. 첫째, 경제적으로 어려움을 겪고 있거나 관행을 개선할 지식이나 자원이 부족한 농가에 불공평할 수 있다. 이는 반감을 불러일으킬 수 있으며, 일부 농가는 동물위생관리 프로그램 참여를 꺼릴 수 있다. 둘째, 부정행위나 허위 보고가 발생할 수 있다. 농가는 인센티브를 받기 위해 동물위생 관행을 과장하고 싶은 유혹을 받을 수 있다. 셋째, 관리 수준에 따라 인센티브 체계는 복잡하고 상당한 행정 자원이 필요할 수 있다.

위와 같은 장단점에도 불구하고 동물위생 조치를 시행할 때 정부당국이 규제보다는 인센티브를 부여하는 것이 더 효과적인 이유는 여러 가지가 있다.

첫째, 규제는 강제적 성격을 갖기 때문에 저항감을 일으킬 수 있다. 반면,

인센티브는 자발적 참여를 유도하는 데 효과적이다. 농가 등이 경제적 보상을 받기 위해 방역 조치에 적극적으로 참여하게 되며 이는 정책의 목표 달성에 큰 도움이 된다. 자발적인 참여는 일회성이 아닌 지속적인 동물위생 관리로 이어질 가능성이 크다.

둘째, 인센티브는 긍정적 행동을 강화한다. 예를 들어 동물 질병 예방을 위한 백신접종을 하는 농가에 보조금을 지급하면 다른 농가들도 이를 따라 할 가능성이 높다. 긍정적 행동에 대한 보상은 더 많은 사람이 이러한 행동을 지속하도록 촉진한다.

셋째, 규제 중심의 접근은 종종 이해관계자들 사이에서 불신과 갈등을 초래할 수 있다. 반면, 인센티브를 제공하면 정부와 이해관계자 간의 신뢰와 협력이 강화된다. 농가나 축산업자들은 자신들이 정부로부터 인정받고 있다는 느낌을 받게 되며 이는 정책의 수용성을 높인다.

넷째, 인센티브는 경제적 부담을 완화하는 데도 도움이 된다. 많은 농가와 축산업자들은 방역 조치의 비용 때문에 어려움을 겪을 수 있다. 인센티브는 이러한 경제적 부담을 덜어주어 방역 조치를 더 쉽게 시행할 수 있게 한다. 이는 특히 중소규모 농가에게 중요한 지원책이 될 수 있다.

4.2. 상황에 적합한 인센티브를 선택해야 한다

인센티브는 크게 경제적 보상이나 혜택을 포함하는 '재정적 인센티브Financial Incentives', 법적 규제 수준에서 혜택을 제공하는 '규제적 인센티브Regulatory Incentives', 그리고 개인이나 단체의 사회적 위상이나 명예를 높이는 '사회적 인센티브Social Incentives'로 나눌 수 있다.

보조금, 세금 감면, 손실 보상과 같은 재정적 인센티브는 즉각적이고 실질적인 혜택을 제공한다. 정책 효과는 민간 행위자의 비용과 편익에 대한 평가에 따라 달라진다. 보상, 보조금, 성과금 등의 인센티브가 다양한 수준의 정책 성공을 이끈다.[122],[123],[124] 농부 등 이해관계자가 차단방역 조치를 준수하고 질병을 즉시 신고하고 감시 프로그램에 참여하도록 동기를 부여할 수 있다. 그러나 금전적 인센티브는 개인이 결과로부터 격리되어 더 큰 위험을 감수하는 도덕적 해이를 초래할 수도 있다. 이러한 인센티브에 의존하게 되어 질병 없는 농장을 유지하려는 본질적인 동기가 약화될 수 있다. 또한 잘못 설계된 재정적 인센티브는 특히 자원이 부족한 환경에서 비용이 많이 들고 지속하기 어려울 수 있다.

규제 인센티브에는 간소화된 허가 절차, 법적 보호 또는 규정 준수 행위에 대한 책임 면제와 같은 혜택이 포함된다. 이러한 인센티브는 업계 전반의 관행을 표준화하여 질병 관리 조치를 광범위하게 준수하도록 보장할 수 있다. 또한 벌칙을 통해 규정 미준수를 억제하여 모범 사례를 장려하는 환경을 조성할 수 있다. 그러나 규제 인센티브는 강압적인 것으로 인식되어 저항을 유발하거나 규정 준수를 최소화할 수 있다. 과도한 규제는 혁신을 저해하고 과도한 관료주의로 이해관계자에게 부담을 준다. 또한 규제가 제대로 시행되지 않으면 규제의 목적이 훼손되어 실효성이 떨어질 수 있다.

대중의 인정, 상, 커뮤니티 평판 향상과 같은 사회적 인센티브는 강력한 동기부여가 될 수 있다. 이는 사회적 인정과 명성에 대한 개인의 욕구를 활용하여 동물 건강의 모범 사례를 준수하도록 장려한다. 또한 이해관계자 간의 책임과 협력의 문화를 조성할 수 있다. 다만, 이의 효과는 문화적, 사회적 요인에 의해 제한될 수 있으며, 모든 커뮤니티에서 동일하게 가치 있는 것으로 여겨지지 않을 수 있다. 또한 사회적 인센티브의 영향은 무형적이고 측정하기 어려운 경우가 많아 질병 통제 결과에 대한 직접적인 영향을 평가하기 어렵다. 사회적 인센티브는 효율성과 지속 가능성 측면에서 장기적으로 재정적 인센티브보다 좀 더 나은 성과를 보였다.[125]

각 유형의 인센티브에는 고유한 장단점이 있다. 이들을 결합한 균형 잡힌 통합 접근방식이 동물 질병 관리를 위한 포괄적이고 지속적인 노력을 촉진하는 데 가장 효과적일 수 있다.

이해관계자의 적극적인 정책 참여를 위한 일반적인 동기부여 방식은 다음과 같다.

첫째, 보조금 제공, 세제 혜택, 저금리 대출 등 금전적 지원이다.[126] 가축전염병예방법령에서 규정하는 살처분 보상금, 도태장려금, 생계안정 비용 지원, 영업 중단에 따른 손실 보상, 폐업 농가 지원금, 신고포상금 등이 이에 해당한다.

둘째, 주인의식 부여이다. 이해관계자는 정책 형성 및 수립 과정에 직접 참여할 때 주인의식을 갖는다. 주인의식은 이해관계자가 해당 정책이 원하는 성과를 도출할 수 있도록 노력하는 데 커다란 동기를 부여한다. 이는 정책에 대한 평가 및 피드백에서도 마찬가지다. HACCP[74] 인증, 동물복지 인증 등과 같은 공적 인증에서도 이는 중요하다.

셋째, 기술 지원이다. 정책 수행에 필요한 기술을 농가, 기업 등에 지원하는 것이 매우 효과적이다. 이는 현장 기술 컨설팅, 세미나, 워크숍, 홍보 캠페인 등을 통해 가능하다.

넷째, 시장 접근성 제고이다. 정책 참여 결과로 생산된 제품에 대한 시장에서의 접근, 판매 등에서 우선권을 부여하는 것이다. 예를 들어 동물복지 인증, HACCP 인증 제품에 관납, 군납, 학교급식 우선권을 줄 수 있다.

다섯째, 표창 및 포상이다. 이는 자부심 증진, 의욕 증진, 사회적 승인과 인식 제공 등을 통해 개인이나 집단에 동기를 부여한다.

---

74 식품의 원료 생산에서 최종 소비까지 일련의 과정에서 식품안전 위해요소들이 존재할 수 있는 상황을 과학적으로 분석하고, 사전에 위해요소의 잔존, 오염 원인을 차단하여 식품의 안전성을 보증하는 식품안전관리시스템이다.

EU는 동물위생전략의 하나로 인센티브 제도를 도입하였다.[127] EU는 벌칙보다 인센티브를 더 중시한다. 영국도 새로운 법률 또는 제도를 도입할 때, 동물위생 정책 시행 시 인센티브의 중요성을 강조한다.[128],[129],[130]

4.3. 농가의 회복력을 높이는 인센티브가 필요하다

질병 발생 농가는 직접적인 경제적 손실뿐만 아니라 이후 가축의 재입식 등에 따른 간접적 어려움도 크다. 정부당국은 발병 후에는 피해 농가 등이 정상 상태로 빨리 회복하는 데 필요한 조치를 신속히 해야 한다. 이의 중요성은 다음과 같다.

첫째, 경제적 안정 및 생계 보호이다. FMD, ASF 등과 같은 재난형 질병은 발생 시 직접적인 폐사, 대량 도태 등으로 가축이 크게 손실될 수 있다. 재정적 보상, 대출, 보조금과 같은 복구 노력은 농부들이 가축과 인프라를 재건하는 데 필수적이다. 이러한 조치는 안전망을 제공하여 농부들이 사업을 계속하고 지역사회의 경제적 안정을 유지할 수 있게 해준다.

둘째, 공급망의 연속성이다. 농업은 사료 생산, 가공, 운송, 소매업 등 다양한 분야와 상호 연결되어 있다. 동물 질병 발생으로 인한 사업 중단은 이러한 공급망에 파급되어 농부뿐만 아니라 후방 산업에도 영향을 미친다. 신속한 복구는 이러한 공급망을 안정화하여 광범위한 경제적 영향을 완화하는 데 도움이 된다.

셋째, 심리적 및 사회적 복리이다. 농부들은 가축에게 금전적 투자뿐만 아니라 정서적 투자도 한다. 질병으로 인한 가축의 손실은 재정적 불안정과 미래에 대한 불확실성으로 인해 심각한 정서적 고통으로 이어질 수 있다. 정신건강 지원, 지역사회 기반 회복 프로그램 등은 농가가 이러한 어려움에 대처하는 데 필수적이다.

넷째, 미래 대비 차단방역 강화이다. 재발 방지를 위한 차단방역 조치를 평가하고 개선하는 것이 중요하다. 여기에는 더 나은 예찰 시스템, 백신접종 프로그램, 인프라 개선에 대한 투자가 포함된다. 정부는 교육, 연구개발 등의 형태로 이를 적극 지원해야 한다.

질병 발생으로 피해를 입은 농가 등이 빨리 정상 상태로 회복하는 것을 돕는 일반적 방안은 다음과 같다.

첫째, 재입식 지원이다. 재입식은 질병 발생으로 경제적 어려움 등을 겪는 농가가 빨리 정상으로 회복하는 데 가장 시급한 사항이다. 정부당국은 신속한 질병 근절, 병원체 부재 증명, 철저한 차단방역 조치 등으로 가축 재입식을 적극 지원해야 한다.

둘째, 현장 지원 및 교육이다. 이를 통해 동물 건강 관리, 질병 예방, 차단방역 관행을 개선할 수 있다. 농가에서 질병이 다시 발생하지 않도록 농가 및 관계자의 차단방역 역량을 높이기 위한 지원은 매우 중요하다.

셋째, 시장 접근 및 무역 장애 요인의 신속한 제거이다. 질병 통제 후 정부는 양자 또는 다자 협상을 통해 무역 상대국의 무역 제한을 없애고 축산물의 안전과 품질에 대한 신뢰를 회복하기 위해 노력해야 한다. 또한 WOAH와 협력하여 신속히 해당 질병에 대한 청정국가 지위를 획득해야 한다.

넷째, 인프라 개발 및 지원이다. 차단방역 시설, 가축사육 시설 등의 인프라를 재건하고 현대화하는 것은 축산업의 장기적인 지속가능성을 위해 필수적이다. 이는 차단방역을 개선하고 생산성을 높이며 업계의 전반적인 회복력을 지원한다. 질병 진단 및 연구 기관에 대한 집중적 지원도 필요하다.

| 05 | 백신접종은 최우선 고려 대상이다

5.1. 백신접종은 원헬스에 가장 부합한다

백신Vaccine은 반려동물, 농장 동물, 그리고 야생동물의 질병 부담을 줄이는 데 매우 효과적인 도구이다. 백신은 질병 자체를 일으키지 않고 동물의 면역 반응을 자극하여 동물이 해당 질병에 대한 면역력을 얻도록 한다.

백신은 질병 예방을 통해 동물의 건강과 공중보건을 보호하고, 질병으로 인한 동물의 고통을 최소화하여 동물복지에 기여한다. 급증하는 인류에 동물성 단백질 공급을 위한 동물 생산에도 기여한다. 질병 예방 및 통제를 위한 항생제 수요를 줄이고, 동물질병으로 인한 농가 등의 경제적 피해를 최소화하는 등의 중요한 역할을 하기도 한다. 때문에 백신은 동물위생 정책 수립 시 최우선으로 고려해야 할 사항 중 하나이다.

백신접종에서 중요한 개념 중 하나는 '집단 면역Herd Immunity'[75]이다. 이는 질병 확산 방지, 취약한 개체 보호, 경제적 손실 완화, 질병 박멸 지원, 백신 효능 유지, 공중보건 보호 등 동물 질병 통제에서 다각적인 이점이 있다.

백신은 질병 통제에서 더 나아가 박멸에 기여한다. 인류는 백신접종을 통해 천연두Smallpox(1980년)와 우역Rinderpest(2011년)을 지구상에서 근절하였다. 백신은 치료 방법이 제한적이거나 아예 없는 질병의 경우 특히 중요하다.

일부 질병이 백신접종을 통해 성공적으로 통제되고 있지만, 백신 개발의 복잡한 특성과 일부 병원체의 고유한 특성 때문에 아직 효과적인 백신이 없는 질병이 많이 있다. 백신 연구개발에 대한 집중적인 투자가 필요한 이유이다.

최근 동물 백신접종 분야는 몇 가지 주된 경향이 있다.

첫째, 원헬스 접근법이다.[131] 동물과 사람 사이의 질병 전파를 예방하는 데 원헬스 접근방식을 고려한 백신접종 전략은 중요하다.[132] 동물 백신접종은 인수공통전염병을 예방하여 인간의 건강에 직접적으로 기여한다. 백신접종은 식

75 백신접종을 통해 동물군 중 상당수가 특정 질병에 면역력을 갖게 될 때 발생한다. 충분한 수의 개체가 면역력을 갖게 되면 감염에 취약한 개체가 줄어들기 때문에 질병의 확산이 느려지거나 중단될 수 있다. 집단 면역은 면역력이 있는 동물을 보호할 뿐만 아니라 백신을 접종할 수 없거나 면역 체계가 약화된 취약한 동물도 간접적으로 보호한다.

품 안전과 식량 안보를 확보하는 데 도움이 된다. 백신접종은 가축 질병을 예방함으로써 건강한 동물성 식품의 안정적인 공급을 보장한다. 또한 백신접종은 환경 보건에도 기여한다. 건강한 동물 개체수는 균형 잡힌 생태계를 유지하는 데 필수적이다. 멸종 위기종 등의 백신접종은 생물다양성 손실을 방지하고 생태계를 보호할 수 있다.

둘째, 새로운 백신 개발이다. 효능, 안전성, 생산 용이성 등의 이점이 있는 '재조합 DNA 백신Recombinant DNA Vaccine', '벡터 기반 백신Vector-based Vaccine', '핵산 기반 백신Nucleic acid-based Vaccine' 등과 같은 혁신적인 기술이 사용된 백신이 개발되고 있다. 특히, 동물에서 신종 전염병이 증가함에 따라 이러한 특정 병원체를 표적으로 하는 백신을 개발하는 데 초점을 맞추고 있다. ASF, HPAI, 인수공통전염병 백신이 예이다.

셋째, 면역 보조제Adjuvant 연구이다. 보조제는 면역 반응을 강화하여 백신의 효과를 높이는 데 중요한 역할을 한다. 안전하고 효과적이며 강력한 면역 반응을 유도할 수 있는 새로운 보조제를 개발하기 위한 연구가 활발하다.

넷째, 유전체학Genomics 활용이다. 유전체학의 발전은 새로운 백신 표적의 발굴과 맞춤형 백신의 설계를 촉진하고 있다. 병원체의 유전적 다양성과 숙주 면역 반응에 대한 이해는 백신 개발 전략을 최적화하는 데 도움이 되고 있다.

5.2. 백신접종 정책에는 다양한 고려 요소가 있다

동물위생에서 백신접종이 '만능'은 아니다. 개별 동물 또는 동물 집단의 나이, 사육 여건, 감염된 질병, 주변 환경 등 다양한 요인을 고려한 백신접종 프로그램이 있어야 한다. 백신접종 프로그램의 성공적인 실행을 위해서는 정부와 관련 기관의 철저한 계획과 관리가 필요하다. 백신의 품질 관리, 접종 일정의 체계적 관리, 접종 효과 모니터링 및 평가, 그리고 백신에 대한 인식 제고와 같은 요소들은 모두 중요한 고려 사항이다.

정부당국은 평상시 주변국 등에서 발생하는 주요 질병의 국내 유입 가능성을 고려하여, 이들 질병에 유효한 백신에 관한 정보를 수집한 후 필요한 경우 최적의 백신을 미리 충분히 비축할 필요가 있다. 일례로 2023년 국내에서 최초로 발생한 럼피스킨병의 경우, 정부가 발생에 대비하여 2022년부터 백신을 비축한 것이 실제 발생 시 질병을 성공적으로 통제하는 데 결정적 역할을 하였다.

정부당국은 백신접종 정책을 수립할 때 몇 가지 중요한 요소를 고려해야 한다.

첫째, 질병의 역학적 특성이다. 당국은 질병의 전염성, 이환율, 사망률, 지역 간 확산 가능성 등을 평가해야 한다. 전염성이 강하고 가축 집단에 심각한 건강 영향을 미치는 질병은 백신접종 정책의 주요 후보이다. 또한 인수공통전염병의 가능성도 백신접종 전략을 실행하는 데 시급성을 더한다.

둘째, 경제적 고려사항이다. 백신 생산, 유통, 투여를 포함한 백신접종 프로그램 비용은 생산성 감소, 사망률 증가, 무역 제한 등 질병 발생으로 인한 경제적 손실과 비교하여 평가해야 한다. 당국은 백신접종으로 질병 발생을 예방함으로써 얻을 수 있는 장기적인 경제적 이익을 고려해야 한다. 농가가 백신접종 비용을 감당할 수 있도록 보조금이나 재정 지원이 필요할 수도 있다.

셋째, 백신 공급의 현실성이다. 여기에는 백신 공급의 가용성과 신뢰성, 보관 및 운송 인프라, 백신 투여 수의 인력 등이 포함된다. 일부 백신은 냉장 유통을 요구할 수 있다.

넷째 잠재적 위험 및 부작용이다. 백신은 일반적으로 안전하지만 고려해야 할 부작용이나 위험이 있을 수 있다. 보건 당국은 이상 반응의 가능성과 백신 내성 가능성을 평가해야 한다. 드물기는 하지만 백신으로 인한 발병 가능성도 고려해야 한다. 부작용을 신속하게 파악하기 위해서는 백신접종 후 지속적인 예찰이 필수적이다.

다섯째, 백신접종에 대한 인식과 협력이다. 백신접종 정책의 성공 여부는 대중의 인식과 협력에 크게 영향을 받는다. 정부당국은 축산농가의 백신접종 프로그램에 대한 신뢰와 참여 의지가 어느 정도인지 고려해야 한다. 백신접종의 이점을 홍보하고 우려를 해소하기 위한 효과적인 소통 전략과 교육 캠페인이 필요하다.

여섯째, 법령 및 규제 틀 구축이다. 여기에는 백신 품질에 대한 표준 설정, 백신접종 절차에 대한 지침 마련, 미준수에 대한 처벌 규정 수립 등이 포함된다.

5.3. 백신 연구개발에 집중적인 투자와 지원이 필요하다

백신 개발 및 승인에 관한 법률적 규제 절차는 국제적으로 비슷하다.[133],[134] 일반적으로 '백신의 안전성과 효능을 확인하기 위한 개발 업체 또는 기관의 광범위한 연구개발' → '정부 규제당국에 개발된 백신 사용 승인 요청' → '백신의 안전성 및 유효성 입증에 대한 정부 규제당국의 검토 및 승인' → '규제 승인 후 백신 제조업체의 제조 및 품질 관리', → '규제 요건에 따라 제품표시 및 포장' → '적절한 조건에서 백신 유통, 보관 및 사용' → '백신 효과 현장 모니터링' 등의 과정을 거친다.

백신 허가 신청자는 보통 정부 규제당국의 허가 과정에서 다양한 어려움을 겪는다. 먼저 안전성, 유효성, 제조 품질 등에 관한 광범위한 과학적 입증 자료의 준비 등 허가 절차가 까다롭고 복잡하다. 허가 신청 시부터 허가 완료 시까지 보통 2~5년이 소요된다. 신청자는 허가 기관의 모든 허가 요건을 충족하는 데 기술적, 경제적 어려움을 겪을 수 있다. 백신을 수출하려는 경우 수출 상대 국가마다 백신에 대한 규제 요건이 다를 수도 있다.

동물은 품종, 나이, 건강 상태 등 여러 요인에 따라 백신 반응이 다를 수 있다. 이 때문에 다양한 동물 집단에서 백신의 안전성과 효능을 입증하기가 쉽지 않다. 특정 질병이나 백신 유형에 대한 표준화된 시험 프로토콜이 없거나 미흡한 경우 신청자가 백신의 안전성과 효능을 입증하는 데 어려움이 있다. 백신의 안전성과 효능 입증에는 대규모 실험동물 시험, 임상시험 등이 필요할 수 있으며 이는 커다란 비용과 오랜 시간을 수반한다.

백신 개발자는 자금, 인력 등 자원이 부족할 수 있다. 이는 백신 허가에 필요한 연구, 임상시험 수행 능력 등을 제한한다. 일부 질병의 경우, 백신 시장 규모가 작아 개발자는 자금 조달, 개발 이익 창출 등에서 어려움을 겪을 수 있다.

동물 백신의 제조 및 유통에는 규제 요건, 동물 종별 특이성, 제조의 복잡성, 백신 투여 방법, 냉장 보관 · 유통, 표적 질병, 야생동물 등에 따라 종종 특수한 공정이 필요하다. 이 때문에 개발 및 유지 관리가 어렵고 비용이 많이 들 수 있다. 백신이 허가되면 허가 신청자는 백신의 안전성과 효능을 지속적으로 모니터링하고 시간이 지남에 따라 병원체 유전자 변이 등에 따라 필요한 개선을 해야 하는 어려움을 겪을 수 있다.

위와 같이 동물용 백신을 업체 또는 기관 단독으로 연구개발하는 데는 많은 한계와 어려움이 있다. 백신 개발은 실험실 연구, 전임상 또는 임상시험, 규제당국이 요구하는 과학적 요건 충족 등에서 엄청난 재정적 투자가 필요하다. 정부는 꼭 필요한 백신은 국가적 차원에서 연구개발에 필요한 자금 등을 적극 지원할 필요가 있다. 특히 백신 개발을 위해 유전공학 등 새로운 기술과 방법을 적용하는 데 지원을 강화할 필요가 있다.

정부당국이 백신 연구개발을 지원하는 방법은 다양하다. 첫째, 백신 승인을 위한 구체적인 규제 요건과 백신의 안전성과 효능을 뒷받침하는 데 필요한 자료나 정보를 관련 기업 또는 기관에 제공한다. 필요하면 이에 관한 교육 및 훈련을 제공한다. 둘째, 희귀한 질병, 특정 동물종, 고난도 기술 필요 등의 이유로 개발을 꺼리는 백신의 개발을 장려하기 위해 자금 지원, 수수료 면제 등의 인센티브를 기업에 제공한다. 셋째, 긴급 백신접종, 수출, 특수기술 활용 백신 제조 등 특수한 상황을 해결하기 위해 백신 허가 절차에 유연성을 제공한다. 여기에는 신속 승인과정fast track 적용, 유연한 임상시험 설계 허용, 임시 사용 승인 등이 있다. 넷째, 백신이 허가되어 시판된 후 현장에서 백신의 안전성과 유효성을 모니터링하는 '시판 후 감시Pharmacovigilance'를 지원한다. 여기에는 부작용, 면역형성 사례 보고 및 감시 지침 제공 등이 포함된다.

5.4. 효능이 좋은 HPAI 백신이 시급하다

21세기에 들어 세계적으로 HPAI 발생이 확산하여 건강상, 사회경제적, 환경적으로 피해가 매우 크다. 지금도 감수성 동물종 수, 발생 지역, 발생 시기 등 측면에서 계속 확대되고 있다. 이에 일부 전문가, 농가, 동물보호단체 등이 백신접종 필요성을 제기하고 있다. 실제로 중국, 베트남 등 일부 국가는 일부 가금류에 대한 백신접종을 허용하고 있다. 2024년 상반기 현재 미국, 프랑스 등은 기존 개발된 백신이 자국에서 발생했던 고병원성 AI에 적합한지를 시험하고 있다.

하지만 2024년 6월 현재, 선진국 등 대부분은 고병원성 AI에 대한 백신접종을 허용하지 않고 있으며, 전문가들도 다양한 이유로 백신접종에 대한 신중한 접근 또는 반대를 주장한다. 실제로 2024년 초 기준으로 아직은 세계적으로 HPAI에 충분한 면역 효과가 입증된 상용화된 백신은 없다.

첫째, HPAI를 효과적으로 예방하려면 올바른 백신 균주 선택이 중요한데 AI 바이러스의 쉬운 유전적 변이 발생 등 매우 다양한 특성으로 인해 이것이 매우 어렵다.

둘째, 제한적인 백신 효과이다. 설령 백신이 개발되었어도 HPAI 바이러스는 높은 변이성을 갖고 있어 백신이 모든 변이에 대해 완전한 보호를 제공하기 어렵다. 새로운 변이나 혈청형이 나타날 때마다 백신의 효과를 확인하고 필요 시 조정해야 한다.

셋째, 백신 사용은 잠재적으로 AI 바이러스 진화의 위험을 증가시킬 수 있다. 바이러스는 복제할 때 돌연변이를 일으켜 원래의 균주와 다른 새로운 균주를 만들 수 있다. 백신을 사용하면 바이러스에 선택적 압력을 가하여 백신에 더 잘 적응하는 새로운 변종이 출현할 수 있다. 이러한 새로운 변종은 잠재적으로 더 병원성이 강해지거나 백신에 대한 내성이 강해져 새로운 발병을 일으킬 수 있다.

넷째, 백신접종에 관한 안전 문제이다. 약독화 생백신은 잠재적으로 고병원성 균주로 돌연변이를 일으켜 새로운 바이러스 변종이 출현할 수 있다. 또한 생산 과정에서 백신이 오염되거나 실수로 바이러스가 방출될 위험이 있다.

다섯째, HPAI 진단의 어려움이다. 백신을 접종받은 가금류는 감염되지 않았더라도 바이러스 양성 반응을 보일 수 있다. 이 때문에 질병 발생을 감지하고 통제하기가 어려워질 수 있다.

끝으로 무역 제한 가능성이다. 일부 국가는 HPAI 백신을 사용한 국가의 가금류 제품 수입을 제한한다. 이는 가금산업에 심각한 경제적 피해를 초래한다.

그러나 위와 같은 신중한 접근의 필요성에도 불구하고 특히 다른 효과적인 통제 조치가 없는 상황에서는 백신접종이 불가피한 선택일 수 있다. 이의 근거는 다음과 같다.

첫째, 백신접종은 개체군 사이에서 HPAI의 확산을 통제하는 중요한 수단이다. 특히 고위험 지역이나 발병 시 취약한 가금류에 백신을 접종함으로써 바이러스 전파를 줄이고 농장 내 또는 농장 간 추가 질병 확산을 방지할 수 있다.

둘째, 가금류에 백신을 접종하면 조류 개체군의 바이러스 부하를 감소시켜 AI의 인체 노출 및 잠재적 인체 발병 가능성을 낮출 수 있다. AI 바이러스는 사람에 직접 전염되는 경우는 드물지만 특히 감염된 조류 또는 이들과 밀접 접촉한 사람에게서 발생할 수 있다.

셋째, 백신접종은 가금류 제품에 대한 소비자 신뢰와 국제 무역에 기여한다. 백신접종 프로그램을 시행하고 통제 조치를 입증하면, 가금류 제품의 안전성에 대해 국내외 소비자를 안심시켜 시장을 안정시킬 수 있다.

넷째, 사람에게서 조류인플루엔자 감염자, 사망자가 증가하고 있다. 사망자의 60~70%는 가금류 농장 관계자이다. 동물단계에서 백신접종 등을 통한 통제가 필요한 이유이다. WHO에 따르면 2003.1.1.부터 2024.6.7.까지 H5N1형 조류인플루엔자에 889명이 감염되었으며 이들 중 463명이 사망하여 사망률이 52%에 달한다.

HPAI 백신접종은 이에 따른 잠재적 이득과 위험, 질병 발생의 심각성, 바이러스의 특성 등 다양한 요인을 고려하여 합리적인 정책 결정 절차를 통해 시행되어야 한다. '해당 지역의 HPAI 위험 수준과 발병 가능성에 대한 과학적 평가' → '접종 고려 대상 백신의 효능, 안전성, 가용성을 평가하고, 백신이 유행하는 특정 HPAI 균주에 적합한지 아닌지 결정' → '백신접종의 잠재적 이점과 위험 비교 검토' → '백신접종 결정 시 백신접종 세부 계획 수립' → '결정 내용, 결정의 근거 및 세부 백신접종 계획에 관한 이해관계자 간 소통 및 교육 · 훈련' → '백신접종 프로그램의 시행 및 이의 효과에 대한 정기적 모니터링 및 평가' → '평가 결과를 토대로 필요한 경우 백신접종 전략 조정'의 절차가 바람직하다.

그러나 백신접종만으로는 HPAI 발생을 충분히 통제할 수 없다는 점을 인식하는 것이 중요하다. 백신접종은 차단방역, 예찰, 이른 시기 발견, 신속한 대응을 포함한 종합적인 HPAI 통제 및 예방 노력의 중요한 한 구성 요소이다. 또한 백신접종의 효과는 백신 효능, 접종률, 백신접종 계획 준수와 같은 요인에 따라 달라지므로 백신접종에 대한 신중한 계획, 모니터링, 평가가 필수적이다.

5.5. TAD 통제에 백신접종은 최우선 전략이다

WOAH 규약에 따르면[135], 질병 발생의 역학적 및 지리적 특성을 고려하여 다음의 네 가지 다양한 백신접종 전략을 단독 또는 조합하여 적용할 수 있다. ①감염된 국가 또는 지역의 국경을 따라 인접한 국가 또는 지역으로의 감염 확산을 방지하기 위해 감염된 국가 또는 지역의 한 지역에서 백신을 접종하는 것을 의미하는 '장벽 백신접종Barrier vaccination', ②한 지역 또는 전체 국가 또는 구역의 모든 감수성 동물에 대한 백신접종을 의미하는 '일괄 백신접종Blanket Vaccination', ③발병이 발생한 장소를 둘러싼 특정 지역의 모든 감수성 동물에게 백신을 접종하는 것을 의미하는 '링 백신접종Ring Vaccination', ④감수성이 있는 동물의 일부 집단에 대한 백신접종을 의미하는 '표적 백신접종Target Vaccination'이다.

한편, 백신접종된 동물에 대한 처분을 기준으로 다음 네 가지로 백신접종 전략을 구분할 수도 있다. ▲ 긴급 백신접종 후 해당 동물 살처분Stamping-out modified with emergency vaccination to kill, ▲ 긴급 백신접종 후 해당 동물 도축Stamping-out modified with emergency vaccination to slaughter[76], ▲ 긴급 백신접종 후 선택적 살처분Stamping-out modified with emergency vaccination to live, ▲ 긴급 백신접종 후 살처분 미실시Emergency vaccination to live without stamping-out.

접종 대상 범위를 기준으로 백신접종 전략을 구분하기도 한다. 일반적 유형으로 ▲ 링 백신접종Ring Vaccination, ▲ 전략적 백신접종Strategic Vaccination[77], ▲ 긴급 백신접종Emergency Vaccination[78], ▲ 구역 백신접종Zoning

---

76 백신접종 후 임상증상이 발현된 감염동물 또는 감염된 동물과 접촉한 동물만 살처분하고 나머지는 도축시까지 살리는 방안

77 질병이 발생하기 전에 동물에 백신을 접종하는 것을 말한다. 이는 백신을 접종한 동물로 '방화벽'을 만들어 질병 확산을 방지하는 데 사용할 수 있다.

78 이는 질병의 추가 확산을 방지하기 위해 감염된 지역의 동물에게 백신을 접종하는 것을 포함한다.

Vaccination[79], ▲ 표적 백신접종Targeted Vaccination 등이 있다.

백신접종은 검역, 이동 통제, 예찰 등 다른 질병 통제 수단과 함께 사용되어야 TAD 통제의 효과를 극대화할 수 있다.

TAD을 통제하는 데 현실적으로 효능이 좋은 백신이 있는 경우 백신접종은 국가적 차원에서 최우선으로 고려해야 할 전략이다. 비용 대비 가장 효과적이기 때문이다. 2023년 국내에서 발생한 럼피스킨병의 경우, 발생 초기에는 급속히 전국적으로 확산하였으나 전국적 백신접종으로 단시간 내에 추가 발생 및 확산을 차단하였다. 2010~2011년 전국적 발생으로 엄청난 사회경제적 피해를 야기했던 구제역도 전국적 백신접종 이후 지금까지 간헐적, 소규모 발생에 머물고 있다.

| 06 | 차단방역은 아무리 강조해도 지나치지 않다

6.1. 차단방역은 방역의 시작점이자 끝점이다

차단방역 조치는 전염병의 유입, 발생 및 확산을 예방, 감소 또는 근절하기 위한 일련의 조치이다. 이는 질병이 동물 개체군, 동물생산 시스템, 공중보건에 미치는 영향을 최소화하는 것을 목표로 하는 질병 예방 및 통제에 대한 선제적이고 다각적인 접근이다.

'차단방역Biosecurity'이란 원래 생물학적 무기 통제와 관련하여 주로 '생물방어Biological Weapons'란 용어로 사용되었다.[136] 1980년대에 들어서 동물질병 통제와 관련하여 '차단방역'이란 용어가 사용되기 시작했다. 미국주농업부협회U.S. Association of State Departments of Agriculture는 이를 '생물학적 위협으로부터 인간,

---

79 한 국가 내에 백신접종 구역을 만들어 각 구역의 질병 위험 수준에 따라 다른 백신접종 전략을 사용하는 것이다.

동물 및 환경 건강을 보호하기 위한 전략, 노력 및 계획'으로 정의했다.[137]

차단방역 조치는 여러 측면에서 매우 중요하다. 첫째, 경제적 손실을 줄인다. 효과적인 차단방역 조치는 ASF, HPAI 등 전염병의 발생과 확산을 방지하여 농장과 국가 경제를 보호한다. 둘째, 공중보건을 보호한다. 인수공통전염병은 사람에게 큰 위협이다. 농장, 도축장 등에서의 엄격한 차단방역 조치는 병원체가 사람으로 전염되는 것을 예방하는 데 중요한 역할을 한다. 셋째, 차단방역 조치는 생태계의 건강과 균형을 유지하는 데 기여한다. 질병이 야생동물에 퍼지면 종의 멸종을 초래할 수 있으며, 이는 생태계의 균형을 깨뜨릴 수 있다. 따라서 야생동물 보호 구역이나 보호지역에서의 차단방역 조치는 매우 중요하다. 넷째, 차단방역 조치는 지속 가능한 농업을 지원한다. 질병 발생을 최소화함으로써 환경 부담을 줄이고 농장의 지속 가능성을 높이며, 더 안전하고 건강한 농산물을 생산할 수 있게 한다.

차단방역 조치는 다양하다. ①울타리, 출입문 등 물리적 장벽을 설치하여 동물 시설에 대한 사람, 차량, 야생동물 등의 접근을 통제한다. ②사람, 차량, 시설, 장비, 도구 등을 통한 질병 전파 위험을 줄이기 위해 이들을 청소, 세척 및 소독한다. ③아프거나 새로 도착했거나 감염 가능성이 있는 동물을 다른 동물과 격리하여 질병 검사를 한다. ④외부로부터의 병원균 유입을 차단하기 위해 동물 시설에 대한 접근을 허가된 직원과 방문객으로 제한하고 출입 통제한다. ⑤해충 방제, 서식지 관리 등의 조치를 통해 질병을 전파할 수 있는 곤충, 설치류, 야생조류 등의 질병 매개체를 관리한다. ⑥동물 개체군의 질병 징후를 이른 시기에 감지할 수 있는 예찰 체계를 구현한다. ⑦동물 시설에서 병원체 오염 우려 물건의 통제, 폐기이다. ⑧예방접종, 구충, 건강 검진 등을 통해 동물을 건강하게 관리한다.

효과적인 차단방역 조치를 시행하기 위해서는 역학적 위험 요인에 대한 종합적인 이해, 이해관계자 간의 긴밀한 협력, 동물 개체군에 대한 지속적인 예

찰 등이 필요하다.[138]

차단방역 조치는 대상 시설, 동물, 질병, 이행 주체의 실행 역량, 현지 상황 등에 따라 달라질 수 있다. 예를 들어 가금류 농장에서는 사육 시설 · 장비 · 도구 소독, 야생 조류와 설치류의 접근 차단막 설치, 차량 · 사람 · 물품의 출입 통제, '일시 입식 및 일시 출하All-In-All-Out' 등이 있다.

차단방역 조치의 성공 여부는 궁극적으로 동물 보호자 등 이행 주체가 이들 조치를 현장에서 실제로 이행하느냐 여부에 달려 있다. 이 때문에 이해관계자의 차단방역 중요성에 대한 인식을 높이고, 이행 방안에 관한 훈련과 교육을 제공하며, 이행 시 적절한 인센티브를 제공하는 것이 매우 중요하다.

정부당국은 차단방역 조치의 이행에 관한 제도적 틀을 마련해야 한다. 효과적인 차단방역 기술 및 실행방법 등에 관한 연구개발에 적극적인 투자도 필요하다. 관련 정보 및 모범 사례 공유, 예찰 프로그램 협력, 발병 시 대응 공조 등 국제적인 협력 또한 전염병 확산을 통제하는 데 필수적이다.

21세기 들어 차단방역에 영향을 미치는 새로운 요인으로 ▲ 위험 수준에 근거한 접근방식, ▲ 신종 병원체 증가, ▲ 역학적 예찰을 위한 복잡한 진단 수단 활용 증가, ▲ 감염원 등에 대한 이력추적 관심 증가, ▲ 긴급상황 대응 역량 강화 등이 있다.[139]

6.2. 비용 대비 효과적인 차단방역 조치가 중요하다

농가의 차단방역 조치에는 다양한 요인이 영향을 미친다. 대표적으로 ▲ 소요 비용, ▲ 대상 질병의 특성 및 발생 상황, ▲ 법적, 제도적 요건, ▲ 동물 사육 체계, ▲ 실행 편이성, ▲ 동물 및 동물생산물의 경제적 가치, ▲ 축사시설, 용수 등 인프라 수준, ▲ 농장 관계자의 방역 인식 수준, ▲ 야생동물의 농장 접근 등이 있다.

차단방역 조치는 실제 발생에 따른 방역 조치보다 비용 대비 더 효과적일 때 의미가 있다. 이는 농가가 차단방역 조치를 실제로 이행할지를 결정하는 데 핵심적 동기로 작용한다.[140] 비용 대비 효율적인 차단방역 방안으로는 다음과 같은 것이 있다.

첫째, 검역과 격리이다. 신규 입식, 반입하는 동물은 농장에 질병을 유입할 위험이 있다. 농가는 이러한 동물을 격리하여 질병의 징후가 있는지 관찰할 수 있다. 마찬가지로 아픈 동물을 격리하면 건강한 동물에의 확산을 차단할 수 있다.

둘째, 위생과 청결 유지이다. 동물 사육장, 장비, 운송 차량을 정기적으로 청소하고 소독하면 병원균의 존재를 크게 줄일 수 있다. 작업자와 방문객의 손 씻기도 매우 효과적이다.

셋째, 농장 내 출입과 이동 통제이다. 필수 인력으로 농장 출입을 제한하고 방문객에 대한 출입 기록 절차를 시행하면 사람의 이동을 추적하고 통제하여 질병 유입 위험을 줄이는 데 도움이 된다. 농장 및 축사 입구에 발판 소독조를 설치하고 방역복을 제공하면 병원균이 농장으로 유입될 위험을 최소화한다.

넷째, 적절한 영양 공급과 백신접종이다. 균형 잡힌 먹이는 동물의 면역 체계를 강화하여 질병에 덜 취약하게 만든다. 정기적인 백신접종은 사전 예방적 접근 방식이다.

다섯째, 해충 방제이다. 적절한 폐기물 관리와 트랩 또는 살충제 사용과 같은 효과적인 해충 방제 전략은 설치류, 해충 등 질병 매개체가 농장의 차단방역을 훼손하는 것을 막을 수 있다.

여섯째, 건강 모니터링과 기록유지이다. 정기적인 건강 모니터링을 통해 질병을 이른 시기에 발견하고 질병의 확산을 방지할 수 있다. 동물의 건강, 치료 및 이동에 대한 정확한 기록은 질병 발생을 관리하고 대응하는 데 종합적인 이력을 제공한다. 이는 정보에 입각한 결정을 내리는 데 유용하며, 해결해야 할 패턴이나 반복되는 문제를 파악하는 데 도움이 된다.

일곱째, 차단방역 교육과 훈련이다. 모든 직원이 차단방역 프로그램을 숙지하고 준수하도록 하면 질병 예방의 취약점이 될 수 있는 인적 오류의 위험을 최소화할 수 있다. 정기적인 교육과 인식 제고 프로그램을 통해 차단방역 조치의 중요성을 강조하고 모범 사례에 대한 최신 정보를 공유할 수 있다.

여덟째, 적절한 물과 사료 관리이다. 깨끗하고 오염되지 않은 물 공급은 동물의 건강을 유지하는 데 필수적이며, 사료를 안전하게 보관하면 오염을 방지할 수 있다.

차단방역 조치는 각 농장의 여건, 지역적 상황, 실제 이행 시 직면하게 되는 애로사항 등을 고려해 설정된다. 이를 위해서는 특정 질병 위험 수준, 대상 동물 수, 활용 가능한 인프라 등 해당 지역 상황에 대한 적절한 이해가 필수적이다. 또한 차단방역 조치는 법령, 질병 등에서 변화하는 환경에 적합해야 한다. 이를 위해 새로운 질병 위험이 발생하거나 환경 조건의 변화에 맞추어 기본 차단방역 조치에 대한 지속적인 평가와 조정이 필요하다.

정부당국은 차단방역 관련 법령, 제도 등을 개발하고 시행할 책임이 있다. 농가의 차단방역 역량 강화를 위한 다양한 정책적 접근이 필요하다. 이에 관한 연구개발도 필요하다. 이의 실행을 촉진하기 위한 재정적 지원 등 인센티브 제공도 고려해야 한다.

정부 수의당국은 특정 질병 위험에 대처하는 차단방역 조치를 포함한 '질병관리 프로그램'을 농가 등에 제공하고, 이의 효과적 이행을 위한 교육, 훈련 등을 지원할 필요가 있다.

6.3. 차단방역에는 야생동물 통제가 중요하다

축산업을 위협하는 ASF, HPAI 등 대부분 질병은 야생동물에서 유래한다. 야생동물과 가축 간의 동물질병 전파에 관한 과학적 이해가 매우 중요하다. 일례로 야생 멧돼지와 사육 돼지 간의 ASF 및 돼지열병, 야생 철새와 가금류

간의 HPAI[141],[142] 등이 있다. 야생동물과 가축 간 질병 전파로 인한 심각한 사회경제적 영향 등을 고려할 때 야생동물 유래 종간전파 질병을 통제하기 위한 정책에 많은 관심과 노력이 요구된다. 야생동물 유래 가축질병을 예방 또는 차단하기 위해서는 이들 간의 접촉면을 최소화하는 것이 중요하다. 이를 위해 주로 세 가지 유형의 전략이 사용된다.

첫째, 가축사육 지역의 야생동물 개체수를 줄인다. ASF 근절을 위해 주요 전파원인 야생 멧돼지를 포획 · 제거하는 것이 일례이다. 국내에서 ASF가 처음 발생한 2019년 9월부터 2024년 2월말 기준 현재까지 약 37만 두가 포획되었다. 그 결과 국내 서식 야생 멧돼지 수가 이전 약 25만 두에서 약 7만 5천 두 수준으로 감소하였다.[143] 다만, 이러한 개체수 조절은 생물다양성 및 윤리적 측면에서 대중의 우려와 비판이 있다.[144]

둘째, 야생동물에서 가축으로 전파가 가능한 질병에 대한 감시 및 통제이다. 매년 겨울철 야생조류에 대해 실시하는 조류인플루엔자 예찰이 대표적이다.

셋째, 가축과 야생동물 간 접촉 최소화이다. 야생동물의 농장 내 유입 차단을 위한 울타리, 그물망, 무창계사 등이 대표적인 예이다.

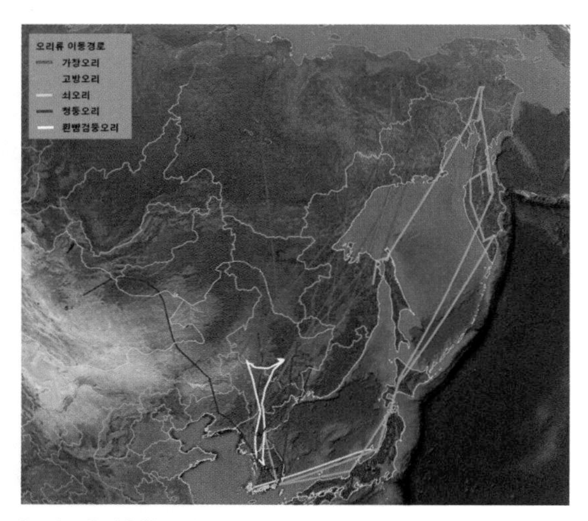

[그림 11] 겨울철 오리류 이동 경로[145]

6.4. 국경 검역은 국가 간 차단방역이다

외국에서 국내로 들어오는 단계, 즉 국경 단계에서의 방역조치는 동물 질병을 통제하는 데 매우 중요하다. 세계화 등에 따라 해외에서 들어오는 사람, 동물, 물품이 엄청나며 이들을 통해 동물질병 병원체가 언제든지 들어올 수 있기 때문이다. 국가는 다음과 같은 이유로 엄격한 국경방역 조치를 함으로써 해외로부터의 동물 전염병의 유입 위험을 예방 또는 최소화한다.

첫째, 차단방역이다. 국경검역 조치에는 동물 및 동물성 제품의 검사 및 검역, 수입 제한 등이 포함된다.

둘째, 공중보건 보호이다. 대부분의 동물 질병은 인수공통전염병으로, 이러한 질병의 국내 유입을 막는 데 국경통제 조치는 매우 중요하다. 주요 질병 발생 국가에서 관련되는 동물 및 동물유래 물품의 수입, 반입을 금지할 수 있다.

셋째, 경제적 안정과 식량 안보이다. 주요 동물 질병의 발생은 무역 제한, 가축 손실, 생산성 저하로 이어져 경제에 치명적인 결과를 초래할 수 있다. 효과적인 국경통제 조치는 농업을 보호하고 식량 안보를 보장한다. 예를 들어 ASF 발생의 경제적 영향은 돼지고기 생산과 무역에 영향을 미쳐 치명적일 수 있다.

넷째, 환경보호이다. 질병이 발생하면 야생동물 개체수가 감소하고 생태계가 교란되며 생물다양성이 위협받는다. 예를 들어 '양서류 키트리드균증 Amphibian Chytridiomycosis'은 세계적으로 양서류 개체수를 크게 줄였다.

다섯째, 국제 협력이다. 국경통제 조치는 국제적 질병 통제 노력의 핵심 요소이다. 각국은 동물 질병의 확산을 방지하기 위해 질병 발생 정보를 공유하고, 질병 감시에 협력하고, 합리적 차단방역 조치를 실행하는 등 함께 노력할 수 있다. 예를 들어 BSE가 발생했을 때 각국은 확산 방지 및 이른 시기 근절을 위해 협력하였고 그 결과 현재는 BSE의 영향이 매우 제한적이다.

수입 동물 및 동물성 산품에 대해 국가 검역당국이 실시할 수 있는 주된 검

[그림 7] 수입 동물 및 축산물 검역 절차도
출처: 농림축산검역본부 검역 안내

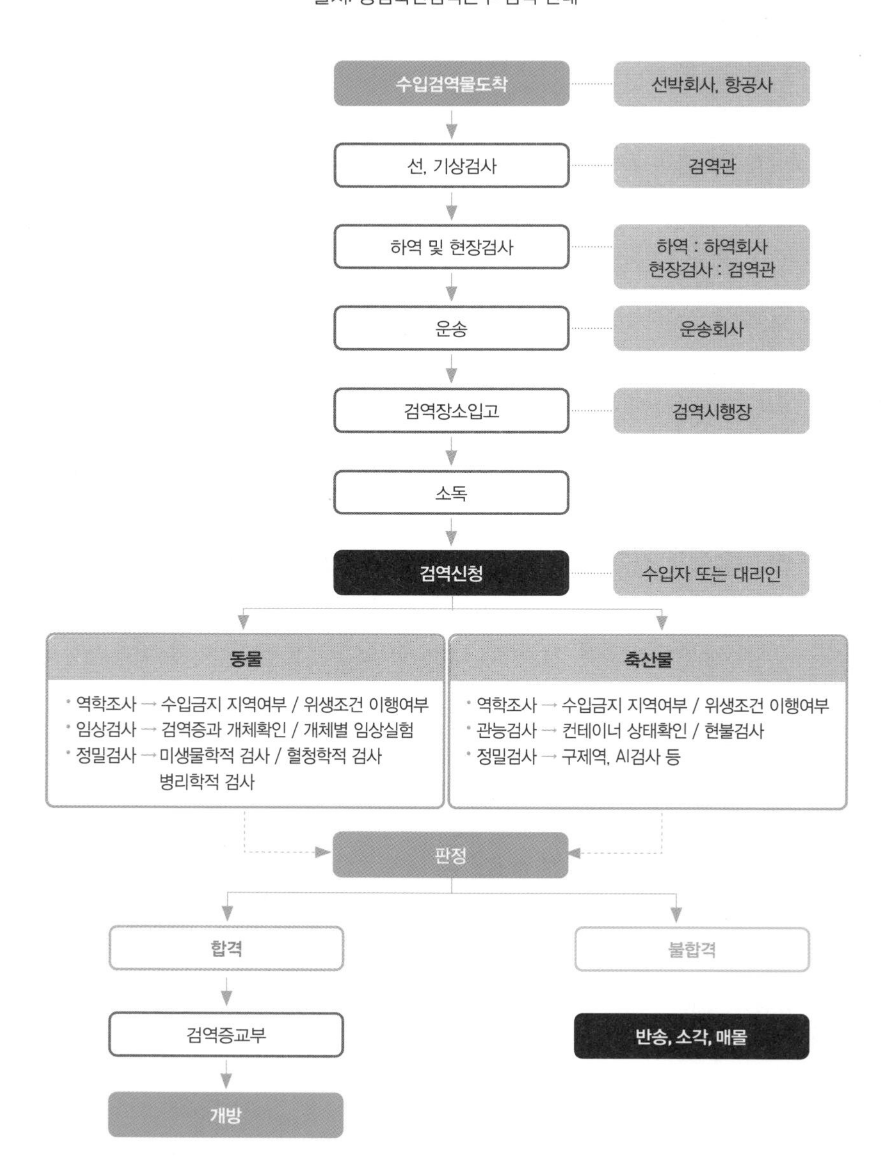

역조치는 다음과 같다.

첫째, 해당 동물 및 동물성 산품을 통해 유입될 수 있는 동물질병 등에 대한 수입위생조건 만들어 이에 부합하는 것만 국내 수입, 반입을 허용한다. 보통 구제역 등 악성질병 발생 국가 또는 지역으로부터는 관련 동물 및 동물성 제품의 수입을 금지 또는 제한한다. 보통 검역 대상 품목, 동물질병 등을 고려하여 수입 허용 또는 금지 지역을 법령으로 정한다.

둘째, 수입되는 검역 대상 물품은 국내 반입 시 국가 검역기관에서 법령에 근거한 검역 기준 및 방법에 따라 검역을 받는다. 검역관은 관능검사 및 정밀검사를 통해 검역대상물이 병원체에 감염 또는 오염되었는지 여부를 검사한다. 수입이 허용되는 공항과 항만에는 검역물을 관찰하기 위한 별도의 검역 시설이 있다.

셋째, 검역물 수입자는 수출국 정부로부터 검역증명서를 발급받아 국내 검역 신청 시 제출한다. 수출국 검역당국은 수입국이 확인을 요구하는 동물 질병 등 위험 요인에 대한 검역 및 검사를 실시하고, 위험이 없음을 보증한다. 검역관은 수입되는 검역물이 수출국 정부가 발급한 검역증명서의 내용과 맞는지, 수입위생조건을 충족하였음을 보증하였는지 등을 확인한다.

넷째, 불법적으로 수입 또는 반입되는 검역대상 물품에 대한 감시 및 통제를 행한다. 해외 여행객의 휴대물품, 해외 탁송물품 등에 대해 X-ray 검사, 검역탐지견 등을 활용하여 실시한다.

다섯째, 국내 반입 후 모니터링이다. 검역에서 해제된 동물은 질병이 없는 상태를 유지하고 있는지 확인하기 위해 후속 감시 대상이 된다. 수입자와 취급자는 수입 동물에서 이상 징후를 발견하면 관련 당국에 보고해야 한다.

| 07 | 국가적 차원의 주요 질병별 관리프로그램이 필요하다

7.1. 핵심은 이른 시기 검출과 신속 대응이다

대부분 선진국은 국가적 차원에서 주요 질병별 관리프로그램을 운용한다.[146] 일반적으로 이는 시행에서 이해관계자에게 강제적 성격을 띠고 있어 법령으로 뒷받침된다. '조류인플루엔자 방역실시요령(농식품부 고시)'이 대표적이다.

이러한 프로그램을 마련하는 이유는 동물질병을 관리함으로써 농가 등의 안정적인 소득과 식량안보를 보장하고, 인수공통질병 예방 등 공중보건을 보호하고, 그리고 동물질병으로 인한 생태계 교란 등 환경적 영향을 최소화하기 위한 것이다.

'동물질병관리 프로그램'은 보통 '예찰', '예방', '통제', '박멸', '긴급대응' 등 목적에 따라 구분할 수 있다. 이들 중 통제 프로그램은 인수공통질병, 풍토병, 초국경질병 등으로 구분될 수 있다. 예방 프로그램은 방역의 3원칙인 '감수성 동물의 병원체 저항성 제고', '병원체 제거 또는 최소화', '병원체 침입 경로 차단'을 위한 방안이 충분히 반영돼야 한다.

이 프로그램이 성공하기 위해 갖추어야 할 요소로는 ▲ 법령 등 포괄적인 규제 틀, ▲ 모니터링 및 예찰, ▲ 이른 시기 발견, 신고 및 초동 대응, ▲ 차단방역 조치, ▲ 진단 역량, ▲ 이해관계자의 참여, 협업 및 소통, ▲ 지속적인 자금 및 자원 지원, ▲ 국경검역, ▲ 위험 평가, ▲ 프로그램 운용 감시 및 평가, ▲ 긴급 대응 등이 있다.[147] 이들 요소는 질병 유형, 농장 위치, 가용 자원 등에 따라 달라질 수 있다.

이 프로그램의 핵심은 '발생 예방'과 '이른 시기 발견, 신고 및 초동대응'이다. 효과적인 질병 관리를 위해서는 농가에 대한 수의사, 정부 기관 등의 지원과 함께 스스로의 헌신이 필요하다. 농가는 성공적 질병 관리에 여러 이유로 일차적 책임이 있다.

첫째, 매일 가축과 직접 접촉한다. 가축의 질병 징후나 비정상적인 행동을 관찰할 수 있는 가장 좋은 위치에 있다.

둘째, 가축의 건강을 유지해야 하는 기득권이 있다. 건강한 가축은 생산성이 높아져 생산량이 증가하고 농가의 경제적 수익이 향상된다. 또한 농가는 가축에 대한 정서적 애착이 있어 질병을 예방하고 통제하는 조치에 더 큰 동기를 얻는다.

셋째, 농장 환경과 사육 관행을 가장 잘 안다. 농가는 질병 예방에 중요한 역할을 하는 사육, 영양, 위생, 차단방역 등을 통제한다. 적절한 차단방역 프로그램과 사육 관행을 구현함으로써 농장에 질병이 유입되고 확산할 위험을 효과적으로 최소화할 수 있다.

수의 당국이나 수의사는 질병 통제에서 지침과 전문 지식을 제공할 수 있지만, 일상적인 질병관리 조치를 실행하는 것은 궁극적으로 농가의 책임이다.

7.2. WOAH는 동물질병관리 프로그램 수립 절차를 제시한다

WOAH는 질병관리 프로그램을 수립하는 절차로 '근본적 이유 설정' → '전략적 목표 및 목적 설정' → '프로그램 수립' → '실행' → '실행 실태 모니터링, 평가 및 재검토'를 제시한다.[148]

첫 번째 단계는 질병 관리의 근본적 이유를 설정한다. 여기에는 동물 및 공중보건에 중대한 위험을 초래하는 특정 질병과 이러한 질병의 경제적, 사회적 영향을 파악하는 것이 포함된다. 질병의 전염 방식, 병원체 저장소, 잠재적 매개체 등 질병의 역학을 이해하는 것이 중요하다. 또한 당국은 질병의 지리적 분포와 확산에 기여하는 요인을 고려해야 한다. 이러한 포괄적인 이해가 표적에 맞는 효과적인 통제 조치를 개발하는 토대가 된다.

다음 단계는 전략적 목표와 목적 설정이다. 목표는 '특정 질병의 근절', '관리 가능한 수준으로의 유병률 감소', '새로운 지역으로의 유입 방지' 등과 같다. 명확한 목표와 목적을 설정하면 프로그램의 방향성과 집중력을 높이고 자원 배분을 용이하게 할 수 있다.

[표 3] 질병관리 프로그램 목표 설정 시 고려 요소 [149]

생물학적 요인	사회경제적 고려사항
• 감수성 동물 종 • 인수공통전염병 가능성 • 병원체의 유전적 안정성 및 다양성 • 취약한 종의 분포 및 밀도 • 야생동물 보균자 • 전파 방법(예: 매개체 전파) • 전파 가능성 • 현재 질병의 정도 • 환경에서 생존 • 매개체 상태	• 관리 조치의 비용과 이점 • 자원 가용성 • 가축생산 구조 • 공중보건에 미치는 영향 • 물류 및 실행 용이성 • 이해관계자 참여 • 환경 영향 • 정치적 의지 • 인센티브 및 보상 • 대중의 수용성(예: 살처분, 동물복지) • 거버넌스 및 제도적 준비 • 역할과 책임의 분배 • 예산 및 재원 계획
통제조치	**기술 · 도구의 가용성**
• 이동 통제 • 살처분 • 방역대 설정 • 집단 인증 • 격리 및 검역 • 청소 및 소독 • 매개체 및 보균자 통제 • 제품 및 부산물 처리 • 예방접종 및 기타 수의 조치	• 진단 검사 • 백신 • 치료제 • 소독제 및 살충제 • 폐기 시설 • 숙련된 인력

질병관리 프로그램 수립에는 프로그램의 구조를 설계하고, 주요 활동과 조치를 파악하며, 다양한 이해관계자의 역할과 책임을 설명하는 것이 포함된다. 이에는 백신접종, 감시, 격리, 이동 통제, 차단방역 조치, 대중 인식 캠페인 등

다양한 전략이 포함된다. 또한 발병에 대비한 비상 계획도 있어야 한다.

동 프로그램을 효과적으로 시행하려면 자금, 인력, 장비 등 적절한 자원이 필요하다. 프로그램 참여자는 필요한 기술과 지식이 있어야 한다. 이해관계자와 대중의 참여 및 소통 또한 중요한 요소이다. 당국은 이들과의 명확한 정보 소통 채널을 구축해야 한다.

동 프로그램의 적절한 시행 여부를 모니터링, 평가 및 검토하는 시스템을 구축하는 것은 중요하다. 지속적인 모니터링을 통해 프로그램 진행 상황을 추적하고 문제점을 파악하여 필요한 조정을 해야 한다. 평가에는 설정된 목표와 목적에 대한 프로그램의 효과와 영향을 평가하는 것이 포함된다. 이는 정기적인 감사, 자료 분석, 이해관계자의 피드백 등을 통해 가능하다. 실행 과정을 주기적으로 검토하면 변화하는 상황과 새로운 도전에 직면했을 때도 프로그램을 적절하고 효과적인 상태로 유지할 수 있다. 새로운 정보와 기술 발전에 유연하게 적응하는 것은 프로그램의 장기적인 성공을 위해 매우 중요하다.

| 08 | 동물위생을 넘어서는 통합적 동물위생 정책을 요구한다

8.1. 혁신적 해결책을 요구한다

세계적으로 동물위생 분야가 직면한 주요 사안으로 ▲ 초국경 동물질병, ▲ 신종 및 재출현 전염병, ▲ 차단방역, ▲ 항균제 내성, ▲ 식품안전, ▲ 동물복지, ▲ 원헬스 접근법, ▲ 야생동물과 가축 간의 질병 전파, ▲ 기후변화, ▲ 국제 무역 증가, ▲ 디지털화 등이 있다.

이들 사안을 잘 다루기 위해서는 질병 진단 기술, 질병 예찰 체계, 이해관계자 간 협력 등에서 혁신적인 해결책이 필요하다. 특히 연구개발의 경우 국가적 차원의 집중적인 투자가 요구된다. 그러나 우리나라 현실은 크게 미흡하다. 일례로 2023년 농식품부의 연구개발 예산 10,781억 원 중 가축방역 부분은 전체의 5%(540억원)에 불과했다. 농식품부에서 2012년부터 927억 원을 들여 R&D 사업으로 10년간 진행했던 '가축전염병 대응사업'이 2022년 종료되었다. 동 사업에 따른 후속 연구과제 수행을 위한 예산은 정부의 연구개발 예산 삭감 기조 속에 2023년 초 정부의 예비타당성 조사에서 탈락했다.

미래의 동물위생 정책은 동물, 사람 및 환경에 모두 이로운 정책이어야 한다. 인간, 동물, 환경의 건강이 복잡하게 서로 연결된 원헬스 세상에서 정부당국은 앞으로 동물위생 정책 수립 시 다음 사항 등을 고려해야 한다.

첫째, 동물질병의 역학적 동향 및 예찰이다. 질병의 유병률[80], 분포, 역학 등에 관한 자료 분석이 필요하다. 이를 통해 정책 입안자는 잠재적인 위협을 이른 시기에 파악함으로써 질병 예방을 위한 사전 조치를 시행할 수 있다. 이에는 디지털 기술, 데이터 분석 등 정보통신기술과 유전자 편집Gene Editing, 합성 생물학Synthetic Biology과 같은 새롭고 혁신적인 기술이 활용될 수 있다.

둘째, 차단방역 조치와 질병 예방이다. 정부는 농장, 동물병원, 동물 운송 등에서 엄격한 차단방역 조치를 시행하여 질병 발생 및 전파를 예방할 수 있는 적절한 정책을 시행해야 한다.

셋째, 원헬스 접근법이다. 정책 입안자는 이를 통해 생태계, 인간 활동, 동물 건강 간의 상호작용을 고려함으로써 모든 종의 복지를 증진하고 질병 위험을 최소화하는 전략을 개발할 수 있다.

넷째, 동물복지 기준과 윤리적 대우이다. 정부는 동물이 전 생애에 걸쳐 윤리적으로 대우받을 수 있도록 강력한 동물복지 기준을 수립하고 시행해야 한다.

다섯째, 항균제 내성 관리이다. 이를 위해 정부는 성장 촉진용 항생제 사용

---

80 특정 시점에 질병에 영향을 받은 전체 사육두수 대비 가축질병이 발생한 두수 비율을 말한다.

금지, 대체 치료제 개발, 내성 패턴 감시 등 강력한 AMR 규제 방안을 마련하고 시행해야 한다.

여섯째, 식품 안전 보장이다. 정부는 식품사슬의 전 과정에서 엄격한 안전기준을 수립하여야 한다. 여기에는 위험분석, 이력 추적, 품질 보증 등 같은 조치가 포함된다.

일곱째, 지속 가능한 농업 관행이다. 정부는 농가가 자원 사용을 최소화하고 온실가스 배출을 줄이며 생물다양성을 증진하는 규범을 채택하도록 장려해야 한다. 유기농법을 장려하고, 생태 친화적 농업을 지원하며, 연구와 혁신에 집중 투자해야 한다.

8.2. 디지털화가 혁신을 이끈다

동물위생에서 디지털화는 동물의 건강 관리를 위해 디지털 기술을 사용하는 것을 말한다. 이를 통해 동물의 건강과 행동을 모니터링하고 사료와 물 소비를 최적화하며 동물 생산의 전반적인 효율성을 개선한다.[150]

대표적인 디지털 기술로는 원격진료, 전자적 건강 기록, 원격 모니터링 장치, 진단 이미징Diagnostic Imaging[81]과 디지털 병리[82] 등 실험실 진단, 가상현실 및 증강 현실Augmented Reality[83], 로봇 보조 수술, 게놈 시퀀싱Genomic Sequencing[84], 데이터 분석 및 기계학습Machine Learning[85], 건강관리 온라인 플

81 엑스레이, 초음파, MRI, CT 스캔 등이 이에 해당한다.

82 환자의 조직이나 세포가 담긴 슬라이드를 디지털 영상으로 변환, 현미경이 아닌 고화질 모니터로 판독하는 것을 말한다.

83 VR 및 AR 시뮬레이션은 학생과 전문가에게 살아있는 동물 없이도 실습 경험을 제공할 수 있다.

84 유전 정보는 수의사가 특정 질병의 소인을 파악하고, 맞춤형 치료 계획을 설계하고, 동물의 사육 방식을 개선하는 데 도움이 된다.

85 대량의 동물 건강 데이터를 분석하여 질병의 추세, 패턴 및 잠재적 발병을 식별하는 데 사용한다.

랫폼[86], 인공지능 기반 진단 도구[87] 등이 있다.[151]

동물위생 분야에서 질병을 예찰하고 새로운 위협을 실시간으로 감지하기 위해 디지털 기술이 점점 더 많이 사용되고 있다. 예를 들어 웨어러블 센서를 사용하여 체온, 심박수, 활동량 등 동물의 건강 지표를 관찰하여 질병 발생을 이른 시기에 경고한다. 디지털 추적 시스템을 사용하여 동물의 움직임을 모니터링하고 잠재적인 질병 전염원을 식별한다. 또한 CCTV, 온라인 애플리케이션, 이미지 공유 플렛폼 등을 사용하여 원격으로 동물을 진료한다.

디지털 기술은 동물사육을 최적화하고 폐기물을 줄이는 데도 사용된다. 정밀 사료 공급 시스템은 동물의 성장과 영양소 요구량에 관한 데이터를 사용하여 사료와 물 소비를 최적화하여 낭비를 줄이고 효율성을 개선한다. 또한 자동화된 시스템을 사용하여 동물 사육 환경을 관리하고 온도, 습도, 환기를 제어하여 동물의 건강과 생산성을 최적으로 유지한다.

디지털화는 새로운 백신과 치료법 개발에도 유용하다. 기계학습과 인공지능과 같은 디지털 도구를 사용하여 대규모 데이터를 분석하고 신약 개발을 위한 새로운 표적을 식별한다.

[사진 12] 26층 120만 두 사육 규모 중국 후베이성 소재 양돈장 외부 및 내부 모습[152]

86 약 복용량 알림, 예방접종 일정 추적, 질병 정보 소통, 수의사와 건강 정보 공유와 같은 기능을 제공한다

87 인공지능은 수의사가 진단을 내리는 데 도움을 주기 위해 엑스레이와 같은 의료 이미지를 분석할 수 있는 알고리즘을 개발하는 데 사용되고 있다.

디지털화는 데이터 분석과 예측 모델링 등을 통해 동물의 건강을 개선할 수도 있다. 대규모 데이터를 분석하여 기존 방법으로는 감지하기 어려운 질병 패턴과 추세를 파악한다. 모델링을 통해 질병 발생위험을 파악하여 생산자가 전염 위험을 줄이기 위한 예방 조치를 취할 수 있다.

동물위생 관리에서 디지털 기술 활용에 대한 우려도 있다.

우선, 데이터 개인정보 보호 및 보안에 대한 우려이다. 예를 들어 동물위생 기록과 같은 민감한 자료를 사용할 때는 개인정보 보호와 데이터 보안을 위해 세심한 관리가 필요하다. 또한 사이버 공격의 위험도 있다.

디지털화는 동물위생의 불평등을 악화시킬 수 있다. 일례로, 디지털 기술은 이에 투자할 여력이 있는 대규모 생산자에만 유리할 수 있다. 또한 디지털 기술의 사용은 동물복지와 환경에 부정적인 영향을 미칠 수 있는 집약적 축산업을 더욱 심화시킬 수 있다.

디지털화와 관련된 또 다른 우려는 인공지능 및 기계학습과 관련된 윤리적 가치이다. 이러한 기술이 널리 보급됨에 따라 동물위생 관리에 관한 결정 시 사용되는 알고리즘Algorithm[88]에 편견이 생길 위험이 있다. 예를 들어 알고리즘이 특정 동물 집단에 편향되어 차별적인 관행으로 이어질 수 있다.

또한 기술에 지나치게 의존하여 동물위생 관리에서 사람의 손길이 줄어들 위험이 있다. 디지털 도구는 귀중한 통찰을 제공하고 의사결정을 지원할 수 있지만 동물위생 관리에는 여전히 인간의 판단과 전문성이 필요하다.

디지털 기술은 동물위생 서비스 제공 방식과 동물위생 시스템 관리 방식에 지대한 영향을 미친다. 수의 업계는 지속적인 디지털 변화에 선제적으로 대응하고 적응하는 것이 중요하다. 새로운 기술에 투자하고 현재와 미래의 수의

---

88 수학과 컴퓨터과학에서 사용되는, 문제 해결 방법을 정의한 '일련의 단계적 절차'이자 어떠한 문제를 해결하기 위한 '동작들의 모임'이다. 계산을 실행하기 위한 단계적 규칙과 절차를 의미하기도 한다.

인력을 최신 디지털 기술과 지식으로 준비시켜 동물위생 분야 디지털 혁신의 중심에 서도록 노력할 필요가 있다.

8.3. 수생동물에 더 많은 관심이 필요하다

오늘날 인류의 수산물 소비량은 그 어느 때보다 많고 수요는 계속 증가하고 있다. 이러한 수요를 충족하기 위해서는 2050년까지 수생동물 생산량을 두 배로 늘려야 하며, 이러한 성장의 대부분은 양식업에서 이루어질 것이다.[153] 야생 어획 또한 계속해서 중요한 역할을 할 것이다.

수생동물 생산은 특히 개발도상국의 생계를 지원하는 데 중요한 역할을 한다. 수생동물 생산의 증가는 빈곤 퇴치, 기아 종식, 건강과 복지 보장, 책임 있는 소비와 생산, 해양 자원의 보존 및 지속 가능한 이용과 관련된 유엔 '지속가능발전목표SDG'89의 여러 목표를 달성하는 데 필수적이다.[154],[155] 수생동물 생산은 지속 가능한 방식으로 이루어져야 지속적인 혜택을 누릴 수 있다.

질병은 식량 안보, 수익성, 생계, 생물다양성 등에 영향을 미쳐 지속 가능한 수생동물 생산에 가장 큰 위협이 되고 있다.[156] 생산량이 증가하고 새로운 어종이 양식되며 무역이 증가함에 따라 향후 질병 발생의 위험은 더욱 커질 것이다.

새로운 수생동물 질병90이 계속 출현하고 있고, 일부는 수생 생태계에 큰 영향을 미친다. 2000년 이후 매 3년마다 평균 2개의 새로운 질병이 WOAH 수산물위생규약Aquatic Animal Health Code에 등재되었다.[157] 이러한 질병의 출

89 2015년 유엔 총회에서 채택된 글로벌 목표로, 2030년까지 달성하기 위해 설정된 17개의 포괄적 목표와 169개의 세부 목표로 구성되었다. 이는 경제적 성장, 사회적 포용, 환경적 지속 가능성을 통합적으로 달성하기 위한 전 지구적 노력의 일환으로, 모든 국가와 이해관계자들이 참여하는 것을 목표로 한다.

90 Tilapia Lake Virus; Infectious Spleen and Kidney Necrosis Virus; Epizootic Ulcerative Syndrome; Aphanomyces invadans; Koi Herpesvirus 등이 있다.

현과 확산 패턴은 앞으로도 계속될 것이다. 이미 알려진 질병 또한 수생동물의 건강에 지속적으로 영향을 미쳐 생산성과 수익성에 부정적인 영향을 미칠 것이다.

양식업은 세계에서 가장 빠르게 성장하는 식량 생산 분야 중 하나이다. 그러나 양식업이 심화되면서 질병 발생 위험이 높아져 상당한 경제적 손실을 초래할 수 있다. 효과적인 질병 관리는 양식업의 생산성과 지속 가능성을 유지하는 데 필수적이다. 여기에는 어패류 개체수를 감소시킬 수 있는 전염병의 예방, 이른 시기 발견 및 통제가 포함된다. 양식업자는 차단방역 조치, 백신접종 프로그램, 책임감 있는 항생제 사용 등을 통해 질병의 유행을 줄이고 생산에 미치는 영향을 최소화할 수 있다.

수중 생태계는 복잡하고 섬세하며 수많은 생물 종이 균형 잡힌 환경에서 상호 작용한다. 양식업 등을 통해 병원균이 유입되면 이러한 균형이 깨질 수 있다. 전염성 질병은 야생 개체군 사이에서 급속히 확산하여 토착 종의 감소를 초래하고 생태계 구조를 변화시킬 수 있다. 효과적인 질병 관리는 해로운 병원균의 유입과 확산을 방지하여 자연 수중 생태계를 보호하는 데 기여한다.

수생 동물에게 영향을 미치는 많은 질병은 인수공통전염병이다. 비브리오증Vibriosis, 결핵Fish Tank Granuloma, 고래회충증Anisakiasis 등이 대표적이다. 오염된 해산물을 섭취하거나 감염된 물에 노출되면 사람에 심각한 건강 문제를 일으킬 수 있다. 양식장의 질병을 모니터링하고 통제하는 것뿐만 아니라 생산에서 소비에 이르기까지 적절한 식품 안전 관행을 보장하는 것도 중요하다.

전 세계적으로 수생동물의 건강과 복지를 관리하려는 노력은 수생동물 생산의 급속한 성장과 질병의 위험 증가를 따라가지 못하고 있다. 향후 질병 발생을 예방하고 관리하기 위해서는 국가 간 협력이 필수적이다. 국가적, 국제적 차원의 수생동물 위생관리 체계를 구축하기 위한 적극적인 조치가 시급히 요구된다.

| 09 | 세계는 초국경 동물질병으로 신음하고 있다

9.1. 초국경 동물질병은 재난형 질병이다

초국경 동물질병TAD는 '전 세계로 빨리 퍼질 수 있고', '엄청난 사회경제적 손실을 초래하고', '부정적인 공중보건 결과를 초래하는' 동물 전염병이다.[158],[159] 최근 발생한 신종 동물전염병의 대부분이 TAD다. WOAH 및 FAO는 대표적 TAD로 17종[91]을 제시하였다.[160]

TAD의 주요 특징으로 ▲ 높은 이환율과 사망률, ▲ 급속한 확산, ▲ 엄청난 경제적 영향, ▲ 막대한 공중보건 영향, ▲ 백신 또는 치료제 미흡, ▲ 복잡한 법적 규제, ▲ 국제적 협력 필요, ▲ 생물테러 악용 위험, ▲ 식량 안보 위협, ▲ 환경에 악영향[92] 등이 있다.

TAD는 농업 부문을 훨씬 넘어 사회경제적으로 큰 영향을 미친다. TAD는 동물의 건강과 복지, 식량 안보, 동물사육 농가의 생계, 세계 무역 등에 큰 위협이다. 인수공통 TAD는 사람의 건강과 복지를 위협한다. 특히 개발도상국에서 큰 문제이다.[161] TAD는 주변 국가 또는 관련 물품 수입국에는 항상 즉각적인 위협이다.[162],[163]

TAD 발병은 종종 가축의 대량 폐사로 이어져 식량 생산 사슬을 교란하고 농가의 소득을 감소시킨다. 질병 통제 조치에 드는 비용은 가뜩이나 어려운 농업 경제에 더 큰 부담을 준다.

TAD는 또한 국제 무역과 경제 발전을 저해한다. 각국은 질병의 확산을 막기 위해 TAD 발생국에 대한 가축 및 동물성 제품의 무역을 제한한다. 이러한

---

91 ASF, AI, 블루텅병, 돼지열병, 우폐역, FMD, 우역, 출혈성패혈증, LSD, 메르스, 뉴캐슬병, 가성우역, 리프트계곡열, 양두, 돼지수포병, 수포성구내염, 아프리카마역

92 TAD는 또한 침입종 확산, 야생동물 개체수 변화, 생태계 기능 교란 등 환경에 영향을 미친다.

혼란은 전 세계 시장에 파급되어 농산물의 가격과 가용성에 영향을 미친다. 농업과 무역에 크게 의존하는 개발도상국은 이러한 경제적 충격에 가장 큰 피해를 입어 빈곤과 식량 불안을 악화시킨다.

TAD는 생물다양성과 환경의 지속가능성을 위협한다. 일반적인 통제 수단인 감염 동물의 대량 살처분은 생태계를 교란하고 가축 개체군 내의 유전적 다양성을 감소시킨다. 이러한 생물다양성의 손실은 향후 질병 발생에 대한 회복력을 약화시키고 농업의 장기적 지속가능성을 저해한다.

한 집단의 노력으로 하나의 TAD에 집중한다고 해서 TAD를 온전히 통제할 수는 없다. 원헬스 전략 속에서 모든 관련분야 간의 적극적인 협력이 요구된다.

그간 FMD, HPAI, ASF 등이 전 세계적으로 발생하여 국가적, 지역적으로 큰 피해를 초래했다. 일부 국가에만 발생했던 블루텅병Bluetongue Disease, 아프리카마역African Horse Sickness, 리프트계곡열, 웨스트나일열West Nile Fever과 같은 매개체 질병은 기후변화 등으로 세계적 확산 위험에 있다.

일례로, 예전에는 아프리카 국가에서 발생하였던 ASF가 2021년부터 유럽, 중앙아시아, 동남아시아 지역으로 확산됐다.[164] HPAI도 그간 동남아시아 중심으로 발생하였으나 2022년부터는 유럽, 북미, 남미 등 세계 전역에서 발생하고 있다. LSD도 아프리카에서 처음 발생한 이후 중동, 유럽, 동남아시아를 거쳐 2023년 우리나라에 전파되었다.[165]

9.2. TAD 발생의 궁극적 책임은 사람에게 있다

TAD 발생에 영향을 미치는 요인은 기후, 지리적 위치, 가축사육 체계, 병원체 숙주 및 매개체의 변화, 질병통제 체계 등이 있다. 사람과 동물 간의 접촉은 가변적이다. 이들 간의 상호작용은 인류의 활동이 초래하는, 즉 인위개변적Anthropogenic 요인에 따라 다양하다.[166],[167] 생태계의 '동적 평형Dynamic

Equilibrium'[93]을 바꾸고, 새로운 병원체 출현을 불러오는 '혼란 유발자'의 대부분은 인위개변적 요인이다.[168] 즉 질병 출현은 대부분 실제로 인류의 활동이 초래한, 서로 다른 환경적 변화에 대한 시간적, 공간적인 점진적 반응의 결과이다.

최근 전 세계적으로 TAD 발생이 증가하는 추세이다. 이유는 다양하다.[169],[170]

첫째, 세계화, 무역자유화 등에 따른 사람, 동물, 물품 등의 국제적 이동의 급증이다. 항공 등 교통수단의 급속한 발전이 주된 동인이다. 이에 따라 병원체에 오염된 동물, 동물생산품이 한 지역에서 다른 지역으로 이동하는 것이 쉬워졌다.

둘째, 여행, 무역, 야생동물 포획 및 서식지 파괴 등 다양한 이유로 사람, 동물 및 환경 간의 생태적 접촉면의 증가이다. 이에 따라 동물종간 질병의 전파 위험도 커진다. 이러한 전파 위험은 야생동물 서식 공간이 줄어듦에 따라 계속 높아진다. 농장동물이 이전에는 오직 야생에만 존재했던 전염성 질병에 노출될 기회가 많아지며 일부 야생동물 질병은 새로운 숙주 즉, 사람 또는 가축에 종간 전파된다.[171]

셋째, 동물 생산의 산업화, 집약화이다. 대규모 사육 체계는 사료 공급, 분뇨 반출, 도축 출하 등의 과정에서 차량, 사람, 동물, 물품 등의 빈번한 농장 출입이 불가피하다. 이 과정에서 외부에 존재하는 병원체가 농장으로 유입될 수 있다.

넷째, 기후변화이다. 지구온난화로 기후 패턴이 바뀌어 세계적으로 모기나 진드기 등 질병 매개체를 포함한 다양한 동물 종의 서식지와 이동 패턴에 변

93 동적 평형은 체계 내에서 역학적인 변화가 발생하더라도 전반적인 상태가 일정한 것을 말한다. 이러한 상태에서는 역학적인 변화의 속도가 서로 상쇄되어 전체적으로 안정된 상태를 유지한다.

화가 생겼고, 이는 새로운 질병 출현을 초래한다. 기후가 따뜻해지고 강수량이 증가하면 이러한 매개체가 번성하고 지리적 범위를 확장할 수 있는 환경이 조성되어 새로운 지역과 취약한 동물집단에 병원균이 유입될 수 있다.

다섯째, 국가적 차원에서 TAD에 대한 방역역량 및 인프라 미흡이다. TAD에 대한 이해관계자의 이해 미흡, 차단방역 미흡, 예찰 및 진단 역량 부족, 효과적인 질병 대응 미흡 등은 TAD의 유입 및 전파 위험을 초래한다.

여섯째, 동물과 동물유래 산품의 국가 간 불법 거래와 이동이다. 이는 아프리카, 동남아 등에서 많이 확인되는 경우이다.

9.3. TAD는 야생동물이 중요한 역할을 한다

야생동물은 다양한 병원체의 저장소, 매개체 또는 증폭기 역할을 하며 TAD의 전파에 중요한 역할을 한다. 많은 야생동물 종은 직간접적으로 가축과 인간에게 전염될 수 있는 감염원을 보유하고 있다. 예를 들어 30종류 이상의 질병이 쥐와 관련이 있다. 그간 발생한 인수공통 팬데믹은 대부분 박쥐와 관련이 있다.[172],[173],[174] 야생 조류는 조류인플루엔자 바이러스의 매개체이다.

야생동물은 또한 지리적 경계를 넘나드는 이동과 배회 행동을 통해 질병의 확산을 촉진할 수 있다. 이러한 이동은 새로운 지역에 병원균을 유입시켜 질병 확산을 통제하려는 노력을 복잡하게 만들 수 있다. 또한 자연 서식지의 가장자리나 공유 수원을 통한 야생동물과 가축 간의 상호작용은 전염의 위험을 높인다. 기후변화와 야생동물 서식지 침범은 이러한 상호작용을 악화시켜 더 빈번한 발병으로 이어진다.

야생동물이 질병 생태학에서 차지하는 역할에 대한 포괄적인 이해가 있어야 효과적으로 TAD를 통제할 수 있다. 야생동물 건강의 감시, 모니터링, 관리는 동물, 인간, 환경 보건 전략을 통합하여 전염병의 확산을 예방하고 통제하는 원헬스 접근법의 필수 요소이다.

인류의 야생동물 서식지 파괴, 사냥, 불법 거래, 야생동물 관광 등은 야생동물에 존재하던 TAD가 가축과 인간으로 전파될 위험을 높인다. 야생동물이나 그 생산물의 국경 간 이동도 TAD 전파를 촉진한다.

야생동물과 가축 간에 질병이 서로 전파되는 것을 예방하는 데 가축 소유자는 차단방역 조치 시행 등 중요한 역할을 한다. 예를 들어 축사 주변의 울타리 설치는 가축과 야생동물 사이에 어떤 완충 역할을 한다. 가금 농가에서 계사 외부에 그물망을 설치하거나 출입구를 밀봉하는 것도 좋은 방안이다.

야생동물이 가축에 전파할 수 있는 TAD로는 광견병, HPAI, ASF, FMD, LSD 등이 있다. 우리나라에서 HPAI는 2003년말 충북 음성에서, ASF는 2019년 9월 경기도 파주에서 처음 발생하였다. 역학 조사 결과 농장 발생의 주요 원인이 HPAI는 야생 철새[175],[176], ASF는 멧돼지로 추정되었다.

이런 이유로 야생동물 대상 생태 역학적 TAD 감시 프로그램에 대한 요구가 세계적으로 증가하고 있다. 이러한 감시 프로그램은 ▲ TAD 역학을 입증하는 과학적 근거 제공, ▲ 통제 대상 TAD 이른 시기 검출, ▲ 국가적 동물위생 인프라 구축 강화, ▲ 가축 질병 발생에 대한 야생동물의 파수꾼Sentinel 역할 등 다양한 이점이 있다.[177]

9.4. 가축 사망의 약 20%는 TAD가 원인이다

FAO에 따르면, 전 세계 가축 사망의 약 20%가 TAD로 인해 발생하며, 축산업계에 연간 약 4,000억 달러의 경제적 손실을 초래한다.[178] TAD 대처에 따른 동물 관리자의 정신적 스트레스와 불확실성은 가축의 건강과 생산성에 큰 타격을 준다. 2019년 국내에서 처음 ASF가 발생한 이후 2022년 6월까지 ASF가 발생한 212개 양돈농가 중 80개 농가(41%)는 폐업하였다.[179],[180]

TAD 발생은 축산농가에 심각한 경제적 문제를 야기하며 다양한 수준에서 영향을 미친다.[181]

첫째, 직접적인 경제적 손실을 입힌다. TAD가 축산농가에 미치는 가장 즉각적인 영향은 폐사로 인한 가축 손실이다. FMD, ASF, HPAI와 같이 빠르게 확산되고 치사율이 높은 질병의 경우 높은 폐사율을 초래할 수 있다. 감염된 동물은 폐사 외에도 우유 생산량 감소, 증체율 감소, 번식률 저하 등 생산성 저하를 겪는다.

또한 발병을 억제하기 위해 정부는 감염 및 위험 동물 살처분, 이동 제한 등 엄격한 통제 조치를 시행하는 경우가 많다. 강제 살처분은 추가 확산을 막기 위해 필요하지만 상당한 재정적 손실을 초래한다. 농가는 보상을 받을 수 있지만, 동물의 시장 가치와 향후 수익 잠재력을 충분히 보상하지 못하는 경우가 많다.

둘째, 간접적인 경제적 영향이다. 시장 혼란은 주요한 간접적 영향이다. 발병 지역이나 국가에서 가축 및 축산물의 수출이 금지되거나 무역 제한이 이루어질 수 있다. 이러한 시장 접근성 상실은 국내 공급 과잉으로 이어져 가격을 하락시키고 전반적인 수익성에 영향을 미치기 때문에 국제 시장에 의존하는 농가에 특히 해로울 수 있다.

질병의 유입과 확산을 막기 위한 차단방역 조치를 시행하는 데 드는 비용도 경제적 부담을 가중한다. 농가는 더 나은 농장 울타리, 소독시설 등 인프라 개선에 투자해야 할 수도 있다. 이러한 투자는 질병 예방을 위해 필요하지만 특히 소규모 농가의 경우 상당한 재정적 부담을 초래할 수 있다.

셋째, 광범위한 사회경제적 영향이다. 축산업은 종종 농촌 지역 사회의 생계유지, 고용과 식량 공급 등 중요한 역할을 한다. 가축질병이 발생하면 사료, 도축, 운송 등에 종사하는 사람들이 일자리를 잃고 수입이 감소할 수 있다. 가축 감소는 육류, 우유 및 기타 동물성 제품의 부족으로 이어져 식량 안보에도 영향을 미친다.

또한 TAD 발생으로 인한 심리적 스트레스와 불확실성은 농부들의 정신 건강과 웰빙에 영향을 미쳐 영향을 받는 지역사회 내에서 사회적 문제로 이어질 수 있다.

TAD의 경제적 영향에 관한 그간의 연구는 적고 제한적이다. 개별 국가, 하나의 상품, 그리고 특정 발생 건에 한정한 것이 대부분이다. 피해 내용도 대체로 생산 손실에 한정되고, 후속되는 제품가격, 무역 또는 2~3차의 시장에 미치는 영향은 제외되어 있다. 가축 질병으로 인해 파생되는 문제점에 대한 축산농가의 적응 과정에서 나타난 경제적 비용은 포함하고 있지 않다. 국제적인 질병관리 활동의 외적인 비용, 인프라 비용도 대부분 포함하고 있지 않다. 또한 장기적인 영향, 발생에 따른 농가 또는 공동체의 능동적 대응 및 적응에 관한 연구가 보편적으로 부족하다. 그간 연구의 대부분은 축산농가의 수입 감소보다는 TAD 감염에 따른 생산 손실을 계산하는 한계가 있다. 반면에, 질병 발생으로 인한 가축의 생산 손실에 따라 농가의 수입이 줄어들 수 있으나, 사육두수 감소에 따른 높은 가격, 정부의 적절한 보상 등으로 인해 농가의 수입은 늘어날 수도 있는 점을 고려할 필요가 있다.

TAD로 인한 경제적 피해를 예방 또는 최소화하는 방안은 매우 중요하다. 첫째, 사회경제적 영향은 통제 또는 박멸에 목표를 둔 차단방역 조치를 통해 최소화한다. 둘째, 경제적 영향은 보험 · 공제, 농업생산 증가 또는 인프라 향상 등을 포함하는 위험관리를 통해 최소화한다. 셋째, 농촌개발 또는 재정적 지원을 통한 동물 가치사슬 내 대체 수익원 또는 직업을 지원한다. 이들 세 가지 방안을 현실에 맞게 조합하여 적용하는 것이 가장 효율적이다.

9.5. TAD 발생의 주요 요인은 세계화와 기후변화이다

TAD에 대한 국제적 접근방식은 대부분의 TAD는 박멸될 수 있다는 가정에 근거한다. 하지만 TAD 발생 시 단기간 내에 박멸한다는 것은 다양한 기술적, 재정적, 물류상의 이유로 가능하지 않다. 지금까지 세계적으로 근절된 TAD는

2011년 WOAH와 FAO가 근절되었다고 선언한 우역이 유일하다.

TDA 관리의 애로사항 중 하나는 TAD가 초래하는 경제적 피해 규모와 TAD를 통제하기 위해 드는 비용 모두에 관한 정확한 자료가 부족하여 비용 대비 효과가 높은 통제 조치를 파악하기 어렵다는 것이다. 국가적, 국제적 수준에서 필수적인 통제 조치가 무엇인지를 명확히 설정하기도 어렵다. 왜냐하면, 국가별로 TAD 통제 활동에 참여하도록 유도하는 인센티브가 상당히 다르기 때문이다. 또한 TAD 통제 비용에 대한 국가별, 이해관계자별 적절한 분담 수준도 주요 문제이다.

TAD는 한번 발생하면 국가 차원에서 근절하는 데 상당한 어려움을 겪는다. 이러한 어려움에는 생물학적, 물류적, 사회경제적 요인이 복합적으로 작용한다. 이를 충분히 이해하는 것이 TAD 관리 전략을 개발하는 데 중요하다. 정부당국은 효과적인 통제 정책을 시행하는 데 많은 장애물에 직면한다.[182],[183],[184]

첫째, 질병 확산의 특성이다. TAD는 대부분 동물, 사람, 심지어 차량이나 장비와 같은 무생물을 포함한 다양한 매개체를 통해 확산된다. 동물과 동물성 제품이 국경을 넘어 빠르게 이동하면 확산이 더욱 쉽다. HPAI, ASF 등에서 알 수 있듯이 야생동물 보균자는 통제 노력을 더욱 복잡하게 만든다. 이러한 질병 매개체의 이동을 감시하고 통제하는 일은 매우 어렵다.

둘째, 국제 무역 및 여행 증가이다. 이는 TAD의 급속한 확산을 촉진했다. 동물과 동물성 제품의 국제 무역은 새로운 지역에 질병을 유입시킬 수 있으며, 여행객과 여행객의 소지품은 실수로 국경을 넘어 병원체를 옮길 수 있다. 글로벌 공급망의 복잡성으로 인해 질병의 확산을 효과적으로 추적하고 통제하기가 어렵다.

셋째, 국가별 수의 인프라의 다양성이다. 선진국에는 강력한 수의 서비스 및 질병 감시 시스템이 구축되어 있지만 개발도상국은 그렇지 못하다. 이러한 불일치로 인해 질병 검출, 보고 및 대응 역량이 다양하다. 이는 TAD를 효과적으로 통제하기 위한 국제적인 노력을 방해한다.

넷째, 규정 준수의 어려움이다. 통제 조치의 준수를 보장하는 것은 특히 국경이 허술하고 집행 능력이 제한적인 국가에서는 어려운 일이다. 농가와 동물 소유주는 경제적 영향이나 정부당국에 대한 불신으로 인해 살처분이나 백신접종 프로그램에 저항할 수 있다.

다섯째, 재정적 제약이다. TAD를 통제하고 근절하기 위한 재정적 부담은 상당한다. 정부는 예찰, 백신접종, 살처분, 보상, 대중 인식 개선 캠페인 등에 상당한 자금이 필요하다. 많은 국가에서는 충분한 자금을 할당하는 데 어려움이 있다.

여섯째, 병원체의 빠른 진화이다. 병원체는 빠르게 진화하여 기존 백신과 치료제에 내성이 있는 새로운 균주가 출현할 수 있다. 이러한 끊임없는 진화는 통제 수단을 개선하기 위한 지속적인 연구개발을 요구한다. 그러나 과학의 발전 속도와 새로운 전략의 실행은 병원체의 진화 속도보다 뒤처지는 경우가 많다.

일곱째, 관련 부문 간 협력이다. TAD를 효과적으로 통제하려면 농업, 공중보건, 운송, 무역 등 다양한 부문의 협력이 필수적이다. 이러한 부문 간 협력을 조율하고 유지하는 것은 복잡하다. 각 부문마다 우선순위와 정책이 상충될 수 있어 일관된 전략을 실행하기가 어렵다. 지역사회, 국제기구, 주변 국가 등 다양한 이해관계자 간의 협력을 끌어내는 것은 매우 중요하지만 종종 어렵다.

이외에도 효과적인 TAD 통제를 어렵게 하는 요인으로는 ▲ 복잡한 역학[94], ▲ 진단 실험실 등 제한된 자원과 인프라, ▲ 기후변화, ▲ 항균제 내성, ▲ 백

94 TAD는 여러 숙주, 매개체, 환경적 요인 등 역학적으로 복잡한 경우가 많다. 특히 다양한 사육 관행이 있어 질병 전파의 다양한 경로를 이해하고 통제하는 것이 어려울 수 있다. 이 때문에 수의학, 역학, 생태학 및 기타 분야의 전문 지식을 통합하는 다학제적 접근방식이 필요하다.

신에 대한 제한된 접근성, ▲ 불충분한 차단방역 등이 있다.

특히, 개발도상국은 TAD 통제에 애로사항이 더 많다. 주된 이유로는 ▲ 예찰, 진단, 연구 등 과학적 통제 역량 미흡, ▲ 활용할 수 있는 비용 대비 효과가 높은 질병관리 조치 미흡 또는 부재, ▲ TAD에 대한 대중의 인식 미흡, ▲ 정부와 민간의 연구개발 자금 부족, ▲ 동물 및 동물생산품의 국제 무역에 관한 적절한 규제 기준 미흡, ▲ 질병이 초래한 관련 물품 무역 장벽 등이 있다.[185]

9.6. 국가적, 국제적 차원의 총체적 노력이 요구된다

TAD 발생 시 방역당국의 기본 목표는 최대한 빠른 시기에 TAD를 근절함으로써 동물산업, 동물생산품 공급사슬을 안정시키는 것이다. 그리고 TAD병원체에 감염 또는 오염되지 않은 동물 및 동물생산품과 관련되는 민간의 경제적 활동은 지속될 수 있도록 '과학적 증거에 근거한 접근'을 제공하는 것이다. 이러한 목표를 달성할 경우 관련 산업 및 이해관계자는 신속히 정상적인 경제활동을 할 수 있고, 국제적으로도 질병 발생에 따른 무역제한 요인을 제거할 수 있다.

TAD는 국가적, 국제적 차원의 효과적인 통제 전략을 통한 총체적인 노력이 요구된다. 이의 핵심 요소로는 ▲ 인적, 물적 자원 등 정부당국의 충분한 통제 역량 확보, ▲ 이동통제, 살처분 등 신속한 통제 수단, ▲ 고위험 지역이나 취약한 동물집단에 대한 전략적 백신접종 프로그램 운용, ▲ 엄격한 국경통제 및 검역, ▲ 효과적인 예찰에 근거한 이른 시기 경보 · 신속 대응, ▲ 질병 전파 경로 차단, ▲ 발생 농가에 대한 재정적 지원 및 보상, ▲ 새로운 통제 수단 및 기술 개발을 위한 연구 및 혁신에 투자[95], ▲ 국제적 협력, ▲ 생태

95 연구개발에 대한 투자는 새로운 진단 도구, 백신, 치료 옵션의 개발로 이어질 수 있기 때문에 TAD 통제의 또 다른 중요한 측면이다.

계 보호, ▲ 이해관계자 참여, 소통 및 협력 등이 있다.[186],[187]

TAD 발생 시 방역당국은 ▲ 병원체의 전파 특성, ▲ 발생 규모, ▲ 질병 발생이 초래하는 결과, ▲ 사회적 및 정치적 수용성, ▲ 활용 가능한 대응 방역 조치, ▲ 이해관계자의 방역역량 등을 고려하여 통제 전략을 마련한다.

정부당국은 TAD 발생에 대비하여 보통 질병별 '긴급대응요령'을 미리 마련하여 실제 발생 시 이에 따라 대응한다. 긴급대응요령이 없는 TAD가 발생하는 경우 유사한 질병의 대응 요령을 준용한다.

TAD 대응에는 3가지 역학적 원칙이 기초가 된다.[188]

첫째, 병원체와 감수성 동물 간의 접촉 차단이다. 이는 예찰을 통한 감염 동물 확인, 방역대에서 동물 · 차량 · 물품 등의 이동통제, 가축 사육 농가 · 도축장 등에 출입하는 동물 · 차량 · 물품 등에 대한 차단방역 조치 등을 통해 대부분 이루어진다.

둘째, 감염되었거나 감염 위험에 노출된 동물에서의 병원체 증식 및 배출의 차단 또는 최소화이다. 이는 해당 동물의 신속한 살처분, 도태 등을 통해 달성될 수 있다.

셋째, 감수성 동물의 질병 저항성을 높인다. 이는 주로 우수동물위생규범 GAP 적용, 긴급 백신접종 등을 활용한다.

현대의 질병 관리는 질병 위협을 통제가 가능한 낮은 수준으로 유지하는 환경을 창출하는 데 초점을 둔다. 그러나 대부분의 TAD는 높은 전염성, 심각한 피해 등의 특성이 있어, 사전 유입 예방과 유입 시 근절이 TAD 관리의 핵심적 요소이다.

TAD는 과학에 근거한 효과적, 체계적 시스템으로 관리되어야 한다. TAD가 국내로 유입되면 이른 시기 검출 및 신속한 근절을 목표로 긴급대응프로그램이 즉시 실행되어야 한다.

TAD 통제 수단은 국가마다 다양하다. TAD와 싸우는 핵심 원칙은 '이른 시기 검출', '신속 대응', 그리고 '엄격한 차단방역 조치'를 통합하는 다각적인 접근이다.

'이른 시기 검출'은 TAD의 유입 또는 발생 증가를 일찍 찾아내는 것이다. 이에는 예찰, 발생 보고, 역학적 분석 등이 포함된다. 특히, 효과적인 예찰 체계 구축이 중요하다. 여기에는 가축과 야생동물 등 감염에 취약한 동물에 대한 정기적인 검사뿐만 아니라 TAD 전염과 관련된 매개체 및 보균자에 대한 예찰도 포함된다. 원격 감지 및 실시간 자료 분석과 같은 발전된 기술을 활용하면 검출 노력의 속도와 정확성을 높일 수 있다.

'신속 대응'은 질병 확인 즉시 추가적 확산을 최소화하고 최대한 이른 시일 내에 이를 박멸하는 데 필요한 방역조치를 실행하는 것이다. 핵심은 두 가지

[그림 8] 2023, 2024 동절기 국내 HPAI 방역 흐름도

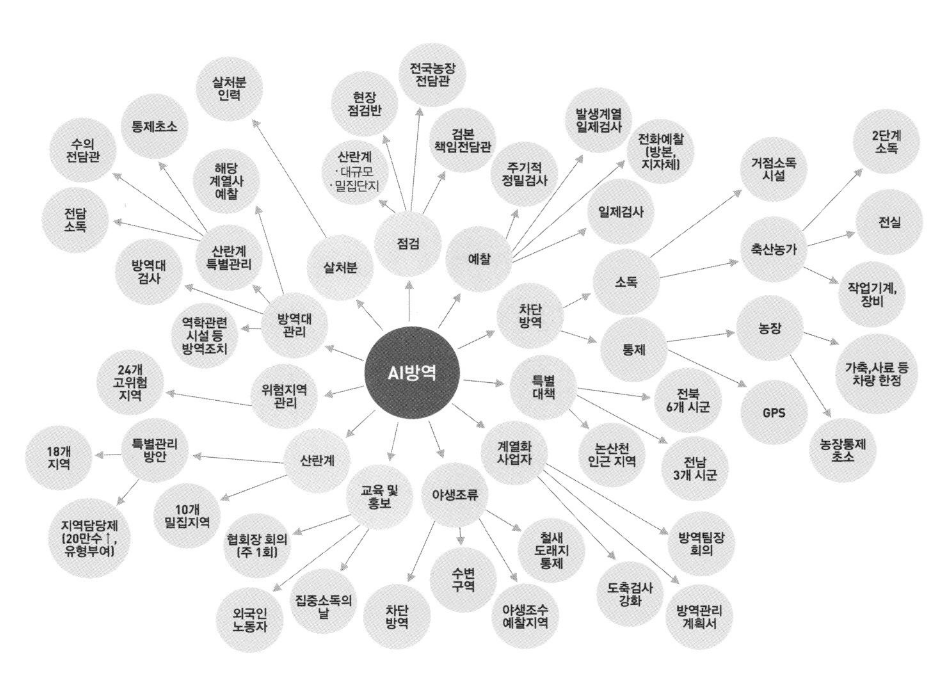

이다. 하나는 질병발생 위험을 낮은 수준으로 유지하는 환경을 창출하는 것이다. 국경 검역이 최일선에서 중요한 역할을 한다. 또 다른 하나는 질병을 신속히 박멸하는 것이다. 백신접종, 이동통제, 감염 또는 감염우려 동물 살처분, 해충 구제 등 농가 및 관련 업체의 차단방역 조치가 중요한 역할을 한다. 대개는 정부당국의 기술적 자문, 물류 지원, 질병 예찰 및 보고, 긴급 대응 등의 지원 또한 필수적이다. 신속하고 조율된 대응을 위해서는 수의당국, 국제기구 등 관련 이해관계자 간의 협력이 필수적이다.

'엄격한 차단방역 조치'는 TAD 유입과 확산을 막는 데 중요한 역할을 한다. 여기에는 농장, 운송 네트워크, 국경 등에서의 소독, 출입 제한, 국경검역과 같은 엄격한 차단방역 규정을 통해 질병 전파의 위험을 최소화하는 것이 포함된다.

미국 동식물위생검사청APHIS은 '해외동물질병 대응요령'[189]에서 TAD 대응에 관한 세부사항을 기술하고 있다. 주요 내용은 ▲ 일반대중 대상 정보소통 및 홍보활동 강화, ▲ 신속한 피해 산정 및 보상, ▲ 검역 및 이동 통제의 신속한 시행, ▲ 신속한 진단 및 보고, ▲ 역학적 조사 및 추적, ▲ 예찰 강화, ▲ 차단방역 조치, ▲ 대량 도태 및 안락사, ▲ 효과적이고 적절한 폐기 절차, ▲ 세척 및 소독 조치, ▲ 긴급 백신접종 등이다.

TAD 통제 조치에서 유의할 부분이 있다. TAD 통제에 관한 주요 사항은 관련 법령에서 명확히 규정할 필요가 있다. TAD 방역 역량은 예찰 등 검사 실험실 역량 및 국경검역 네트워크에 초점을 두고 강화하는 것이 효과적이다. 또한 국제공인검사법 활용 등 TAD 검출 및 진단을 위한 과학적 기준 마련 및 충분한 기술적 역량 확보가 요구된다.

9.7. TAD로부터 안전한 나라는 없다

TAD는 동물, 사람, 물품의 이동으로 인해 국경을 쉽게 넘나들 수 있어 발생 국가, 인접 국가 등의 동물위생 당국 간의 국제적 협력이 중요하다. 국제적 협력은 다양한 이점이 있다.

첫째, 질병 발생 동향 등 정보 공유이다. 이렇게 공유된 정보는 각국이 질병이 국경을 넘어 확산되기 전에 예방 조치를 시행하는 데 도움이 된다.

둘째, 표준화된 통제 조치이다. 국가마다 동물 질병을 통제하기 위한 규정과 관행이 다를 수 있다. 표준화된 조치가 없다면 TAD를 억제하기 위한 노력은 일관성이 없고 효과적이지 않을 수 있다. 국제 협력은 이러한 조치를 조율하고 통일된 접근방식을 보장하는 데 도움이 된다.

셋째, 자원 공유 및 역량 강화이다. 많은 국가, 특히 자원이 부족한 국가는 국제 협력을 통해 백신, 진단 도구, 기술적 전문 지식과 같은 자원을 공유할 수 있다. 부유한 국가와 국제기구는 도움이 필요한 국가에 재정적, 물류적 지원을 제공하여 좀 더 효과적인 글로벌 대응을 보장할 수 있다. 또한 교육 프로그램 및 워크숍과 같은 역량 강화 활동은 각국이 동물위생을 좀 더 효과적으로 관리하는 데 필요한 기술과 인프라 개발에 기여한다.

넷째, 신속한 대응이다. 예를 들어 질병이 발생하면 인접 국가들이 협력하여 검역 조치, 이동통제, 백신접종 캠페인을 시행할 수 있다. 또한 국제기구는 발병 조사 및 관리를 지원하기 위해 전문가 팀을 파견할 수 있다. 이러한 협력적 접근방식은 시의적절하고 잘 조율된 대응을 보장하여 광범위한 전염 가능성을 줄인다.

다섯째, 경제 안정 및 식량 안보이다. TAD는 전 세계 식량 안보와 경제 안정에 심각한 위협이 된다. 각국은 국제적으로 협력함으로써 이러한 위험을 완화하고 경제를 보호할 수 있다. 또한 국제적인 협력은 질병 통제 조항을 포함하는 무역 협정을 촉진하여 동물 보건 조치가 무역 장벽이 되지 않도록 보장할 수 있다.

그간 TAD 통제에서 주된 어려움은 통제 수준의 미흡, 통제 기술의 부족이

[사진 13] 한중일 3국 농업장관 MOU 체결 사진. (앞줄 왼쪽에서 첫 번째 김덕호 농식품부 국제농업국장, 두 번째 이동필 농식품부장관, 뒷줄 왼쪽에서 두 번째 필자)

아니라 각국 수의당국, 관련 국제기구 등 모든 이해관계자를 연계하는 공공 정책의 미흡에 있다.[190] TAD는 관련 국가 간 긴밀한 협력이 있어야 효과적인 대처가 가능하다. 주변국 등과의 다자적인 협력체계 구축이 필수적이다. 인접 또는 관련 국가와 TAD에 관한 역학적 정보를 공유하는 등의 협력이 필요하다. 이러한 협력은 국경검역, 긴급대응프로그램 시행 등에 도움이 된다.

TAD 통제에 관한 국가적, 국제적 법규는 ▲ 질병 병원체 및 해충의 유입 차단, ▲ 질병관리 관련 적절한 투자, ▲ 효과적인 예찰, 진단 및 신속대응 체계 구축 등에 초점을 두어야 한다.

2011.12월 농림축산식품부는 FAO와 '개도국 TAD 대응능력 제고 사업'에 관한 약정을 체결하였다. 2015.09.13. 한중일 3국 농업장관은 '초국경 동물질병 대응을 위한 협력각서'를 체결하였다.

9.8. TAD 통제는 원헬스 접근방식이 가장 효과적이다

TAD는 동물의 건강과 복지뿐만 아니라 인간과 환경의 건강 등 많은 영역에 영향을 미치는 특성 때문에 이를 다루는 데는 원헬스 접근방식이 가장 적합하다. 이 때문에 TAD 통제에서 원헬스 접근방식을 적용하는 국제적 노력이 증가하고 있다.

원헬스 접근법은 관련분야 및 이해관계자가 간의 소통과 협력을 높여 질병 예찰, 이른 시기 발견, 신속한 대응에 크게 기여한다. 이의 대표적 대상으로 ▲ 동물, 인간 및 환경의 통합적 예찰 체계, ▲ TAD 위험 평가 및 관리, ▲ 국제 협력, ▲ 대응 역량 강화[96], ▲ 연구개발 등이 있다.

TAD는 감염된 동물의 생산성 감소, 대규모 살처분 등에 따른 농가 수입 감소 및 환경오염, 동물성 단백질 공급 불안 등 다양한 원헬스 문제를 초래한다. 세계은행은 과도한 영양 부족 및 빈번한 병치레로 인한 어린이의 '성장 저해'는 빈곤국의 GDP에 총 7%, 특히 아프리카 및 동남아시아 국가는 9~10%의 감소를 초래한다고 추정한다.[191] TAD는 보통 개발도상국에서 더 자주 발생하여 동물과 사람의 건강에 부정적 영향을 크게 초래한다. 세계적으로 15억 명의 소농이 2헥타르ha 미만의 땅을 이용하여 곡식과 가축을 기르면서 삶을 의존한다. 이들에게 TAD는 심각한 생존적 위협이다.

동물질병 발생과 사회적 불안정은 상호작용하여 서로를 촉발할 위험이 있다. 특히 식량 공급이 취약한 개발도상국의 경우에는 광범위한 사회적 불안이 초래될 수 있다.[192]

---

96 여기에는 동물 및 인간 보건 전문가를 위한 훈련 및 교육 프로그램뿐만 아니라 질병 예방 및 통제 노력에 지역 이해관계자를 참여시키는 지역사회 기반 프로그램이 포함된다.

Part 05

수의공중보건 정책

| 01 | 수의공중보건에 대한 사회적 공감이 중요하다

1.1. 부적절한 사회적 환경이 질병의 근원이다

토마스 매큐언Thomas McKeown은 1970년대 그의 저서와 연구를 통해 서구 사회에서 19세기와 20세기 초반에 걸쳐 질병률과 사망률이 크게 감소한 원인을 분석했다.[193] 그는 사망률의 감소가 주로 예방 접종이나 치료 방법 같은 의학적 개입의 결과가 아니며, 질병 감소의 주요 원인으로 영양 상태의 개선, 더 나은 위생 환경, 그리고 주거 환경의 개선 등과 같은 생활 수준의 전반적인 향상을 지목했다. 매큐언은 경제적, 사회적 조건들이 개선됨으로써 사람들의 전반적인 저항력이 강화되었고, 이는 질병 예방에 큰 역할을 했다는 것이다. 그의 연구는 질병의 사회적, 경제적 요인에 대한 이해를 깊게 하고, 공중 보건 정책에 있어서 중요한 전환점을 제공했다.

수의공중보건은 인간의 건강을 보호하고 증진하기 위해 동물 건강, 동물 복지, 식품 안전, 전염병 관리 등을 다루는 다학제적 분야이다. 인간과 동물, 그리고 그들이 공유하는 환경 간의 복잡한 관계를 이해하고 관리하는 데 중점을 둔다. 토마스 매큐언의 이론과 수의공중보건은 질병 예방, 사회적 결정 요인의 중요성, 그리고 통합적 건강 관리를 강조하는 측면에서 서로 밀접한 관련이 있다. 둘 다 건강 증진을 위해 사회적, 경제적, 환경적 요인들을 통합적으로 관리해야 한다는 공통된 원칙을 가지고 있다.

사람의 질병과 동물, 환경 간의 상호 작용에 관한 일반 대중의 이해가 높아짐에 따라 수의공중보건에 관한 정부 정책의 중요성도 커지고 있다. 수의공중보건에 관한 최근의 주된 사회적 이슈는 다음과 같다.[194],[195]

첫째, 신종 인수공통질병에 대한 대응이다. 특히 중증급성호흡기증후군SARS, 코로나19 등의 팬데믹이 엄청난 사회경제적 피해를 초래할 수 있다는 인식은 보건당국이 수의공중보건의 중요성을 더욱 심각하게 받아들이도록 했다.

둘째, 동물유래 식품의 건강상 안전성 보장이다. 식중독균 오염, 항균제 내성, 유해 화학물질 잔류 등은 인간의 건강에 심각한 영향을 미친다. 이러한 문제를 해결하려면 동물 사육 시 적절한 위생 규범 이행, 동물 유래 식품 생산 시 공중보건학적 감시 등 동물유래 식품 산업에 대한 공중보건학 측면에서의 규제가 필요하다.

셋째, 동물과 동물 유래 제품의 지속적 국제 무역 증가이다. 이는 질병 전파, 식품안전 위험 증가 등에 큰 영향을 미친다. 정부당국은 국내 반입 단계에서 이들 수입품이 국내 보건 기준을 충족하는지를 검사 등을 통해 확인하여야 한다. 국제 무역을 촉진하는 동시에 공중보건이 훼손되지 않도록 규제와 관행을 조화시켜야 한다.

넷째, 원헬스 개념 활용 증가이다. 이는 각국 정부가 수의 공중보건 정책을 수립하고 시행하는 방식에 광범위한 영향을 끼치고 있다. 이 접근법은 인수공통질병, 항균제 내성, 식품안전, 환경 보건 문제를 다루는 데 특히 적합하다. 대부분 국가에서는 국가 차원의 원헬스 플랫폼을 구축하고 보건 분야에서의 원헬스 정책을 확대하고 있다.

다섯째, 기후변화로 인한 영향이다. 기후변화는 동물 질병 매개체 및 보균자 분포 등에 변화를 초래하여 신종 질병 출현 등 사람과 동물의 건강에 부정적 영향을 미친다. 이러한 영향을 완화하려면 환경적 요인과 사회적 요인을 모두 고려하는 학제 간 접근이 필요하다.

인수공통전염병의 발생과 확산은 동물이 사육되는 환경에 많은 영향을 받는다. 동물사육 단계에서 과밀 사육 및 비위생적인 환경은 병원균의 증식을 촉진한다. 가금류와 돼지의 밀집 사육은 각각 조류인플루엔자 및 돼지인플루엔자 발생과 밀접한 관련이 있다. 적절한 사육 면적 확보, 충분한 환기, 철저한 청소, 소독 등 사육 단계에서의 과학적 위생 관리가 필수적이다.

비위생적인 도축 관행은 인수공통전염병의 전파를 촉진할 수 있는 또 다른 중요 요인이다. 제대로 소독되지 않은 장비, 부적절한 동물 사체 취급, 살아있는 동물과 도축된 제품의 부적절한 분리는 교차 오염을 유발한다. 도축 과정은 동물의 혈액, 조직 및 기타 체액에 존재하는 전염성 병원체를 작업자와 주변 환경에 노출할 위험이 있다.

인수공통전염병 등 수의공중보건학적 위험의 예방 및 통제에서 사회적, 경제적, 환경적 요인을 적절히 통제하는 것은 중요하다. 사회적 요인, 예를 들어 교육 수준이나 문화적 관행은 질병에 대한 인식과 예방 행동에 영향을 미친다. 교육이 부족하거나 잘못된 정보가 퍼지면 질병 전파를 막기 어렵다. 경제적 요인 또한 중요한 역할을 한다. 빈곤은 불충분한 위생 환경과 건강 관리 접근성을 제한하여, 전염병의 확산을 촉진할 수 있다. 충분한 자원이 없으면 효과적인 백신 접종 프로그램이나 동물 관리가 어렵다. 환경적 요인은 전염병의 발생과 전파를 직접적으로 좌우한다. 적절한 환경 관리와 생태계 보존은 이러한 위험을 줄이는 데 필수적이다.

1.2. 인수공통질병은 종합적 접근을 요구한다

인수공통질병은 인명 손실, 생산성 저하, 의료 비용 증가 등 다양한 측면에서 세계적으로 보건, 경제, 환경 등에 중대한 영향을 미친다. 매년 사람에게서 25억 건의 인수공통전염병이 발생하며, 이 중 270만 명이 사망한다.[196] 이는 정부당국이 인수공통전염병에 대한 효과적인 통제 정책을 개발하고 시행하는 근본적 이유이다.

신종 인수공통전염병이 사람으로 전파되는 대표적인 경로는 살아있는 동물시장, 야생동물 사냥, 집약적 야생동물 농장, 그리고 가축이다.[197]

20세기 이후, 세계적으로 동물유래 인수공통질병의 발생이 많이 증가하고 있다. 주요 이유로는 ▲ 동물과 동물성 제품의 국제 무역 증가, ▲ 집약적 동물산업 확산, ▲ 기후변화, ▲ 인류의 야생동물 서식지 침범, ▲ 항생제 내성균 증가, ▲ 부적절한 질병 예찰, 대응 등이 있다.

인수공통전염병은 인간, 동물, 환경 간의 복잡한 상호작용으로 인해 발생하기 때문에 이를 효과적으로 관리하려면 종합적인 접근방식 즉, 원헬스 접근방식이 필요하다. 인수공통전염병을 예측하고 예방하며 통제하기 위해서는 의사, 수의사, 생태학자, 정책 입안자 등 학제 간 협력이 필수적이다. 환경적 요인은 인수공통전염병의 발생과 전파에 중요한 역할을 한다. 삼림 벌채, 서식지 파괴, 기후변화는 생태계를 교란하고 모기나 진드기와 같은 질병 매개체의 분포를 변화시킬 수 있다. 이는 인간과 야생동물의 접촉을 증가시켜 인수공통전염병의 확산 위험을 높일 수 있다. 빈곤, 부적절한 의료 인프라, 깨끗한 물과 위생시설에 대한 제한된 접근성 등 사회경제적 요인도 인수공통전염병의 영향을 악화시킬 수 있다.

정부당국이 이들 질병을 통제하기 위해 시행할 수 있는 정책 조치는 다양하다.[198],[199],[200]

첫째, 동물에 대한 의무적 백신접종 프로그램 운용이다. 실행 가능하다면, 이는 가장 효과적인 방법이다. 예방접종은 광견병, 브루셀라병, AI와 같은 질병의 확산을 방지할 수 있다. 정부당국은 백신접종 대상 동물질병을 법령으로 정할 수 있다.

둘째, 감염 또는 감염 우려 동물에 대한 검역 및 이동 통제 프로그램 운용이다. 이는 질병 발생을 억제하고, 감염 확산의 위험을 줄일 수 있다.

셋째, 강화된 예찰 및 보고 체계이다. 인수공통전염병을 이른 시기에 발견하고 관리하기 위해서 이는 필수적이다. 정부당국은 가축, 야생동물, 반려동물에 대한 정기적인 건강검진을 포함한 종합적인 예찰 및 보고 네트워크를 구축해야 한다.

넷째, 공공 교육 캠페인이다. 대중의 인식 제고와 교육은 인수공통전염병을 통제하는 데 매우 중요한 요소이다. 정부당국은 농부, 가축 소유주, 일반 대중에게 인수공통전염병의 위험성과 예방 조치의 중요성을 알리는 교육 캠페인을 해야 한다. 대중을 교육하면 보건 규정을 더 잘 준수하고 좀 더 적극적인 질병 예방 노력을 기울일 수 있다.

다섯째, 국제 협력이다. 인수공통전염병은 국경을 가리지 않으므로 이를 통제하기 위해서는 국제적인 협력이 필수적이다. 정부당국은 WHO, WOAH 등 국제기구와 협력하여 정보, 자원, 전략을 공유해야 한다.

1.3. 식품안전 사건은 대부분 동물성 식품에서 기인한다

동물성 제품은 식품유래 질병 발생의 주요 원인 식품 중 하나이다. 대표적인 병원체는 살모넬라균, 대장균 O157 및 리스테리아균이다. 미국 정부 자료에 따르면, 이들 3개 병원체가 전체 발생 건의 약 34%를 차지한다. 전체 식품유래 질병 발생 건 중 가금류가 약 15~30%, 가금류 제외 육류가 약

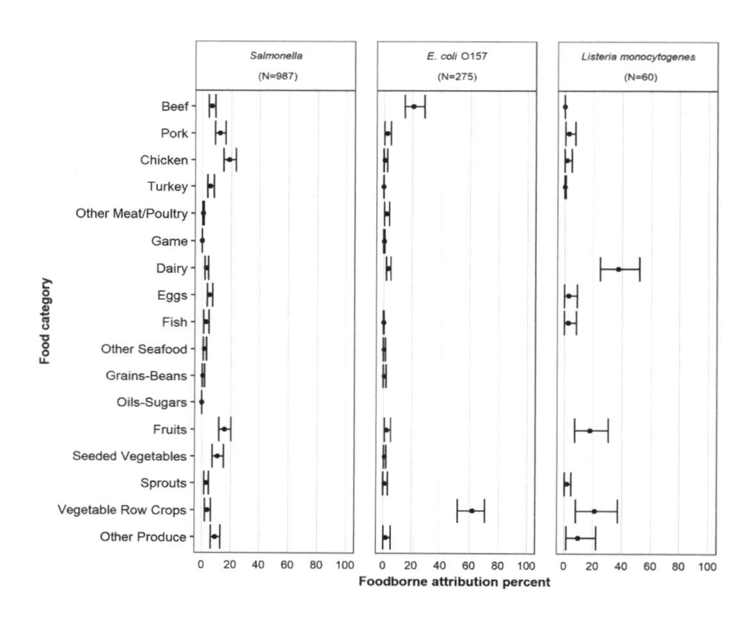

[그림 9] 식품유형별, 병원체별 인수공통질병 발생율[201]

10~20%, 해산물이 약 5~10%, 유제품이 약 5~15%, 계란이 약 5~10%를 차지한다. 이러한 비율은 전 세계적으로 평균적인 수치이며, 특정 지역이나 국가의 식문화, 위생 수준, 병원체의 유행성 등에 따라 달라질 수 있다.

식품안전 체계의 효과적 운영을 위해서는 관련 전문가와 모든 이해관계자 간의 긴밀한 협력과 소통이 중요하다. 특히, 식품공급의 세계화는 원헬스 접근법에 따라 동물 건강, 식품 안전 및 공중보건을 담당하는 당국 간 높은 수준의 참여와 협업을 요구한다. 이는 수의기관의 역할과 책임이 더 커진다는 것을 의미한다.

식품 안전은 전체 식품 사슬을 고려하는 통합적이고 다학제적인 접근방식을 통해 가장 잘 보장된다. 식품안전 체계는 식품 생산의 복잡성과 식품공급의 세계화를 고려해야 하며, 위험 기반이어야 효과적이다. 식품 사슬의 각 단계에서 잠재적 관련 위험을 고려하고, 식품 사슬의 가장 적절한 지점에서 이러한 위험을 통제해야 한다.

식품 사슬 전반에 걸쳐 식품 매개 위험을 예방, 탐지 및 통제하는 것은 일반적으로 최종 제품에 대한 통제에 의존하는 것보다 건강에 부정적 영향을 주는 위험을 줄이거나 제거하는 데 더 효과적이다. 이력 추적 시스템을 적용하고 식품 공급망 정보를 공유하면 식품 안전 시스템의 효율성이 향상된다. 식품 업체, 수의기관, 소비자 등 식품 사슬에 관련된 모든 사람은 식품의 안전성을 보장할 책임이 있다.

수의기관은 국가 차원의 권한과 조직 구조에 따라 공중보건 상 위험 수준에 기반한 식품 안전 시스템의 설계 및 구현에 적극 참여해야 한다. 수의기관은 식품 매개 질병 발생 조사, 식품 방어[97], 재난 관리, 새로운 위해 확인 등

97 이는 생물학적, 화학적, 물리적 또는 방사성 물질에 의한 의도적인 오염이나 불순물로부터 식품을 보호하는 것이다.

기타 식품 안전 관련 활동에서 적극적인 역할을 해야 한다. 또한 공중보건에 중요한 동물 유래 식품 매개 병원체에 대한 감시 및 통제 프로그램의 개발과 관리에도 적극적인 자세가 필요하다.

정부당국은 수의 기관이 필요한 정책과 기준을 효과적, 효율적으로 이행할 수 있도록 적절한 제도적 환경을 조성하고, 필요한 자원을 충분히 제공해야 한다. 수의기관은 명확한 업무 지휘 체계를 갖추고 각자의 역할과 책임을 명확하게 정의하고 이들을 잘 문서화한다.

| 02 | 반려인과 반려동물은 서로 위험 요인일 수 있다

반려동물에서 공중보건 사항은 다양하다. 반려동물은 사람에게 인수공통질병의 매개체, 원인이 될 수 있다. 반려동물의 털, 비듬, 및 탈모물은 일부 사람에게 알레르기 반응이나 천식을 유발한다. 항생제 남용으로 인한 사람의 항생제 내성균 증가, 이로 인한 전염병 통제의 어려움 증가도 주된 우려 사안이다.

분변 등 폐기물의 부적절한 처리는 환경오염 및 공중보건 문제로 유발한다. 무책임한 반려동물 소유 및 관리도 문제이다. 반려동물의 무분별한 야외 활동은 환경오염 및 전염병 전파 위험을 높인다.

최근에는 반려동물용 사료의 안전도 문제이다. 2024년 4~5월에 전국적으로 다수의 고양이가 원인 불명으로 죽어, 이들이 섭취한 사료를 의심하는 언론 보도 등이 있었다. 정부당국이 원인 파악을 위한 다양한 정밀검사를 한 결과 다행히 사료 오염, 농약 중독, 질병 감염은 아니었다.

반려동물의 복지는 반려동물의 신체적, 정신적 건강을 위해 필수적이다. 반려동물의 공격성, 불안, 강박 행동과 같은 행동 문제는 동물과 보호자 모두의 복리에 영향을 미친다. 문제해결을 위해 이들 동물에 대한 적절한 훈련 및 사회화 과정이 필요하다.

산불 등 자연재해나 지진 등 비상사태가 발생하면 반려동물이 다치거나 주인과 분리되거나 위험한 환경에 노출될 위험이 있다.

특히, 공중보건 측면에서 반려동물에게 특히 우려되는 것은 인수공통질병이다. 많은 인수공통질병이 반려동물로 인해 발생할 수 있지만 위험 수준은 종, 질병, 지역 등에 따라 다르다.[202] 반려동물별로 특히 우려되는 병원체도 있다. 뱀, 거북이 등 파충류는 분변에 있는 살모넬라균이다. 조류는 클라미디아균Chlamydia psittaci, 살모넬라균 등이다. 생쥐 등 설치류는 한타바이러스Hantavirus, 렙토스피라균Leptospira, 살모넬라균 등이다. 폐렴, 백선Ringworm, 포도상구균, 살모넬라균 등은 환자, 노약자, 면역력 저하자 등에서 더 큰 문제이다.[203] 이들은 반려동물과 접촉할 때 각별한 주의가 필요하다.

사람에게서 반려동물로 전파될 수 있는 인플루엔자, 옴Scabies, 노로바이러스Norovirus 등과 같은 역인수공통질병Reverse Zoonosis도 문제이다. 이는 질병에 취약한 야생동물 개체수를 감소시키고 심지어 멸종시킬 수 있으며, 발생 지역의 생물다양성과 생태계 균형을 파괴한다.[204] 이 경우 아픈 사람과 반려동물 간의 접촉을 피하고, 감염자는 개인위생 수칙을 준수하는 것이 중요하다.

역인수공통전염병이 주는 시사점은 매우 크다. 영국 연구진의 연구 결과[205], 사람발 종간 전파가 동물발 종간 전파의 약 2배이다. 인간과 동물 사이를 오가는 바이러스의 경우, 전체의 64%가 인간을 거쳐 다른 동물에 감염되었다. 인간이 인수공통전염병의 피해자가 아닌 가해자가 될 수 있는 것이다. 이는 80억 명에 이르는 사람 수와 이들이 전 세계에 분산돼 살고 있는 점을 고려하면 어쩌면 당연한 결과이다. 인간에게서 다른 종으로 바이러스가 확산되는 것은 멸종 위기 동물에게는 특히 큰 생존 위협이다.

반려동물을 통한 인수공통질병 감염은 대부분 적절한 위생 관행을 통해 예방, 최소화할 수 있다. 반려동물이나 이들의 먹이, 침구, 놀이기구, 배설물 등과 접촉했을 때는 즉시 비누 등으로 손 등 접촉 부위를 씻어야 한다. 일부 질병은 오염된 먹이를 통해 전염되므로 위생적인 먹이 취급이 중요하다.

정기적인 반려동물 건강검진도 필수적이다. 이를 통해 질병을 이른 시기에 발견하고 치료하여 사람으로 전파될 위험을 줄일 수 있다. 광견병, 렙토스피라증 등 고위험 질병에 대한 의무적 예방접종 프로그램을 운용하는 것도 바람직하다.

반려동물을 대상으로 인수공통질병 예찰 및 모니터링 체계를 구축해야 한다. 이는 이른 시기 발견 및 신속 대응을 가능하게 한다.

반려견 등을 정부당국에 의무적으로 등록하도록 법령으로 규정할 수 있다. 이를 통해 반려동물 개체수를 추적하고, 필요한 예방접종을 받도록 하며, 질병 발생 시 접촉자 추적을 할 수 있다.

또한 반려동물 소유, 백신접종, 폐기물 처리 등과 관련된 의무사항을 법령으로 시행하고, 이를 준수하지 않을 경우 벌칙을 부과할 수 있다. 이를 통해 반려인이 책임성 있는 주인의식을 갖고 반려동물의 건강을 책임지도록 할 필요가 있다.

반려인에게 인수공통전염병 특성, 전염 경로, 예방 조치 등에 대한 교육 캠페인을 하는 것도 중요하다. 여기에는 적절한 위생 관행, 반려동물 관리, 동물 취급에 대한 정보가 포함될 수 있다.

반려인이 인수공통질병에 걸린 경우, 반려동물을 이들과 격리하는 등의 차단방역 조치도 검토할 필요가 있다.

| 03 | 야생동물은 공중보건의 시작점이다

역사적으로 야생동물은 가축과 인간에게 전파되는 전염병의 원천이었다.[206] 인수공통질병의 70%가 야생동물98에서 유래한다.[207],[208],[209] 모든 야생동물이 인수공통질병을 옮기는 것은 아니지만, 적절한 위생관리와 야생동물과의 접촉을 피하는 등의 위생조치를 통해 전염 위험을 최소화할 수 있다.

전통 재래시장 등에서의 야생동물 거래, 야생동물 고기 섭취 등은 야생동물 유래 인수공통질병이 사람에게 전파되는 위험을 높일 수 있다.[210] 인간 활동이 야생동물 자연 서식지를 침범하면 인간과 야생동물 간의 접촉이 증가하여 질병 전파 위험이 증가한다.

일부 인수공통병원체는 심각한 질병을 일으키지 않고 단순 보균자로서 야생동물 집단 내에서 계속 순환한다. 그러나 사람이 이들 보균동물이나 이들의 배설물 등과 접촉해 감염될 경우에는 심각한 건강상 위험을 초래할 수 있다.

야생동물에서 가축 또는 인간으로, 가축에서 인간으로 질병이 전파될 위험 수준은 여러 가지 상호 연관된 요인에 의해 영향을 받는다. 삼림 벌채 및 도시화와 같은 생태계 파괴는 인간과 야생동물의 접촉을 증가시켜 병원균의 전파를 촉진한다. 생물다양성 손실은 다양한 종의 존재가 병원균의 전파를 희석시켜 병원균의 유행을 줄이는 '희석 효과'를 감소시킬 수 있다. 야생동물의 포획과 판매는 가축과 인간에게 새로운 병원균을 유입시킬 수 있기 때문에 야생동물 거래와 소비도 중요한 역할을 한다.

집약적 축산 관행은 잠재적 숙주의 밀도를 높이고, 종간 전파를 촉진하여 위험을 증폭시킨다. 농장과 동물 시장에서의 부실한 차단방역 조치는 이러한 위험을 더욱 높인다. 기후변화는 서식지와 이동 패턴을 변화시켜 잠재적으로 야생동물과 가축이 더 밀접하게 접촉할 수 있게 한다. 또한 빈곤, 의료

98 대표적으로 흡혈박쥐(광견병), 과일박쥐(니파바이러스 및 헨드라바이러스), 철새(조류인플루엔자), 갈매기(앵무병), 까마귀(웨스트나일바이러스), 아프리카다람쥐(원숭이두창), 쥐(한타바이러스, 렙토스피라병), 토끼(야토병), 원숭이(원숭이두창), 돼지(니파바이러스), 뱀(대장균), 거북(살모넬라증), 사향고양이(SARS), 영양(리프트계곡열), 여우(광견병), 침팬지(에볼라바이러스) 등이 있다.

서비스 접근성 부족과 같은 사회경제적 요인도 질병 모니터링과 통제를 방해할 수 있다.

문화적 관행, 식습관, 여행 등 인간의 행동도 질병 전파 및 확산에 큰 영향을 미친다. 마지막으로 독성, 전파 방식, 숙주 적응성 등 병원체별 요인이 종간 전파의 용이성과 범위를 결정한다. 이러한 요인들이 복합적으로 작용하여 인수공통전염병 역학에 영향을 미치는 복잡한 그물망을 형성한다.

야생동물에서 가축, 사람으로 질병이 전파될 위험의 수준은 보균 숙주의 생태학적 역학, 질병 매개체, 병원체에 노출되는 역학적 및 행동적 결정 요인, 숙주 내 생물학적 요인 등을 연결하는 일련의 과정에 의해 결정된다.[211] 보균 숙주에서의 감염 분포와 강도, 병원체 배출, 이동, 생존 및 감염 단계로의 발전 가능성에 따라 병원체 압력Pathogen Pressure[99]이 결정되며, 병원체 압력은 주어진 공간과 시간에서 수용 숙주가 이용할 수 있는 병원체의 양으로 정의된다. 병원체 압력은 수용자 숙주의 행동과 상호작용하여 노출 가능성, 용량 및 경로를 결정한다. 그런 다음 일련의 숙주 내 면역력 등 장벽에 따라 숙주 감수성이 결정되고, 이에 따라 주어진 병원체 용량에 대한 감염 확률과 심각도가 결정된다.

야생동물에서 가축 또는 사람으로의 병원체 전파를 이해하는 데 특히 유의해야 할 점은 야생동물에서 병원체를 검출하는 것은 어렵고 한계가 있다는 것이다. 병원체의 잠재적 저장소로서 야생동물의 역할에 대한 이용 가능한 데이터는 부족하다. 가축의 급격한 증가, 인류의 야생동물 서식지 침범, 삼림 벌채 및 기타 서식지 변화, 오염, 야생동물 사냥은 전 세계적으로 질병 발생을 촉진하는 주요 인위적 활동이다. 인간, 가축, 매개체의 이동성 증가는 야생동물 관

---

99 질병 전파나 감염 위험을 논할 때 사용되는 용어로, 특정 지역이나 집단에서 병원체(예: 바이러스, 박테리아, 기생충 등)가 얼마나 많이 존재하고 그로 인한 감염 가능성이 얼마나 높은지를 나타내는 개념이다.

련 질병 발생의 역학에 영향을 미치는 또 다른 요인이다.

정부당국이 야생동물 유래 인수공통질병을 통제하기 위해 선택할 수 있는 정책적 접근 방안은 다양하다.

가장 근본적인 방안은 야생동물의 서식지를 보호하고 생물다양성 유지를 통해 인간과 야생동물 간의 접촉을 최소화하고, 생태계의 균형을 유지하는 것이다. 야생동물의 보호가 중요하다. 건강하고 잘 관리된 야생동물은 인수공통 병원체를 보유할 위험성이 낮다. 온전한 자연 생태계는 인간과 잠재적 감염원 사이에 완충 역할을 한다.

인수공통 야생동물 질병에 대한 최적의 접근방식은 원헬스 접근방식이다.[212] 이는 생태학적, 생물학적, 사회적 요인을 고려함으로써 질병 전파 위험을 완화하고 지속 가능한 관행을 촉진하며 생물다양성을 지원하여 끝내는 보다 포괄적인 질병 통제로 이어진다.

정부당국은 야생동물 집단의 건강 상태와 전염병의 유행을 체계적, 과학적으로 모니터링, 예찰하여 전염병의 이른 시기 발견과 대응을 강화하는 국가적 시스템도 구축해야 한다.[213] 이를 통해 잠재적인 인수공통질병 감염원을 파악하고 질병 전파를 예방하기 위한 표적화된 대응 조치를 마련할 수 있다.[214]

야생동물에서 유행 중인 인수공통질병에 효과적인 백신 개발과 이의 적극적 활용도 중요하다. 예를 들어 야생동물 개체군 보호를 위해 광견병 백신은 인간과 가축에 대한 광견병 전파 위험을 최소화한다.

인수공통전염병 병원체가 야생동물에서 인간으로 전파되는 것을 막기 위해서는 적절한 차단방역 조치가 필수적이다.[215],[216]

첫째, 야생동물 서식지를 보호하여 인간과 야생동물의 접촉을 최소화한다. 삼림 벌채와 도시 확장은 인간과 야생동물의 만남을 증가시켜 인수공통전염병 전파의 위험을 높인다. 자연 보호 노력은 자연 서식지를 유지하고 야생동물과 인간 활동 사이에 완충 지대를 만드는 데 우선순위를 두어야 한다.

둘째, 종합적인 모니터링 및 예찰 체계를 통해 잠재적인 인수공통전염병 발생을 이른 시기에 찾아낸다. 여기에는 야생동물 건강 추적, 비정상적인 질병 패턴 모니터링, 살아있는 동물이 판매되는 시장 등 질병 고위험 지대에서의 정기적 질병 모니터링 등이 포함된다.

셋째, 야생동물 거래와 소비에 대한 엄격한 규정을 마련한다. 이에는 불법적 야생동물 거래 규제 법률 시행, 위생적인 야생동물 취급 관행 장려 등이 포함된다.

넷째, 수렵인, 농민, 야생동물 서식 지역 관광객 등을 대상으로 인수공통전염병의 위험성과 감염예방 안전 수칙 등에 대해 교육한다.[217] 공중보건 캠페인을 통해 야생동물 섭취의 위험성, 백신접종, 질병 예방 조치의 중요성 등에 대해 알려야 한다.

다섯째, 연구 및 협업이다.[218],[219] 인수공통전염병 병원체와 그 전파 메커니즘, 백신 또는 치료법에 대한 지속적인 연구가 중요하다. 정부, 야생동물 보호론자, 공중보건 관계자, 과학계가 국내외적으로 협력하면 차단방역 전략을 강화하고 새로운 위협에 대한 대응력을 향상시킬 수 있다.

| 04 | 가축 사육 단계 위생관리는 원천에서 위험관리이다

오늘날 글로벌화된 식품 공급망에서 식품 안전 보장을 위한 '농장에서 식탁까지Farm to Table'의 접근방식은 매우 중요하다.[220] 이 개념은 농장에서부터 최종 소비까지 식품의 추적 가능성과 투명성을 강조하여 모든 단계에서 높은 수준의 안전과 품질을 유지하도록 보장한다. 이 접근법의 중요성은 전체 식품 생산 및 유통 과정을 포괄적으로 다룬다는 데 있다. 생산, 가공, 포장, 운송, 소매 등 각 단계를 감시함으로써 잠재적 위험을 파악하고 소비자에게 전달되기 전에 완화할 수 있다. 이 접근방식은 투명성과 책임성을 강화하여 소비자와 생산자 간의 신뢰를 구축한다.

농장 수준에서 준수해야 할 핵심적인 위생 관행이 있다. 먼저 동물 축사, 장비, 사료 공급 구역을 정기적으로 청소하고 소독하는 것은 기본이다. 사료와 물의 품질은 동물건강에 매우 중요하다. 질병의 예방 및 이른 시기 발견을 위해서는 건강검진, 예방접종 프로그램, 기생충 관리, 책임감 있는 항생제 사용 등 체계적인 동물 건강관리가 필요하다. 농장에 병원균이 유입되는 것을 막기 위한 엄격한 차단방역 조치도 필요하다. 분뇨와 사체를 포함한 동물 폐기물은 위생적으로 적절히 처리해야 한다. 해충 방제도 사료, 물, 농장 환경의 오염 예방을 위해 필수적이다. 가축 사육 시에 적절한 위생 조치를 하면 동물집단 내에서 병원균의 유병률과 확산을 줄여 생산성을 높이고 인수공통전염병 전파 위험을 줄일 수 있다.

농장 수준의 위생은 공중보건과 식품안전을 보장하는 데 중추적인 역할을 한다. 동물이 사육되는 농장 수준에서 체계적인 위생관리 조치를 시행하면, 식인성 질병과 인수공통전염병의 위험을 크게 줄이고 동물의 건강을 보호하며 동물유래 제품의 품질을 향상시킬 수 있다. 농장 수준의 위생에서 가장 중요한 것은 인수공통전염병 병원체를 통제하는 것이다. 농장에서 효과적인 위생 조치를 하면 이러한 병원균의 초기 유입과 확산을 방지하여 식중독 발생 위험을 크게 낮출 수 있다. 예를 들어 가금류 농장에서 엄격한 위생 조치를 하면 식중독의 흔한 원인인 살모넬라균과 캄필로박터균 감염 위험을 크게 낮출 수 있다.

또한 농장 수준의 위생관리는 식품의 품질과 밀접한 관련이 있는 동물의 전반적인 건강과 복지에도 기여한다. 건강한 동물은 병원균을 보유하거나 배출할 가능성이 적고, 더 높은 품질의 우유, 육류, 달걀을 생산한다. 또한 더 나은 위생 및 차단방역 조치를 통해 항생제 사용을 최소화하면 항생제 내성 문제를 완화할 수 있다.

가축의 건강에 대한 일차적인 책임은 축산농가에 있다. 축산농가는 ▲ 위생적인 가축 사육시설, ▲ 철저한 차단방역 조치, ▲ 체계적인 질병 모니터링 및 예찰, ▲ 적절한 백신접종, ▲ 동물약품 안전사용기준 준수, ▲ 동물복지 기준 준수, ▲ 적절한 가축 폐기물 관리, ▲ 균형있는 영양 공급 등을 통해 가축사육단계에서 인수공통질병 등 공중보건의 위험을 예방하고 통제해야 한다.

지난 2000년 이후 발생한 HPAI, SARS, MERS, 코로나19 등 많은 신종 인수공통전염병의 경우 사실상 예방이 매우 어렵다. 이러한 이유로 인수공통전염병 위험에 영향을 미치는 요인을 미리 파악하고, 그 결과를 바탕으로 인수공통전염병 등의 발생 위험과 확산을 줄이는 데 도움이 되는 조치를 마련하는 것이 중요하다.

인수공통전염병을 포함한 동물 질병의 감염을 예방하기 위해서는 가축 사육단계에서 적절한 차단방역 조치를 실행하는 것이 필수적이다. 이는 팬데믹으로 이어질 수 있는 조류인플루엔자나 돼지인플루엔자Swine Influenza와 같은 전염병의 발생 및 확산을 방지한다. 구체적인 차단방역 조치는 지역, 농가, 축종, 병원체 등에 따라 다를 수 있다.

정부 수의당국은 농장에서의 동물 위생관리에 중요한 역할을 한다. 주요 정책 수단으로 ▲ 강력한 질병 예찰 체계 구축, ▲ 엄격한 차단방역 조치 시행, ▲ 동물복지 기준 준수, ▲ HACCP 등 선진적 위생관리기법 시행, ▲ 수의의료에 대한 접근성 개선, ▲ 위생관리 기준, 기법 등 교육 및 홍보, ▲ 농가 인프라 개선 자금 지원, ▲ 위생관리 우수 농가 인센티브 제공 등이 있다.

우리나라는 현재 가축사육 시 식품안전 및 공중보건 관련 법적 규제가 크게 미흡하다. 축산물위생관리법은 사실상 가축 도축단계부터 규정한다. 가축전염병예방법은 가축질병만을 다룬다. 농장단계에서 인수공통질병 등 축산식품유래 질병이나 공중보건상 위해물질이 식품사슬에 유입되지 않도록, 사전 예방하기 위한 위생관리기준 또는 '우수동물위생규범GAP'[100]와 같은 위생관리기법을 가축전염병예방법령에 규정해야 한다. 그 주된 이유는 다음과 같다.

첫째, 인수공통질병 예방은 가축 질병 및 식품 안전 모두에서 중요하다. 살모넬라, 대장균 등으로부터 동물을 보호하는 것은 식품 매개 질병을 예방하는 데 중요하다. 정기적인 백신접종, 건강 검진, 차단방역 조치 등을 시행함으로써 농가는 이러한 병원체가 식품 공급망에 유입될 가능성을 크게 줄일 수 있다.

둘째, 동물질병 관리는 동물성 식품의 품질에 직접적 영향을 미친다. 건강한 동물은 더 높은 품질의 육류, 우유, 달걀을 생산하는 경향이 있다. 예를 들어 젖소의 유방염은 우유 생산량과 품질을 떨어뜨려 맛, 질감, 안전성에 영향을 미칠 수 있다.

셋째, 항생제 및 기타 약물을 부적절하게 사용하면 동물성 식품에 약물이 잔류하여 인체 건강에 위험을 초래할 수 있다. 휴약 기간 준수 등 책임감 있는 동물약품 사용이 중요하다. 효과적인 질병 관리는 항생제의 필요성을 줄여 공중 보건의 중대한 문제인 항생제 내성 위험을 최소화한다.

넷째, 차단방역 조치는 질병 관리와 식품 안전 모두의 초석이 된다. 여기에는 농장 출입 통제, 장비 소독, 동물 이동 관리 등이 포함된다. 이러한 관행은 병원균의 유입과 확산을 방지함으로써 동물의 건강을 보호하고 나아가 식품의 안전을 보증한다.

---

100 사육되는 동물의 건강과 복지를 증진하는 동시에 인수공통전염병 등 공중보건 위험을 최소화하기 위해 동물 사육 단계에서 농가가 준수해야 할 일련의 위생관리 규범이다.

| 05 | HACCP은 최고의 식품안전관리기법이다

5.1. HACCP의 이점은 많다

HACCP 시스템은 강력하고 효과적인 식품 안전 보증 시스템으로 국제적으로 인정받고 있다. 1960년대에 미국항공우주국NASA과 필스버리사Pillsbury Company가 우주 임무를 위한 식품의 안전을 보장하기 위해 개발한 HACCP은 이후 식품 안전 위험 관리를 위한 글로벌 표준이 되었다.

전 세계 식품 안전 규정 및 표준의 핵심 요소로 채택된 것을 보면 HACCP의 국제적 수용성을 알 수 있다. FAO와 WHO가 설립한 국제식품표준기구인 Codex는 식품 안전을 위한 기본 도구로서 HACCP 지침을 만들고 국제적 시행을 촉진하고 있다. 우리나라는 1990년대에 식품위생법, 축산물위생처리법 등을 통해 제도적으로 도입하였다. EU는 '식품법General Food Law'에 따라 모든 식품 사업체에 HACCP 기반 절차를 의무화하고 있다. 미국에서는 '식품안전현대화법Food Safety Modernization Act'에 따라 식품 시설에서 HACCP 원칙에 기반한 예방적 통제를 시행하도록 규정하고 있다. 아시아, 라틴 아메리카, 아프리카의 많은 국가에서도 HACCP를 의무화하거나 자발적 표준으로 장려하고 있다.

HACCP의 효과는 식품 안전에 대한 예방적 접근 방식에 있다. 주로 최종 제품 검사에 중점을 두는 기존의 검사 방법과 달리 HACCP은 생산 공정의 중요한 지점에서 위험을 식별하고 완화한다. 이러한 사전 예방적 접근 방식은 오염 위험을 최소화하고 공급망 전체에서 식품 안전이 유지되도록 보장한다.

HACCP은 유연하고 적응력이 뛰어나 1차 생산부터 가공 및 유통에 이르기까지 식품 산업의 다양한 부문에 적합하다. 이러한 다목적성 덕분에 식품 제조업체, 소매업체, 서비스 제공업체가 선호하는 시스템으로 자리 잡았다. 또한 이 시스템의 적응성은 ISO 22000 (Food Safety Management)과 같은 다른 식품

안전 관리 시스템과의 통합을 용이하게 하여 그 유용성과 효율성을 높여준다.

HACCP은 식품 생산 과정 전반에 걸쳐 위험을 식별, 평가 및 통제하는 식품 안전에 대한 체계적인 예방적 접근방식이다. HACCP은 5개 준비단계와 7개 원칙의 총 12개 절차로 구성된다.[221],[222]

[그림 10] HACCP 적용 12개 절차

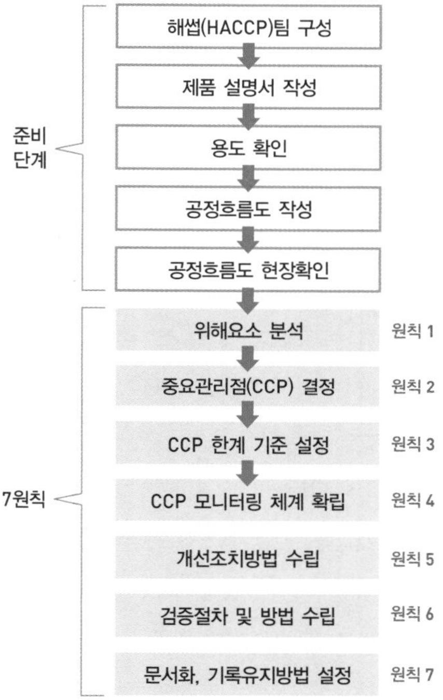

준비단계
- 해썹(HACCP)팀 구성
- 제품 설명서 작성
- 용도 확인
- 공정흐름도 작성
- 공정흐름도 현장확인

7원칙
- 위해요소 분석 — 원칙 1
- 중요관리점(CCP) 결정 — 원칙 2
- CCP 한계 기준 설정 — 원칙 3
- CCP 모니터링 체계 확립 — 원칙 4
- 개선조치방법 수립 — 원칙 5
- 검증절차 및 방법 수립 — 원칙 6
- 문서화, 기록유지방법 설정 — 원칙 7

수의 분야에서 HACCP 실행은 다양한 이점이 있다.[223],[224]

첫째, 동물유래 식품의 공중보건상 안전성 보증이다. HACCP은 '위해요소 분석'을 통해 과학적으로 결정한 식품 사슬 중 '중요관리점Critical Control Point'에서 건강상 잠재적 위험을 통제한다.

둘째, 식품안전 관련 법령 등 규제의 준수를 보장한다. HACCP은 식품안전 관행에 대한 상세한 기록의 유지를 요구하며, 이는 정부 등 규제기관의 검사 또는 점검 시 법령 준수를 입증하는 데 유용하다. 또한 HACCP은 식품안전 관행이 효과적인지 확인하기 위해 지속적인 모니터링과 검증을 요구한다. 이를 통해 업체는 법적 요건을 준수함을 규제기관에 입증할 수 있다.

셋째, 비용 대비 효율적이다. HACCP 시행 업체는 식품안전 위험을 줄여 비용이 많이 드는 제품 회수 또는 폐기, 잠재적 소송 등을 예방할 수 있다. 중요관리점에 대한 모니터링 및 통제를 통해 생산 시간 단축, 재고 관리 개선, 폐기물 발생량 경감 등 전반적인 생산 효율성을 개선한다. 이는 업체 평판 향상, 고객 만족도 개선, 매출 증대, 수익성 향상으로 이어진다.

넷째, 식품안전 관리 수준의 지속적인 개선이다. HACCP은 중요관리점에 대한 정기적인 모니터링 및 평가를 통해 개선이 필요한 영역을 파악하고 근본 원인을 분석하여 개선 조치를 한다. 또한 HACCP 이행을 통해 식품안전 규범에 관한 지속적인 훈련과 교육을 제공하고, 식품 생산 공정에서 여러 부서와 이해관계자 간의 소통과 협업을 장려함으로써 식품안전 관리 역량을 개선한다.

다섯째, 국제 무역을 촉진한다. 많은 국가에서 동물 유래 식품 생산 시 HACCP 시행을 무역 조건으로 요구하고 있다. HACCP 시행을 통해 식품안전 국제규범을 준수함으로써, 수출 상대국의 무역 규제 또는 추가적 검사를 제거 또는 최소화한다.

여섯째, 농가 단계에서 동물의 건강과 복지를 증진한다. HACCP은 책임있는 동물약품 사용, 위생적 동물사육, 철저한 차단방역 실시, 관련 법령 준수 등을 포괄하기 때문이다.

일곱째, 식품안전 관리의 투명성과 책임성을 높인다. HACCP은 위해요소 분석, 중요관리점, 한계기준, 모니터링, 개선조치, 검증, 문서화, 기록유지 등 식품안전 보증을 위한 세부적인 절차 및 조치를 규정한다. HACCP 구현은 생산자, 유통업체, 소매업체 등 식품 공급망의 다양한 이해관계자 간 소통과 협업을 촉진한다.

HACCP 시스템은 지속적인 개선을 구현하는 동적인 프로세스이다. HACCP 계획은 수립Define, 승인Approve, 실행Implement, 재검토Review의 4 단계를 반복하는 주기적 순환과정을 거쳐 대상 작업장의 식품안전 수준을 지속적으로 개선할 수 있어야 진정한 가치가 있다. 이러한 주기적 특성은 식품 안전과 품질을 보장하는 데 효과성과 관련성을 보장한다. 이 주기는 식품 안

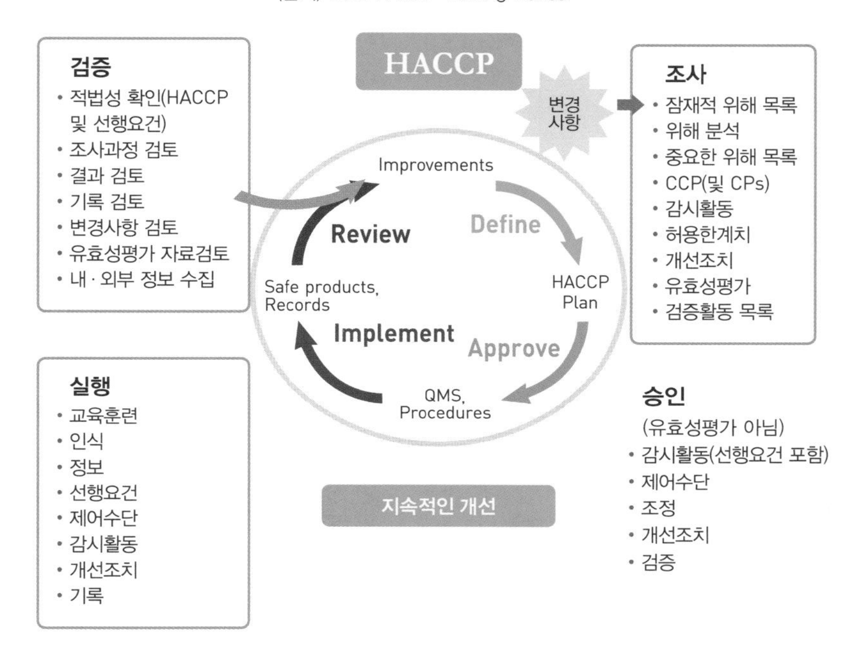

[그림 11] HACCP 실행 순환 및 개선 과정
(출처) WHO HACCP Training Manual

전에서 품질 관리 및 프로세스 개선을 위한 표준적인 방법론으로 사용되는 'PDCA (Plan-Do-Check-Act) 순환'과 개념이 일치한다.

이러한 지속적인 주기를 준수함으로써 HACCP 시스템은 시간이 지나도 그 효과와 타당성을 유지할 수 있다. 이는 식품 안전에 대한 사전 예방적 접근방식을 촉진하여 사후 대응보다는 사전 예방을 강조한다. 또한 HACCP 프로세스의 반복적인 특성은 식품 생산 시설 내에서 지속적인 개선 문화를 촉진하여 더 높은 기준과 소비자 신뢰도를 높인다.

5.2. 다양한 실행 장애 요인에 대한 체계적 극복이 중요하다

HACCP은 가장 효과적인 식품안전 보증 시스템으로 세계적으로 널리 인정

받지만, 이의 시행에는 다양한 현실적 애로사항이 있다.

첫째, HACCP 필요성과 효과에 대한 이해관계자 및 일반 대중의 이해가 여전히 미흡하다. 일례로 HACCP 적용 식품에 할증가격Premium을 지급하려는 소비자의 비중이 아직은 적다.

둘째, 대부분 축산농가, 중소규모 축산물 생산업체는 기술적, 재정적 자원과 전문 지식이 부족하여 HACCP 시스템을 실행하는 데 어려움이 크다. 국내 축산농가에 대한 HACCP 인증 과정에서 지적된 주된 미흡 항목은 '가축 사육 공정도 및 농장 평면도 작성', 'CCP 모니터링', 'HACCP 검증', 'HACCP 교육' 등이었다.[225]

셋째, 기후변화 등에 따른 새로운 식중독 병원균이나 GMO 식품, 세포배양육 등 신종 식품 등장에 따른 새로운 위험은 HACCP 실행에 더 큰 복잡함과 어려움을 초래한다. 이러한 위험은 새로운 위험분석 수행과 중요관리점 설정을 요구한다.

넷째, 식품 원료 공급망의 세계화로 인해 식품 생산 체계의 복잡성이 증가하여 식품안전 관리에 대한 표준화된 접근방식을 구현하기가 더욱 어려워졌다. 국가별 식품안전 기준 및 관행이 다양하며, 이는 공급망 전체에서 일관된 식품안전 관리를 어렵게 한다. 예를 들어 하나의 식품에는 수십 개 국가에서 유래한 수십 종의 식품 원료가 포함될 수 있어 오염 위험이 증가하고, 식품안전 사고 발생 시 관련 제품의 추적 및 회수를 어렵게 한다.

다섯째, 새로운 식품안전관리 기술의 등장이다. 식품공정 자동화, 인공지능, 사물인터넷Internet of Things[101] 등은 HACCP 구현에 실시간 모니터링 및 데이터 분석, 자동화 관리시스템, 효율적인 기록관리 및 추적시스템과 같은 새

101 각종 사물에 센서와 통신 기능을 내장하여 인터넷에 연결하는 기술. 즉, 무선 통신을 통해 각종 사물을 연결하는 기술을 의미한다.

로운 기회와 데이터 보안 및 프라이버시, 기술적 복잡성, 높은 초기 투자 및 유지 보수 비용 등의 어려움을 동시에 주고 있다.

여섯째, 식품 품질, 환경, 산업 보건 등과 관련되는 GMP, ISO 등 다른 식품관리 시스템과의 통합이다.[226] 이러한 통합은 복잡할 수 있으며 모든 시스템이 효과적으로 함께 작동할 수 있도록 신중한 통합 계획과 조정이 필요하다.

정부당국은 HACCP 구현 시 직면할 수 있는 위와 같은 우려 사항을 극복하기 위해 다음과 같은 체계적인 접근이 필요하다.

첫째, 이해관계자의 HACCP에 대한 이해 및 실행 역량 제고를 위해 교육·홍보를 강화한다.

둘째, 새롭게 대두되는 식품안전 위해에 대해 철저한 '위해분석'을 한다. 이를 통해 HACCP 체계를 최신 상태로 유지하고 변화하는 환경에 적응할 수 있다.

셋째, 식품안전 관리에 디지털 플랫폼[102], 데이터 분석[103], 블록체인[104] 등의 다양한 기술을 통합한다. 이는 식품 공급망 전반에서 식품안전 위험을 더 쉽게 추적하고 관리할 수 있어 HACCP 이행의 효율성과 효과를 개선한다.

넷째, 정부 기관, 업계, 학계, 소비자 등 이해관계자 간의 협업과 파트너십을 강화한다. 이는 HACCP 구현에서 당면한 과제와 우려 사항을 해결하는 데 윤활유이자 엔진의 역할을 한다.

HACCP 이행으로 식품 사업장에서 식품안전 보증 수준이 계속 개선되기 위해서는 ▲ 지속적인 개선에 대한 최고 경영진의 의지, ▲ HACCP에 대한 지속적인 훈련과 교육, ▲ 정기적인 HACCP 시행 재검토 및 개선, ▲ 원자재부터 완제품까지 이력 추적체계 구축, ▲ 이해관계자 간의 효과적인 소통과 협

102 필요한 규정 준수 보고서와 문서를 자동으로 생성하여 수작업과 인적 오류의 위험을 줄일 수 있다.
103 패턴을 파악하고 잠재적인 위험을 예측한다.
104 농장에서 식탁까지 추적성이 향상되어 오염원을 신속하게 식별하고 리콜을 효율적으로 관리할 수 있다.

력, ▲ 변화하는 위험에 대한 인식 및 대응, ▲ 정기적인 내외부 감사 실시, ▲ 새로운 기술과 혁신 적극 도입 등이 필수적이다.

5.3. 가축사육단계 HACCP 시행은 특수하다

가축 농장에서 HACCP 시스템을 적용하면 농장 운영 효율성, 식품 안전성 확보 등 다양한 이점이 있다.[227] 우선, 가축 사육 과정의 중요한 지점에서 공중보건상 잠재적 위험을 식별하고 선제적으로 제어함으로써 축산식품 안전성을 높여 공중보건을 보호한다. 이는 HACCP 적용 축산식품에 대한 소비자의 신뢰를 높인다. 또한 HACCP 시행에 따른 체계적인 모니터링과 문서화는 농장 관행을 개선한다. 그 결과 자원 활용도 향상, 폐기물 감소, 생산성 향상으로 이어진다.

다만 도축장, 축산물가공장 등과 같은 폐쇄형의 시설구조를 가진 식품업체가 아닌 축산농가에서 HACCP 프로그램을 실행할 경우 특별히 고려해야 할 요소들이 있다.

첫째, 역동적이고 통제되지 않는 환경이다. 농장은 다양한 기상 조건, 온도 변동 등 환경 요인에 노출되어 있다. 이러한 요인은 병원균의 존재와 증식에 영향을 미칠 수 있으나 일관된 CCP로 설정하여 관리하기 어렵다. 실외 환경에서는 주변 온도를 제어하기가 어렵다.

둘째, 생물학적 다양성과 동물위생이다. 원료를 표준화할 수 있는 식품 가공 공장과 달리 가축은 건강 및 질병 저항성 측면에서 매우 다양하다. 이는 획일적인 HACCP 프로그램의 구현을 어렵게 한다. 또한 질병 발생의 예측 불가능성과 농장에 존재하는 병원체의 다양성은 위해분석 및 위험관리에 복잡성을 더한다.

셋째, 차단방역 조치 수준의 다양성이다. 농장은 동물의 건강과 동물성 제품의 안전에 영향을 미칠 수 있는 질병의 유입과 확산을 방지하기 위한 적절한 조치를 시행해야 한다. 그러나 이의 수준은 농가별로 다양하며, 특히 여러 종을 사육하거나 자원이 부족한 농장의 경우 인프라나 재정적 수단 부족 등으로 어려울 수 있다.

넷째, 화학물질 위해 관리의 어려움이다. 농장은 가축 사육 시 백신접종, 건강검진, 차단방역 등의 이유로 다양한 동물용 의약품, 살충제 등 화학물질을 불가피하게 사용한다. 이는 HACCP 계획의 복잡성을 가중한다. 특히 대규모 사육, 복잡한 질병관리 프로그램 운용 등의 경우 어려울 수 있다.

다섯째, 물리적 위해 관리의 어려움이다. 고장난 장비, 사육시설, 농장 구조물 등 다양한 출처에서 이물질과 같은 물리적 위해가 발생할 수 있다. 농장 수리, 분뇨 제거 등 야외 활동이 많은 특성상, 환경 요인으로 인한 물리적 위험이 증가한다. 이는 HACCP 개념 속에서 통제 방안 마련을 어렵게 한다.

여섯째, 기록 보관 및 이력 추적의 어려움이다. 가축 농장의 경우 동물 건강, 사료 및 물 공급원, 약물 투여, 차단방역 조치에 대한 상세한 기록 유지가 여기에 포함된다. 이러한 기록은 잠재적 위험의 원인을 파악하고 시정 조치를 취하는 데 필수적이다. 그러나 광범위한 지역에 걸쳐 운영되고 수많은 사람이 관여하는 농장 환경에서는 매우 어려운 문제이다. 특히, 사육 단계가 복잡한 경우 더욱 어렵다.

일곱째, 동물복지 고려 사항이다. 스트레스와 열악한 생활환경은 가축의 건강을 해치고 질병의 위험을 증가시킬 수 있어 HACCP 시행 시는 동물복지를 고려해야 한다. 그러나 집약적 사육 체계에서 생산성과 동물복지의 균형을 맞추는 것은 쉬운 일이 아니다.

농장에서 성공적 시행의 관건은 ▲ 철저한 위해분석, ▲ 농장별 맞춤형 HACCP 계획, ▲ CCP에 대한 종합적 관리 조치, ▲ 지속적인 모니터링 및 철저한 기록. ▲ 허용한계치 이탈 시 신속 한 개선 조치. ▲ 적절한 직원 교육 및 훈련 프로그램. ▲ 체계적, 문서화 체계. ▲ 정기적 내외부 검증. ▲ 지속적인 개선이다.

농장에서 성공적으로 HACCP을 실행하기 위해서는 정부당국의 역할이 중요하다. ▲ 포괄적인 규제 틀 구축, ▲ 보조금, 세금 감면, 저금리 대출 등 인센티브 확대, ▲ 이해관계자 간의 소통과 협력 촉진, ▲ 교육 및 훈련 프로그램 제공, ▲ 관련 법령 준수 규제 등 다양한 정책 수단을 적극 시행해야 한다.[228],[229]

5.4. 정부의 인프라 확충 및 제도적 뒷받침이 중요하다

식품업계에 HACCP 시스템을 정착시키기 위해 정책을 추진할 때, 정부당국이 유의해야 할 사항은 다음과 같다.

첫째, 강력한 법적 규제 틀이다. 정부는 HACCP 원칙 또는 적어도 '사전 예방 중점'이라는 개념을 법령으로 규정하는 것이 바람직하다. 이는 모든 이해관계자의 책임이 명시된 포괄적인 것이어야 하며, 식품업계 현장에서 시행이 가능한 내용이어야 한다. 정기적인 이행 실태 점검, 미준수자에 대한 처벌 등을 포함해야 한다.

둘째, 식품안전 관행을 지속 개선하는 문화의 조성이다. 이를 위해 이해관계자에 대한 훈련과 교육이 중요하다. HACCP 교육 인증 프로그램 운용도 바람직하다.

셋째, 연구개발 지원이다. 식품 유형별, 단계별 위해분석, HACCP 적용 모델, 재평가 모델 등이 일례이다.

넷째, 이해관계자 간 협업 및 정보소통 체계 구축이다. 이를 위해 정부와 식품업계 전반의 파트너십 또는 협의체 구성이 권장된다.

다섯째, HACCP 활성화를 위한 인센티브 촉진이다. 정부는 세금 감면, 보조금, 포상 등과 같은 인센티브 제공을 통해 식품업체가 HACCP 운용에 필요한 인프라, 교육 및 기술에 투자하는 것을 촉진해야 한다.

여섯째, 관련 법령 및 규정의 정기적 재검토 및 갱신이다. 최신 과학 기술 발전, 업계 모범 사례 등에 맞춰 이를 고려한다. 이를 통해 새로운 식품안전 문제에 대한 지속적 관심과 대응 문화를 조성해야 한다.

| 06 | 항생제 내성은 모두의 건강을 위협한다

6.1. AMR은 세계 10대 보건 위협 사안 중 하나이다

유사 이래 사람과 미생물은 공존해 왔다. 지구상에 얼마나 많은 세균이 존재하는지는 확인이 불가능하지만 대부분 세균은 사람에 피해가 없다.

항생제 내성AMR은 미생물이 항생제에 노출되어도 항생제에 저항하여 생존할 수 있는 약물 저항성을 의미한다. 이는 항생제의 공격에 살아남기 위한 세균의 생존 전략이라고 볼 수 있으며 일부 내성유전자는 수평적 전달이 가능하여 다른 균으로 이동하여 내성을 전파시키기도 한다.

사람의 경우, 바이러스 감염에 항생제를 복용하는 등 항생제 오용과 남용은 내성 세균의 발현을 가속화한다. 동물의 겨우, 항생제는 아픈 동물의 치료뿐만 아니라 성장 촉진제로도 많이 사용되는데 이는 내성 세균의 출현에 기여한다. 이러한 내성 세균은 직접 접촉, 오염된 동물성 제품의 섭취 또는 환경 경로를 통해 사람에 전파될 수 있다. 환경적 요인도 중요한 역할을 한다. 의약품 폐기물, 항생제가 포함된 농업 유출수, 의료 폐기물 등의 부적절한 처리는 토양과 수자원 시스템의 오염에 기여한다. 이러한 환경은 내성 박테리아의 저장소가 되어 인간과 동물에게 전염될 수 있다. 또한 전 세계적인 여행과 무역으로 인해 항생제 내성 균주가 국경을 넘어 빠르게 확산되면서 AMR은 국경을 초월한 글로벌 이슈가 되었다.

1928년 영국의 세균학자 알렉산더 플레밍Alexander Fleming에 의해 인류 최초의 항생제인 페니실린Penicillin이 발견되고 상용화된 후 감염질환으로 인한 사망자가 크게 줄었다.

2020년 기준 전 세계 항균제 사용량은 99,502톤이다. 2030년에는 107,472톤으로 약 8% 증가할 것으로 추정된다. 아시아가 전체 사용량의 67%를 차지하고 아프리카 국가는 1% 미만이다.[230]

WHO는 '침묵의 팬데믹Silent Pandemic'으로 알려진 항생제 내성을 21세기 인류의 10대 공중보건 위협 중 하나로 보고, 이것이 코로나19 이후 최대의 보건 위기가 될 것이라고 경고했다.[231] 부적절한 항생제 처방, 사람 · 동물 · 식물에서 항생제 오남용이 항생제 내성 발현 및 증가의 주된 요인이다. AMR의 지속적인 발생과 확산의 결과는 인류 및 환경에 재앙적일 수 있다.

WHO에 따르면 항생제 내성은 2019년 기준 세계적으로 연간 약 127만 명 사망의 직접적 원인이고, 495만 명 사망의 원인 중 하나이다.[232],[233] 2050년에는 AMR로 인한 연간 사망자가 1,000만 명에 달할 것으로 예상된다.[234]

세계은행에 따르면, AMR은 세계적으로 2030년까지 연간 최소 3조 4천억 달러의 GDP 감소를 초래하고, 극빈층 인구가 2천 4백만 명 증가하는 등 경제적인 문제도 초래한다.[235]

항생제 내성은 의료비 상승[105], 생산성 감소[106], 동물사육 비용 증가, 무역 제한, 연구개발 비용 증가 등 다양한 경로를 통해 경제에 부정적인 영향을 미친다.

6.2. 축산, 환경과 AMR은 밀접하다

그간 축산에서 항생제 사용은 집약적 가축사육을 가능하게 했고, 동물성 단백질에 대한 세계적 수요 증가를 충족시키는 데 크게 기여했다. 세계 항생

---

105 항생제 내성으로 인해 감염 치료가 어려워지면서 더 강력한 항생제나 대체 치료법이 필요하게 된다. 이로 인해 의료비용이 급증한다.

106 감염 환자의 회복시간이 늘어나고, 장기간의 병가 등으로 인한 업무 공백은 기업 등의 생산성을 저하시킨다.

제 사용량의 73%는 가축에 사용되는 것으로 추정되며, 2017년부터 2030년까지 아시아를 중심으로 11.5% 증가할 것으로 예상된다.[236] 이러한 증가는 동물성 단백질에 대한 세계적 수요 증가를 충족하기 위한 축산업 성장이 주도하고 있다.

환경과 항생제 내성균은 밀접한 관련이 있다. 항생제 내성 미생물에 오염된 환경은 동물과 사람으로의 확산에서 매개체이자 저수지 역할을 한다.[237] AMR의 출현을 막는 데 필요한 조치의 핵심은 예방이며, 환경은 해결책의 핵심 부분이다.

동물에 항생제를 사용하면 동물 배설물에 항생제 잔류물이 축적되어 토양, 물 등을 오염시킬 수 있다. 이는 환경에서 항생제 내성균의 발생과 항생제 내성 유전자가 다른 세균으로 확산하는 원인이 될 수 있다. 대소변에서 활성 형태로 배설되는 항균제의 양은 항균제 종류, 투여 경로, 약물 제형, 사용하는 동물의 건강 상태 및 기타 여러 요인에 따라 달라진다.[238]

특히 항생제 잔류물이 포함된 동물 분뇨를 수역에 배출하면 수생 생태계가 오염될 수 있다. 이는 자연 미생물 군집의 파괴, 환경 내 항생제 내성균의 성장 촉진, 다른 세균으로 AMR 유전자 확산 등 환경 보건에 부정적 영향을 미칠 수 있다.

축산농가에서의 항생제 사용은 야생동물에서 항생제 내성균 발생을 야기할 수 있다. 야생동물은 가축과의 접촉, 오염된 사료 및 물의 섭취, 오염된 환경 등을 통해 항생제 내성균에 노출될 수 있다. 이는 야생동물의 건강과 생태계에 중대한 영향을 미칠 수 있다.

동물위생에서 항생제 내성균 출현은 ▲ 항생제 효능 감소, ▲ 질병 치료 어려움 증가, ▲ 유병율 및 폐사율 증가, ▲ 만성 감염 증가, ▲ 생산성 감소[107]

---

107 AMR 감염은 성장률 감소, 우유 또는 계란 생산량 감소, 전반적인 생산성 저하로 이어질 수 있다.

및 식량안보 위협, ▲ 백신 및 치료제 연구개발 애로 등 복잡한 문제를 야기한다.

동물에서 AMR 정책 방안으로는 ▲ 책임감 있고 신중한 항생제 사용 장려, ▲ 성장 촉진 목적 항생제 사용 금지 또는 제한, ▲ 항생제 내성균 모니터링 및 예찰, ▲ 축산시설의 항생제 내성균 통제조치 시행, ▲ 이해관계자에 대한 AMR 교육 및 홍보, ▲ 항생제 사용 지침 시행, ▲ 항생제 사용 모니터링, 분석 및 규제, ▲ 우수동물사육규범 장려 등 예방적 동물건강 관리 강화, ▲ 새로운 항생제와 대체요법 등에 관한 연구개발 지원, ▲ 인체-동물-환경이 연계된 통합관리 즉 원헬스 접근 등이 있다.[239]

축산에서 AMR 규제 조치의 핵심은 성장 촉진 용도로의 항균제 사용 제한이다. EU는 이를 2006년에 법적으로 금지하였다. 이러한 금지 조치가 동물 생산성에 미치는 부정적인 영향은 일시적이며 차단방역 강화와 가축 사양관리 개선으로 완화될 수 있다.[240],[241] 그 결과 EU에서 2011년부터 2016년까지 항균제 소비가 약 20% 감소했다. 미국은 2017년 EU와 같은 조치를 하고, 수의사 처방 시에만 항생제 사용을 허용한 결과 항생제 판매량이 33% 감소했다.

WOAH는 항균제 사용에 관한 포괄적인 전략[242]을 개발하였는데 핵심은 4가지로 ▲ AMR 위험성 및 신중한 항균제 사용의 중요성에 대한 이해관계자의 인식과 이해 개선, ▲ 예찰 및 연구를 통한 AMR에 관한 지식 강화, ▲ 우수 거버넌스 및 역량 구축 지원, ▲ 국제기준 실행 촉진이다.

6.3. 원헬스 접근방식이 AMR 문제 해결의 열쇠이다

항생제 내성균은 자연적으로도 발생하지만, 보건업계, 동물산업 및 농업에서 오용과 남용, 그리고 사람 및 동물 유래 폐기물에 대한 관리 부실 등에 의해 발생이 촉진된다.

[그림 12] AMR의 복잡성[243],[244]

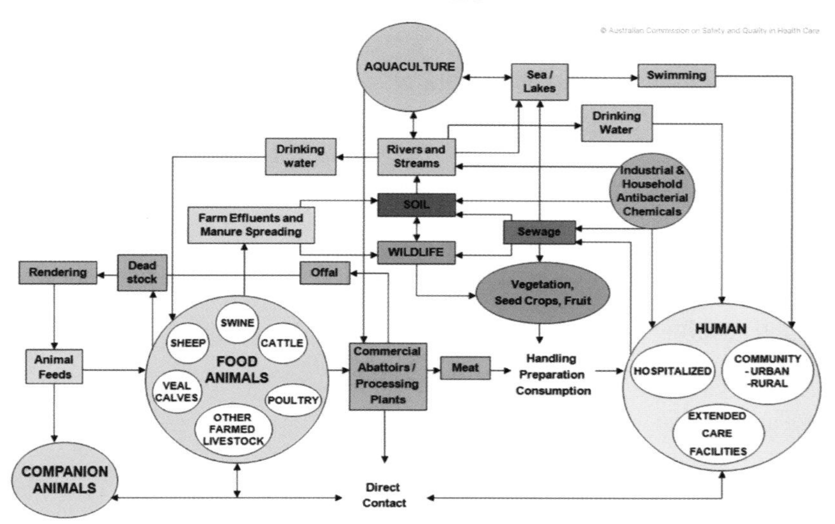

AMR은 인간, 동물, 환경 간의 상호작용에 크게 영향을 받는 특성이 있어, 최근 세계적으로 AMR 문제를 다루는 데 원헬스 접근법이 널리 활용되고 있다.[245] 이 접근법은 정책, 지침, 모범 사례의 개발 등을 통해 동물과 사람 모두의 건강과 복지를 개선하는 것을 목표로 한다.[246]

원헬스 접근법의 현실적 적용 방안 중 하나는 동물병원 등 항균제가 주로 사용되는 곳에서 '항균제 관리 프로그램Antimicrobial Stewardship Programs'108을 시행하는 것이다. 이 프로그램에는 항균제 사용에 대한 지침과 방법 개발, 수의사와 동물 소유주에 대한 교육과 훈련, 항균제 사용과 AMR 발생을 추적하기 위한 예찰, 연구 등이 포함된다. 이에는 수의 전문가, 정책 입안자 등 이해

108 1990년대 초 미국에서 AMR의 위험에 대한 인식이 높아짐에 따라 시작되었다. 주로 수의과 대학에서 시작되었으며 이후 동물병원과 동물 보호소로 확산하였다. 2000년대 초, AVMA는 ASP를 착수하였고 지금은 세계적으로 널리 활용되고 있다.

관계자 간의 협력이 필요하다.[247] 이는 항균제의 필요성을 줄여 AMR 전파 위험을 줄일 수 있다.

원헬스 접근방식에서 AMR을 해결하기 위한 주요 전략은 다음과 같다.[248]

첫째, 항생제 오남용으로 인한 폐해에 대해 축산농가 등 이해관계자와 대중의 인식 제고를 위한 교육 및 홍보이다.

둘째, 동물사육 시 위생관리 조치의 개선을 통한 질병 발생 및 확산의 방지, 최소화이다. 이는 항생제 수요를 크게 줄여 새로운 내성 균주의 출현 위험을 줄일 수 있다.

셋째, 농업 등에서 불필요한 항균제 사용을 법령으로 규제한다. 세계적으로 항생제는 농업과 양식업에 가장 많이 쓰인다. 식용동물은 섭취한 항생제 중 75%~90%를 대사작용 없이 체외로 배출하며, 이것은 수자원으로 유입되어 환경을 오염시킨다.[249],[250]

넷째, 항생제 내성에 대한 국제적 감시 강화이다. 의료 및 과학계는 항생제 내성 획득 구조를 명확히 규명하고, 현재 내성균 발생 사례를 명확히 파악하며, 미래의 위협을 예측하기 위한 자료 관리에 집중해야 한다. 특히, 인간과 동물의 항생제 소비량, 현재 항생제 내성 비율 등에 대한 더 나은 이해가 필요하다.

다섯째, 신속하고 정확한 임상 진단 촉진이다. 이를 통해 항생제가 꼭 필요한 환자에게만 투여되어야 한다. 병원에서 오진이 발생하면 불필요한 항생제 처방으로 이어진다.

여섯째, 백신, 항생제 대체 치료제 및 요법 등의 연구개발 촉진이다. 항생제 내성 세균에 대한 백신이 개발되면 항균 치료가 필요한 환자 수를 획기적으로 줄일 수 있다. 현재 세계적으로 파지 요법Phage therapy[109], 프로바이오틱

---

109 박테리오파지의 세포벽을 뚫어 유전물질을 삽입, 세균 파괴 및 증식을 하는 용균성 또는 용원성 생활사의 특징을 이용하여 항생제 내성균을 효율적으로 제거하는 목적으로 쓰이는 요법이다.

[사진 14] AMR 관련 국제회의 모습. (좌) 2016.6.9. 미국 뉴욕 UN 본부에서 개최된 '항생제 내성 국제 전문가회의' 당시 필자의 발표 모습, (우) 2016.4.15.~16. 일본 도쿄에서 개최된 '항생제 내성 대응 아시아 보건장관회의' 모습(앞줄 왼쪽부터 조은희 질병관리청 과장, 정진엽 보건복지부 장관, 필자)

스Probiotics, 항체, 라이신Lysine 등 새로운 백신과 항균제 대체 치료제 개발을 위한 다양한 노력이 진행 중이다. 신약 연구개발을 위한 민관의 집중적 투자가 필요하다.

일곱째, 전문 인력 강화이다. AMR 문제를 해결하려면 수의사, 의사, 약사, 전염병 전문가, 미생물학자 등 전문가가 필요하다. 국가는 이러한 인적 자원을 육성하기 위한 교육에 집중 투자해야 한다.

여덟째, 글로벌 협력체계 구축이다. AMR을 국제 정치 의제로 삼고, 해결을 위한 변화를 끌어내야 한다.

수의 분야는 다양한 방법으로 AMR 문제 해결에 기여하며, 이는 공중보건에 필수적이다.

첫째, 동물질병 발생의 예방 및 최소화, 그리고 발생 시 확산 방지이다. 이를 위한 효과적인 차단방역, 긴급대응, 엄격한 항생제 사용기준 적용 등을 통해 항생제 사용 기회를 최소화한다. 예방접종, 정기 건강검진, 적절한 영양 공급 등을 통해 동물이 감염에 덜 취약하게 하는 것도 항생제 사용을 줄이는데 기여한다.

둘째, 동물 및 동물 생산물에서 항생제 내성균을 모니터링 또는 예찰한다. 항생제 사용을 모니터링하고 기록하여 사용 현황을 체계적으로 관리해야 한다. 이들 정보는 공중보건 분야에 제공되어 질병관리 전략에 활용될 수 있다.

셋째, 동물병원 등 수의 관련 시설에서 반려인, 축산관계자, 고객 등을 대상으로 항생제 내성균의 감염 및 확산 방지를 위한 위생관리 조치 등을 교육, 홍보한다. 여기에는 책임감 있는 항생제 사용, 손 씻기, 소독과 같은 위생 관행은 물론 감염된 동물의 격리, 감염 우려 동물과의 접촉 시 차단방역 조치 등이 포함된다.

넷째, 새로운 항생제, 치료 전략, 대체 요법 등의 연구개발에 참여 또는 기여한다. 이를 위해서는 연구자, 수의사, 제약회사 간의 협업이 중요하다.

| 07 | 신종 인수공통질병이 몰려온다

7.1. 매년 2개의 신종질병이 출현한다

WOAH는 '신종 및 재출현 질병Emerging and Re-emerging Diseases'을 '기존 병원체의 진화 또는 변화로 인해 숙주 범위, 매개체, 병원성 또는 유전형의 변화를 초래하는 새로운 감염 또는 질병' 또는 '이전에는 인식되지 않은 처음으로 진단된 병원체 또는 질병으로 동물이나 사람의 건강에 중대한 영향을 미치는 것'으로 정의한다. 이미 알려진 또는 풍토성 질병이라도 지리적 분포가 달라지거나, 숙주 범주가 확대되거나 발생률이 현저히 증가하는 경우는 '재출현 질병'으로 분류한다.

신종 또는 재출현 질병의 출현을 알게 되는 몇 가지 유형이 있다. 먼저, 이전에는 검출되거나 알려지지 않은 질병 병원체의 검출이다. 이는 점차 더 정밀한 검사 장비, 시약과 같은 진단 수단의 출현으로 인한 검사기관의 검출 능력 향상이 중요한 기여 요인이다. 둘째, 새로운 지리적 위치 또는 새로운 동물

군으로 확산하는 알려진 병원체이다. 기후변화가 이의 가장 널리 알려진 중요한 요인이다. 셋째, 특정 질병에서 이전에는 알지 못했던 새로운 병원체의 역할 파악이다. 끝으로, 질병 발생이 기존에는 거의 없어 근절 수준으로 인식되었으나 최근에 다시 많이 발생하는 경우이다.

사람으로 전파 경로는 식품, 해충 매개체를 통한 간접적 수단에서부터 반려동물과의 직접적 접촉, 또는 환경오염을 통한 노출에 이르기까지 다양하다. 동물유래 신종 인수공통질병이 출현하는 대표적 경로는 ▲ 가축[110], ▲ 사슴, 타조, 밍크 등 야생성이 강한 사육 동물[111], ▲ 천산갑, 박쥐, 사향고양이 등 야생동물 판매시장[112], ▲ 사냥 등 목적의 야생동물 관광[113] 등이다.[251]

자연계에는 아직 확인되지 않은 병원체가 아주 많다. 척추동물 중에는 미확인 바이러스가 약 1백만 개로 추정된다.[252] 포유동물 중에는 약 32만 개로 추정된다.[253] 지난 1백 년 동안 매년 2개의 바이러스가 자연 숙주에서 인간으로 종간 전파되었다.[254] 지난 70년간 사람에게서 확인된 신종 전염병 대부분은 야생동물에서 유래한 인수공통질병이다.

최근 몇 년 동안 전 세계적으로 심각한 보건 문제를 일으킨 신종 또는 재출현 인수공통질병으로는 코로나19, 에볼라Ebola, 지카바이러스감염증Zika Virus Disease, 라사 열병Lassa Fever, SARS, MERS, 수두, 리프트계곡열, 라임병, Q-열 등이 있다.

신종 인수공통질병을 신속히, 효과적으로 파악하는 것은 이로 인한 건강상, 사회경제적 피해를 예방 또는 최소화하는 데 결정적으로 중요하다. 일반적인 파악 방법은 다음과 같다.

---

110 Hendra virus, Nipah virus, AI 등이 이에 해당한다.

111 코로나19, 광견병, AI 등이 있다.

112 SARS, 코로나19, AI 등이 대표적이다.

113 HIV, Ebola 등이 해당한다.

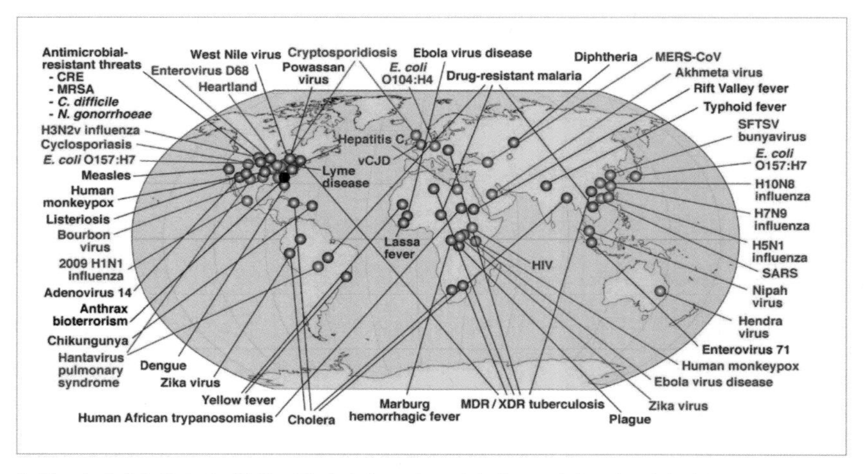

[그림 13] 세계적 신종 및 재출현 전염병 사례. 그림 중 빨간 색 동그라미는 신종질병, 파란색 동그라미는 재출현 질병, 그리고 검은색 동그라미는 인위적 출현 질병을 표시함. [255]

첫째, 풍토병의 역학적 경향을 면밀히 조사한다. 이를 통해 신종질병 위협을 좀 더 빨리, 좀 더 효과적으로 찾아낼 수 있다.

둘째, 야생에 존재하는 다양한 병원체와 이들이 사람, 동물에 위험을 초래하는 역학적 특성을 파악한다. 포유류에 존재하는 병원체의 85%를 찾아내는 데 10년간 매년 약 14억 달러의 비용이 소요된다.[256] 이는 2003년 SARS 발생 시, 세계 경제가 300억 달러 이상 손해를 입은 것에 비하면 적은 액수이다.

셋째, 예찰 및 진단 측면에서 원헬스 접근방식 적용이다.[257] 사람이나 동물에서 인수공통질병의 발생에 관한 정보를 교환하고, 진단실험시설 공유 등 서로 긴밀히 협력하는 것이 바람직하다.

7.2. 피해 규모가 전례 없는 수준이다

역사적으로 신종 동물질병이 당시 사회에 큰 영향을 미친 사례는 많다. 448년 훈족Attila, 13세기 칭기즈칸의 몽골제국, 19세기 나폴레옹의 프랑스

제1제국 때의 일이 대표적이다. 이들 제국이 영토확장을 위해 주변국을 침략하면서 전염성흉막폐렴Infectious Pleuropneumoniae, 우역 등을 동반하여 점령지역 내 가축 등에 막대한 피해를 입혔다. 1800년대 말 이탈리아의 소말리아 점령114은 또 다른 사례이다.[258]

우리나라는 신종 인수공통 팬데믹이 발생할 위험 수준이 높은 국가이다.[259] 왜냐하면 ▲ 세계적으로 인구 밀도와 가축 밀도가 높은 지역이고, ▲ 신종질병 위험이 큰 중국 및 동남아 지역과 밀접해 사람, 물품 등이 대규모로 교류하며, ▲ '한국적 형태'115의 인간-가축-야생동물 접촉면이 이미 많이 형성되어 있기 때문이다.

오늘날 세계화, 도시화, 기후변화 등 복합적 요인으로, 신종 및 재출현 감염병이 전 세계에 미치는 영향은 전례가 없다. 이러한 요인들은 질병 발생 빈도를 증가시킬 뿐만 아니라 국경을 넘어 빠르게 확산될 가능성을 증폭시켜 광범위한 보건, 경제, 사회적 혼란을 초래한다.

첫째, 오늘날 사람과 상품의 이동이 전례 없는 규모로 이루어지고 있다. 이러한 이동의 용이성은 전염병의 빠른 확산을 촉진한다. 감염된 개인은 몇 시간 내에 대륙을 횡단하여 증상이 나타나기도 전에 새로운 인구 집단에 병원균을 전파할 수 있다.

둘째, 도시 인구의 급속한 증가로 전염병이 더 쉽게 확산될 수 있다. 도시 환경은 위생 상태가 열악하고 의료 서비스에 대한 접근성이 제한되는 등 인프라가 부적절한 경우가 많아 질병의 확산을 악화시킬 수 있다. 또한 도시에 사

---

114 점령 전쟁 당시 도입된 소와 함께 우역이 소말리아로 유입되었고 10년간 지속되면서 물소의 90%가 죽는 등 막대한 피해를 초래하였다.

115 이는 ①집약적인 가축사육, ②축산농장 위치가 산, 강 등과 지리적으로 가까워 야생동물과 가축의 용이한 접촉, ③높은 인구밀도로 인한 야생동물 서식지로의 생활공간 확대, ④야생동물의 한약재 활용 문화 등을 말한다.

람들이 밀집되어 있으면 사람 간 전염이 쉽고, 재래시장과 같이 동물이 밀집되어 있으면 인수공통전염병의 저장고 역할을 할 수 있다.

셋째, 기후변화는 전염병의 출현과 재출현에 중요한 역할을 한다. 온도, 습도, 강수량 패턴의 변화는 모기나 진드기와 같은 매개체의 서식지와 행동을 변화시켜 그 범위를 넓히고 말라리아, 뎅기열, 라임병과 같은 질병의 위험을 증가시킨다.

넷째, 의료 접근성과 질에 대한 불평등은 지역마다 감염병의 영향이 불균등하게 나타나는 원인이 된다. 개발도상국에서는 효과적인 대응을 위한 자원이 부족하여 이환율과 사망률이 높아지는 경우가 많다. 이러한 격차는 한 지역에서 통제되지 않은 감염병이 전 세계에 영향을 미칠 수 있게 한다.

신종 및 재출현 질병으로 인한 공중보건상 충격은 동물위생에 관한 새로운 비전과 활동에서 심각한 변화를 요구한다. 2001년과 2004년 WOAH는 신종질병에 관한 결의문에서 각국 수의기관은 시의적절한 방법으로 세계적인 신종질병 발생 정보를 소통하고, 신종질병에 대한 적절한 기술지원 및 훈련을 받아야 한다고 강조했다.[260] 이들 질병의 증가 및 확산을 유도하는 요인은 지속될 것이므로 각국 수의 기관의 업무에서 이들에 관한 비중이 더욱 높아질 것으로 예상했다.[261]

7.3. 인류의 활동 증가가 가장 큰 원인이다

세계적으로 사람으로부터의 전염병 발생은 1980년 이후 크게 늘었다.[262] 인간에 영향을 미치는 신종 바이러스가 매년 평균 3개 이상 발견되고 있다.[263] 신종 및 재출현 질병이 발생하는 주요 요인은 다음과 같다.[264],[265]

첫째, 인류의 활동 증가이다. 인수공통질병 출현 요인의 대부분은 인류의 활동에 따른, 즉 '인위개변의' 요인이다.[266],[267],[268],[269] 특히, 인간의 새로운 곳으로 이주이다. 야생동물-가축-사람의 접촉면에서 인수공통질병 전파의 경로는

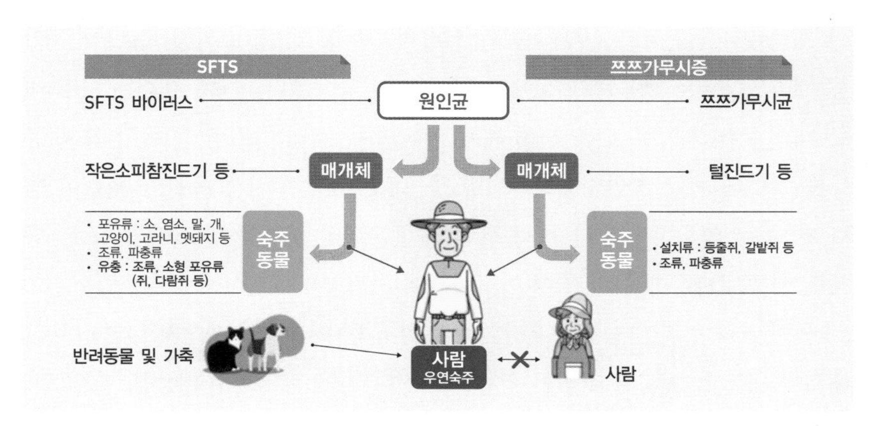

[그림 28] 진드기 매개 감염병 감염경로(출처: 질병관리청)

매우 다양하다.[270]

인구증가 등에 따른 산림, 황무지 등으로의 인류 이주, 목초지 조성 등 토지 이용의 변화 등은 산림 등 환경파괴, 수렵 등을 수반하여 야생에만 있던 병원체가 사람 또는 가축과 접촉할 기회를 높인다.[116] 동굴 및 산림지역 근처의 생태관광 및 사람 정착은 사람과 야생동물 간의 접촉을 높이며 해충, 진드기, 설치류 등 야생동물 병원체의 매개체에 사람 노출 위험을 높인다. 새로운 도로나 철로와 같은 인프라 개발 등 토지 이용 변화는 야생동물 서식처 파괴의 원인이 되고 사람-동물 접촉을 높인다. 탄광, 벌목과 같이 천연자원을 채취하기 위해 야생동물 서식처에 침입하는 것은 사람과 동물 사이의 새로운 또는 확장된 상호작용을 촉진한다.

둘째, 동물성 단백질에 대한 수요 증가이다. 지난 수십 년간 동물유래 식품

116 야생동물과 사람 간의 접촉에 의한 신종질병 전파 사례로는 1967년 독일에서 처음 확인된 Marburg virus, 1976년 중앙아프리카 및 수단에서 처음 발견된 Ebola virus, 1994년 호주 Brisbane 지역에서 말에서 처음 발생된 Hendra virus, 1998년 말레이시아에서 출현한 Nipha virus, 2003년 774명을 사망케 만든 SARS, 2019년 중국 광둥성에서 최초 발생된 코로나19 등이 대표적이다.

의 소비에서 선진국은 큰 변화가 없었으나, 중국, 인도, 브라질, 동남아 국가 등 개발도상국은 소득증가 등에 따라 급격히 증가했다. 이는 가축용 사료 작물 재배 농지 확보를 위한 산림 파괴, 야생동물 서식지 침범, 사육 가축 급증 등을 초래했다. 신종인수공통전염병 중 36% 이상이 식품 동물과 관련이 있다.[271] 이는 역사적으로 사람에게서 발병한 온대성 질병의 약 절반이 가축에게서 발생했기 때문에 놀랄 일이 아니다.[272]

셋째, 기후변화이다. 지구온난화로 인한 질병 매개체의 서식처 변화는 주로 매개체 유래 질병의 출현에 큰 영향을 미친다. 대표적으로 블루텅병, 리프트계곡열, 웨스트나일바이러스 등이다. 많은 인수공통질병이 인류가 초래하는 기후변화에 민감하다. 이들 중 많은 수가 덥고 습하고 재난에 취약한 지역에서 더 많이, 더 자주 발생할 것으로 보인다.[273]

넷째, 세계적 여행, 무역 확대 등 급속한 세계화이다. 교통수단 발달로 인한 동물, 동물생산품, 사람 등의 국제적 이동 증가는 이들을 통한 한 지역에서 다른 지역으로 질병 전파를 쉽게 만든다.

다섯째, 집약적 가축 사육이다. 이는 병원체가 가축 사이에 빠르게 확산될 수 있는 환경을 조성하며, 병원체가 변이하여 인간에게 전파될 가능성을 높인다. 가축은 야생동물에 존재했던 바이러스가 증폭 또는 재조합되는 중간 숙주 역할을 한다. 대표적인 것이 야생조류에서는 저병원성이나 가금류에서 고병원성을 보이는 조류인플루엔자이다. 공장식 축산은 돼지들 사이에 물리적 거리의 부족 때문에 돼지인플루엔자 확산을 촉진했다.[274] 집약적 동물사육은 사람에게서 나타난 모든 전염성 질병의 25% 이상, 특히 인수공통질병은 50% 이상 연관된다.[275],[276]

여섯째, 야생동물의 사육, 이용, 남획 및 거래 증가이다. 이는 보통 야생동물과 사람 간의 밀접한 접촉 증가를 초래해 인수공통질병 출현의 위험을 높인다. 일부 문화권에서는 야생동물을 사육하거나 시장에서 거래하는 경우가 많은데 이는 새로운 병원체가 인간에게 전파될 수 있는 경로를 제공한다. 도로 등 인프라 개발은 종종 야생동물에 대한 접근성을 높여 남획을 촉진하는 작용을 한다.

일곱째, 식품공급 사슬의 변화이다. 공급사슬은 길어지고 다양화되고 복잡해지고 있다. 식품 조성의 복잡화 및 원료 공급처의 국제적 다양화는 추가적인 질병 전파 기회를 제공한다.[277]

여덟째, 사회경제 및 거버넌스 미흡이다. 특히 개도국에서 사회경제적 발전 미흡, 동물위생 및 공중보건 체계의 미흡은 효율적인 질병 통제를 어렵게 하여 병원체 출현, 전파 및 유지의 이상적 기회를 제공한다.

질병 발생에 영향을 미치는 3대 요소, 즉 병원체, 숙주 및 환경 측면에서 인수공통 신종질병이 출현하는 요인은 다음과 같다.

첫째, 병원체가 환경의 변화에 맞게 적응하고 진화한다. 항생제에 계속 노출된 병원체 및 질병 매개체는 이에 내성을 가진다.

둘째, 숙주 측면이다. 이는 주로 인구증가, 과밀 등에 따른 것으로 삶을 위해 인류가 야생 등 새로운 지역으로 삶의 공간을 넓혔기 때문이다. 운동부족, 비만, 성인병, 환경오염 등으로 전염병에 대한 면역력 약화 등 사람의 감수성도 변화했다. 항생제 남용도 요인이다.

셋째, 환경 측면이다. 기후변화 및 생태계 변화가 대표적이다. 경제 발전, 도시화 등에 따른 산림파괴, 토지 이용의 변화, 식량공급의 세계화 등도 원인이다. 국제적 여행 및 상품 거래 증가, 빈곤 및 사회적 불평등, 전쟁 등으로 인한 사회적 불안정, 인구과밀, 공중보건 조치 붕괴, 질병 예찰 체계 약화 등도 환경적 측면에 포함된다.

7.4. 동물유래 팬데믹이 가장 문제이다

역사적으로 인류에 엄청난 피해를 초래한 동물유래 팬데믹으로는 1차페스트Pest(541-542, 이집트, 유럽), 흑사병Plague(1347, 유럽), 황열Yellow Fever(16C, 남미), 스페인독감Spanish Flu(1918~1919, 세계적), SARS, 코로나19 등이 대표적이다. 영국 가디언The Guardian은 2020년 지난 200년간 인류 역사를 바꾼 가축 관련 9가지 인수공통질병으로 소결핵, Q-열, BSE, H5N1형 조류독감, H7N7형 조류독감, 니파바이러스감염증, SARS, H1N1형 돼지독감, MERS를 제시하였다.[278]

저소득 국가에서는 최근 발생한 인수공통질병과 신종질병이, 감염성 질환으로 인한 '장애보정손실연수Disability-Adjusted Life Years'[117]의 26%, 전체 장애보정손실연수의 10%를 차지하는 것으로 추정된다. 반면, 고소득 국가에서는 최근 동물에서 발생한 인수공통질병과 신종 질병으로 인한 장애보정손실연수의 1% 미만을 차지하며, 전체 질병 부담의 0.02%에 불과하다.[279]

인수공통질병은 감수성 동물과 사람에게서 예찰, 예방, 발생 대응 등을 수행하는 데 큰 비용을 초래한다. 악성 질병의 경우 관련 동물 및 동물유래 물품의 시장접근 제한, 무역 제한, 관련 산업 개편 등으로 인한 엄청난 경제적 손실을 초래한다. 관광 및 지역경제에도 광범위한 영향을 미친다. 이들 질병을 진단, 치료하는 비용은 대부분 정부, 농가 또는 환자의 몫이다.

세계적으로 축산은 농업경제의 약 50%를 차지한다. 동물유래 물품의 생산 및 무역에서 동물질병의 잠재적 영향은 실로 막대하다. 신종질병의 파급효과는 공중보건 체계와 자원 부족, 열악한 위생 및 생활 환경, 의료용품과 백신에 대한 접근성 제한, 질병 예방에 대한 교육과 인식 부족 등으로 개도국에서 가장 심각하고 오래 간다. 질병 발생을 이유로 취해지는 수출 동물생산품에 대한 수입국의 무역 제한은 질병으로 인한 직접적 손실좀 더 큰 경제적 피해를

117 질병으로 인한 나쁜 건강, 장애 또는 이른 시기 사망으로 인한 손실된 수명 햇수로 사람건강에 미치는 질병의 부담을 정량적으로 측정하는 지표이다.

일으키는 경우가 종종 있다.

2010년 세계은행에 따르면 지난 10년간 동물질병으로 인한 직접적 손실액은 200억 달러 이상, 간접적 경제적 손실액은 2천억 달러라고 한다.[280] 가축질병으로 인한 경제적 손실을 축산물 생산액의 20%라고 가정할 경우, 우리나라는 손실액이 2022년 기준으로 약 5조 400억 원에 이른다.

야생동물, 가축에서 유래한 인수공통질병은 공중보건 및 경제적 피해 외에도 사회적 혼란[118], 정치적 불안정[119] 등을 초래한다.

7.5. Disease-X는 HPAI일까?

팬데믹Pandemic은 전 세계적으로 광범위하게 퍼지고 많은 사람들에게 영향을 미치는 대유행 전염병을 말한다. WHO는 팬데믹을 4가지 기준을 충족하는 전염병으로 정의한다. 첫째, '질병의 광범위한 확산Widespread Disease'이다. 팬데믹은 특정 지역이나 국가에 국한되지 않고 여러 대륙에 걸쳐 발생한다. 둘째, '높은 감염률High Infection Rate'이다. 질병이 사람들 사이에서 빠르게 전파되고 많은 사람이 감염된다. 셋째, '심각한 건강상 영향Severe Health Impact'이다. 팬데믹은 감염된 사람들에게 높은 사망률 등 심각한 건강 문제를 일으킨다. 넷째, '지속적인 확산Sustained Spread'이다. 전염병이 일시적인 유행이 아니라 일정 기간 계속 확산한다.

많은 전문가가 코로나19 다음의 팬데믹으로 H5N1형 고병원성조류인플루엔자를 지목한다.[281] 1997년 홍콩에서 H5N1형 조류인플루엔자 환자가 확인된 이후 산발적인 인간 감염 사례가 보고되었다. 주로 감염된 조류 또는 오염

---

118 여행 및 이동 제한, 휴교, 대규모 모임 및 행사 취소 등 심각한 사회적 혼란을 초래하고 고립감, 불안감, 불확실성을 유발한다.

119 예를 들어 코로나19 팬데믹으로 인해 일부 국가에서는 시위, 정치적 긴장, 심지어 폭력 사태까지 발생했다.

된 환경과의 직접적인 접촉과 관련이 있다. 사람 간 전염은 아직 제한적이며, 일반적으로 가까운 가족 접촉자와 의료 환경에서 발생한다.[282]

H5N1형 조류인플루엔자는 이미 유행성 바이러스의 몇 가지 중요한 특징들을 갖고 있다. 이 바이러스는 이미 전 세계에 분포되어 있으며, 조류 바이러스로 인식되지만, 인간을 포함한 다양한 포유류 숙주를 감염시키며 순환하고 있다.[283]

일부 전문가는 조류인플루엔자 A형 H5N1 변이바이러스가 코로나19보다 좀 더 위험하다고 한다.[284] WHO는 2003년 이후 2024.3월까지 H5N1형 AI에 감염된 887명 중 사망자가 462명인 점을 기준으로 해당 바이러스 치사율을 52%로 본다. 코로나19 바이러스의 경우 팬데믹 초기 치사율은 약 20%, 현재는 0.1% 미만에 불과하다.

H5N1형 조류인플루엔자 바이러스는 적어도 63종 이상의 야생조류에서 감수성이 있으며, 이외에도 닭, 오리 등 가금류, 물개, 바다사자 등 바다 포유동물, 밍크, 오소리, 소, 염소 등 가축, 개, 고양이 등 반려동물에서도 확인되고 있다. 2023년에는 우리나라에서 반려 고양이 2두에서 H5N1 혈청형 HPAI 바이러스가 확인되었다. 2024년에는 미국의 많은 연방주의 젖소에서 동일한 바이러스가 확인되었다.

종합적으로 볼 때, 인간으로 이 바이러스가 전파될 수 있는 접촉면이 더 넓어지고 접촉 기회가 더 많아지고 있다. 일단 바이러스가 인간을 감염시키면, 이후 인간 간 전염이 더 쉽게 일어날 수 있도록 바이러스가 적응할 수 있다.[285] UN, WHO 등은 H5N1형 HPAI의 팬데믹 가능성을 크게 우려하고 있다.[286]

다만, 현재는 지속적인 사람 간 전염은 관찰되지 않았기 때문에 H5N1의 팬데믹 가능성은 제한적이다. 미국 질병통제예방센터CDC도 가능성을 낮게 판단한다. 해당 바이러스가 인간에게 더 쉽게 전염되는 단계까지 진화하지 않았기 때문이다. 그러나 팬데믹 대비에 대한 지속적인 경계와 연구, 투자는 H5N1과 같은 신종 전염병의 위험을 완화하고 글로벌 보건 안보를 보장하기 위해 필수적이다.

7.6. 대응 체계를 다시 정립하자!

WHO에 따르면, 매년 사람에게서 평균 1건의 신종질병이 발견되며, 이들 중 대부분은 동물유래 인수공통질병이다. 지금은 신종 인수공통질병 출현 위험이 전 지구적 차원에서 증가하고 있는 시점으로, 다음 사항을 유의하여 동물위생 통제 계획을 다시 정립해야 할 시기이다.[287],[288]

첫째, 사전 대응 방식의 질병 관리 체계 강화이다. 주요 우선순위 사안에 정책 당국의 노력이 집중될 수 있도록 질병에 관한 '위험 측정Risk Evaluation' 기법을 적용할 필요가 있다. 올바른 위험 측정을 위해서는 해당 질병의 역학 및 전파 동력, 질병 매개체의 생태환경, 통제수단의 효과성 및 효율성 등에 대한 명확한 이해가 핵심이다. 이를 통한 '위험의 정량화'는 신종질병에 직면하였을 때 위험관리자가 올바른 결정을 내리는 데 핵심 수단이다.

둘째, 국가적 차원의 선진적 방역역량 구축이다. 이에는 '강력한 예찰, 이른 시기 검출 및 신속 대응 체계 구축', '수의 의료 서비스 강화', '국제적 협력 네트워크 구축'이 가장 우선한다. 특히 신속하고 효과적인 대응 조치는 성공적인 신종질병 관리의 필수 요건이다. 이들 조치는 ①평소와 다른, 예상하지 못한, 미지의 질병 경향을 신속히 파악할 수 있고, ②실시간으로 정보를 추적하고 교환할 수 있고, ③국제적 차원에서 신속히 대응할 수 있고, ④전파를 신속하고 단호하게 억제할 수 있어야 한다.

셋째, 농장, 국가 및 국제적 수준에서 시행할 수 있는 적절한 위험경감 조치 마련이다. 우수한 동물사육 위생규범 적용, 건강한 생태계 및 생물다양성 유지, 야생동물 및 그 생산품의 거래에 대한 엄격한 규제, 야생동물-가축-사람 간 접촉면에서 종간전파 위험 경감 조치 등이 이에 해당한다. 농장 수준에서는 출입 통제, 백신접종, 소독 등 차단방역 조치가 핵심이다. 국가 수준에서는 예찰, 이동통제, 긴급 살처분 등이 있다. 국제 수준으로는 국제적 예찰, 긴급대응을 위한 정보소통 및 협력 등이 있다.

넷째, 원헬스 접근법에 입각한 예찰, 이른 시기 경보, 신속대응 체계 구축이다. 신종질병을 다룰 때 사람, 동물 및 환경의 건강 간의 상호작용은 고려해야 할 중요 사항이다. 이를 위해서는 질병의 동력, 동물의 사육 및 거래 환경, 생태계 붕괴, 토지 이용 및 동물서식처 변화, 환경적 및 기후 요인 등에 대한 올바른 이해가 필수적이다. 환경 조건과 함께 인간과 동물의 건강을 통합적으로 감시하면 잠재적 발병을 이른 시기에 파악하여 신속하게 개입할 수 있다.

다섯째, 동물위생 관련 전략적 연구 강화이다. 인류가 직면한 새로운 보건 과제에 관한 연구는 신종 위험을 파악하고 숙주와 병원체 관계를 이해하는 데 핵심적 수단이다. 국가적 차원에서 충분한 재정적 투자가 요구되는 연구 분야로는 ▲ 질병 역학, ▲ 신종 병원체 신속 진단 기술, ▲ 사람 · 동물 · 환경 간 연계에 영향을 미칠 수 있는 새로운 요인 예측 방법, ▲ 사람 · 동물 · 환경 간 질병 순환 구조, ▲ 새로운 백신 및 치료제 등이 있다.

새로운 팬데믹 예방을 위해 과학자는 바이러스가 종간 전파될 가능성이 가장 높은 장소를 파악할 필요가 있다. 야생동물 판매 재래시장 등이 특히 위험하다. 산림훼손 등 인류의 행위가 어떻게 새로운 질병의 '종간전파 위험'을 초래하는지 이해할 필요가 있다.[289]

신종질병 발생 시 대응은 사전에 정해진 통제 조치에 한정하기보다는 발생 상황을 고려한 현실에 맞는 유연한 조치가 바람직하다. 그럼에도 신종질병 대응에서 최우선 순위는 최선의 관리 방안을 미리 마련하는 것이다. 일례로 미국 USDA의 'Emerging Animal Disease Preparedness and Response Plan'[290]이 있다. 2020년 UNEP는 팬데믹의 발생을 예방 · 관리하고, 발생 시 인류의 삶을 보호하기

위한 10가지 권고사항[120]을 제시하였다.[291]

인류는 앞으로 많은 질병을 원하는 수준으로 통제할 수 있겠지만, 우리가 예견되는 가까운 미래에 대부분의 신종 전염병을 근절하는 것은 불가능할 것이다. 신종 및 재출현 질병의 통제는 적극적인 예찰, 진단법, 백신접종 등 신속한 통제 조치 확립, 지속적인 연구개발 등에 의해서 가능하다. 어떤 한 신종 질병과의 싸움에서 인류의 승리가 곧 모든 신종질병의 박멸을 의미하지는 않지만, 다음 신종질병 발생에 앞서 주변 위험 상황을 상당히 해소할 수 있다.

| 08 | 코로나19는 수의 업계의 자각을 요구한다

8.1. 코로나19의 출발은 야생동물이다

최근 코로나19 발생은 역사상 유례없는 글로벌 보건, 경제, 사회적 비상사태를 촉발하였다. WHO에 따르면, 2024.6.9. 기준 세계적으로 775,615,736명이 이에 감염되어 이들 중 7,051,323명이 사망했다. 우리나라는 2020년 2월 20일 첫 사망자가 발생한 이후 2024.6.9. 기준으로 34,571,873명에서 발병하여 이들 중 35,934명이 사망했다.

코로나19의 원인 바이러스인 SARS-CoV-2는 박쥐에서 유래하여 중간 숙주인 천산갑 등을 통해 사람에 전파한 것으로 추정된다.[292],[293] 최근의 일부 연구 결과 가축이 중간 숙주이었을 가능성도 있다.[294],[295],[296]

코로나19는 고양이, 개 등 감수성 동물의 건강에 커다란 영향을 미친다.[297]

---

120 ①사회의 모든 수준에서 인수공통 및 신종질병의 위험 및 예방에 관한 인식 및 이해 제고, ②원헬스를 포함한 다제분야 접근방식에 투자 확대, 원헬스 실행에서 환경 분야의 참여 강화, ③신종질병의 복잡한 사회적, 경제적 및 생태적 측면에 관한 연구 확대, ④신종질병 예방 조치에 대한 '비용 대비 효과 분석' 방안 개선, ⑤효과적인 신종질병 모니터링 및 규제 규범 개발, ⑥보건분야 인센티브 장려, ⑦비용 대비 효과적인 통제 조치 장려, ⑧농업과 야생동물의 지속 가능한 상호공존을 위한 환경 지원, ⑨질병 위험 통제를 위한 기존 역량 강화, ⑩원헬스 접근방식의 현실적 운용

심각한 질병이나 폐사 위험은 보통 낮지만, 일부 동물은 감염 시 호흡기 증상, 위장 증상을 겪으며, 심한 경우 죽는 사례도 있었다. 2020년 4월, 뉴욕 브롱크스 동물원Bronx Zoo의 호랑이와 사자 여러 마리가 감염되었고, 이중 호랑이 한 마리가 죽었다. 덴마크, 네덜란드, 미국 등 여러 국가의 많은 밍크 농장에서도 보고되었다.

코로나19는 감염된 사람으로부터 개, 고양이, 사자, 호랑이, 고릴라 등으로 전파된 사례는 많다. 반면, 미국 CDC에 따르면[298], 동물이 이를 사람에 전파하는 데 중요한 역할을 한다는 증거는 거의 없다. 감염 동물과 밀접 접촉한 사람의 경우 동물에서 사람으로 병원체가 전파된 사례는 있다. 2020년 덴마크와 네덜란드에서 바이러스가 밍크에서 사람으로 전파된 사례이다. 하지만 이러한 경우는 주된 전파 경로인 사람간 접촉과 비교할 때 극히 드물다. 코로나19가 동물에서 사람으로 전염될 위험은 보통은 낮다.

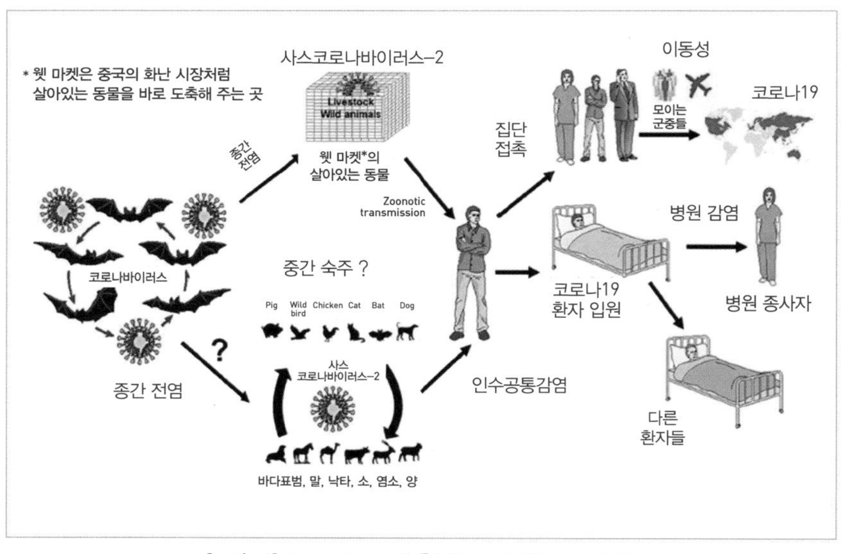

[그림 14] SARS-CoV-2의 출현과 코로나19의 발생[299]

코로나19는 환경과 동물위생에 영향을 미칠 수 있는 인간 행동과 사회적 규범을 바꿨다. 코로나19 역학은 건강의 사회적, 경제적 결정 요인에 대한 이해의 중요성 측면에서 원헬스 접근방식을 요구한다. 코로나 19의 전파는 대기오염, 혼잡한 생활환경과 같은 환경적 요인에 의해 촉진된다.[300],[301] 이는 의료취약 계층에 불균형적으로 영향을 미쳤다. 또 이는 건강 격차를 해소하고 건강 형평성을 증진하기 위한 총체적인 접근방식의 필요성을 강조한다.

8.2. 인류에 대한 자연 전체의 경고 사격이다

코로나19는 세계적으로 인류 삶의 모든 측면에 영향을 미쳤으며, 인류는 이를 통해 다음과 같은 많은 교훈을 얻었다. 첫째, 팬데믹의 예방, 확산 방지를 위해 효과적인 대응 체계를 미리 구축해야 한다. 둘째, 질병은 국경을 가리지 않으므로 발병을 예방, 통제하기 위해서는 정보, 자원, 전문 지식의 공유 등 다양한 국제적 협력이 중요하다. 셋째, 백신과 치료법을 개발하고 질병을 이해하는 데 과학과 연구가 결정적 역할을 한다.[121] 넷째, 공중보건 위기 상황에서는 명확하고 간결한, 즉 효과적인 소통이 필수적이다. 다섯째, 강력한 공중보건 인프라 구축이 중요하다. 여섯째, 질병의 확산을 막기 위해 모두가 해야 할 사회적 책임이 중요하다.

인수공통질병의 종간전파를 예방 또는 최소화하기 위하여 과학에 근거한 효과적인 조치가 필요하다. 이를 위한 역량 구축에 집중적 투자가 요구된다. 위험이 발생하는 원천에서 위험을 차단하는 데 드는 비용, 즉 예방비용은 종간전파 이후 대응에 드는 비용 및 피해와 비교할 때 매우 적은 비율이다. 일례

121 Oxford 대학 Jenner Institute는 정부수의연구소인 Pirbright Institute와 협력하여 리프트계곡열 백신 제조 기술을 개발하였는데, Oxford 대학은 이 기술을 활용하여 AstraZeneca사와 협력하여 코로나19 백신을 개발했다.

로, 산림파괴를 막고 야생동물의 국제거래를 규제함으로써 차기 팬데믹을 막는 데 드는 비용은 연간 220억 달러 수준으로 이는 코로나19 팬데믹에 대응하는 데 드는 비용의 2%에 불과하다.[302]

2020년 FAO가 개발도상국의 민간 및 공공 수의기관을 대상으로 실시한 코로나19의 영향에 관한 조사에 따르면, 대상자의 93%가 부정적 영향을 받았다.[303] 70%가 사회적 거리두기에 따른 예찰 및 현장조사에 어려움이 있었고, 69%가 업무수행을 위한 이동에 정부당국의 특별 허가가 필요했다.

코로나19가 반려동물 관련 수의 업계에 미친 주요 영향으로는 ▲ 재택근무 증가 등으로 일반대중의 반려동물 수요 증가와 이로 인한 수의 의료 상담 증가[304], ▲ 원격의료 상담 증가 등 수의 진료 방식의 변화, ▲ 물류 공급망 차질에 따른 수의 용품 부족, ▲ 실직 증가 등에 따른 반려인의 경제적 부담으로 반려동물 유기 등 소유 포기 증가, ▲ 수의사, 반려인 및 반려동물의 정신 건강에 대한 인식 증가, ▲ 워크숍, 컨퍼런스 등 일상적 수의 교육 및 훈련 기회 감소, ▲ 원헬스 접근방식의 중요성에 대한 인식 증가 등이 있다.

정부 수의당국은 코로나19 대응 과정에서 ▲ 코로나19에 관한 정보 부족, ▲ 동물과 사람 간의 전염 통제 방안 미흡, ▲ 이해관계자 간의 소통과 협업 부족, ▲ 자원 제약, ▲ 사회적 거리두기 등으로 인한 수의 서비스 제공 곤란, ▲ 동물 간, 동물과 사람 간 차단방역 조치 미흡, ▲ 동물분야 대응에 대한 대중의 인식 미흡 등 다양한 문제에 직면했다.

세계적 코로나19 발생은 수의 정책에 큰 영향을 미쳤다. 대표적인 영향으로는 ▲ 인수공통질병에 취약한 동물 집단에 대한 예찰 및 모니터링 강화, ▲ 야생동물 거래에 대한 규제 강화, ▲ 수의 공중보건 인프라 개선, ▲ 수의 기관과 공중보건 기관 간의 협력 강화, ▲ 연구개발 투자 증대, ▲ 국제 협력 강화, ▲ 공공 교육 및 홍보 강화 등이 있다.

우리 사회에서 코로나19 위기는 수의사의 역할과 리더십에 대한 엄청난 도전이자 소중한 기회를 제시했다.[305] 수의사는 코로나19 병원체의 기원을 파악하고 동물과 사람 사이의 전파를 추적하는 등 다양한 방법으로 대응 과정에서 중요한 역할을 했다.[306] SARS-CoV-2가 출현하기 이전에는 인의 분야에서 코로나바이러스Coronavirus에 관한 정보가 제한적이었던 반면에 수의 분야에서는 '광범위한 정보'122가 있었다.

코로나19는 인간과 동물 보건 전문가 간의 협력의 중요성을 일깨웠다. 정부 차원에서 취해진 코로나19 방역조치들 중 ▲ 접촉자 추적 및 격리 검사, ▲ 감염자 및 감염 의심자 이동제한, ▲ 감염자 파악을 위한 모니터링 및 예찰, ▲ 사람간 접촉 시설, 장소, 기구 등에 대한 세척 · 소독, ▲ 마스크 착용, 손세척 등 차단방역 조치 등은 가축질병 긴급방역 조치와 매우 유사하다. 이러한 접근방식은 사람 또는 동물에 전염성이 강한 질병을 관리하는 데 유사점을 강조한다. 2000년대 들어 반복 발생한 FMD, HPAI 등 가축전염병에 대한 국가적 차원의 공격적이고 집중적인 통제 정책은 코로나19 방역정책의 밑거름으로 작용했다.[307]

코로나19 팬데믹은 인간 활동과 자연계 사이의 미묘한 균형을 강조하는, 자연이 인류를 향해 보내는 경고라고 볼 수 있다. 이번 발병은 인간의 자연 서식지 침범, 야생동물 밀거래, 농업의 산업화가 어떻게 인수공통전염병의 위험을 증가시키는지 극명하게 보여준다. 인간은 야생동물 서식지를 침범하고 생태계를 교란함으로써 질병이 종의 장벽을 넘을 수 있는 경로를 의도치 않게 만들었다. 코로나19는 환경 보호를 소홀히 할 경우 초래될 끔찍한 결과와 회복력 있는 사회 구축의 중요성에 대해 경고하고 있다.

---

122 전염성기관지염, 고양이전염성복막염, 전염성위장염, 돼지유행성설사, 중증급성설사증 등이 Coronaviruses에 의한 동물질병이다.

| 09 | 식품산업 부처가 식품안전 업무를 담당해야 한다

식품산업 육성 업무와 식품안전관리 업무를 담당하는 정부 부처는 일원화되어야 한다. 식품산업 담당 부처에서 식품안전 업무도 담당하는 것이 바람직하다.

식품의 생산, 유통 및 소비를 담당하는 부처와 식품 안전을 담당하는 부처를 분리하는 것은 식품 생산자의 식품안전 의지와 실행력에 대한 정부 규제당국의 불신에 근거하는 구시대적 사고로 과거지향적 방식이다. 식품생산자는 생산성만 중시하고 비용만 들어가는 식품안전 관리는 최대한 정부의 감시를 피해서 하지 않으려는 경향이 있으므로 만약 산업 증진과 산업 감시를 같은 부서에서 담당하면 감시 기능이 약해져 식품안전을 보장할 수 없다는 것이다.

이 문제는 미래 지향적 방식으로 바라봐야 한다. 이제는 식품안전을 민관이 상호협력하는 신뢰의 관계를 토대로 추진해야 한다. 식품안전은 정부 중심이 아닌, 생산자 중심의 식품안전관리 체계일 때 가장 효과적이다. 식품 생산자가 안전을 책임지는 시스템, 즉 생산과 안전이 통합관리되는 체계가 바람직하다. 산업 육성과 안전성 보증은 별개의 사안이 아니다. 산업이 육성될 때 안전성 보증 수준도 높아지고, 안전성을 높이기 위해서는 산업을 육성해야 한다. 식품안전은 식품산업을 담당하는, 즉 전체 식품사슬을 관리하는 부서가 담당하는 것이 합리적이다. 식품산업 부서에서 생산과 안전을 통합 관리할 경우 이점은 다양하다.

첫째, 식품산업 육성 부처에서 식품안전 업무를 담당할 때 식품의 안전을 가장 효과적으로 관리할 수 있다. 식품의 생산 · 유통 · 판매 · 소비의 전 과정에서 식품업체가 '내 제품의 안전은 내가 지킨다'는 책임감을 가질 때 식품안전은 확보된다.

둘째, 전문성을 통합할 수 있다. 동물성 제품 생산을 담당하는 부서는 농업 관행, 동물 건강, 생산 기술 등 업계에 대한 심도 있는 지식을 보유하고 있다. 이러한 전문 지식은 생산 공정의 각 단계와 관련된 미묘한 차이와 잠재적 위험을 이해하는 데 매우 중요하다.

셋째, 다양한 이해관계자 간의 소통과 조정이 크게 개선된다. 생산자, 가공업체, 규제 기관이 더욱 긴밀하고 효율적으로 협력하여 안전 조치를 생산 프로세스에 원활하게 통합할 수 있다. 예를 들어 농업부서는 새로운 안전 규정이나 모범 사례의 변경 사항에 대해 농가와 직접 소통하여 이러한 변경 사항을 효과적으로 이행할 수 있도록 지침과 지원을 제공할 수 있다.

넷째, 식품 안전 문제 발생 시 책임 소재가 명확하다. 이러한 명확한 책임 소재를 통해 엄격한 안전 기준을 선제적으로 이행할 수 있다. 문제의 근본 원인을 해결하는 종합적인 조치를 할 수 있다.

대부분의 선진국은 식품 생산부서에서 안전도 담당한다. 대표적 사례로 프랑스는 'Ministry of Agriculture and Food Safety', 덴마크는 'Ministry of Food, Agriculture and Fisheries', 네덜란드는 'Ministry of Agriculture, Nature and Food Qualiti, 뉴질랜드는 'Ministry of Primary Industries'에서 통합 관리한다.

Part 06

동물복지 정책

| 01 | 동물복지는 인간과 동물의 공존 조건이다

1.1. 동물은 지각이 있는 존재이다

동물도 인간처럼 즐거움, 고통, 슬픔과 같은 다양한 감정과 감각을 경험한다. 동물에는 감각 정보를 처리하고, 감정 반응을 일으킬 수 있는 복잡한 신경계와 뇌 구조가 있다. 여기에는 통증 인식과 관련된 신경 경로뿐만 아니라 두려움, 쾌락, 사회적 유대감과 같은 감정과 관련된 뇌 영역이 포함된다. 2012년에는 '지각에 관한 케임브리지 선언The Cambridge Declaration on Consciousness'123이 공개된 바 있다.

동물은 감정과 감각의 경험과 일치하는 행동을 한다. 예를 들어 절뚝거리거나 소리를 지르거나 특정 활동이나 자극을 피하는 등의 행동으로 고통, 불편함을 나타낸다. 마찬가지로 동물은 놀거나 낑낑거리거나 사교 등으로 즐거움이나 기쁨을 느끼고 있음을 암시하는 행동을 보일 수 있다. 행동 및 신경학적 증거 외에도 동물이 복잡한 사회적 구조와 관계를 맺고 있으며, 복잡한 감정과 인지적 삶을 사는 '지각이 있는 존재Sentient Being'라는 생각을 뒷받침하는 연구 결과는 점점 더 많아지고 있다.[308],[309],[310]

개는 인간의 특징적인 협력적 소통 능력인 '친화력'이 있다.[311] 코요테의 자기 통제력은 개나 늑대보다 높고 유인원과 같은 수준이다.[312] 꿀벌은 재미로 나무 공을 굴리며 논다. 청소부 물고기는 수중 거울에 비친 자기 모습을 인식한다. 문어는 과거에 통증을 경험한 적이 있는 환경을 피한다.[313] 곤충, 어류, 일부 갑각류 등 놀랍도록 다양한 생물들이 의식적인 사고나 경험의 증거를 보

---

123 이는 동물도 인간과 유사한 의식 상태를 가지고 있다고 주장한다. 저명한 신경과학자들이 서명한 이 선언은 포유류, 조류, 심지어 문어를 포함한 모든 동물이 의식을 생성할 수 있는 신경 기질을 가지고 있다는 점을 강조한다.

여주고 있다. 더 많은 과학자가 동물을 실험할수록 더 많은 동물종에 내면의 삶이 있고 지각이 있을 수 있다는 사실을 발견한다.

동물의 존엄성을 존중하는 것은 동물의 본질적인 가치, 의식, 감정, 경험, 능력에 대한 인식에 뿌리를 두고 있다. 동물의 지각을 인정한다는 것은 동물을 존중해야 한다는 도덕적 의무를 부른다. 동물에 대한 존중을 키우면 공감과 연민을 키울 수 있어 개인이 더 넓은 사회적 맥락에서 친절하고 책임감 있게 행동하도록 장려할 수 있다. 이는 또한 동물의 존엄성을 인정하는 것은 다른 종과의 책임 있는 공존이라는 원칙과도 일치한다.

동물복지의 본격적 시작은 1822년, 동물복지에 관한 세계 최초의 근대적인 법률인 영국의 '소학대예방법An Act to prevent the cruel and improper Treatment of Cattle'이 제정되면서부터이다. 이후 이 법은 소 이외의 산업동물과 곰 싸움, 투계, 실험동물 제한 등의 내용을 추가했고, 1911년 '동물보호법Protection of Animals Act'으로 자리 잡았다. 1964년 루스 헤리슨Ruth Harrison의 '동물기계Animal Machines'라는 책을 통해 동물이 고통과 스트레스를 받으며 불안, 두려움, 좌절 및 기쁨 등을 느낀다는 사실이 알려지면서 동물복지에 대한 인식이 유럽 전역으로 확산되었다. 이후 1975년 피터 싱어Peter Singer의 '동물해방Animal Liberation'이 발표되면서 동물복지를 윤리적 관점으로 바라보는 시각까지 생겨났다.

21세기 대부분의 사람들은 동물이 인간에게 유용성과 관계없이 본질적인 가치와 인도적인 대우를 받을 권리가 있다고 믿는다. 또한 사람들은 동물이 고통, 두려움, 행복과 같은 감정을 느낄 수 있는 지각 있는 존재라는 사실을 인식하고 있으며, 동물을 불필요한 고통으로부터 보호해야 할 도덕적 의무를 느낀다.

1.2. 동물복지는 복잡하고 다면적인 시대적 관심사이다

동물의 복지가 동물의 신체적, 심리적 건강과 안녕에 미치는 직간접적인 영향은 매우 크다. 학대받는 동물은 신체적, 정신적 상해와 고통, 삶의 질 저하 등을 겪는다. 예를 들어 비좁거나 비위생적인 환경에서 생활하는 동물은 질병, 부상, 스트레스에 더 취약하다. 고통스러운 시술을 받거나 부자연스러운 행동을 강요받는 동물도 신체적, 정신적 피해를 겪는다. 반면에 좋은 대우를 받는 동물은 더 나은 삶의 질을 누리고 즐거움과 만족감과 같은 긍정적인 감정을 경험한다.

동물복지는 기후변화, 생물다양성 손실, 항균제 내성, 인구 증가에 따른 식량 안보 등 다른 사안들과 더불어 다음과 같은 이유로 우리가 살고 있는 시대의 전 세계적 관심사이다.

첫째, 동물의 본능적인 행동과 능력을 촉진한다. 동물은 특정 환경에서 살면서 특정 행동을 하도록 진화해 왔으며, 그러한 기회를 박탈하는 것은 동물의 신체적, 정신적 건강에 해로울 수 있다. 동물에게 자연 서식지와 유사한 환경과 경험을 제공함으로써 동물의 복지를 증진하고 동물이 번성할 수 있도록 도울 수 있다.

둘째, 우리의 사회적 가치를 반영한다. 인류는 동물복지를 중시함으로써 모든 생명체에 대한 연민, 정의, 존중, 윤리적 책임을 실천하고 보다 인도적인 세상을 만들 수 있다. 동물은 지속 가능한 지구 생태계를 유지함에 있어, 인류의 삶과 생존에 생명과도 같은 존재이다. 인류는 동물을 위험으로부터 보호하고 복지를 증진해야 할 도덕적 의무가 있다. 동물을 대하는 방식이 우리의 인격과 도덕성을 나타낸다. 마하트마 간디Mahatma Gandhi는 "한 나라의 위대함과 도덕적 진보는 그 나라에서 동물이 받는 대우로 가늠할 수 있다."라고 하였다.

셋째, 더 광범위한 사회 및 환경 문제와 연결되어 있다. 예를 들어 산림벌채, 공장식 축산과 같이 동물에게 해를 끼치는 많은 관행은 인간의 건강, 환경, 경제에도 부정적인 영향을 미친다.

넷째, 인간의 행복에 중요하다. 많은 동물이 인간에게 먹거리, 교감, 운동,

정서적 지지 등을 제공한다. 반려동물은 사람에 대한 미움이나 원망이 없다. 많은 사람이 동물과 교감하고 동물의 복지를 돌보는 데서 기쁨과 성취감을 얻는다. 우리가 동물에 인도적이고, 적절한 보살핌을 제공하면 우리의 윤리적 만족감, 행복감이 높아진다. 롯데백화점은 2002년 9월부터, 러쉬코리아는 2017년부터 '반려동물 장례 휴가(1일)', 하림펫푸드는 2017년부터 '반려동물 입양 휴가(1일)'를 지원하고 있다.

다섯째, 공중보건에도 중요하다. 동물복지는 식품의 품질 및 안전과 밀접한 관련이 있다. 열악한 환경에서 사육되거나 스트레스를 많이 받거나 부적절한 약물을 투여받는 동물은 질병 전염, 항생제 내성 또는 기타 위험을 통해 인간의 건강상 위험을 초래한다.

여섯째, 환경의 생물다양성과 지속가능성에 기여한다.[314] 많은 야생동물이 멸종 위기이다. 여기에는 서식지를 보호하고 밀렵, 사냥 등 서식지 파괴를 차단하는 것이 포함된다. 2022년 UNEP는 총회 결의문을 통해 동물의 건강과 복지, 지속가능한 개발 및 환경은 인류의 건강, 복지와 연계되어 있음을 강조하고, FAO, WHO 및 WOAH에 필요한 대책을 수립할 것을 요구하였다.[315]

WOAH에 따르면, 동물복지는 과학적, 윤리적, 경제적, 문화적, 사회적, 종교적 및 정치적 측면을 가진 복잡하고도 다면적인 문제이다.[316] 이의 주된 요인으로는 ▲ 동물권 단체, 소셜 미디어, 언론 등의 지속적인 문제 제기로 동물복지에 대한 사회적 인식 증가, ▲ 동물을 '지각 있는 존재'로 보는 윤리적 태도의 변화, ▲ 동물 학대가 사람 건강에 미치는 부정적인 영향에 대한 인식 증가, ▲ 동물복지의 경제적 영향에 대한 인식 증가, ▲ 동물복지에 관한 법적 규제 강화, ▲ 기업의 사회적 책임 강화[124] 등이 있다.

---

124 이제 많은 기업이 동물복지에 대한 소비자 관심을 인식, 동물복지 관행을 개선하는 조치를 취하고 있다.

최근 동물복지의 사회적 가치는 더 중요해지고 있다. 사회적 인식도 변하고 있다. 사람들은 공장식 축산, 동물 실험, 오락 등에서 동물의 처우 현실을 더 많이 인식하고 있다. 동물복지 표시가 붙은 제품을 찾는 소비자가 늘고 있다.[125] 갈수록 더 많은 농가, 기업이 동물복지 보증 체계를 도입하고 있다.

1.3. 사람과 동물의 유대감은 서로에게 유익하다

인간과 동물 간의 유대는 오래전부터 인류 역사와 함께 발전해온 특별한 관계를 의미한다. 이 유대는 단순한 공존을 넘어, 심리적, 정서적, 사회적 혜택을 제공하는 복잡하고 다차원적인 관계를 포함한다. 우선, 정서적 안정감을 제공한다. 애완동물은 많은 사람들에게 사랑과 위안을 준다. 이러한 정서적 유대는 스트레스를 감소시키고 불안과 우울증 증상을 완화하는 데 도움이 된다. 둘째, 사회적 상호작용을 촉진하는 데 기여한다. 반려동물은 사회적 네트워크를 확장하고 새로운 관계를 형성하는 데 도움이 된다. 셋째, 치료 촉진에도 중요한 역할을 한다. 동물 보조 치료는 병원, 요양원, 학교 등 다양한 장소에서 정신적, 정서적 장애를 겪고 있는 사람들에게 긍정적인 영향을 미치며, 회복과정을 촉진할 수 있다. 끝으로, 인간에게 책임감을 가르친다. 반려동물을 돌보는 것은 음식, 운동, 의료 관리 등 다양한 책임을 수반한다. 이는 인간이 다른 생명을 존중하고 보호해야 하는 도덕적 의무를 상기시키며, 책임감을 기르는 데 기여한다.

인간과 동물의 유대감은 사람과 동물의 건강과 복지, 생산성 향상 등에 필수적이다. 이러한 유대감은 개인, 공동체 또는 사회적 맥락에서 발생할 수 있으며, 사람과 동물 모두의 정신적, 육체적, 사회적 건강에 유익하다. 동물은

125 2023.2.22. 한국축산데이터가 공개한 소비자 대상 설문조사 결과에 따르면 67.5%가 동물복지 축산물을 선호하였고, 이 같은 추세는 앞으로 더욱 가속화될 것으로 전망하였다.

저마다의 성격, 선호도, 행동이 있으므로 인내심을 갖고 이를 이해하고 교감하는 것이 중요하다.

이러한 유대감이 동물의 복지에 긍정적 영향을 미치는 이유는 ①동물 사육 환경이 개선되고, ②동물의 사회화 수준이 높아지고, ③동물의 건강이 개선되고, ④동물의 행동이 개선되고, ⑤동물이 더 많은 관심과 배려를 받고, ⑥방치 및 학대 위험이 감소하고, ⑦보호자가 동물복지를 옹호할 가능성이 더 높기 때문이다.

유대감 강화 방법으로는 ▲ 함께 지내는 시간 확대, ▲ 동물의 요구 사항 제공, ▲ 효과적 의사소통 기술 습득, ▲ 친밀감 표현 강화, ▲ 운동 및 훈련 참여, ▲ 동물에 안전하고 편안한 환경 제공, ▲ 동물의 경계 존중[126], ▲ 체계적 건강 관리, ▲ 산책, TV 시청 등 반려인 일상생활에의 반려동물 참여 등이 있다.

정부당국은 인간과 동물의 유대감 강화에 중요한 역할을 한다. 주요 방안으로 ▲ 동물복지 법령 강화, ▲ 맹인 안내견, 치료 도우미견, 동물매개치료[127] 등 동물 보조 치료 프로그램 지원, ▲ 유대감 강화 교육 및 홍보 프로그램 지원, ▲ 동물 친화적 공원, 해변 등 공공장소 및 인프라 마련, ▲ 입양 장려, ▲ 임종 케어Hospice services 제공, ▲ 동물 구조 및 재활 지원, ▲ 책임감 있는 동물 소유 장려, ▲ 동물 친화적 직장 장려, ▲ 동물 친화적 교통수단 개발 등이 있다.

---

126 경계란 동물이 인간과의 상호작용에서 안전하고 편안하며 존중받는다고 느끼도록 설정한 신체적, 정서적, 행동적 한계를 말한다. 이러한 경계를 존중하려면 동물의 신호와 선호도를 관찰하고 적절하게 대응하여 동물의 안녕을 보장하고 강하고 신뢰있는 관계를 조성해야 한다.

127 동물매개치료는 동물을 활용하여 사람들이 다양한 건강 문제에 대처할 수 있도록 돕는 치료의 한 유형이다.

1.4. 동물복지는 다각적 접근이 필요하다

정책 당국에서 동물복지 문제는 사회적, 경제적, 문화적, 윤리적 차원을 아우르는 다면적인 사안이다. 효과적인 동물복지 정책을 위해서는 다양한 요소에 대한 고려가 필요하다.

첫째, 포괄적인 동물복지 법령 및 제도이다. 동물복지와 경제적 이익 간의 균형을 유지하는 합리적 방안을 마련해야 한다.

둘째, 경제적 요인이다. 높은 수준의 복지 기준을 시행하는 것은 종종 동물 산업에 비용 증가를 수반하며, 이해관계자의 저항에 직면한다. 농가나 업체는 더 엄격한 규제로 인해 수익성이 감소하거나 국제 경쟁력이 떨어질 것을 우려한다. 동물복지 개선의 필요성과 개선 조치가 산업에 미치는 잠재적인 경제적 영향 사이에서 균형을 잡아야 한다. 더 높은 수준의 복지 관행을 지원하기 위해 재정적 인센티브를 제공하면 정부 예산에 부담을 줄 수 있다.

셋째, 동물에 대한 사회적, 문화적 태도이다. 이는 동물복지 정책의 수용과 실행에 영향을 미친다. 일부 문화권에서는 동물을 주로 경제적 자원이나 상징으로 여긴다. 이는 동물을 윤리적 대우를 받을 자격이 있는 존재로 보는 시각과 충돌한다. 정책 당국은 대중의 인식을 바꾸고 동물복지 활동에 대한 지지를 얻어야 한다.

넷째, 과학적, 기술적 한계이다. 동물복지에 대한 과학적 이해는 계속 발전하고 있다. 그러나 비전통적인 동물 등 연구가 미흡한 동물 종에는 한계가 많이 존재한다. 동물복지 개선을 위한 새로운 기술과 규범 개발은 복잡하고 비용이 많이 들 수 있다.

다섯째, 국제 무역에 미치는 영향이다. 국가 간 복지 기준의 차이는 무역 긴장을 야기할 수 있다. 한 국가의 복지 기준이 높으면 생산 비용이 증가하여 국제 시장에서 제품 경쟁력이 떨어질 수 있기 때문이다. 유럽은 국가간 자유무역협정 협상에서 동물복지를 협상 무기로 활용하고 있다.

정부당국은 동물복지 수준 향상을 위해 다각적인 접근을 한다. 대표적으로 ▲ 법적 기준 강화, ▲ 법령 위반자 처벌 및 불이익 강화, ▲ 이해관계자와 대중에 대한 교육 및 홍보 확대, ▲ 동물을 이용한 오락, 운동, 싸움 등 이윤 활동에 대한 규제 강화, ▲ 입양 장려, ▲ 반려동물의 상업적 거래 규제, ▲ 연구개발 확대, ▲ 동물복지 단체와 협력 강화 등이 있다.

| 02 | 반려동물의 복지는 반려인의 복지이다

2.1. 반려동물은 귀여운데 속 안 썩이는 자식과 같다

화석 연구 결과, 50만 년 전 인류와 '개과 동물'128은 밀접하였다.[317] 반려동물의 사회적 지위는 문화, 지역, 개인의 신념에 따라 다양하다.[318] 대부분 문화권에서는 가족의 일원으로 여겨진다. 일부 선진국에서는 삶의 동반자 심지어 대리 자녀로 여겨진다.129 반려동물 '부의금'도 있다.[319] 하지만 세계에는 여전히 동물이 사람의 존중과 보살핌을 받지 못하는 곳이 많다.

반려동물은 인류 사회의 한 부분이다.[320] 반려동물과 생활하는 것은 우정, 정신적 및 육체적 건강, 사회적 연결망 확대, 어린이 성장 기여 등 혜택이 많다.[321],[322],[323]

인류는 지난 12,000년 동안 반려견 등과 더불어 생활해 왔다. 이 기간 동안 대부분의 반려견은 가정에서 쥐 등 설치류를 잡고, 면양을 몰고, 야생동물로부터 가축의 보호하는 목적으로 사육되었다. 이들은 인간이 먹지 않거나 먹고 남은 음식물을 먹고 생활했다. 현대 사회에서 반려견은 대부분 사람이 먹

---

128 개과(Canidae)는 개, 늑대, 여우, 코요테, 자칼, 승냥이 등을 포함하는 육식 또는 잡식성의 동물이다. 이들은 모두 발가락으로 걷는 지행동물이다.

129 아르헨티나 살타주에 거주하는 한 여성은 2022년 8월 고용주인 국립농업기술원에 자신의 반려견을 '딸'로 인정해 반려견 병간호를 위한 병가를 허락해 줄 것을 요청했다.(2022.9.9. 서울신문 보도)

[사진 15] 반려동물 장례식 및 묘지 모습

는 수준의 맛 좋은 음식을 먹는다. 옷, 집, 놀이기구, 치약, 샴푸, 장신구 등을 제공받기도 한다. 일부 사람은 자신의 아이에게 먹이는 것보다 반려동물에 비용을 더 많이 지출한다.[324]

미국애완동물협회American Pet Products Association에 따르면[325], 미국 가정의 70%가 개(54%) 또는 고양이(35%)를 기른다. 개의 43%, 고양이의 49%가 주인과 침대를 공유한다. 개 주인 79%가 크리스마스에 반려견을 위한 선물을 산다. 주인 48%가 반려동물이 행복을 주며, 80%가 자신의 건강에 이로우며, 83%가 서로 교감하며, 73%는 반려동물이 가족들을 더 친밀하게 만들며, 34%는 자신의 운동에 도움을 주며, 62%는 스트레스 감소에 기여한다고 밝혔다.

전 세계 50% 이상의 가정에 개나 고양이가 있으며, 증가 추세이다.[326] 이는 1인 가구 증가, 기대수명 증가, 도시화, 경제적 생활 수준 향상 등의 영향 때문이다. 2018년 기준, 세계적으로 반려견 471백만 두, 반려묘 373백만 두가 있다.[327] 2021년 기준, 야외에서 서식하는 개와 고양이는 7억~10억 두로 추정된다.[328],[329]

한국반려동물산업협회에 따르면, 국내에서 개와 고양이 개체수는 그간 꾸준히 증가하여 2020년 기준, 약 1,750만 두로 추정되며 가구 수는 약 7백만 가구로 전체의 29.5%를 차지한다. 산업 규모는 2020년, 약 15조 원으로 추정되며 용품, 사료, 병원, 미용, 호텔 등 각 분야에서 지속 성장하고 있다.

세계 반려동물 시장 규모는 2022년 기준 2,250억 달러이며, 2027년에는 3,590억 달러에 달할 것으로 전망된다.[330] 미국은 2021년 반려동물 산업의 지출 규모가 1,236억 달러로, 세계 시장의 40% 이상을 차지했다.[331] 유럽과 중국, 인도 등 아태 지역이 그 뒤를 잇고 있다.

반려동물 산업은 사료, 액세서리, 헬스케어, 미용, 보험, 호텔 등 다양한 제품과 서비스를 포괄한다. 이 중에서도 미용 제품, 놀이기구, 의류, 액세서리 등의 '용품 시장'이 가장 큰 비중을 차지한다.

2.2. 동물복지는 신체적 활동에서 정서적 안녕까지이다

반려동물은 신체적, 정신적, 정서적 필요를 보호자에 의존한다. 이들의 복지에 영향을 미치는 요소는 다양하다.

가장 중요한 것은 동물 고유의 요구에 맞는 영양상 균형 잡힌 식품이다. 단백질, 탄수화물, 지방, 미네랄이 적절히 혼합된 식단이 필요하다. 종과 품종에 따라 필요한 영양 요구량이 다르므로 반려인은 수의사와 상담하여 가장 적합한 식단을 결정하는 것이 좋다.

건강 관리도 영향이 큰 요소이다. 정기적인 건강 검진, 예방접종, 구충, 치과 치료 등은 필수적이다. 중성화 수술은 원치 않는 번식을 막고 특정 건강 위험을 줄일 수 있다.

신체 운동과 정신적 자극도 복지 증진에 중요한 요소이다. 운동은 비만을 예방하고 건강을 유지한다. 동물의 특정 요구, 나이, 품종에 맞는 운동이 필요하다. 지루함을 방지하고 인지 능력을 촉진하는 정신적 자극도 중요하다. 장난감, 퍼즐2등 흥미로운 활동을 제공하면 정신적 활동과 만족감을 유지하는 데 도움이 된다.

사회화는 또 다른 핵심 요소이다. 어릴 때부터 사회화가 되면 사람 및 다른 동물과 긍정적인 관계를 형성하는 데 도움이 된다. 특히 개는 중요한 사회화

시기에 다양한 환경, 사람, 다른 동물에 노출될 때 가장 잘 자란다. 이러한 노출은 향후 두려움 및 불안 관련 행동 문제를 예방하는 데 기여한다.

안전한 생활환경도 필수적 요소이다. 독성 물질, 날카로운 물체, 삼킬 수 있는 작은 물건, 전기 장치 등은 위험 요소이다. 편안하고 적절한 쉼터를 제공하는 것이 필요하다. 적절한 온도 조절, 환기, 극심한 기상 조건으로부터의 보호는 중요한 고려 사항이다.

정서적 안녕도 중요한 요소이다. 사랑, 관심, 긍정적인 상호작용을 제공하는 것이 중요하다. 애정을 표현하며 좋아하는 활동을 함께 하면 유대감과 안정감을 형성한다. 분리 불안은 반려동물에게 심각한 문제가 될 수 있다. 적절한 주의 분산 장치를 제공하면 스트레스와 불안을 완화하는 데 도움이 된다.

응급 상황에 대비한 계획이 있어야 한다. 여기에는 가장 가까운 응급 동물병원을 파악하고, 사고나 갑작스러운 질병 발생 시 취해야 할 조치를 숙지하는 것이 포함된다. 의약품, 수의 진료 기록, 사료 등 필수용품이 담긴 반려동물 응급 키트를 준비하는 것도 좋다.

2.3. 현실적 장애물이 있다

반려인 대부분이 반려동물의 복지를 보장하기 위해 노력하지만, 이들의 노력을 가로막는 다양한 장애 요인도 있다.

첫째, 재정적 한계이다. 반려동물은 먹이, 수의 진료, 미용, 생활용품, 예방접종 등 다양한 비용을 수반한다. 경제적 여력이 부족하면 품질이 낮은 사료를 공급할 수밖에 없다. 정기 검진, 예방접종, 수술을 포함한 진료 비용은 일부 반려인에게는 부담스러울 수 있다. 경제적인 이유로 반려동물을 유기하는 경우도 빈번하게 발생한다.

둘째, 영양, 운동, 털손질Grooming 등 반려동물 관리에 대한 반려인의 이해 부족이다. 균형 잡힌 식단, 운동 등의 중요성에 대한 이해가 부족하면 비만 등 건강 문제를 일으킬 수 있다.

셋째, 보호자의 시간 제약이다. 현대인은 긴 근무 시간과 바쁜 일정으로 동물을 돌볼 시간이 부족하다. 이로 인한 불충분한 운동과 정신적 자극은 반려동물에 지루함, 불안, 고립감, 행동 문제 등을 유발한다. 또한 적시에 수의학적 치료를 받기 어려울 수 있다.

넷째, 사회적, 문화적 태도와 규범이다. 일부는 반려동물을 재산으로 여기거나, 경호나 사냥과 같은 실용적 목적으로 키울 수 있다. 이 경우 적절한 사양, 수의학적 치료 등에 문제가 있을 수 있다. 반려동물에 대한 교육과 정보 부족도 큰 문제이다. 많은 사람이 반려동물을 제대로 돌보는 방법에 미숙하다. 이는 반려동물의 스트레스와 건강 문제로 이어진다.

다섯째, 불충분한 법령과 미흡한 집행이다. 인적 자원 부족, 제한된 인식, 규제 수단 미비 등으로 법 집행이 약해져 방치, 학대 또는 부적절한 관리가 지속될 수 있다. 동물학대에 대한 경미한 처벌, 무분별한 번식, 유기동물에 관한 법령 미흡 등이 해당한다.

여섯째, 수의 진료의 접근성 부족이다. 농촌 등 일부 지역에서는 동물병원이 없거나 멀리 있다. 이는 치료할 수 있는 질병을 방치하거나 부상을 악화시킬 수 있다.

반려동물의 복지를 가로막는 현실적 장애물은 단순히 개별적인 문제가 아니라, 복합적이고 상호작용하는 문제들로 이루어져 있다. 이를 해결하기 위해서는 법적, 경제적, 사회적 측면에서의 포괄적인 접근이 필요하다.

2.4. 유기동물 또는 유실동물 문제는 심각하다

유기 또는 유실 반려동물의 복지 문제는 다양하고 심각하다. 이들은 적절한 음식과 깨끗한 물을 찾는 데 어려움을 겪는 경우가 많다. 이 경우 영양실조, 탈수, 유해물질 노출로 이어질 수 있다. 또한 이들은 더위, 추위, 비, 눈과 같은 극한의 기상 조건에 취약하다. 이는 저체온증, 열사병, 동상 등 날씨 관련 부상으로 이어질 수 있다. 부상이나 질병으로 고통받을 위험도 높다. 이 경우 수의학적 의료의 도움을 받기가 어렵다.

이들을 중성화하지 않으면 야생에서 개체수 과잉이 초래될 수 있다. 이는 먹거리 등 생존 경쟁을 심화할 수 있다. 유기 동물 보호소와 구조 단체는 종종 과부하가 걸린다. 많은 보호소가 수용 인원 이상으로 운영되기 때문에 적절한 보호소를 찾을 수 없는 경우 안락사를 결정해야 하는 어려운 상황에 놓인다.

이들은 종종 사람들로부터 학대나 착취의 대상이 되기도 한다. 의도적으로 해를 입히거나 불법적인 활동에 이용될 수 있다. 또한 도로에서 사고를 일으키거나 사람이나 다른 동물을 공격하여 공공 안전을 위협하는 골칫거리로 오해받을 수 있다.

이들은 공중보건과 환경에도 부정적인 영향을 미친다. 예를 들어 공공장소에서 배변하거나 수원을 오염시켜 환경오염을 일으킬 수 있다. 이들은 광견병, 렙토스피라증, 톡소플라스마증Toxoplasmosis 등 인수공통질병을 옮길 수 있다.

개와 고양이는 익숙한 환경과 주인으로부터 분리되면 심각한 스트레스, 불안, 공포를 경험할 수 있다. 이러한 심리적 고통은 행동 문제를 일으키고 정신건강을 악화시킬 수 있다.

동물을 유기하는 이유는 다양하다. 경기 침체, 실직, 예상치 못한 의료비 지출 등으로 인해 반려인의 경제적 부담이 가중될 수 있다. 동물의 공격성이나 파괴적인 성향과 같은 행동 문제도 반려인이 이러한 문제를 해결할 지식이나 자원이 부족한 경우 유기를 유도할 수 있다. 또한 이사, 이혼, 자녀 출산과 같은 삶의 변화로 인해 주인이 더 이상 적절한 보살핌을 제공할 수 없다고 판단하여 유기하기도 한다. 비싼 진료비가 유기 동물 발생의 원인이라는 주장도 있지만, 유기견의 70% 이상, 유기묘의 80% 이상이 1세 미만의 건강한 개체라는 점을 생각할 때, 이는 잘못된 주장이다.[332]

반려동물을 잃어버리는 문제도 심각하다. 유실동물은 유기동물과 동일한 위험에 직면한다. 마이크로칩이나 인식표가 달린 목걸이 등 적절한 신원 확인 수단이 없으면 주인과 재결합하기 어렵다.

유기 또는 유실 동물은 결과적으로 동물 통제, 개체수 관리, 동물 보호소 운영, 수의학적 진료, 농작물 피해 등으로 인해 상당한 경제적 영향을 미칠 수 있다.

이 문제를 효과적으로 해결하려면 다각적인 접근이 필요하다. 공공 캠페인을 통해 잠재적 반려인에게 반려동물 소유의 책임성에 대해 알릴 수 있다. 중성화 수술을 포함한 접근 가능하고 저렴한 수의학적 치료는 원치 않는 동물의 수를 줄일 수 있다. 마이크로칩과 개체 인식표는 주인을 쉽게 찾을 수 있도록 한다. 또한 재정적 또는 개인적 위기에 직면한 반려인을 위한 지원 시스템은 일시적인 어려움으로 인한 반려동물 유기를 방지하는 데 도움이 될 수 있다.

우리나라의 경우 매년 수십만 마리 이상의 유기 또는 유실 동물이 발생한다. 가장 큰 원인은 소유자가 이들을 버리거나 잃어버린 경우이다. 무분별한 번식도 중요 원인 중 하나이다. 유기 동물 발생의 이유를 보면 '반려동물을 기르는 사람의 책임 인식이 부족해서', '동물유기에 대한 처벌이 낮아서', '쉽게 사고팔 수 있어서', '유기에 대한 단속, 수사가 미흡해서'의 순서이다.[333]

2.5. 종합적 정책 조치가 필요하다

반려동물의 복지 수준을 개선하는 것은 정부당국의 종합적인 정책 조치가 필요한 다각적인 과제이다. 정책 목표는 이들이 사람의 존중과 동정심을 받고 복리에 필요한 보살핌을 받는 것이다. 이러한 정책 목표를 달성하기 위해서는 다음과 같은 조치가 필요하다.

첫째, 사육, 판매에 대한 면허 요건 등 엄격한 법령 시행이다. 일례로 사육자가 매년 생산할 수 있는 새끼 수를 제한하여 과잉 번식을 막을 수 있다. 시설 위생, 건강 관리 등에서 복지 기준의 충족 여부를 확인하기 위한 정기적 점검은 필수적이다.

둘째, 동물 학대, 방치, 유기 등에 대한 엄격한 법적 처벌이다. 이에는 벌금, 징역형[130], 신상 공개[131], 동물의 압류 · 몰수[132], 동물 소유 금지[133] 등이 포함된다. 최근에는 세계적으로 형사처벌과 함께 심리치료 · 교육 · 상담명령[134], 동물 압류 · 몰수, 관련 직업 또는 사회적 활동 제한 등을 병과하여 처벌의 실효성을 강화하는 추세이다.

셋째, 유실 및 유기 동물의 개체수 조절을 위한 의무적인 반려동물 중성화 프로그램 운용이다. 이를 위해 필요 시 저소득층 반려동물 소유주에 보조금을 지원할 수 있다.

넷째, 동물 보호소에 대한 지원 강화이다. 보호소는 충분한 자원이 있어야 동물에 적절한 수의 진료, 영양가 있는 음식, 쾌적한 생활환경을 제공할 수 있다. 정부는 반려인이 보호시설에서 동물을 입양하는 경우 세금 감면, 보조금 등 혜택을 제공할 수 있다.

다섯째, 동물복지에 대한 공공 교육 및 인식 제고이다. 학교와 지역사회에서 책임감 있는 반려동물 소유, 수의 진료의 중요성, 동물의 정서적 안정 등에 대한 교육을 제공하면 동물을 존중하고 돌보는 문화를 조성할 수 있다. 미디어 캠페인을 활용하여 동물 방치의 결과와 적절한 동물 관리의 이점에 대한 인식을 제고할 수 있다.

여섯째, 수의 진료에 대한 접근성 확대이다. 저소득층 가정에 반려동물이

---

130 프랑스 2년, 독일 3년, 호주 5년, 미국 7년, 일본 5년 등이다.

131 미국 테네시주

132 미국 펜실베니아주, 프랑스

133 미국 캘리포니아주, 독일

134 미국 유타주 등 30여 개 주

필요한 치료를 받을 수 있는 수의 진료 보조금을 제공할 수 있다. 정부 주도의 예방접종 및 정기 건강검진 프로그램은 반려동물의 전반적 건강을 보장할 수 있다.

일곱째, 개체 등록이다. 반려동물에 마이크로칩을 부착하고 국가 데이터베이스에 등록하면, 잃어버린 반려동물을 주인과 재결합시키고 유기 또는 학대 사례를 추적하는 데 도움이 된다. 등록제는 책임감 있는 동물 소유의식을 촉진하고 유기 가능성을 줄인다.

여덟째, 놀이공원 등 반려동물 친화적 도시계획이다. 이는 반려동물과 보호자에게 안전하고 즐거운 환경을 제공할 수 있다. 이러한 공간은 반려동물의 정신적, 육체적 건강에 중요한 사회화와 운동을 촉진할 수 있도록 설계되어야 한다.

동물보호단체들이 개선이 필요하다고 주장하는 주요 사항은 ▲ 학대 행위자의 동물사육 금지, ▲ 반려동물 영업 관리 강화, ▲ 피학대 동물 구조 · 보호 실질화, ▲ 민간 동물보호시설 지원 · 관리 강화 등이다.

| 03 | 국민 93.7%는 농장동물의 복지를 중시한다

3.1. 축산농가에 동물복지의 경제적 혜택은 많다

가축 사육 시 동물복지 기준 적용은 생산성 향상 등 경제적 영향이 크다.[334],[335],[336] 물론 농장의 수익성과0동물복지 간의 명확한 관계는 없다는 보고서[337]도 있지만, 동물복지가 축산농가에 주는 경제적 영향에 관한 대부분의 연굴 결과는 긍정적이다.

첫째, 동물복지 수준이 높아지면 동물의 건강이 개선되고 스트레스를 덜 받아 생산성이 높아진다, 농가의 수익성이 향상된다. 적절한 공간, 적절한 영양 공급, 위생적인 사육 환경, 적절한 수의 진료 등은 성장률, 번식률 및 육류,

우유, 달걀 등 제품 품질을 높인다. 또한 사육 환경을 개선하면 공격성이나 꼬리 물기 등 부상을 유발하고 생산성을 저하시킬 수 있는 부정적인 행동이 준다. 동물의 스트레스가 감소하면 코르티솔Cortisol 수치가 낮아져 육질의 부드러움과 풍미가 개선되어 육질에 긍정적인 영향을 미친다.

둘째, 높은 수준의 동물복지 기준을 채택하면 시장 진출 기회가 더 열리고 경쟁 우위를 확보할 수 있다. 많은 소비자는 동물복지 또는 유기농 제품에 기꺼이 추가 가격을 지급한다. 이는 동물복지가 소비자의 중요한 관심사인 선진 시장에서 두드러진다. 농가는 틈새시장에 접근하고 윤리적 생산의 선두 주자로 브랜드를 구축하여 잠재적으로 수익성을 높일 수 있다. 또한 수입 요건이 엄격한 국제 시장으로의 진출이 용이하다.

셋째, 동물질병 및 인수공통질병 위험이 감소한다. 적절한 위생, 환기 및 질병 예방 조치는 질병 발생위험을 감소시켜 동물 간 또는 동물에서 사람으로 질병이 전염될 위험을 줄인다. 또한 항생제 의존도를 낮추면 항생제 내성 문제를 해결하여 축산업의 장기적인 지속가능성을 보장한다. 또한 잘 치료받은 동물은 면역 체계가 더 강해져 질병 발생률이 감소하고 비용이 많이 드는 항생제 및 수의학적 조치의 필요성이 줄어든다.

넷째, 축산업이 환경에 미치는 부정적 영향을 줄인다. 항생제, 호르몬 및 기타 화학물질의 사용을 줄이고, 가축 분뇨 등 축산폐수, 악취 등의 생산을 경감하는 등 환경친화적 지속 가능한 축산 관행을 촉진한다.

다섯째, 축산 종사자의 안전과 만족도를 높인다. 동물복지 농장은 더 안전하고 쾌적한 작업 환경을 제공한다. 농장 직원들은 스트레스를 받거나 공격적인 동물을 다루는 과정에서 부상 위험을 낮출 수 있다. 또한 동물에 대한 윤리적 처우는 직원의 사기와 업무 만족도를 높여 이직률과 관련 교육 비용을 줄일 수 있다.

끝으로, 직접적인 경제적 효과 외에도 더 광범위한 사회적, 환경적 혜택이 있다. 동물복지 관행은 토양 건강, 생물다양성, 환경보호 등에 부합하여 지속 가능한 농업에 기여한다. 또한 축산업에 대한 사회적 인식이 개선되어 대중과 정책 입안자의 신뢰와 지지를 끌어낸다.

3.2. 사육 환경이 핵심이다

우리 국민의 93.7%가 농장동물의 복지가 중요하다고 생각하고, 94.7%가 공장식 축산의 개선 필요성에 공감한다.[338]

최근 농가와 소비자단체 등을 중심으로 산업동물의 복지 수준에 대한 과학적 평가에 관심이 높아졌다.[339]그 이유는 다음과 같다. 우선, 동물복지에 대한 사회적 관심 증가이다. 이를 반영하여 축산물 생산의 측면을 더욱 개선하고 이러한 개선 사항을 소비자에게 입증해야 할 필요성이 있다. 세계적인 '윤리적 소비주의Ethical Consumerism'[135] 추세도 있다. 이는 동물복지와 같은 속성이 식품 품질의 구성 요소로 여겨져 소비자의 구매 선택에 영향을 미치는 것이다. 앞으로는 '윤리적 식품'에 대한 수요가 확대될 것이다. 끝으로, 20세기 이후 폭발적으로 늘고 있는 세계 인구의 식품 수요를 충족시키면서 동시에 최적의 동물복지 추구라는 미래 동물산업 요구에 대한 부응이다.

농장동물에 대한 동물복지 기준은 주로 생활환경, 영양 및 보살핌에 관한 것이다.

첫째, 생활환경이다. 동물이 자유롭게 움직이고 누워서 자연스러운 행동을 표현할 수 있는 충분한 공간이 있어야 한다. 과밀 사육은 스트레스, 부상, 질병을 유발한다. 적절한 환기와 온도 조절은 건강한 환경을 유지하여 열 스트레스, 호흡기 문제 등을 예방하는 데 필수적이다. 자연환경을 모방한 적절한 조명은 동물의 생체리듬을 유지한다. 적절한 바닥재 등 편안한 잠자리는 부상

---

135 소비자가 개별적, 도덕적 신념을 가지고 인간, 사회, 환경에 대한 사회적 책임을 실천하는 소비 행동이다.

을 예방하고 휴식을 취하는 데 중요하다.

둘째, 영양과 물이다. 가축은 영양상 균형이 잡힌 먹이와 탈수를 예방하고 전반적인 건강을 증진하기 위한 깨끗한 물이 필요하다.

셋째, 건강 관리이다. 질병 발생을 예방하고 동물의 건강을 보장하기 위해 정기적인 건강검진, 예방접종, 신속한 질병 치료가 필요하다. 효과적인 기생충 관리도 필요하다.

넷째, 취급 및 운송이다. 스트레스를 최소화하고 부상을 방지하기 위해 가축을 침착하고 부드럽게 다루어야 한다. 가축 운송 차량은 운송에 적합한 공간이 있고, 운송 중 공기 순환이 가능해야 한다. 또한 스트레스를 줄이기 위해 수송 시간은 짧아야 한다.

다섯째, 도축 관행이다. 신속하고 인도적인 도축이 필요하다. 도축 전 대기 시간을 줄이는 등 스트레스를 최소화해야 한다.

WOAH는 육우, 젖소, 돼지, 가금류, 양, 염소 등 농장동물의 사육, 수송, 도축, 개체수 관리, 질병 통제 목적의 살처분 등에서 동물복지에 관한 일반 규범[340]을 제시한다. WOAH는 동물복지 기준으로 ▲ 우수 거버넌스 및 관리[136], ▲ 책임감 있는 사육 관행[137], ▲ 질병 예방 및 통제, ▲ 지속 가능한 자연 자원 사용, ▲ 윤리적 사항 고려, ▲ 과학에 기반한 접근, ▲ 동물복지 기준 준수 여부 감시 및 평가, ▲ 동물복지 관행 및 정책에 대한 투명성, ▲ 이해관계자와의 소통 및 협업 등을 제시하였다.

---

136 가축 생산 시스템은 동물의 복지를 보장하기 위해 적절한 법률, 정책 및 규정을 포함한 효과적인 거버넌스 구조를 갖추어야 한다.

137 가축은 적절한 사육 및 관리, 사료 및 물 공급, 질병 예방 및 치료 등 책임 있는 축산업 관행에 따라 관리되어야 한다.

3.3. 동물복지 농장 인증에는 충분한 인센티브가 필요하다

우리나라는 동물보호법령에 따라 동물복지 축산농장을 인증한다. 인증 대상 축종은 산란계(2012년부터), 돼지(2013년부터), 육계(2014년부터), 한육우 · 젖소 · 염소(2015년부터), 오리(2016년부터)이다. 동물복지 인증 축산농장은 2024.3.19. 기준 총 461개(돼지 22, 산란계 242, 육계 159, 젖소 29, 한우 9)이다. 축종별로 인증농장 비율은 농장수 기준으로 산란계 25.7%, 육계 8.7%, 젖소 0.5%, 돼지 0.4%, 한우 0.01%이다. 동물복지 인증 축산농장 유래 축산물은 '동물복지 축산물'로 제품 표시를 할 수 있다.

동물복지 기준 이행은 생산성과 수익성에 영향을 미친다. 농가는 생산성 및 수익성 극대화 등 다른 목표와 동물복지 간의 균형을 맞춰야 한다. 일부 농가는 인증 제품에 대한 추가 수익이 만족스럽지 않으면 인증 추진을 주저한다.

농가는 인증 추진 시 충분한 지원 및 인정을 받지 못할 수 있다. 이는 농가가 인증 추진 및 유지에 필요한 추가 비용과 노력을 정당화하기 어렵게 만들 수 있다.

축산농가는 인증에 필요한 자원과 전문 지식이 있더라도 날씨와 같은 환경적 요인 등 때문에 인증 기준을 일관되게 준수하기 어려울 수 있다.[341] 자연재해, 질병, 시장 변동성과 같은 외부 요인은 동물복지에 영향을 미치고 농가가 인증 기준을 준수하기 어렵게 만들 수 있다. 예를 들어 극심한 가뭄으로 인해 물과 사료에 대한 접근이 제한되면 동물복지에 영향을 미치고 농가가 인증 기준을 충족하기 어려울 수 있다. 이외에도 농가 입장에서 동물복지농장 인증 추진에는 많은 어려움이 있다. 대표적으로 ▲ 인증의 복잡성[138], ▲ 인증 및 인증 유지에 많은 시간, 비용 및 자원 소요, ▲ 인증 제품에 대한 소비자 수요

---

138 동물복지 평가에는 영양, 주거, 건강, 행동, 자연스러운 행동 표현 능력 등 다양한 요소가 포함되는 경우가 많다. 또한 동물복지 수준은 동물의 종, 품종, 사육 시스템에 따라 다를 수 있다.

미흡, ▲ 동물 개체별 복지 수준의 다양성[139], ▲ 농장동물복지에 관한 과학적 지식 부족, ▲ 동물복지 기준 및 인증에 관한 교육 · 훈련 미흡 등이 있다.

축산농가의 동물복지 인증을 촉진하기 위해 활용할 수 있는 정책적 수단은 다양하다.

첫째, 정부당국은 가축 사육, 사료 공급, 수의 진료, 취급 등에 대한 명확한 동물복지 인증 기준을 시행할 수 있다. 이 경우 인증 절차는 최대한 간편해야 하며, 정부당국은 인증 신청 및 인증 농가에 필요한 기술적 지원을 제공해야 한다.

둘째, 농가에 재정적 혜택을 제공할 수 있다. 여기에는 보조금, 저금리 대출, 세금 감면 등이 포함된다. 이를 통해 농가는 당국이 정한 복지 기준을 충족하는 개선에 더 쉽게 투자할 수 있다.

셋째, 농가에 필요한 교육과 훈련을 제공할 수 있다. 이는 워크숍, 온라인 강좌, 대학 또는 민간 교육기관의 교육과정 등을 통해 제공할 수 있다.

넷째, 동물복지 농장에서 생산된 제품에는 동물복지 인증 표시를 할 수 있다. 소비자는 윤리적으로 생산된 제품에 대해 프리미엄을 지불할 수 있다. 인증 표시는 소비자의 신뢰와 투명성을 구축하는 데 기여한다.

다섯째, 동물복지를 향상시킬 수 있는, 새롭고 효과적인 방법을 찾는 연구개발에 대한 자금 지원 등 투자를 강화할 수 있다.

여섯째, 동물복지의 중요성에 대한 대중의 인식을 높이면 인증 제품에 대한 소비자 수요를 높일 수 있다. 정부는 다양한 미디어 채널을 통해 동물복지, 공중보건 및 환경 지속가능성을 위한 복지 친화적 축산업의 이점을 대중 교육 캠페인을 통해 진행할 수 있다.

---

139 같은 농장 내에서도 유전, 나이, 건강, 환경적 요인 등 다양한 이유로 인해 동물의 복지 수준이 다를 수 있다.

일곱째, 농가의 동물복지 기준 이행 실태를 주기적으로 점검하고 체계적으로 평가한 결과를 농가에 제공하여 농가의 일관된 동물복지 기준 이행을 도울 수 있다.

3.4. 정부 정책은 농장동물 복지의 지휘자이다

가축에서 제기되는 주된 동물복지 사안은 ▲ 우리나 상자와 같은 밀폐된 공간에서의 사육, ▲ 밀집 사육에 따른 운동 부족 등 자연적 행동 제한, ▲ 단미, 거세 등에서 부적절한 통증 관리, ▲ 비인도적 살처분 및 도축, ▲ 비위생적 사육 환경, ▲ 동물복지 기준에 따른 사육, 식품 생산 및 제품 표시[140], ▲ 장거리 수송 등이 대표적이다.

이와 같은 농장 동물의 복지 사안을 개선하기 위해서는 정부당국의 종합적인 정책 조치가 필요하다.

첫째, 법적 규제 틀 구축이다. 정부는 농장 동물의 처우에 대한 합리적 기준을 법령으로 제시해야 한다. 이에는 사육, 사료 공급, 수의 진료, 취급, 운송, 도축 등에 관한 관행이 포함된다. 축종별로 구체적인 기준을 제시하는 것이 바람직하다. 동물복지 농장 인증은 중요한 규제 중 하나로 투명성과 신뢰성을 유지하기 위해 제3자의 정기적인 감사가 필요하다.

둘째, 동물복지 시행 감시 체계 구축이다. 불시 방문을 포함한 정기적인 검사는 동물복지 규정 준수 여부를 감시하는 데 중요하다. 검사관은 동물복지 상태를 정확하게 평가할 수 있도록 전문성이 있어야 한다. 위반 사항에 대한 엄격한 처벌 규정은 규정 미준수를 억제한다. 익명 신고 및 내부고발자 보호 시스템을 구축하면 농장 직원과 일반인이 보복에 대한 두려움 없이 동물복지

140 소비자는 동물성 제품의 표시사항에 점점 더 많은 관심을 보이고 있으며, 동물복지 농장 또는 유기농 농장 등 동물이 사육된 환경에 대해 더 많은 투명성을 원한다.

위반을 신고할 수 있다.

셋째, 인센티브 및 지원이다. 정부는 더 나은 동물복지 관행에 투자하는 농장에 보조금이나 장려금을 제공할 수 있다. 높은 복지 기준을 달성한 농장에 세금 감면 등 혜택을 제공할 수 있다. 동물복지 기술 연구개발에 적극적인 예산 할당도 필요하다. 동물복지 모범 사례에 대한 교육 자원과 훈련 프로그램을 제공하여 농가가 규정을 준수하는 데 필요한 지식과 기술을 갖출 수 있도록 지원해야 한다.

넷째, 대중 인식 제고 및 소비자 참여 확대이다. 동물복지의 중요성에 대한 대중 인식 캠페인은 소비자가 좀 더 윤리적으로 생산된 제품을 구매하도록 유도할 수 있다. 동물복지 제품을 인식할 수 있는 표시 사항도 도움이 된다. 또한 동물복지 축산물에 이력 추적 시스템을 구현하면 소비자가 원산지를 추적하고 복지 기준을 충족하는지 확인할 수 있다.

| 04 | 실험동물에 대한 연민은 인류애이다

4.1. 동물 실험의 유용성에 대한 논란이 많다

동물 실험이란 교육 · 시험 · 연구, 생물학적 제제 생산 등 과학적 목적을 위하여 동물을 대상으로 하는 실험 또는 그 과학적 절차를 말한다. 이는 보통 약품, 백신, 화장품, 질병 치료법 등의 안전성과 유효성을 평가하기 위해 수행된다. 이는 의학, 수의학, 생물학 등에 적용될 수 있는 데이터와 통찰력을 얻기 위한 것이다.

2022년, 국내에서 실험에 사용된 동물은 499만 마리로 역대 최대였다.[342] 동물에 큰 고통을 주는 실험의 비중도 커져, 전체 사용 실험동물 수 중 고통지수가 가장 높은 등급인 E등급 실험이 차지하는 비중이 2017년 전체의 33%(308만 두)에서 매년 증가하여 2022년에는 49%(500만 두)를 차지했다.

최근 과학계, 실험동물 생산업계 등을 중심으로 실험동물의 복지에 관한 관심과 노력이 늘어나고 있다. 그러나, 동물복지 측면에서 동물 실험은 다양한 문제가 있다.

첫째, 윤리적 고려와 3R이다. 윤리적 논쟁은 종종 동물의 도덕적 지위와 동물 사용의 정당성을 중심으로 이루어진다. 널리 통용되는 윤리적 틀이 3R[141]이다. 문제는 과학계, 연구계 등에서 3R이 널리 받아들여지고 있음에도 이를 완전히 구현하는 데는 지속적인 어려움이 있다는 점이다. 예를 들어 '대체Replacement' 기술이 발전하고 있지만 동물 모델이 꼭 필요한 생물학적 실험 등도 있다. 마찬가지로 데이터의 품질을 손상시키지 않으면서도 '감소Reduction'를 달성하는 것은 특히 통계적 유의성을 위해 대규모 샘플 크기가 필요한 연구에서는 어려울 수 있다.

둘째, 고통과 스트레스이다. 실험에 사용되는 동물은 실험 과정 중 시술 등에 따라 종종 고통, 스트레스를 겪는다. 여기에는 침습적 수술, 주사, 독성 물질 노출, 감금으로 인한 심리적 스트레스, 고통 등이 포함된다. 실험실 환경의 동물은 사회적 고립, 작은 우리에 감금, 부자연스러운 환경 노출 등으로 인해 심리적 고통을 경험한다.

셋째, 부적절한 사육 환경이다. 우리 크기, 생활환경 조건 등은 동물의 신체적, 심리적 복리에 영향을 미친다. 그러나 실험에서 통제된 환경의 필요성과 자연스럽고 풍요로운 조건을 제공하는 것의 균형을 맞추는 것은 여전히 어려운 과제이다.

넷째, 동물 대체 실험 모델의 유용성이다. 다양한 동물 대체 시험법이 더 개발되고 점점 더 정교해지고 있지만, 모든 연구에 보편적으로 적용되지는 않

---

141 3R은 대체(Replacement), 감소(Reduction), 개선(Refinement)을 말한다. 대체는 동물이 필요 없는 대체 방법을 찾는 것을, 감소는 연구의 질을 떨어뜨리지 않으면서 동물의 수를 줄이는 것을, 개선은 동물의 고통을 줄이기 위해 실험 방법을 개선하는 것을 의미한다.

는다. 특히 복잡한 생리적 시스템을 다루는 특정 연구 분야는 여전히 동물 모델에 크게 의존하고 있다.

다섯째, 규제의 집행력과 감시 체계의 부족이다. 각국의 동물복지 관련 법률과 규제의 수준이 다르며, 이의 집행력도 다르다. 또한 실험자와 실험 기관이 복지 규정을 엄격하게 준수하는지 확인하기가 어렵다. 모든 연구자가 동물복지의 중요성을 충분히 이해하고 실천하는 것은 아니다.

여섯째, 종별 차이이다. 약물과 치료법의 효능과 안전성은 동물 종마다 생리, 신진대사, 유전 등에 차이가 있어 동물 실험의 결과를 항상 신뢰할 수 있는 것은 아니다. 동물과 인간의 생리적 차이로 인해 실험 결과의 유효성에 문제가 있을 수 있다.

일곱째, 안락사이다. 실험이 끝나면 실험동물은 대부분 안락사된다. 이러한 관행은 윤리적 문제가 있다. 특히 실험이 정당화되지 않은 경우는 더욱 그렇다.

최근에 동물 실험의 유용성에 대한 논란이 많다. 과학 연구에서 동물 실험은 과학적 진보와 윤리적 고려 사항을 대립시키는 매우 분열적인 문제이다.[343],[344],[345],[346]

첫째, 지지자의 관점이다.[347],[348] 이들은 동물 실험이 지난 세기 동안 거의 모든 의학적 혁신에 중요한 역할을 해왔다고 주장한다. 예를 들어 소아마비, 결핵, 홍역과 같은 질병에 대한 백신 개발은 동물 연구에 크게 의존했다. 동물, 특히 포유류는 인간과 유전적, 생물학적으로 상당한 유사성을 가지고 있어 인간의 생리와 질병 메커니즘을 이해하는 데 유용한 모델이다. 식품의약품안전처 등 규제 기관은 신약 등의 안전성과 효능을 확인하기 위해 인간 대상 임상시험에 앞서 동물 실험을 의무적으로 실시할 것을 법령으로 요구하는 경우가 많다. 또한 동물복지와 윤리적 기준의 발전으로 실험동물을 인도적으로 대우할 수 있게 되었다고 주장한다.

둘째, 반대자의 관점이다.[349] 이들은 동물은 고통을 경험할 수 있는 지각이 있는 존재이며, 동물을 인간의 이익을 위한 단순한 도구로 사용하는 것은 도덕적 잘못으로 본다. 이들은 또한 동물 실험의 과학적 타당성에 의문을 제기하며 동물 실험의 결과가 생물학적 차이로 인해 인간에게 그대로 적용되지 않는 경우가 많다고 지적한다. 부자연스러운 환경에서 동물에게 인위적으로 유발된 질병은 인간에게 자연적으로 발생하는 질병과 같을 수 없다. 동물에서 안전하고 효과적으로 실험한 신약의 95% 이상이 인간 임상시험에서 실패하며, 일부 질병의 경우 실패율이 더욱 심각하여 항암제 연구는 96.6%, 알츠하이머병 연구는 99.6%에 달한다.[350] 체외 실험In-vitro Testing, 컴퓨터 모델링, 인체 장기 온칩 기술Human Organ-on-a-Chip Technology[142] 등 대체 방법이 좀 더 윤리적이고 더 효과적인 실험 접근법이라 본다.

동물 실험에 대한 논란은 과학적 필요성과 윤리적 책임이 복잡하게 얽혀 있다. 현재 진행 중인 논쟁은 동물의 복지와 과학적 지식의 추구를 모두 고려하는 균형 잡힌 접근방식을 요구한다. 대체 방법의 발전은 동물 실험에 대한 의존도를 줄일 수 있는 희망을 제시하지만, 이러한 방법이 동물 모델을 완전히 대체할 수 있을 때까지 윤리 및 과학계는 좀 더 인도적이고 효과적인 연구 관행을 위해 계속 노력해야 한다.

4.2. 아직도 복지 수준 개선을 위한 많은 조치가 필요하다

실험동물의 복지 수준을 향상하기 위해 다음과 같은 사항을 고려할 수 있다.[351]

첫째, 3R 실행 강화이다. 이는 동물 실험에서 동물복지 확보 방안으로 가

142 인간의 장기 기능을 모사하는 미세한 칩을 사용하여 생리학적 환경에서 세포의 행동을 연구하는 기술로, 미세유체 공학(microfluidics)과 조직공학(tissue engineering)을 결합하여 살아있는 세포를 3D 구조에 배양함으로써 인간 장기의 생리적 상태를 재현한다.

장 널리 활용되는 접근법이다. 실험 설계를 최적화하여 신뢰할 수 있는 결과를 얻는 데 필요한 동물 수를 최소화하고, 가능한 경우 대체 방법을 사용해야 한다.

둘째, 비동물 모델 사용이다. 컴퓨터 모델링Computer Modelling[143], 세포 배양Cell Culture, 조직 공학Tissue Engineering[144] 등 비동물 모델은 실험 및 연구에서 더욱 정확한 결과를 제공하고 동물 실험을 보완 또는 대체할 수 있다.

[표 4] 실험동물 사용 여부 결정 시 중요 고려 기준[352]

기준	중요 고려사항
동물실험의 필요성	동물 실험 없이 연구 결론을 얻을 수 없는지 여부
동물실험의 대안	연구자가 동물 실험을 하지 않는 다른 연구 접근법을 찾기 위해 노력하는지 여부
동물복지 향상	동물 실험 및 동물 관리 측면에서 동물복지 및 윤리적 대우가 적절한지 여부
실험동물 종 및 수	실험동물의 종과 수가 연구 목적에 적합한지 여부
통증에 대한 적절한 평가 및 관리	실험 중 실험동물이 겪는 고통과 괴로움의 정도가 허용 가능한 수준인지 여부
인도적 종료 시점 및 안락사에 유효한 타이밍	실험동물에 대한 안락사 방법이 적절한지, 인도주의적 안락사 시기가 합리적인지 여부
진정제, 진통제 및 마취제 적정사용 방법	실험 중 실험동물의 고통을 줄이기 위한 적절한 조치가 계획되어 있는지 여부
규정 준수	동물실험의 금지 등 법령을 준수하는 연구인지 여부
훈련된 연구원에 의한 전문적인 실험동물 취급	실험 또는 연구자가 동물 실험과 관련된 적절한 지식과 교육을 받았는지 여부

143 생물학적 시스템을 수학적 및 컴퓨터 알고리즘으로 시뮬레이션하는 방법이다. 이를 통해 다양한 생물학적 과정과 질병의 진행, 약물 반응 등을 예측할 수 있다.

144 세포, 생체재료, 생화학적 인자 등을 이용하여 인공적으로 조직을 재생하거나 새로운 조직을 만드는 방법이다.

셋째, 동물 실험 절차의 개선이다. 가능한 한 덜 침습적인 방법을 사용하고, 실험 과정에서 적절한 마취와 진통제를 제공하여 동물의 고통을 줄여야 한다. 또한 연구가 동물에게 불필요한 고통을 주지 않도록 명확하고 인도적인 종료 시점을 설정하는 것이 중요하다.

넷째, 자연 친화적 환경 조성이다. 이는 동물에게 자연 서식지와 유사한 자극적인 환경을 제공하는 것을 의미하며, 이를 통해 동물들이 자연스러운 행동을 할 수 있도록 돕는다. 예를 들어 등반, 둥지 만들기, 숨기기, 탐험과 같은 행동을 유도할 수 있는 물리적 장치를 제공하거나, 사회적 동물의 경우 가능한 한 그룹이나 쌍으로 사육하여 사회적 필요를 충족시킬 수 있다. 다양한 조명, 소리, 향기 등을 통해 동물의 감각을 자극하는 것도 중요하다.

다섯째, 동물 종별 특성에 맞는 주거 환경 관리이다. 적절한 크기와 복잡성을 가진 우리를 제공하고, 적절한 환기, 조명, 온도 조절을 통해 편안한 환경을 유지해야 한다. 또한 종별 요구에 맞는 영양을 제공하며, 식단의 다양화를 통해 자연스러운 먹이 섭취 행동을 유도할 필요가 있다. 청결한 생활환경을 유지하기 위해 규칙적인 우리 청소와 소독이 중요하다.

여섯째, 동물 사용과 복지 관행에 대해 투명성을 유지하고, 불필요한 실험의 반복을 방지하기 위해 부정적인 결과도 포함하여 연구 결과를 공개하는 것이 중요하다. 실험에 사용된 동물의 수, 수행된 절차, 실험 결과 등의 투명한 공개이다. 이는 동물 실험에 대한 대중의 신뢰와 이해를 높이고 실험자의 책임감을 높인다.

일곱째, 실험자, 연구자의 동물복지 규정 및 윤리적 지침 준수이다. 이를 위해 실험자나 연구자는 동물복지 및 동물 연구의 윤리적 관행에 관한 적절한 훈련과 교육을 받아야 한다. 이에 관한 규제 기관의 철저한 감독도 중요하다.

여덟째, 연구자, 과학계, 대중의 윤리의식 제고이다. 이는 동물 사용 최소화, 대체 방법 채택 등 책임감 있는 동물 실험 문화 조성에 기여한다.

| 05 | 민관 동물복지 기관 · 단체는 상호 의존적 동반자이다

정부 동물복지 기관은 동물 학대 조사, 동물보호법령 집행, 공공 안전 문제 등을 다룬다. 이들은 민간 동물보호단체, 활동가 등과 업무적으로 밀접한 관련이 있다. 때문에 효과적인 동물복지를 위해서는 이들 간의 협력적 파트너십이 필수적이다.

이들은 서로 협력함으로써 동물복지 문제를 좀 더 총체적으로 다룰 수 있다. 이러한 협력은 두 부문의 고유한 강점과 자원을 활용하여 보다 포괄적이고 지속 가능한 해결책을 도출한다. 예를 들어 정부 기관은 동물보호 단체가 제공하는 데이터와 인사이트를 활용하여 좀 더 정보에 입각한 법안과 정책을 마련할 수 있다. 한편, 동물보호 단체는 정부의 지원과 합법성을 바탕으로 활동 범위와 영향력을 강화할 수 있다.

정부기관은 보통 관련 법령, 제도, 정책을 수립 · 시행하고, 대중에 관련 교육 및 홍보를 제공한다. 민간단체는 학대받는 동물의 구조 및 보호, 유기 및 유실 동물의 입양, 동물복지 위반 실태 조사 · 연구 등을 수행한다.

정부기관은 동물복지 사건, 연구, 법령 및 자원을 관리하는, 민관이 모두 접근할 수 있는 중앙집중식 데이터베이스를 구축해야 한다. 이는 정부기관의 동물복지 업무에 관한 투명성과 이해관계자와 대중의 신뢰도를 높여 업무 효율성을 향상한다.

민관 기관 · 단체는 상호 간에 정기적인 소통과 협력을 위한 협의회 등 제도화된 만남의 장이 있어야 한다. 이는 당면 과제를 논의하고 모범 사례를 공유하며 공동 전략을 개발하는 플랫폼 역할을 한다. 이를 통해 양측은 지속적인 대화와 협업을 보장하여 좀 더 응집력 있고 효과적인 업무 계획을 수립할 수 있다.

정부기관과 민간단체는 '공공-민간 파트너십'을 구축하고 협업을 통해 자금, 인력, 시설 등 전문 자원을 공유할 수 있다. 민간단체는 정부 기관을 대신하여 유기동물 보호소 운영, 중성화 수술 등 동물 관리 서비스를 제공할 수 있다. 또한 이들은 자료 공유, 공동 교육, 훈련 또는 연구를 할 수 있다. 동물 학대 및 불법 행위에 대한 공동 조사, 동물복지 기준 준수 여부 공동 감시기구 운영 등도 있다. 이러한 공동의 노력은 동물복지 문제에 대한 집단적 이해와 협력을 강화한다.

자연 재난 등 위기 상황에서 정부와 민간 기관 간의 동반자적 협력은 동물을 보호하기 위한 대응에 효과적이다. 이러한 파트너십은 자연재해에 취약한 동물 집단에 미치는 부정적 영향을 최소화하는 대비 태세를 강화한다.

민관 기관은 다양한 분야의 동물복지 실태 등을 함께 조사 및 평가할 수 있다. 이는 동물복지 조치의 영향을 평가하는 데 필수적이다. 정기적인 평가는 이들 조치의 현장 적응력을 높여 효과를 지속할 수 있도록 한다.

그러나, 이들 간 관계에는 대립적, 논쟁적 다툼도 있을 수 있다. 정책과 규정에 대한 이견이 있을 때는 더욱 그렇다. 민간단체는 엄격한 법령 및 강력한 집행을 원한다. 정부기관은 민간단체가 현실적 여건을 경시한 동물 옹호 활동을 한다고 생각할 수 있다. 동물복지 기준에서 이들 간의 인식 차이가 있을 수 있다. 이로 인해 관련 법규를 집행할 때 혼란이나 갈등이 발생할 수 있다.

| 06 | 향후 동물복지 수준 향상을 위한 제언이다

6.1. 당면한 동물복지 문제점부터 해결하자

우리나라가 현재 직면하고 있는 동물복지 관련 문제는 보는 시각에 따라 다양하고 복잡하지만, 대표적 문제는 다음과 같다.

첫째, 성숙한 반려동물 문화와 관리 제도가 아직 미흡하다. 동물복지에 대한 이해관계자, 일반 대중의 인식이 여전히 미흡하다. 동물유기 · 학대 방지를 위한 책임감 있는 반려동물 관리가 미흡하다. 펫티켓이 부족하다. 앞으로 소유자 등에 대한 교육, 홍보 등을 통해 지속적인 개선이 필요하다.

둘째, 전반적인 동물복지 수준은 점차 높아지고 있지만, 기대 수준에 비해서는 아직 갈 길이 멀다. 축산농가에서 거세, 절치, 단미 등이 마취 없이 진행되는 경우가 많다. 도축 시 상당수는 의식이 있는 상태에서 도축되고 있다. 아직도 식용 목적으로 비위생적인 열악한 환경에서 개가 사육된다. 불법 강아지 생산 공장이 성행한다. 반려동물에 대한 학대, 유기 수준도 심각하다. 급격한 반려동물 산업 성장에 따른 불법적인 사육과 유통, 동물 학대 등이 있다. 이에 대한 적극적인 규제와 감시가 필요하다.

셋째, 법률적 미흡이다. 동물보호 대상 동물이 법적 제한되어 있다.[353] 동물보호법은 보호 대상을 형법에서 보호되는 동물로 한정한다. 예를 들어 포유류, 조류, 파충류, 양서류, 어류를 보호하나, 파충류, 양서류, 어류 중 식용을 목적으로 하는 동물은 제외한다. 법령 위반행위에 대한 처벌이 경미하거나 제한적인 경우가 많다. 예를 들어 동물학대 혐의의 처벌은 대부분 벌금형이다. 동물을 학대하였으면 소유권을 보호소나 입양 등으로 강제적으로 바꾸는 등 실질적 제제가 필요하다. 동물 등록제도 미흡이다. 이에 따라 유기, 유실 동물의 식별과 소유자의 책임을 추적하기 어렵다. 이는 동물의 안전과 복지에 직결되는 문제이다.

넷째, 동물보호 시설 부족이다. 이에 따라 유기 동물 구조 시 개체수 조절 등의 이유로 안락사 등 비인도적 조치를 취하는 경우가 많다. 보호시설 확충 등 대책이 필요하다.

다섯째, 반려동물 식용 문제이다. 여전히 일부 지역에서 개와 고양이를 식용으로 취급한다. 이의 근절을 위해서는 문화적인 변화, 엄격한 법적 제재 등이 필요하다.

여섯째, 동물 실험 문제이다. 많은 사람이 실험 및 연구에 활용되는 동물의 복지를 우려한다. 정부 및 관련 업계는 대체 실험 방법 개발, 동물 실험 대상 축소 등 해결방안을 적극 마련해야 한다.

일곱째, 국내 상황에 맞는 한국형 동물복지 정책이 필요하다. 우리나라는 인구밀도가 높고, 사계절이 뚜렷하며, 산이 많고 초지가 적은 독특한 자연환경을 갖고 있다.

6.2. 동물의 존엄성을 법령으로 규정하자

동물의 존엄성, 권리 등을 법령으로 규정하는 것은 세계적 추세이다. 이는 동물을 보다 윤리적이고 자비롭게 대하는 긍정적인 현상이며, 현대 사회에서 동물복지의 중요성에 대한 이해가 높아지고 있음을 반영하는 것으로 여러 이점이 있다.

첫째, 동물에 대한 인도적 처우를 보증한다. 동물의 권리 및 존엄성에 관한 법적 규정은 인간과 동물의 상호작용에서 허용되는 것과 허용되지 않는 것을 정의하는 도덕적 나침반 역할을 한다. 예를 들어 동물 학대를 금지하는 법률은 불필요한 고통으로부터 동물을 보호하는 경계를 설정한다. 이러한 보호 조항을 명시적으로 규정함으로써 법은 학대, 방치, 착취를 방지하고 동물이 지각 있는 존재로서 마땅히 존중받을 수 있도록 보장한다.

둘째, 동물 학대 등에 대한 처분에서 명확성과 일관성을 높인다. 구체적인 법적 기준이 없으면 위반자를 기소하거나 책임을 묻기가 어렵다. 예를 들어 법령에는 적절한 보호소, 영양, 의료 서비스에 대한 조항이 포함될 수 있다. 이러한 특수성은 법 집행 기관이 학대 사건 등에 대한 기소 및 처벌의 근거를 제공한다. 다른 한편으로는 축산, 연구, 오락 등에서 동물 이용 시 명확한 지침을 제시하여 법적 처벌을 피할 수 있도록 돕는다.

셋째, 모든 생명에 대한 공감과 연민, 존중을 증진한다. 동물의 권리, 존엄성을 법에 포함함으로써 사회는 동물의 인간에 대한 유용성 이상의 내재적 가치를 인정하게 된다. 이러한 인식은 동물의 윤리적 처우에 대한 대중의 인식과 교육 강화로 이어질 수 있다.

넷째, 다면적이고 복잡한 인간과 동물의 관계를 해결하는 데 기여한다. 동물이 단순한 소유물이 아니라 존중받을 가치가 있는 존재라는 점을 인식함으로써 이러한 복잡성을 해결하는 데 도움이 된다. 예를 들어 법령으로 업계에 동물의 신체적 건강뿐만 아니라 심리적 안녕을 고려하도록 요구할 수 있다.

우리나라의 경우 현행법상 동물은 '물건'이다. 현행 민법상 물건은 '유체물 및 전기 기타 관리할 수 있는 자연력'으로 규정된다. 동물을 물건으로 규정하고 있는 까닭에 동물학대 등이 발생했을 때 형법상 재물손괴죄 적용 외에는 별다른 방안이 없다.

민법에 '동물은 물건이 아니다'라는 조항을 추가하여 동물을 '생명'으로 대우하기 위한 노력이 동물보호단체를 중심으로 오랫동안 있어 왔고 지금도 계속되고 있다. 2021년 7월, 법무부가 '동물은 물건이 아니다'라는 민법 제98조2 신설 개정안 입법예고를 한 적이 있으나 이는 이후 흐지부지되었다.

과거에도 동물에게 법적 권리를 부여하려는 노력이 있었다. 2003년, '도롱뇽의 친구들'이라는 환경단체가 경상남도 양산시 천성산에 사는 도롱뇽을 원고로 내세워 '경부고속철도 공사 중지 가처분 소송'을 제기하였다. 2019년에는 설악산 케이블카 설치와 관련하여 산양이 원고가 되어 '문화재 현상 변경 허가 처분 취소 소송'을 제기하였다. 법원은 모두 수용하지 않았다. 참고로 2023년 11월 이후 제주도는 제주 연안에 서식하는 멸종위기 국제보호종인 남방큰돌고래에 법적 권리주체 자격을 부여하는 방안으로 '제주남방큰돌고래 생태법인' 논의를 진행 중이다. 외국에서는 동물이 소송 당사자로서 인정받은 경우가 꽤 있다.[354] 대표적으로 2013년과 2014년에 아르헨티나 동물원의 오랑우탄 '샌드라'와 침팬지 '세실리아'의 인신보호영장청구 소송이 있다.

스위스는 1973년, 세계 최초로 동물의 존엄성을 헌법에 명시하였다. 독일은 2002년, 동물보호 책임을 헌법적 가치로 규정하였고, 오스트리아는 2005년, 헌법을 개정하여 동물을 '고유한 가치를 지닌 존재'로 규정했다. 프랑스와 뉴질랜드는 2015년에 동물이 '존엄성을 지닌 보호 대상'임을 법적으로 규정하였다. 미국은 2018년, 반려동물 · 여성안전법에 따라 가정 폭력 발생 시 여성이 반려동물과 함께 대피할 수 있도록 보호한다. 또한 많은 연방 주에서 동물의 지각을 인정하고 동물복지를 증진하는 법이나 결의안을 통과시켰다.[145] 좀 극단적 예로 2023.5.3. 브라질 상파울루 지방 법원은 브라질 전국동물보호포럼National Forum for the Protection and Defense of Animals이 2017년 제기한 소송에 대한 판결에서 "소는 배고픔이나 갈증을 느끼고 추위나 고통, 두려움을 느끼는 생물로 물건이 아니기 때문에 모든 생우의 수출을 금지한다"라고 판결하였다.[355]

6.3. 동물복지 법령을 대폭 강화하자

동물복지법령은 그동안 동물의 인도적인 대우를 보장하는 방향으로 상당한 진전이 있었다. 1991년 제정된 동물보호법은 12개 조로 구성되어 동물학대 행위 금지, 동물의 적정한 사육 및 관리, 유기동물에 대한 조치, 동물의 실험 등을 규정하였다. 동 법은 2007년 전부 개정되어 26개 조로 확대되었고, 동물의 정의 확대 및 보호대상 명확화, 동물 학대 처벌 강화, 유기동물 보호에 대한 제도적 장치 도입, 동물 실험에 대한 규제 강화 및 윤리적 고려 의무화 등으로 동물복지 사항이 대폭 강화되었다. 그간 동물보호법은 33번의 제 · 개정을 통해 현재는 101개 조로 확대되는 등 동물복지 기준을 강화하는 방향으로

---

145 캘리포니아주는 2019년에 동물을 지각이 있는 존재로 인정하고 동물 보호소에서 보호 중인 동물에게 사회화, 운동, 놀이 시간을 제공하도록 의무화하는 법안을 통과시켰다.

계속 변화해 왔다.

그러나 동물복지법령은 변화하는 사회적 인식 및 요구에 맞추어 지금도 크게 강화할 필요성이 있다. 동물이 고통과 아픔을 경험할 수 있는 지각 있는 존재로 인식되는 등, 동물과 동물의 권리에 대한 사회의 인식은 계속 발전하고 있다. 따라서 법령도 이러한 가치를 반영해야 한다. 최근 많은 연구에 의해 동물도 인지 능력, 사회적 욕구 등이 있음이 밝혀졌고, 이는 동물복지에 관한 과학적 이해를 높이고 있다. 이러한 연구 결과를 반영하여 법령을 개정할 필요가 있다. 유전자 변형, 자동화된 동물사육 시스템, 정교한 실험실 기술 등 동물의 복지에 영향을 미치는 기술 또한 빠르게 발전하고 있다. 이들은 예상치 못한 방식으로 동물복지에 영향을 미칠 수 있다. 이에 대응하기 위한 법령 강화는 잠재적인 복지 문제를 예방하는 데 중요하다.

앞으로 동물복지 법령에 추가로 강화되어야 할 사항으로는 ▲ 학대 행위 등 법적 처벌 대상 확대 및 법령 위반자에 대한 처벌 강화, ▲ 동물 번식 · 판매 등 취급 업소의 책임 강화, ▲ 공장식 축산 및 무분별한 반려동물 생산에 대한 금지 또는 규제 강화 등을 들 수 있다.

우리나라의 경우 지금은 동물보호 대상 동물이 농장동물, 실험동물, 반려동물로 한정되어 있으나 앞으로는 모든 동물로 확대할 필요가 있다. 독일은 동물보호법에서 살아있는 모든 동물을 포괄적으로 보호한다. 영국은 척추동물을 넘어 갑각류, 두족류[146] 등을 지각이 있는 존재로 인정하는 등 보호 대상 동물의 범위를 2022년에 크게 확대했다. 스위스는 유희성 낚시를 금지하고, 살아있는 어류의 유기를 금지하는 등 어류도 실제 보호 대상에 포함한다.

동물복지 관련 법령을 효과적으로 시행하기 위해서는 동물복지 담당 기관이 시행에 필요한 적절한 예산과 인력이 있어야 한다. 동물 학대 등을 조사하

---

146 연체동물의 하나로 발이 머리에 달린 것이 특징이며, 머리의 입 주위에 8~10개의 발이 있다.

는 시민감시관Ombudsman 운용이나 동물복지 인증 등을 전문적으로 담당하는 공공 기관 설립도 바람직하다.

6.4. 반려동물 보유세를 신설하자

농림축산식품부는 2020년 1월 발표한 '2020~2024 동물복지 종합계획'에 '반려동물 보유세 도입 방안'을 포함시켰다. 매년 유기동물 수가 늘면서 사회적 비용이 증가하는 만큼 반려인으로부터 세금을 걷어 동물보호 활동 등에 활용한다는 내용이다. 우리 국민의 71.1%는 반려동물에 대해 매년 일정한 등록비를 지급하도록 하거나 세금을 부과하는 것이 양육자의 책임 강화에 효과가 있을 것으로 생각했다.[356] 반려동물 보유세는 사실 이점이 많다.

먼저 시민의 생명과 안전을 보호하는 데 기여한다. 개에게 세금을 매김으로써 무분별하게 증가하던 개의 개체수를 감소시켜 개물림 사고, 광견병 전염 등으로 인해 야기되는 인명 피해를 줄일 수 있다.

둘째, 동물의 권리를 보장하는 데 기여한다. 보유세를 반려동물복지 관련 공공 서비스 및 인프라 구축에 활용할 수 있다. 여기에는 중성화 프로그램, 반려인 교육 과정 등이 포함될 수 있다. 지역의 동물보호소, 동물구조단체 등의 지원에도 활용할 수 있다.

셋째, 반려인의 책임감을 높일 수 있다. 이는 반려동물 소유에 비용을 부과함으로써 동물을 적절히 돌볼 수 없거나 돌볼 의사가 없는 사람은 애초에 소유하지 못하도록 막을 수 있다. 반려인이 반려견을 등록하고 세금을 납부하도록 의무화하면 분실되거나 버려진 반려견의 주인을 추적하기가 쉬워 유기 동물이 감소한다. 반려동물 보유세를 안 걷는 프랑스의 경우 이를 징수하는 이웃 나라들에 비해 유기견 발생 비율이 확연히 높다.

반려동물 보유세의 잠재적 혜택은 세금의 액수, 징수 방법, 세입 배분 방법 등에 따라 크게 달라질 수 있다. 이는 저소득층 가정에 불균형적으로 영향을 미칠 수도 있다. 보유세를 시행할 때는 잠재적인 단점 및 의도하지 않은 결과와 균형을 고려해야 한다.

'반려동물 보유세'는 프랑스, 영국을 제외한 유럽 대부분 국가, 미국, 캐나다, 호주, 뉴질랜드, 일본, 중국, 싱가포르 등에서 운영하고 있다. 유럽에서는 주로 개에만 세금을 부과하는 반면, 미국과 캐나다 등에서는 개와 고양이 모두에게 세금을 부과한다. 일반적으로 고양이보다 개에게 훨씬 높은 세율이 적용된다.

독일, 스위스, 오스트리아, 네덜란드, 룩셈부르크의 경우, 대부분 지역에서 연간 반려견세를 징수한다. 일본은 일부 도시에서 반려인이 반려견 소유 면허를 취득하고 연간 수수료를 납부한다. 영국은 일부 지방에서 반려인에 반려견 면허증 취득 수수료를 내도록 요구한다. 미국의 경우 연방 차원에서 특정 세금이나 수수료가 부과되지 않지만, 주 및 지방 차원에서 반려인에 면허 또는 등록 수수료를 요구한다.

독일은 헤센주Land Hessen의 3개 지역을 제외한 모든 지역에서 반려견 1두당 매년 수백 유로 수준의 세금을 징수한다.[357] 이를 위해 각 지자체는 개 등록 제도를 시행한다. 만약 세금을 내지 않거나 늦게 반려견을 등록하는 경우 벌금이 부과될 수 있다. 공공장소에서는 세금 꼬리표가 달린 목줄을 착용한다. 예외도 있다. 개를 키우는 목적이 생업과 관련이 있거나 살아가는 데 꼭 필요한 경우에는 세금이 면제된다. 대표적으로 맹인 안내견, 경찰견, 군견, 치료 목적의 개, 양치기 개, 구조견 등이 있다. 사회보조를 받는 사람이나 장애인이면 세금 감면을 신청할 수 있다.

6.5. 대규모 동물 살처분은 최대한 피하자

FMD, HPAI, ASF 등 악성 가축질병이 발생하면 정부당국이 취하는 대표적 통제 조치 중 하나는 이들이 발생한 농장의 모든 가축을 최대한 신속히 살처분 도태하는 것이다. 이러한 '근절 정책Stamping-out Policy'은 전염성이 강하고 경제적으로 파괴적인 질병이 다른 농장과 지역으로 확산하는 것을 막고 최대한 빨리 근절하기 위해 시행되는 대표적인 질병통제 정책 방안 중 하나이다.

근절 정책의 핵심 요소는 ▲ 질병 감염 구역Infected Zones 지정, ▲ 감염 구역 내 감염 농장 및 감염 위험 농장 또는 지역을 파악하기 위한 집중적 예찰, ▲ 가축 격리 및 이동 제한, ▲ 감염 및 감염 위험 농장 또는 지역에 있는 모든 감수성 동물에 대한 즉각적인 살처분, ▲ 사체 및 기타 오염 우려 물질의 안전한 폐기, ▲ 살처분된 농장의 소독 및 청소, ▲ 살처분 후 적절한 기간 동안 농장에 감수성 동물 입식 금지 등이 있다.[358]

'근절 정책'에 따른 긴급 살처분을 결정하기 전에 4가지 요인 즉, ①살처분이 종교, 동물복지 및 기타 사회적, 경제적 이유로 지역사회의 동의를 얻을 수 있는지 여부, ②긴급 백신접종 등 다른 전략의 장점, 단점 및 실행의 성공 가능성, ③근절 조치에 필요한 모든 활동을 수행할 수 있는 인력, 장비 및 기타 물적 자원을 확보할 수 있는지 여부, ④근절 조치로 인한 경제적 손실 등에 대해 공정하고 신속한 보상을 위한 적절한 규정이 마련되어 있는지 여부 등 여러 사회적, 경제적 및 기타 요인을 먼저 평가해야 한다.

근절 정책은 다양한 차원에서 장점이 있다. 먼저, 역학적 관점에서 볼 때, 전염병 확산을 빠르게 차단하는 데 효과적이다. 감염된 농장의 모든 감수성 있는 동물을 제거함으로써 질병의 주요 저장소인 가축을 제거하여 전염 주기를 차단한다. 이는 HPAI와 같이 전염률이 높은 질병의 경우 특히 중요하다. 근절 정책은 국지적인 발병이 국가적 또는 국제적 위기로 확대되는 것을 방지한다.

경제적으로 볼 때, 근절 정책은 초기 비용에도 불구하고 다른 통제 조치에 비해 장기적으로 비용 대비 더 효율적일 수 있다. 질병 전파의 원인을 신속하게 제거하면 백신접종, 장기간 격리, 이동 제한 등 장기간의 고비용 조치가 필요한 광범위한 확산을 방지할 수 있다. 피해 농가에 대한 즉각적인 재정적 영향은 심각할 수 있지만, 정부는 농가에 보상 등을 제공하여 살처분에 따른 경제적 타격을 완화할 수 있다. 또한 발병이 신속하게 해결되면 시장을 안정시키고 무역 제한과 소비자 불신으로 어려움을 겪을 수 있는 축산업에 대한 신뢰를 빨리 회복하는 데 기여한다.

사회적으로도 근절 정책은 공중보건과 식량 안보에 기여한다. 이 정책은 가축 단계에서 신속하게 인수공통질병을 박멸함으로써 인간의 건강을 보호한다. 또한 다른 농장 또는 지역의 가축 개체군의 건강을 유지함으로써 안정적이고 안전한 식량 공급을 보장한다.

또한 살처분 정책은 동물복지에 기여하는 측면도 있다. 살처분은 광범위한 질병 발생으로 인해 더 많은 동물이 장기간 고통받는 것을 막기 위한 불가피한 조치로 볼 수 있다. 질병을 신속히 종식함으로써 질병으로 고통받는 전체 동물의 수와 장기간의 질병 통제 조치로 인한 이차적인 영향을 최소화한다.

위와 같이 살처분 정책은 다양한 이점이 있지만, 대규모 가축 살처분이 초래하는 문제점도 많다.

첫째, 해당 동물에게 엄청난 통증과 고통, 공포를 유발한다. 이는 심각한 윤리적 문제를 초래한다. 살처분 시 작업자의 부적절한 동물 취급은 이러한 문제를 더욱 악화시킨다. 살처분 과정에서 동거 동물은 불안, 우울증 등 극심한 스트레스와 심리적 쇼크를 겪는다. 이는 면역 체계 손상으로 이어질 수 있다.

둘째, 질병 통제와 동물복지 사이의 균형에 관한 윤리적 문제를 제기한다. 이 정책은 질병의 확산을 방지하고 공중보건을 보호하는 것을 목표로 하지만, 질병 감염 우려가 있다는 이유만으로 건강한 동물을 포함하여 대량의 동물을 살처분하는 것은 이러한 조치의 비례성과 필요성에 대한 우려를 낳는다.

셋째, 농장 관계자에게 심각한 심리적 고통을 초래한다. 이는 스트레스, 불안, 우울증 등으로 이어질 수 있다. 이들에게 가축은 경제적 수입원일 뿐만 아니라 삶과 정서적 안녕의 중요한 부분이기 때문이다.

넷째, 의도치 않게 차단방역에 위험을 초래할 수 있다. 대량의 동물 사체를 운송하고 폐기할 때 적절하게 처리하지 않으면 병원체가 다른 지역 등으로 확산할 수 있다.

살처분 필요성을 최소화하려면 효과적인 백신접종, 농장과 축사의 출입 통제 및 소독 등 철저한 차단방역 조치, 정기적 예찰을 통한 질병의 이른 시기 확인 등이 필수적이다.

대규모 살처분은 다른 통제 수단이 없는 경우에 사용되는 최후의 선택이어야 한다. 백신접종, 격리 등 다른 효과적인 통제 방안이 있다면 이를 우선 활용해야 한다. 불가피한 대규모 살처분이라도 동물복지를 우선하는 가장 인도적인 방법으로 수행되어야 한다.

6.6. 원웰페어 개념을 활용하자

원웰페어One Welfare[147] 즉 '하나의 복지'는 동물복지, 인간 복지, 환경 건강의 상호 연관성을 인식하는 총체적인 개념이다. 이는 공유하는 환경 내에서 인간과 동물 건강 사이의 연관성을 강조하는 '원헬스One Health' 틀을 확장한 개념이다. 원웰페어는 한 걸음 더 나아가 더 넓은 사회적, 환경적 맥락을 통합함으로써 복지에 대한 좀 더 통합적이고 지속 가능한 접근방식을 장려한다. 이 접근법은 수의, 공중보건, 환경과학, 사회사업 등 다학제적 협력을 요구한다.

원웰페어는 두 가지 핵심 원칙을 기반으로 한다. 하나는 동물과 사람 간의

---

147 이는 2014년 James A. Serpell의 저서 "Animal Welfare and Society: Understanding Animal Welfare at the Human-Animal Interface"에서 처음 사용한 용어이다.

상호 의존적 복지이다. 예를 들어 열악한 동물복지는 인간에게 인수공통질병을 전파할 수 있어 적절한 축산 관행을 요구한다. 반대로 빈곤한 지역사회에서는 제한된 자원이 동물에 대한 부적절한 보살핌으로 이어져 동물과 인간 모두의 복지에 악영향을 미친다. 또 하나는 지속가능한 건강한 환경이다. 건강한 생태계는 인간과 동물 모두의 복지를 위해 필수적이다. 삼림 벌채와 오염과 같은 환경 파괴는 야생동물 서식지 손실로 이어질 수 있다. 원웰페어는 지속 가능한 환경 보존을 추구함으로써 모든 생명체의 안녕을 지원하는 건강한 환경을 촉진한다.

원웰페어는 몇 가지 방식으로 동물복지에 도움이 된다.

첫째, 동물이 살고 있는 환경적, 사회적 여건을 고려한 동물 건강에 대한 포괄적인 접근을 장려한다. 여기에는 동물 건강에 중대한 영향을 미칠 수 있는 서식지 파괴, 오염, 기후변화와 같은 문제를 해결하는 것도 포함된다. 원웰페어는 건강한 환경을 보장함으로써 동물의 본능적인 행동과 필요를 지원하며, 이는 전반적인 복지 향상으로 이어진다.

둘째, 인간과 동물의 건강 활동을 통합적으로 접근하면 수의 의료 및 동물관리 관행을 개선할 수 있다. 예를 들어 농장 관리 관행을 개선하면 동물복지 향상뿐만 아니라 인수공통전염병의 위험도 감소하여 공중보건에 도움이 된다.

셋째, 수의 의료, 공중보건, 환경 보존 등 다양한 분야 간의 협업을 장려한다. 이는 더 나은 자원 배분과 지식 및 전문 지식의 공유를 촉진한다. 예를 들어 수의와 환경 전문가는 서로 협력하여 동물 건강에 직접적인 영향을 미치는 오염 및 서식지 손실과 같은 문제를 다룰 수 있다.

넷째, 동물과 인간 모두에게 이익이 되는 정책을 옹호하기 위한 틀을 제공한다. 복지 문제의 상호 연관성을 강조함으로써 정책 입안자가 좀 더 포괄적이고 포용적인 전략을 채택하도록 한다. 예를 들어 복지 정책은 가축의 생산성을 높여 끝내는 농촌 빈곤과 식량 안보 문제 해결에 기여할 수 있다.

다섯째, 동물이 경제적 가치를 넘어 인간의 행복에 기여하는 경우가 많다는 점을 인식하고, 인류 공동체에서 동물의 역할을 강조한다. 원웰페어 활동은 동물복지를 개선함으로써 이러한 인간과 동물의 유대감을 강화하여 사람들의 정신적, 정서적 복리에 기여할 수 있다.

Part 07

원헬스 정책

| 01 | 원헬스는 21세기에 등장한 혁신적 패러다임이다

1.1. 원헬스는 시대적 산물이다

21세기, 세계는 정치, 경제, 사회, 보건, 환경 등 모든 분야에서 서로 연결되고 의존하고 상호작용한다. 이러한 배경 속에서 21세기에 새롭게 등장한 개념이 원헬스One Health이다. 원헬스는 인간, 동물, 환경의 건강이 상호 밀접하게 연결되어 있다는 개념이다. 이 접근법은 인간과 동물의 건강뿐만 아니라 환경 보호를 통해 질병 예방과 건강 증진을 목표로 한다. 인간과 동물 간의 병원체 전파, 환경 변화로 인한 건강 위협 등을 통합적으로 다루며, 다양한 분야의 전문가들이 협력하여 복잡한 건강 문제를 해결하고자 한다.

원헬스 개념은 인간, 동물, 환경 건강의 상호 연관성에 대한 인식이 높아지면서 등장했다. 그 뿌리는 19세기 독일의 의사인 루돌프 피르호Rudolf Virchow가 '인수공통전염병Zoonosis'이라는 용어를 도입한 19세기로 올라간다. 이 개념은 21세기 초에 SARS, 조류인플루엔자, 에볼라 같은 인수공통전염병의 등장으로 인해 큰 탄력을 받게 되었다. 야생동물 서식지에 대한 인간의 침범, 세계화, 기후변화의 증가는 건강에 대한 통합적 접근의 필요성을 강조했고, 원헬스가 글로벌 이니셔티브로 공식화되는 계기가 되었다.

2004년 미국 뉴욕에서 개최된 세계야생동물보호협회Wildlife Conservation Society 주관의 '원헬스심포지움One Health Symposium'은 원헬스 개념을 공식적으로 논의한 중요한 행사였다. 여기서 전문가들은 인간, 동물, 환경의 건강이 밀접하게 연결되어 있다는 인식을 바탕으로, 질병 예방과 건강 증진을 위한 다학제적 접근의 필요성을 강조했다. 특히 '맨해튼 원헬스 선언Manhattan Principles'이 채택되어 인간과 동물의 상호 의존성, 생물다양성 보존의 중요성, 그리고 세계적인 공중보건 문제를 해결하기 위한 협력의 필요성이 제시되었다. 이 심포지엄은 원헬스 운동의 발전과 글로벌 헬스 전략에 중요한 이정표가 되었다. 이후 FAO, WOAH 등 많은 조직과 기관이 원헬스 접근법을 지지하고 이를 적용한 많은 활동[148]을 하고 있다. 매년 11월 3일은 '원헬스의 날 One Health Day'[149]이다.

WOAH는 원헬스 출현 이유를 제시한다.[359] 먼저, 보건 측면이다. 사람 병원체의 60%, 신종 전염성 질병의 75%, 생물테러 병원체의 80% 이상이 인수공통병원체이다. 둘째, 식량 안보 측면이다. 세계적으로 약 811백만 명이 매일 굶주림에 시달린다. 2050년 기준 세계인구에 적절한 식량을 공급하기 위해서는 2009년 대비 70% 이상의 동물성 단백질이 추가로 필요하다.[360] 반면에 동물질병으로 인해 매년 반추동물은 20%, 가금류는 50% 이상의 생산성 손실을 본다. 셋째, 환경적 측면이다. 사람과 가축은 산림 25% 이상 손실 시, 야생동물과 접촉 증가로 인수공통질병 발생위험이 증가한다. 사람의 활동으로 인해 육지 환경의 75%, 바다 환경의 66%가 심각히 훼손된다. 넷째, 경제적 측면이다. 동물질병은 가축에 삶을 의존하는 농촌공동체의 수입에 직접적 위협을 초래한다. 2달러 이하로 삶을 사는, 약 10억 인구 중 75% 이상이 가축에 생존을 의존한다.

인류가 자연의 야생동물 서식지로 생활 영토를 계속 확장함에 따라 생태계의 균형이 깨지고, 야생동물에만 있던 병원체가 사람으로 계속 옮겨오고 있다. 세계적 인구 증가에 따른 동물성 식품에 대한 수요 증가는 농장동물의 급증을 초래하여, 이들에 존재하는 인수공통병원체가 사람으로 전파될 기회를 더 늘

---

148 WHO, FAO, WOAH, UNEP이 참여하는 One Health Global Leaders Group on Antimicrobial Resistance, 70개 이상의 국가, 국제기구, 비정부기관 등이 참여하는 Global Health Security Agenda, 연구자, 정책관계자 중심의 One Health Platform, NGO 중심의 EcoHealth Alliance, ILRI One Health Initiative, 미국 Ohio 대학 중심의 Global One Health Initiative, Southeast Asia One Health University Network 등이 있다.

149 이는 2016년 원헬스 필요성을 알리고, 전문가 참여를 독려하기 위해 세계 3대 원헬스 단체인 'One Health Commission', 'One Health Initiative Autonomous pro bono Team, One Health Platform Foundation이 공동으로 협력하여 제정한 날이다.

렸다. 사람, 동물 및 환경 사이에서 병원성 미생물이 서로 전파되는 이러한 현상은 인간에 의한 자연의 변화와 인간의 무관심이 합쳐진 결과이다.

팬데믹에 대한 그간의 일반적 접근방식은 발생 후 감염된 사람, 동물의 격리 및 통제에 기반을 둔다. 이는 비용이 많이 드는 사후 대응의 접근방식이다. 반면에 원헬스 접근방식은 소요 비용은 줄이면서 인명 손실 등 사회경제적 피해를 최소화하는 등 많은 이점이 있다. 세계통화기금IMF은 팬데믹으로 인한 2024년까지 누적 생산 손실이 약 13조 8천억 달러에 달할 것으로 예상했다.

1990년대 이후 발생한 신종 인수공통질병의 대부분은 동물, 특히 야생동물에서 유래하였다. 이들 신종질병 출현의 주된 동력은 생태계 및 토지 활용의 변화, 농업 집약화, 도시화, 그리고 국제적 여행 및 무역 증가 등 바로 우리 인류의 활동이다.

신종 인수공통질병의 생태환경을 올바르게 이해하고 적절한 예방 및 통제 계획을 수립하기 위해서는 동물, 사람 및 환경의 건강 간 경계를 허무는 여러 학문의 협력적 접근방식, 즉 원헬스 접근방식이 더욱 요구되고 있다.

1.2. 인간중심주의를 벗어나야 원헬스가 가능하다

원헬스의 핵심은 보건 사안을 다루는 데 다양한 관련 부문 간의 총체적인 접근을 통해 합리적 해결방안을 마련하고 시행함으로써 모두를 위한 최적의 건강 결과를 달성하는 것이다.

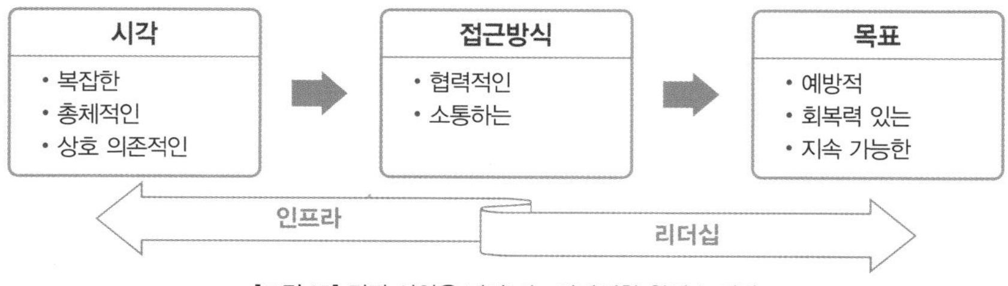

[그림 15] 건강 사안을 바라보는 바람직한 원헬스 시각

원헬스 접근방식의 대표적 특징은 다음과 같다.

첫째, 예방 중심의 접근방식이다. 원헬스는 동물의 인수공통전염병이나 환경 파괴와 같은 건강 위협을 원천적으로 모니터링하고 통제하기 때문이다. 원헬스는 증상만 치료하는 것이 아니라 근본 원인을 해결함으로써 광범위한 건강 위기가 발생할 가능성을 줄인다. 예를 들어 삼림 벌채가 야생동물의 이동 패턴에 미치는 영향을 이해하면 인수공통전염병의 확산을 예측하고 완화하는 데 도움이 된다. 건강한 생태계를 유지함으로써 동물에서 인간으로 질병이 전염될 위험을 줄일 수 있다.

둘째, 협력에 기반을 둔 접근방식이다. 원헬스 접근방식은 의학, 수의학, 환경과학, 공중보건 등 다양한 분야 간의 협력에 의존하기 때문이다. 이러한 학제 간 협업은 질병의 근원을 예방, 감지, 통제하는 능력을 향상시켜 궁극적으로 좀 더 포괄적이고 지속 가능한 건강 솔루션으로 이어진다. 원헬스는 다양한 분야의 전문가를 한데 모아 지식, 자원, 전략을 공유함으로써 건강 위협에 좀 더 효과적이고 통합적으로 대응할 수 있도록 한다. 이는 인간, 동물, 환경의 경계를 넘나드는 복잡한 건강 문제를 해결하는 데 효율성과 효과성을 극대화한다.

셋째, 총체적 접근방식이다. 원헬스는 인간, 동물, 환경을 포괄하는, 건강에 영향을 미치는 모든 요인을 통합된 시스템으로 고려하기 때문이다. 개별 부문에 초점을 맞추는 단편적 접근방식과 달리 원헬스는 이러한 영역 간의 상호 연결과 상호 의존성을 다룬다. 이러한 폭넓은 관점을 통해 건강 문제를 좀 더 포괄적으로 이해할 수 있으며, 좁은 접근방식에서는 간과할 수 있는 근본 원인과 시스템적 위험을 파악할 수 있다.

넷째, 지속 가능한 해결책을 보증하는 접근방식이다. 원헬스는 인간, 동물, 환경 영역에 걸쳐 건강 문제의 근본 원인을 해결함으로써 장기적으로 지속 가능한 해결책을 모색한다. 원헬스는 생태계를 보호하고 생물다양성을 보존하며 질병의 출현을 예방하는 실천을 장려함으로써 단기적으로 효과적일 뿐만 아니라 미래에도 실행 가능한 조치를 보장한다. 이러한 접근방식은 보건 시스템의 회복력과 안정성을 촉진한다.

원헬스 접근방식이 성공적인 결과를 낳기 위해서는 '인간 중심주의 Anthropocentrism'[150]를 벗어나야 한다. 이를 위한 방안으로 ▲ 생물다양성 중시, ▲ 다양한 이해관계자의 관점 통합, ▲ 건강 문제의 근본 원인 해결의 중요성 인식, ▲ 동물에 대한 윤리적이고 인도적인 대우 장려, ▲ 다학제적 협력 촉진, ▲ 기업의 사회적 책임 강화 등이 있다.

원헬스 접근에는 사회과학적 시각도 필수적이다. 이는 보건 이슈를 분석하고 이해하는 데 다양한 도움을 주기 때문이다. 첫째, 인간의 행동과 동물 및 환경과의 상호작용에 영향을 미치는 문화적, 사회적 요인에 대한 통찰력을 제공한다. 둘째, 건강 성과에 영향을 미치는 경제적, 정치적, 정책적 동인을 파악하는 데 도움이 된다. 셋째, 원헬스 조치에서 발생하는 윤리적 사항을 파악하고 해결하는 데 유용하다. 넷째, 원헬스 접근방식을 뒷받침하는 정책 및 거버넌스의 개발에 기여한다. 다섯째, 보건 위험에 대한 인식과 정보소통에 기여한다. 여섯째, 원헬스 조치의 효과와 영향을 평가하는 데 기여한다.

1.3. 원헬스 접근방식은 비용 대비 매우 효과적이다

원헬스는 인간, 동물, 환경의 건강을 별개로 보는 예전의 개별적 접근법에서 벗어나 이들이 서로 밀접히 연결되어 상호작용함을 인식하는 총체적 접근법이다. 이는 보건분야에서 중대한 패러다임의 전환이다.

보건분야에서 원헬스 접근방식은 다양한 이점이 있다.

첫째, 인수공통전염병, 항생제 내성 등과 같은 글로벌 보건 문제를 해결하

---

150 인간 중심의 관점에서 세상을 바라보고 다른 종과 환경보다 인간의 이익을 우선시하는 경향을 말한다.

는 기초 틀을 제공한다. 사람, 동물, 환경 보건분야의 전문가들은 서로 협력함으로써 서로 모든 생명체의 건강과 복리를 증진하기 위한 포괄적인 전략을 개발할 수 있다.

둘째, 비용 대비 효과적, 효율적이다.[361],[362],[363],[364],[365] 원헬스 접근법에서 보건 위험을 줄이는 예방조치는 일반적으로 사후 대응 방식보다 비용적으로 효율적이다. 이는 환경 파괴나 부적절한 동물위생 관행과 같은 질병 전파의 근본 원인을 파악해 해결함으로써 질병 예방 등 인간과 동물의 질병 부담을 줄이는 데 도움이 된다.

원헬스 접근법의 주요 과학적 장점 중 하나는 인간, 동물, 환경 보건 부문에 걸친 통합적 질병 예찰 역량이다. 여러 분야의 자원과 자료를 통합함으로써 신종 인수공통전염병의 이른 시기 발견이 더욱 가능하다. 인수공통전염병의 이른 시기 발견과 신속한 대응은 광범위한 발병과 관련된 경제적 부담을 크게 줄일 수 있다.

또한 원헬스의 다학제적 특성은 포괄적인 연구와 분야 간 지식 공유를 촉진한다. 공동 연구와 정보 공유는 노력의 중복을 피하고 자원의 효율적인 사용을 촉진한다. 공동 연구와 공유 데이터 저장소는 전체 연구 비용을 절감하고 증거 기반 정책과 관행의 실행을 촉진한다.

셋째, 생태계의 지속 가능성과 회복력을 촉진한다. 이 접근법은 천연자원과 생물다양성을 보존하고 식량 생산을 증진하며, 생태계의 접촉면에 있는 사람의 생계를 개선하는 데 기여한다. 또한 장기적 관점으로 건강 문제의 근본 원인을 해결함으로써 좀 더 지속 가능하고 탄력적인 보건 체계를 구축하는 데 기여한다.

넷째, 건강 수준에서 글로벌 차원의 형평성을 증진한다. 이 접근법은 다양한 인구 계층의 요구와 관점을 고려하여 포괄적이고 공평한 방식으로 건강 문제의 해결을 추구한다. 선진국은 개도국에 질병 예찰, 진단, 관리의 역량 구축을 지원하고, 국제적 질병예찰네트워크를 통해 자료를 공유할 수 있다. 빈곤층에 대한 예방접종, 건강진단 등 다양한 지원도 있다.

원헬스 개념을 활용하는 것이 적절한 경우는 사람, 동물 및 환경의 접촉면에 존재하는 또는 서로 연결된 건강 사항 중 ▲ 협력적 파트너십이 요구되는 사안, ▲ 통합적 보건 위험 모니터링 및 예찰, ▲ 건강 위협에 대한 예방 및 통제 조치, ▲ 이해관계자 교육 및 훈련 등이 있다.

원헬스는 농업, 식량 생산, 환경 보호와 같은 분야에서 공동 이익을 창출하는 다양한 SDG를 지원할 수 있는 통합적 접근방식이다. 예를 들어 삼림 벌채를 줄임으로써 이산화탄소 배출량 감소로 43억 달러의 부수적 이익을 창출한다.

원헬스 접근방식은 인류의 미래를 위한 투자이다. 왜냐하면 원헬스는 ▲ 인수공통질병 예방 또는 통제, ▲ 1차 산업, 환경의 지속 가능성 증진, ▲ 의학 연구 발전, ▲ 글로벌 협력 촉진 등에 기여할 수 있기 때문이다. 세계은행에 따르면[366], 이러한 투자는 매우 효율적이다. 질병 예방을 위한 조치는 최대 86%의 예상 수익률을 가진다. 원헬스 원칙에 따른 전 세계적 예방조치 추정 비용은 연간 103억~115억 달러이다. 여기에는 공공 수의 서비스를 국제 표준으로 끌어올리는 데 21억 달러, 농장 차단방역을 개선하는 데 50억 달러, 고위험 국가의 삼림 벌채를 줄이는 데 32억~44억 달러가 포함된다. 이러한 예방비용은 2020년 한 해 동안 코로나19에 대응하는 데 든 비용의 1%에도 미치지 못한다.

그간 원헬스 접근법이 실제 현장에서 성공적으로 구현된 대표적 사례로는 인도네시아 발리[151], 남미[367],[368]에서의 광견병 통제와 베트남에서의 조류인플

151 2008년 발리는 광견병이 개에서 급속히 확산하였다. 지방정부는 원헬스 접근방식에 따라 다양한 통제조치를 시행한 결과, 수년 후 인간 사망자는 연간 100명에서 0명으로 줄었고 개 개체군의 광견병 발병률도 많이 감소하였다.

루엔자 통제[152] 등이 있다.

1.4. 원헬스에서 수의사의 리더십이 필요하다

수의사는 수의공중보건학 등을 통해 원헬스에 관한 전문적 기술과 지식을 갖추고 있어 원헬스 개념을 구현할 수 있는 최적의 전문가이다.[369] 이를 토대로 수의사는 역사적으로 인수공통전염병 관리, 식품 안전 보장, 지속 가능한 농업, 야생동물 보호, 학제 간 연구 등에서 광범위하게 활동해 왔다.

그간 세계적으로 원헬스 활동은 수의사가 주도했다. 미국의 경우, 원헬스위원회One Health Commission도 미국수의학회 주도로 2009년 발족했다. 2021년 미국의과대학 133곳의 원헬스 학습활동을 조사한 결과, 수의과대학에 비해 원헬스 교육이 뒤처져 있었다.[370] 수의사가 의사보다 원헬스 사항에 대한 접촉면이 더 크고 넓다고 할 수 있다.

수의사가 원헬스 분야에서 다른 보건 전문가보다 좀 더 활발하게 활동하는 데는 수의사의 독특한 위치가 큰 영향을 미친다. 이에는 그간 원헬스 접근법이 주로 동물유래 전염병에서 부각되었던 측면도 영향이 있다.

첫째, 수의사는 동물유래 보건 및 식품안전 위협을 인식하고 대응할 수 있는 전문성이 있다. 동물의 행동, 생태학, 역학에 대한 깊은 이해가 있다. 수의학은 미생물학, 역학, 인수공통전염병, 환경 보건 등 다루는 학문 범위가 매우 넓다. 본질적으로 동물, 사람, 생태계의 건강에 초점을 맞추고 있다. 이는 수의사에게 원헬스 활동에 필요한 포괄적인 이해를 제공한다.

둘째, 수의학은 원헬스의 핵심 원칙인 예방 중심의 접근을 강조한다. 수의학은 위생적인 동물사육 환경 유지, 예방접종, 기생충 관리, 정기적인 건강 검

152 2003년 AI 대유행을 겪은 베트남은 포괄적인 원헬스 프로그램을 시행한 결과 AI 발생을 줄이고 인체감염 위험을 최소화하였다.

진 등 예방적 진료에 중점을 둔다.

셋째, 수의사는 반려인, 농부, 야생동물 관리자 등 다양한 고객과 밀접히 교류한다. 이는 원헬스 원칙을 홍보할 수 있는 좋은 기회를 제공한다.

넷째, 수의사는 사람과 동물의 건강, 건강한 생태계 보호 간의 상호작용에 대한 깊은 이해가 있다. 이는 서식지 파괴, 생물다양성 손실, 신종 질병과 같은 문제를 해결하는 데 중요하다.

원헬스에 관한 인의와 수의 간 상호인식 및 소통에서 몇 가지 특징이 있다.[371] ▲ 의사는 일반적으로 인수공통전파에서 동물의 역할을 논하는 것을 피하는 경향, ▲ 수의사는 반려동물 보호자의 건강 상태에 대해 무관심, ▲ 의사와 수의사 사이의 소통이 거의 부재 등이 대표적이다.

[사진 16] 우리나라 다양한 분야별 수의사 모습. (좌에서 우 순서) (첫 줄) 이주호, 정석찬, 신진호, 김성식, 박태균, 우연철, 김재영, 김원일, 김희진, 송치용, 이우재, 신충식, (둘째 줄) 김재홍, 문운경, 장기윤, 류일선, 설채현, 한호재, 위성환, 김남수, 우희종, 이학범, 윤신근, 박민경, 강대진, (셋째 줄) 김태융, 박종명, 강종일, 강종구, 홍원희, 김용상, 최정록, 배상호, 김옥경, 이영순, 윤인중, 최영민, 김준영, (넷째 줄) 곽형근, 윤기상, 홍연정, 천명선, 박영호, 김정호, 김영준, 허주형, 황우석, 김현일, 강경선, 나응식, 최규문, (다섯째 줄) 정병곤, 정인성, 정현규, 이영란, 권순균, 박철, 김현욱, 박천식, 최종영, 조영식, 박상표, 조영광, (여섯째 줄) 이환희, 이병용, 김명휘, 박후열, 신동국, 문무겸, 고상억, 김신웅, 이인형, 이인, 박종무, 김곤섭, 정년기

1.5. 팬데믹 예방에는 원헬스 접근방식이 최적이다

코로나19 다음의 팬데믹 즉, 'Disease-X'는 이미 다가오고 있다. 전염병의 발생 속도가 빨라지고 출현 빈도, 그 수가 점점 더 많아지고 있다. 대유행 가능성이 있는 병원균의 주요 보균자는 박쥐, 설치류, 영장류 등의 야생 포유류, 일부 조류(특히 물새), 돼지, 가금류, 낙타 등 가축이다.

많은 보건 전문가가 차기 팬데믹 가능성이 가장 높은 질병으로 H5N1형 HPAI를 언급하고 있다.[372],[373],[374],[375] 1997년 홍콩에서 처음으로 18명이 이에 감염되어 6명이 사망한 이후, 2003년부터 2024년 5월까지 세계적으로 889명이 감염되어 463명이 사망했다. 치사율이 52%이다.[376] 주요 사망자는 가금농장 근로자 등 조류 밀접 접촉자였다.

조류인플루엔자 바이러스가 인간 수용체에 결합하는 능력을 갖추게 되면 인간 대 인간으로 전염된다. 그때가 대유행을 겪게 되는 시점이다. 이러한 우려는 남의 나라 이야기가 아니다. 2024년 1월, 기초과학연구원은 2021년 국내에서 발생한 H5N1형 HPAI 바이러스의 유전자를 분석한 결과, 변이가 발생해 인체를 감염시킬 가능성이 높다고 발표했다.[377]

원헬스 활동은 전형적인 글로벌 공공재이다. 공공재는 보통 소위 '무임 승차 Free Rider' 문제를 야기한다. 이는 팬데믹 위험을 예방하기 위한 투자가 저조한 이유 중 하나로 투자의 혜택이 대부분 눈에 보이지 않고 계량화되지 않기 때문이다. 게다가 산림 개발, 광산업, 축산업, 도시화와 같은 팬데믹의 일부 원인은 소득 창출 및 생계와 밀접하여 팬데믹 예방을 위해 필요한 변화를 방해한다.

팬데믹에 효과적으로 대처하기 위해서는 팬데믹에 대한 인류의 '공포'와 '무시'라는 구태에서 벗어나야 한다. 그간 관행적 접근방식은 근본적인 발생위험 요인을 줄여 예방하기보다는 팬데믹이 발생한 후의 봉쇄와 통제라는 단기적, 단편적 접근방식에 기반을 두었다. 이러한 접근방식은 너무 고비용이고 비효과적이다.

원헬스 접근법은 다음과 같은 이유로 미래의 팬데믹을 예방, 통제하는 데 매우 효과적이다.

첫째, 질병의 근원을 이른 시기에 발견하고 예방한다. 원헬스는 사람, 동물, 환경 분야의 자료와 전문성을 통합함으로써 질병의 발생과 전파에 대한 좀 더 완전한 이해를 제공한다. 동물의 건강과 환경 변화를 감시함으로써 잠재적 발병을 파악하고 인간에게 전염되기 전에 억제한다.

둘째, 질병 확산을 촉진하는 환경적 요인을 해결하는 데 기여한다. 삼림 벌채, 기후변화, 서식지 파괴는 인간과 동물의 상호작용을 증가시키고 생태계를 교란하여 질병이 야생동물에서 인간으로 쉽게 전염될 수 있게 한다. 원헬스 접근법은 환경 보호를 장려함으로써 이러한 위험을 줄인다.

셋째, 효과적인 질병 통제 전략을 개발하고 실행하는 데 필수적인 학제 간 협업을 촉진한다. 이러한 협력은 건강 위협에 총체적, 효과적으로 대응할 수 있는 능력을 향상한다. 이러한 협력을 통해 질병 전파의 전체적 상황에 맞게 백신접종, 차단방역, 공중보건 교육 등의 조치를 할 수 있다.

| 02 | 원헬스 정책 실행은 정교한 조정과 협력을 요구한다

2.1. 여건 조성과 거버넌스가 중요하다

원헬스 정책은 '총체적', '증거 기반의', '협업적', '위험 기반의', '공정한', 그리고 '지속 가능한' 정책이어야 한다. 정부당국이 원헬스 접근법을 정책 수단으로 효과적으로 활용하려면, 이를 위해 다음과 같은 적절한 환경을 조성해야 한다.[378],[379]

첫째, 원헬스 활동을 지원하는 포괄적인 규제 틀이다. 여기에는 야생동물, 가축과 사람에게서 나타나는 인수공통전염병의 예찰 및 발생 보고를 의무화하는 법령과 이들 간의 질병 전파를 차단하기 위한 방역 기준 등이 있다. 모든 이해관계자는 이를 준수해야 한다.

둘째, 보건상 위험을 신속하게 찾기 위한 통합적 예찰 체계이다. 지리정보 시스템, 원격 감지, 게놈 시퀀싱Genome Sequencing[153], 실시간 데이터 공유 플랫폼 등과 같은 기술은 질병 패턴과 환경 변화를 추적하고, 이른 시기 발견 및 신속 대응을 용이하게 한다.

셋째, 관련 정부 부서 간의 원활한 협력 및 조정 체계이다. 이는 상호 존중, 신뢰, 공동 책임의 원칙에 기반한다. 공동실무작업반, 공동위원회 구성 등이 일반적인 예이다. 질병 발생 시 긴밀한 공동 대응이나 모의 훈련 등을 통해 협력을 강화하고 팀워크와 공동 책임의 문화를 조성할 수 있다.

넷째, 원헬스 중요성에 대한 대중의 인식과 공감대 형성이다. 이를 위한 대중 캠페인, 홍보 과정 등이 필요하다. 원헬스 정책 결정 과정에는 대중의 적극적 참여가 바람직하다. 이는 지역사회 등 이해관계자의 참여 및 지지를 촉진하고 정책 수행에 필요한 인적, 물적 자원의 효율성을 향상한다.[380],[381],[382],[383],[384]

다섯째, 원헬스 관련 연구개발 강화이다.[385] 종합적 질병 예측 모델링, 빅데이터 분석 등에서 혁신은 질병 예측 및 예방조치를 개선한다.

여섯째, 수의 의료 및 공중보건 역량의 강화이다. 여기에는 관련 전문가, 이해관계자 등이 원헬스 활동을 실행하는 데 필요한 기술과 방법을 제공하는 것을 포함한다. 실험실 검사 및 현장 조사 역량 강화, 질병발생 신고 체계 개선 등도 필요하다.

일곱째, 국제적 협력이다. 인수공통전염병, 초국경 동물질병 등 원헬스 사안은 국경을 초월한다. 정부 당국은 이들 사안을 다루는 데 주변국뿐만 아니라

---

153 DNA염기서열 정보의 해독으로 이의 핵심은 개인차 및 민족적 특성을 파악하거나 유전자 이상과 관련된 질환에서 염색체 이상을 포함한 선천성 원인의 규명과 당뇨병, 고혈압과 같은 복합질병의 유전자 결함을 찾기 위한 것이다.

WHO[154], FAO, WOAH 등과 협력해야 한다. 국제적 질병 예찰 네트워크에 참여하고 자료와 모범 사례를 공유하며, 글로벌 보건 노력에 동참해야 한다.

글로벌 보건 위협에 대응하기 위해서는 원헬스와 같은 '사회 전체적' 접근이 기본이다.[386],[387]

미국, EU 등 선진국은 사람, 동물 및 환경의 건강 문제에 접근하는 데 법적, 제도적으로 원헬스 접근방식의 적용 범위를 계속 확대하고 있다.

FAO, WHO, WOAH 및 UNEP는 'One Health Joint Plan of Action(2022~2026)'에서 국가 차원의 원헬스 정책 강화를 촉구하였다. 이들은 원헬스를 국제적 정치 의제로 우선하고, 새로운 팬데믹에 대비하기 위한 거버넌스를 증진하는 데 원헬스를 활용할 것을 강조하였다.[388]

2.2. 원헬스 정책도 일반적 정책 수립 절차를 따른다

원헬스 정책의 일반적 수립 절차는 다음과 같다

첫째, 해결해야 할 사안을 파악한다. 이를 위한 조치로는 ▲ 현장 요구사항 평가, ▲ 주요 이해관계자 파악, ▲ 보건 위협 요인의 위험 수준 평가, ▲ 기존 정책 환경 검토, ▲ 신종질병 등 새로운 보건 위협 고려 등이 있다.

둘째, 문제 해결을 위한 목표와 목적을 정하고 실행 계획을 수립한다.

셋째, 이해관계자의 참여를 유도한다. 이를 위해 이해관계자와 적절한 협력적 관계 구축, 지속적 정보 소통 등이 요구된다.

넷째, 구체적 정책 수단을 개발한다. 이는 '사안 정의' → '기존 정책 및 규정 검토' → '문제 해결을 위한 잠재적인 정책 수단 파악' → '각 정책 수단의 실현 가능성과 영향 평가' → '선호하는 정책 수단 개발'의 단계를 보통 거친다.

---

154 2018년 "One Health Implementation Framework"를 제시했다.

[그림 16] 인수공통질병 대상 보편적 원헬스 구현 틀[389]

1 참여	원헬스 이해관계 설정	이해관계자 파악 및 참여	인수공통질병 우선순위 정하기	원헬스에 대한 정부의 지속적인 지원 구축
2 평가	활용가능 인프라 지도화 (mapping)	현재 활동 현황 기준 정보 설정	부문간 격차분석 수행	제안된 프로그램 경제성 평가 완료
3 계획수립	다부문, 원헬스 전략 계획 개발	우선 순위 인수공통질병 실행 계획 개발	프로토콜 및 SOP 마련	
4 실행	자원 요청, 확보 및 할당	계획, 프로토콜 및 SOP 실행		
5 모니터링 및 평가	시스템/프로그램 모니터 및 평가	필요 시 수정, 개선 및 구현 지속		

기술적 영역
- 실험실
- 예찰
- 공동 발생대응
- 예방 및 통제
- 대비
- 정보 소통
- 노동자(인력)
- 정부 및 정책

다섯째, 정책 내용을 평가하고 실행한다. 이는 '실행 계획 수립' → '실행 실태 평가 계획 수립' → '실행 모니터링' → '실행의 영향 평가' → '필요 시 정책 개선' → '평가 결과 소통'의 단계를 거친다.

여섯째, 정책을 감시하고 조정한다. 이는 '감시 메커니즘 수립' → '자료 수집과 분석' → '이해관계자 참여하에 정기적 검토' → '필요 시 정책 조정' → '변경 사항 소통'의 단계를 거친다.

2.3. 정책 실행의 필수 요소, 장애 요인, 촉진 수단이 있다

원헬스는 사람, 동물, 그리고 환경에서 제기되는 다양한 건강 관련 위험에 대해 최적의 '예방', '검출', '대응' 및 '회복'이라는 결과를 창출하기 위한 관련 분야 간 일련의 총체적인 노력이다.[390] 이는 관련 분야 및 이해관계자 간의 '소

통', '조정' 및 '협력'을 토대로 할 때 최적의 결과를 얻을 수 있다.[391]

효과적인 원헬스 정책을 위한 현실적 필수 요소가 있다.[392],[393] 대표적으로 ▲ 고위급에서의 강력한 리더십 및 거버넌스 제공, ▲ 관련 부문 및 학제 간의 통합 및 조정 구조, ▲ 이해관계자 간의 강력한 협업 및 소통, ▲ 효과적 전염병 예찰 체계, ▲ 적절한 실행 역량 구축, ▲ 적극적 연구개발, ▲ 지역사회의 적극적 참여, ▲ 지속 가능한 재정적 지원 등이 있다.

원헬스 접근방식을 추진하는 현실적 계기는 크게 3가지이다. 첫째, 법령에서 요구한다. 이는 보통 국가적 차원의 재정적 지원을 받으며, 가장 강력한 추진 동력이다. 둘째, 보건 프로그램의 효과적, 성공적 운용을 위해 요구된다. 이에는 관련 분야 간 및 기관간 협력사업, 긴급대응 계획 등을 포함한다. 셋째, 어떤 정책 입안자 또는 공동체 리더가 원헬스 추진에 확고한 의지가 있다.

과학적 지식도 정책에 반영되어야 원헬스 이슈를 찾아내고 대응하는 데 기여할 수 있다. 다만 이런 근거 기반 정책이 이해관계자의 상업적 이익을 해치면 정치적 장벽이 있을 수 있다. 원헬스 조치는 비용 대비 효과적이어야 하며, 이를 입증함으로써 서로 다른 영역 사이의 장벽을 줄일 수 있다.

인수공통질병 발생에 대비하여 동물과 인간의 접촉면에서 관련 분야 모두를 포괄하는 체계적인 위험평가와 강력한 합동 예찰이 필요하다. 이는 비용 대비 효과적이고 지속 가능해야 한다.

성공적인 원헬스 대책이 되기 위해서는 인수공통감염 요인을 찾아내고 이해하는 것만으로는 부족하다. 비용 대비 효과적인 다양한 근거 기반의, 실행 가능한 위험 완화 정책을 제시해야 한다.[394]

일반적으로 국가적 차원에서 원헬스 접근방식을 실현하는 데 장애 요인은[395],[396] 대표적으로 ▲ 실행 주체의 역량 미흡, ▲ 정치적 의지 부족[155], ▲ 관

155 원헬스 접근법은 법령, 정책의 변경을 요구할 수 있으며, 정책 입안자가 중시하지 않을 수 있다. 이런 경우 정치적 의지가 중요하다.

련 부문 간 거버넌스 연결 미흡, ▲ 인적, 물적, 재정적 자원 부족, ▲ 관련 분야 간, 학제 간 정보 소통 및 협업 부족, ▲ 학제 간, 분야 간 서로 다른 관심사항의 우선순위, ▲ 이해관계자 간 이해관계 차이, ▲ 원헬스에 대한 사회적 인식 미흡 등이다.

정부는 위와 같은 장애 요인을 극복하고 원헬스 접근법의 실행을 촉진하는 데 몇 가지 중요한 수단을 사용할 수 있다.

첫째, 사람, 동물, 환경의 건강에 관한 국가적 전략에 원헬스 개념을 적용한다. 이는 관련 부문, 학제 간의 소통과 협력을 촉진한다. 적용 대상에는 통합적 질병 예찰 체계 운영, 관련 학문 간 공동 교육과정 운영, 지속 가능한 농업 관행 장려, 차단방역, 유기 농업, 항생제 사용 규제, 생물다양성 보호, 야생동물 보호구역 운영 등이 포함될 수 있다.

둘째, 관련 분야 간, 학제 간 지속 가능한 소통과 협업 채널을 구축한다. 여기에는 법령으로 실무작업반, 자문위원회 등을 규정하거나 상호협력각서를 맺는 등 다양한 방법이 있다.

셋째, 보건 분야에서 예찰, 연구, 협업 촉진, 역량 강화, 인프라 구축과 같은 원헬스 활동에 필요한 자금과 자원에 대한 지원을 강화한다.

넷째, 원헬스 접근방식의 효율적, 효과적 실행을 뒷받침하는 세부적 실행 지침을 마련한다. 구체적 예로 인수공통질병 예찰 지침, 위험평가 지침, 소통 및 협력 지침, 교육 및 역량 강화 지침, 정책 실행 지침 등이 있다.

다섯째, 원헬스 사안에 대한 국제적 협력을 촉진한다. 이에는 글로벌 표준 및 지침 개발, 모범 사례 및 기술 전문 지식 공유, 연구 및 역량 강화 활동 등이 포함될 수 있다.

여섯째, 원헬스 실행의 중요 수단 등을 법령으로 규정한다. 이는 다양한 관련 부문과 기관 간의 협력을 촉진하여 관련 보건 역량을 높이는 데 제도적으로 중요한 역할을 한다.[397] 다만 원헬스를 법령으로 규정할 경우, ▲ 의무

이행에 따른 비용 증가, ▲ 정책 수립 및 시행에서 복잡성 증가, ▲ 정치적 부담, ▲ 유관 법령 간 충돌[156] 등의 어려움을 초래할 수도 있다.

2.4. HPAI는 최우선 원헬스 정책 적용 대상이다.

HPAI의 전 세계적 확산은 야생 조류, 가금류뿐만 아니라 포획 야생 포유류, 가축, 인간에도 중대한 공중보건 위협이다. HPAI 바이러스는 인플루엔자 A 바이러스의 아형이며, 전 세계적으로 수많은 발병을 일으켰다. 특히 H5N1 변종은 조류의 높은 사망률과 사람에게 심각한 질병을 일으킬 수 있는 위험성으로 악명이 높다.

HPAI의 세계적 확산의 주된 요인은 우선, 야생 조류 특히 철새의 이동이다. 이는 서로 겹치는 복잡한 이동경로로 인해 국가 간, 대륙 간 바이러스를 확산하는 기회를 제공한다.[398],[399] 이는 세계적으로 가금류 농장, 특히 철새가 주로 머무는 강, 저수지 등과 근접한 농장에서 HPAI 발생의 최대 위험 요인이다.[400],[401],[402],[403],[404],[405],[406],[407] 또 하나는 기후변화와 환경 파괴이다. 기후 패턴의 변화는 조류의 이동경로를 변화시켜 새로운 개체군과 접촉하게 한다. 야생동물 서식지 파괴는 야생동물이 인간 및 가축과 더 가까이 접촉하게 만들어 확산 위험이 증가한다.

HPAI 발생 요인의 복잡성과 상호 연관성을 고려할 때, 효과적인 통제와 예방을 위해서는 원헬스 접근법이 필수적이다.

첫째, 예찰 및 이른 시기 검출이다. 원헬스 접근법은 인간, 동물 및 환경의 접촉면에서 건강상 위험 요인에 대한 통합적 감시 체계 구축을 촉진한다. 이러한 통합은 발생 경향과 잠재적 발생 고위험 지역을 식별하여 HPAI 발생을

---

156 원헬스 법안은 공중보건법, 환경법, 동물복지법 등 여러 법률 영역과 관련되어 있으므로 조율이 어려워 법적 문제에 직면할 수 있다.

이른 시기에 찾아내는 데 기여한다.

둘째, 차단방역 조치이다. 원헬스 접근법은 가금류 산업에서 야생 조류와 가금류 간의 접촉을 방지하는 조치, 적절한 위생 관행, 살아있는 조류 시장 규제 등 엄격한 차단방역 프로그램 과정을 시행하는 것을 뒷받침한다. 가금류와 고위험군에 속하는 사람 모두에 대한 백신접종 전략도 필요하다. HPAI의 확산에 기여하는 철새 서식지, 습지 등 환경적 요인을 파악하여 효과적인 위험 저감 조치를 시행해야 한다

셋째, 긴급 대응이다. 야생 조류 또는 가금에서 HPAI 발생 시 사람감염 예방을 위한 조치가 미리 확립되어 있어야 한다. 여기에는 항바이러스제 비축, 개인 보호 장비의 가용성 보장, 환자 격리 및 치료 프로그램 준비 등이 포함된다. 또한 HPAI에 감염된 또는 감염 우려가 높은 조류의 신속한 살처분 · 폐기도 필수적이다.

넷째, 연구 및 혁신이다. 조류인플루엔자 바이러스 진화, 발생 역학, 새로운 진단법 등에 관한 연구개발에 중점 투자해야 한다. 게놈 시퀀싱, 예측 모델링 등 첨단 기술은 HPAI 관리에 기여한다.

다섯째, 대중 인식 및 교육이다. 여기에는 야생 조류 취급의 위험성, HPAI 의심 신고의 중요성, 적절한 위생 관행의 필요성 등에 대해 대중과 지역사회에 알리는 것이 포함된다.

[사진 17] HPAI 발생 이전과 이후 철새 서식지 모습 [408]
영국 스코틀랜드에 위치한 세계 최대 규모 가마우지 번식지의 2020년과 2022년 드론 영상을 비교한 결과이다. 2022년, HPAI로 인한 성체와 새끼의 대량 폐사로 인해 일반적으로 붐비던 번식지에 큰 변화가 생겼다.

여섯째, 환경보호이다. 원헬스 접근법은 자연 서식지 보존, 생물다양성 보

호, 생태계의 지속 가능한 관리를 옹호한다. 이를 통해 야생동물과 가축 간의 HPAI 전파 가능성을 줄일 수 있다.

| 03 | 사람, 동물 및 환경의 건강은 상호 작용한다

3.1. 생물다양성이 풍부해야 생태계가 건강하다

동물은 생태계의 다양성과 균형을 유지하는 데 중요한 역할을 한다. 초식동물은 식물 개체수를 조절하여 과도한 성장을 방지하고 식물의 다양성을 증진한다. 포식자는 먹이 개체수를 조절하여 건강한 종 분포를 유지한다. 꿀벌과 같은 수분 매개자는 식물의 번식을 가능하게 하여 생물다양성을 촉진한다. 독수리와 곰팡이 같은 청소부 및 분해자는 영양분을 재활용하여 토양의 건강을 지원한다. 늑대나 비버와 같은 핵심종Keystone Species은[157] 여러 유기체에 도움이 되는 환경을 조성한다. 이러한 상호 작용은 생태계의 안정성과 회복력을 보장하여 균형 잡힌 다양한 환경을 조성한다.

동물의 건강과 주변 환경은 서로 영향을 많이 받는다. 생태계 파괴는 동물 서식지의 손실이나 파편화를 초래하여 생물다양성 손실과 인수공통질병 출현으로 이어진다.

자연 생태계는 생물다양성이 풍부해야 건강하다.[409],[410],[411] 생물다양성은 다양한 종의 식물, 동물, 곰팡이, 미생물 등 생태계 내의 다양한 생명체를 의미한다. 이의 중요성은 다양하다.

첫째, 생태계의 회복력에 기여한다. 다양한 생태계에는 유사한 생태적 역할을 하는 여러 종이 존재한다. 이러한 중복성은 하나의 종이 질병, 기후변화 또는 기타 교란의 영향을 받더라도 다른 종이 그 역할을 하여 생태계가 계속 효

157 비교적 적은 개체수가 존재하면서도 생태계에 큰 영향을 미치는 생물 종을 말한다.

과적으로 기능할 수 있음을 의미한다. 예를 들어 꿀벌, 나비, 새와 같은 다양한 수분 매개체는 한 종의 수분 매개체가 감소하더라도 식물 수분이 지속될 수 있도록 한다.

둘째, 생태계의 생산성을 향상한다. 다양한 종은 종종 상호 보완적인 방식으로 자원을 활용하기 때문에 자원을 더 효율적으로 사용할 수 있다. 예를 들어 다양한 숲에서는 나무 종마다 뿌리 깊이가 다르기 때문에 서로 다른 토양 수준에서 물과 영양분에 접근할 수 있어 생태계의 전체 생산성을 극대화할 수 있다.

셋째, 생태계의 안정성을 뒷받침한다. 다양한 생태계는 포식자와 먹이 관계가 복잡하게 얽힌 먹이사슬을 형성하여 급격한 개체수 변화에 대한 완충 역할을 한다. 예를 들어 다양한 산호초에는 다양한 초식 어류가 존재하기 때문에 한 가지 조류 종이 우세하여 생태계 균형을 무너뜨리지 못한다. 이러한 상호 연결성은 개체수를 지속 가능한 한도 내에서 유지하는 데 도움이 된다.

넷째, 깨끗한 공기와 물, 비옥한 토양, 농작물의 수분 등 인간이 의존하는 중요한 생태계 서비스를 제공한다. 이러한 서비스는 인간의 건강, 식량 안보, 경제적 복지에 필수적인 요소이다.

가축에게 먹이는 항생제는 30~90%가 분해되지 않은 채로 분뇨로 배출된다.[412],[413],[414] 가축 분뇨에 포함된 항생제나 항생제 내성균은 토양과 지하수에 침투하여 그곳의 미생물 생태계를 바꾼다. 반면, 건강한 동물에서 분비되는 분뇨는 토양에 영양분을 공급하는 등 생태계를 비옥하게 만든다.

높은 수준의 동물위생은 ▲ 생물다양성 유지, ▲ 기후변화 경감, ▲ 건강한 토양 유지[158], ▲ 멸종위기 종 보존, ▲ 기아 및 빈곤 해결 등에 기여한다.

---

158 방목하는 동물은 토양을 비옥하게 하여 농작물 및 기타 식물의 생산성을 높일 수 있다. 또한 동물은 토양의 통기성을 높여 수분 보유 능력을 향상시키고 토양 침식을 방지하는 데 도움을 준다.

생태계와 동물 건강 간의 관계를 보여주는 대표적 예가 꿀벌, 나비, 새 등 수분 매개자이다. 이들은 식물을 수분하여 과일, 채소, 씨앗, 꽃 등을 생성한다. 이는 다시 다양한 동물에 먹이와 서식지를 제공한다. 세계 100대 농작물 중 71%, 개화식물 중 87%는 수분 매개자가 필요하다. 하지만 서식지 손실, 살충제 사용, 기후변화 등으로 인해 수분 매개자의 생존이 위협받고 있다. 이는 생태계 붕괴와 식량 안보 위협으로 이어질 수 있다. 우리나라의 경우 벌의 밀원면적이 지난 50여 년간 약 70%가 사라졌다.[415]

정부 정책당국이 생태계와 동물 건강 간의 긍정적 작용을 촉진하기 위해 선택할 수 있는 주된 방법으로는 ▲ 양측 학문 간 교육, 연구 등 협력 강화, ▲ 수질, 대기질, 토양 상태와 같은 환경 요인 모니터링, ▲ 동물 서식처 보존, ▲ 살충제, 비료 등 화학제 사용 줄이기 등 지속 가능한 토지 이용 관행 장려, ▲ 질병 예찰 강화 등이 있다.

3.2. 자연환경과 공중보건은 밀접하다

생태계 건강과 공중보건의 상호작용은 복잡하고 다면적이다.

자연환경은 깨끗한 공기, 물, 토양을 제공함으로써 인간의 건강을 직접 지원한다. 예를 들어 숲은 이산화탄소를 흡수하고 산소를 방출하여 공기의 질을 개선한다. 또한 나무와 식물은 공기 중의 오염 물질을 걸러내 천식이나 만성 기관지염과 같은 호흡기 질환의 발병률을 낮춘다. 습지와 숲은 자연적인 물 여과 시스템 역할을 하여 오염 물질을 제거하고 안전한 식수를 확보할 수 있게 한다. 또한 깨끗한 자연은 소, 양, 염소 등 방목하는 가축에 깨끗한 풀과 물을 제공하여 사람을 위한 안전하고 위생적인 축산 식품의 생산을 돕는다.

환경은 질병 조절에 중추적인 역할을 한다. 건강한 생태계는 포식자와 먹이 종의 균형을 유지하여 모기나 설치류와 같은 질병을 옮기는 유기체의 증식을 제한함으로써 전염병의 확산을 통제하는 데 도움이 된다. 생물다양성이 높은 생태계는 질병 매개체의 밀도를 희석하여 특정 병원체의 유행 위험을 줄인다. 예를 들어 삼림 벌채와 서식지 파괴는 이러한 자연 통제를 방해하여 말라리아, 뎅기열, 라임병과 같은 질병의 증가로 이어질 수 있다.[416]

또한 환경은 사람의 정신 건강과 복리에 큰 영향을 미친다.[417],[418] 공원, 숲, 정원과 같은 녹지 공간에 대한 접근은 스트레스, 불안, 우울증을 줄인다. 이러한 공간은 휴식과 레크리에이션을 위한 안식처를 제공하며 신체 활동을 촉진하여 신체 건강 유지에 필수적인 역할을 한다. 공해와 소음이 만연한 도시 환경에서 자연 공간에 대한 접근은 도시 생활의 압박에서 벗어나 휴식을 취할 수 있는 중요한 균형 역할을 할 수 있다.

그러나, 생태계 파괴는 공중보건에 심각한 위험을 초래한다. 삼림 벌채, 오염, 기후변화는 이의 주요 원인이다. 대기 오염은 호흡기 및 심혈관 질환, 암, 발달장애 등 다양한 건강 문제를 초래할 수 있다. 수질 오염은 안전하지 않은 식수로 이어져 위장병과 중독을 유발한다. 토양 오염은 농작물에 독성 물질이 축적되어 이를 섭취할 경우 암과 같은 만성 건강 질환을 유발할 수 있다.

3.3. 사람과 동물의 건강은 불가분의 관계이다

야생의 동물이나 식물이 인간을 위한 가축이나 농작물로 순화Domestication되기 시작한 시기는 대략 15,000~10,000년 이전이다.[419] 식물과 동물을 토지에 순화시키고 길들인 것이다. 이를 통해 인류는 수렵인에서 벗어나 정착민으로서 연중 안정적인 영양공급원을 확보할 수 있었다. 이러한 인류의 순화 능력 확보는 지역공동체를 이룰 수 있도록 하여, 인류가 가축의 노동력을 이용한 농경사회, 나아가 산업사회로 전환할 수 있는 원천이었다.[420]

동물의 건강은 식량, 교통, 물건 운반, 경작, 수입 등을 동물에 의존하는 사람들의 생계 및 생활에 큰 영향을 미친다.

동물 유래 고기, 알, 젖, 털, 가죽 등은 인류의 생존을 위해 필수적이다. 세계적으로 동물유래 식품은 전체 '식이 단백질'의 39%, 열량의 18%를 차지한다. 이 비중은 계속 증가 추세이다. 미국의 경우 성인의 하루 평균 단백질 섭취량은 약 80g이며, 이 중 69%는 동물성 식품에서 유래한다.[421] 동물의 건강을 개선하면 이러한 식량 공급과 경제적 기회를 개선하는 동시에 동물 유래 식품의 영양학적 가치도 향상시킬 수 있다.

동물은 인간의 신체적, 정신적 건강과 복리에 큰 영향을 미친다. 인수공통질병, 병원성 미생물, 유해잔류물질, 항생제 내성균 등 많은 건강상 위험 요인이 동물을 통해 사람으로 전달된다. 동물과 인간의 건강 간의 상호작용을 이해하는 것은 효과적인 공중보건 전략 개발, 지속 가능한 생태계 증진 등에서 중요하다.

동물은 인간의 건강 위험에 대한 파수꾼 역할을 한다.[422] 동물의 건강을 감시함으로써 인간에 미칠 수 있는 잠재적인 건강 위험을 파악하고, 이를 예방 또는 완화하는 조치를 할 수 있다. 동물에서 암 발생률 증가나 생식 문제와 같은 건강의 변화는 환경오염이나 인간 건강에도 영향을 미칠 수 있는 이른 시기 경고일 수 있다.[423]

동물 건강과 인간 건강의 상호 연결은 공중보건 정책의 중요한 측면으로, '원헬스' 접근법의 원칙을 반영한다.[424] 정부당국은 사람과 동물 건강의 불가분성을 인식하고, 동물의 건강 증진을 위한 다양한 정책 방안을 시행할 수 있다.

첫째, 수의 의료 서비스의 강화이다. 이에는 수의 공중보건 프로그램에 대한 자금 지원 확대, 농촌 및 소외 지역의 수의 진료 접근성 보장, 수의사 훈련 및 평생 교육 지원 등이 포함된다. 이는 인수공통전염병의 이른 시기 확인 및 신속 대응 등에 기여한다.

둘째, 효과적 질병 예찰 및 모니터링 체계 구축이다. 이는 동물 건강 동향을 추적하고 신종 인수공통전염병을 식별하는 데 중요하다. 정부는 첨단 진단 도구와 기술에 투자하고, 관련 분야 간 강력한 데이터 공유 네트워크를 구축하며, 관련되는 다학제간 협업을 촉진해야 한다.

셋째, 책임감 있는 동물사육 관행 장려이다. 여기에는 적절한 사육 환경, 적절한 영양 공급, 정기적인 건강 검진, 항생제 사용 최소화 등이 포함된다.

넷째, 차단방역 조치 강화이다. 이는 동물 집단 내, 그리고 동물과 사람 사이의 전염병 유입과 확산 방지에 필수적이다. 정부는 농장, 야생동물 보호구역 등 사람과 동물의 접촉면에서의 차단방역 프로그램을 시행할 수 있다.

다섯째, 야생동물 보호 지원이다. 자연 서식지를 보호하고, 야생동물 거래를 규제하고, 야생동물 건강을 모니터링하는 정책은 야생동물에서의 인수공통전염병 위험을 경감한다. 또한 야생동물 보호는 생태계 회복력과 생물다양성에 기여한다.

여섯째, 공공 교육 및 인식 증진이다. 정부는 대중에게 인수공통전염병의 위험성, 백신접종의 중요성, 동물 취급 모범 사례 등에 대해 교육할 수 있다. 또한 책임감 있는 동물 소유에 대한 인식과 야생동물 보호의 이점을 홍보하면 공중보건 활동에 대한 지역사회의 참여를 장려할 수 있다.

3.4. 원헬스는 신종 질병에 대한 최적의 접근 틀이다

신종 질병은 불확실성, 복잡성 및 모호성이 특징이다. 이의 원인 및 위험 수준은 지역별, 국가별로 다양하지만 전 지구적 연계성은 점점 증가하고 있다. 신종 인수공통질병을 효율적, 효과적으로 파악하고 관리하기 위해서는 보건, 환경, 농업 등 '다분야의 협력적 접근방식', 즉 원헬스 접근방식이 필요하다.[425]

원헬스 개념은 신종질병을 둘러싸고 있는 다양한 요인 및 환경을 잘 담아낼 수 있다. 원헬스는 사람-동물-생태계 접촉면에서 병원체 전파 동력이 무엇인지, 신종질병을 어떻게 예방하고 통제해야 하는지 등에 대한 더 나은 이해를 제공한다.

[그림 17] 인수공통병원체 전파 경로[426]

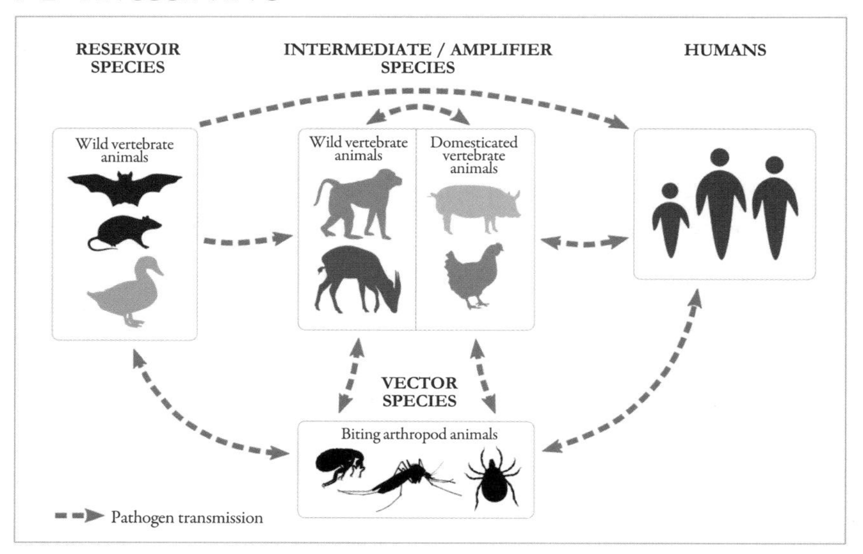

정부 보건당국이 신종 인수공통질병을 통제하는 데 원헬스 접근법은 다양한 이점이 있다.

첫째, 효과적 예찰 및 이른 시기 검출이 가능하다. 정부 보건당국은 인간, 동물, 환경에서 인수공통질병 모니터링 및 예찰 자료를 통합함으로써 질병의 역학적 관계를 포괄적으로 파악할 수 있다. 예를 들어 동물의 인수공통전염병 병원체를 추적하는 조기경보 시스템은 사람에게 이들 병원체의 잠재적 발병에 대한 중요한 정보를 제공한다. WHO, FAO, WOAH가 공동 운영 중인 '주요 동물질병 글로벌 조기경보 시스템Global Early Warning and Response System for major animal diseases, including zoonoses'[159]은 통합 감시가 어떻게 이른 시기 발

159 2006년부터 운영 중이며, 동물질병과 인수공통전염병의 이른 시기 경보, 모니터링, 대응 그리고 이를 위한 정보 공유 및 협력을 위해 개발되었다.

견과 대응을 개선할 수 있는지 보여주는 예시이다.

둘째, 체계적, 합리적 위험평가 및 위험관리가 가능하다. 원헬스 접근법은 신종 인수공통질병 관련 위험 요인에 대한 과학적 평가를 위한 합리적 접근을 이끌며, 이를 통해 적절한 위험관리 방안을 마련할 수 있는 수단을 제공한다.

셋째, 조율된 대응 및 최적화된 자원 활용이 가능하다. 원헬스 접근법은 관련 이해관계자 간의 통합적 협업을 촉진한다. 이러한 통합된 노력은 좀 더 효율적인 자원 배분과 발병에 대한 총체적 대응을 보장한다.

넷째, 연구개발 및 혁신을 장려한다. 다제분야의 통합적 협업 환경은 신종 질병에 대한 새로운 진단법, 백신, 치료법 등의 연구개발 및 혁신적 해결책 마련을 촉진한다. 예를 들어 박쥐의 생태에 관한 연구는 에볼라 및 SARS-CoV-2와 같은 바이러스의 저장고와 전파 메커니즘에 대한 귀중한 통찰력을 제공했다.

이외에도 원헬스 접근방식은 신종 인수공통질병을 관리하는 데 ▲ 근본 원인 해결, ▲ 사전 대비 강화 등의 이점이 있다.

신종질병에 대한 원헬스 접근방식이 실제로 실행되기 위해서는 몇 가지 요건이 있다.[427]

첫째, 어떠한 신종질병이 사람, 동물 및 생태계 건강을 위협하는지를 파악하기 위한 사회경제적 영향에 관한 연구이다. 인수공통질병 정책 수립과정에서 신종질병에 관한 사회적 요구와 사회경제적 상황 사이의 연관성에 대한 충분한 이해가 필요하다.

둘째, 원헬스 접근법을 실제로 적용하기 위한 도구로 '원헬스 분석 틀One Health Analysis Framework'[160] 마련이다. 이 틀을 정책 수립에 적용하면 정책이

160 주요 요소는 4가지이다. ①다분야 협력: 다양한 관련 전문가들이 협력하여 문제를 분석하고, 상호작용을 평가한다. ②위험평가: 인간, 동물, 환경 간의 상호작용에서 발생할 수 있는 위험 요소들을 분석하고, 질병 확산 가능성을 평가한다. ③종합적 자료 분석: 인간, 동물, 환경에 관련된 데이터를 통합적으로 분석하여 질병 발생 패턴, 환경적 요인 등을 파악한다. ④정책 및 의사결정 지원: 분석 결과를 바탕으로 정책 제안과 의사결정에 필요한 정보를 제공한다.

포괄적이고 증거에 기반하며 여러 부문에 걸쳐 조율됨을 보장한다. 또한 이는 신종질병의 구체적인 역학을 반영하고, 관련 분야 간 소통 및 협력을 촉진한다.

셋째, 원헬스 실행 과정에 일반 대중의 참여 보장이다. 이는 원헬스 실행의 성공 여부를 결정하는 핵심 요소 중 하나인 대중의 신뢰와 협력을 이끈다.

넷째, 현실 상황을 개선하는 데 실제로 효과가 있는 원헬스 전략이다. 현실성이 없는 미사여구 전략은 의미가 없다.

| 04 | 원헬스는 축산업의 지속 가능한 성장 동력이다

가축[161]은 생존을 인류와 자연 자원에 의존하지만 고기, 우유 등 식량 자원의 근간이며, 농업 발전에 필수적인 노동력을 제공하며, 생물다양성, 유전자원 보존 등에도 기여한다. 또한 지속 가능한 가축 관리는 생태계 순환, 영양분 순환, 토양 유기탄소 격리, 농업경관 유지 등 다양하게 기여한다.

전 세계 특히 중국, 인도, 브라질 등 개발도상국의 인구 증가 및 경제 발전에 따라 동물성 단백질에 대한 세계적 수요가 급증하고 있다. FAO에 따르면[428] 전 세계 2022년 식육 생산량은 2000년 대비 45%(104백만 톤) 증가한 337백만 톤에 이르렀다. 이들 중 닭고기(35%), 돼지고기(33%) 및 쇠고기(20%)가 거의 90%를 차지한다. FAO는 전 세계 식육 단백질 소비량이 2030년에는 2018~2020년 평균 대비 약 14% 증가할 것으로 예측한다.[429] 이는 가축 사육두수의 급증을 의미한다. UN은 2100년까지 세계인구는 104억 명에 이를

161 2022년 기준, 세계적으로 소 1,552백만 두, 물소 205백만 두, 면양 1,322백만 두, 산양 1,145백만 두, 돼지 979백만 두, 염소 790백만 두, 닭 26,561백만 수, 오리 1,126백만 수, 칠면조 255백만 수 등이 있다. (근거: FAO FAOSTAT Crops and livestock products, Feb. 8, 2024)

것으로 예상한다.[430]

가축 수의 증가는 사육 방식이나 사육지에 불가피한 변화를 초래하고, 결과적으로 주변 환경에 중대한 변화를 불러온다. 개발도상국을 중심으로 가축 방목지 또는 사료작물 재배 토지가 급증하고 있다.

가축의 건강은 소비자 건강 보호, 동물복지, 경제적 수익성 사이의 균형 유지에서 핵심적 역할을 한다. 축산업의 성공은 가축이 건강해야 가능하다. 건강한 동물은 축산농가의 사업 자본이다.

최근 축산업 등 동물산업 업계의 세계적 경향으로는 ▲ 생산성 향상을 위한 자동화, 인공지능, 데이터 분석 등 첨단 사양관리 기술 적극 활용, ▲ 지속가능한 동물산업 추구, ▲ 동물복지 강조, ▲ 식육 대체 단백질에의 대응, ▲ 소비자의 고품질 제품 요구 증가, ▲ 식품 공급망의 투명성과 추적성 요구 증가 등을 들 수 있다.[431] 사실 이들 모두는 원헬스 접근방식을 통해 다룰 때 가장 합리적으로 접근할 수 있고 최적의 해결책을 마련할 수 있다.

축산업은 인수공통질병, 동물복지, 항균제 내성, 식품안전, 환경오염, 기후변화 등 현대의 주요 보건, 환경 사안과 밀접한 관련이 있다. 이것이 축산에 원헬스 접근방식이 필요한 이유이다.

첫째, 축산은 다양한 방식으로 환경오염에 영향을 미친다. 분뇨와 오줌은 다량의 질소와 인을 생성하며 수역으로 침출되어 수질을 오염시킬 수 있다. 또한 동물 배설물을 부적절하게 처리하면 토양과 지하수가 병원균과 화학물질로 오염되어 끝내는 인간의 건강과 환경에 위험을 초래한다.

사료작물 생산에 화학 비료와 살충제를 사용하는 것도 환경오염을 가중한다. 이들은 강과 하천으로 흘러 들어가 수생 생물에 해를 끼치고 식수원을 오염시킬 수 있다. 또한 집약적인 축산업은 성장을 촉진하고 질병을 예방하기 위해 항생제와 호르몬에 의존하는 경우가 많아 항생제 내성 박테리아의 증가에 기여하며, 이는 환경을 통해 사람과 동물로 확산할 수 있다.

둘째, 축산업은 높은 생산성을 우선하는 경우가 많아 동물의 건강과 복지 문제가 많이 발생한다. 공장식 사육 환경은 가축에 스트레스를 유발하고 질병 발생 및 확산을 촉진한다. 예를 들어 가금류와 돼지 사육장에서는 환기가 잘 안되고 사육 밀도가 높아 호흡기 질환이 흔하게 발생한다.

셋째, 축산업은 주요 온실가스 배출원 중 하나이다. 소 등 반추동물은 소화 과정에서 강력한 온실가스인 메탄CH4을 배출한다. 분뇨는 메탄과 아산화질소 N2O를 배출한다. 목초지 및 사료작물 생산을 위한 삼림 벌채는 이산화탄소를 흡수하는 숲을 감소시켜 기후변화를 더욱 악화시킨다. 또한 산림을 농지로 전환하면 저장된 탄소가 대기 중으로 방출된다.

넷째, 가축의 건강은 식품 안전 및 공중보건에 직접적 영향을 미친다. 비위생적 환경에서 자란 동물은 식품 오염 병원균을 옮길 가능성이 높다. 예를 들어 살모넬라균과 대장균은 오염된 육류 제품에서 흔히 발견된다. 동물성 제품에 있는 항생제 내성균은 인체 감염 시 치료가 어렵다. 또한 사육 시 성장 호르몬 등 화학물질을 사용하면 축산식품에 잔류하여 인체에 나쁜 영향을 미친다. 가축은 살모넬라, 대장균 등 인수공통 병원균의 저장소가 될 수 있다. 이들은 직접적인 접촉, 오염된 동물성 제품의 섭취 또는 환경오염을 통해 인간에게 전파될 수 있다.

축산 분야에서 원헬스 실행 방안으로는 ▲ 통합적 질병 모니터링, 예찰 및 보고 시스템 구축, ▲ 사육 환경 개선, 건강관리 향상 등을 통한 동물복지 향상, ▲ 항생제 등 동물약품 및 화학물질의 적절한 사용 및 관리, ▲ 적절한 폐기물 관리, ▲ 수질 관리, ▲ 순환 방목, 통합 해충 관리, 천연자원 보존 등과 같은 지속 가능한 축산 관행 장려, ▲ 수의사, 농가, 보건 공무원, 환경 전문가 등 다양한 이해관계자와의 협력 강화 등이 있다. 이를 위해 정부당국은 ▲ 원헬스 활동에 대한 법적 규정 마련, 인센티브 제공 등 정책적 지원, ▲ 모범 사례, 이해관계자 간 협업 방법 등에 관한 교육 및 훈련 제공, ▲ 연구 및 혁신

지원, ▲ 수의 의료에 대한 접근성 향상 등의 방식으로 원헬스 실행을 지원할 수 있다.

2020년 세계은행과 FAO가 공동 발간한 '지속 가능한 축산 투자: 동물위생 원칙Investing in Sustainable Livestock Guide: Principles for Animal Health'은 지속 가능한 축산을 위한 '동물위생 7 원칙'으로 ①지속가능한 식량의 미래에 기여, ②동물질병 예방 및 통제, ③동물의 복지 보증, ④더 안전한 식품을 위한 건강한 동물, ⑤인수공통질병 위험 경감, ⑥신중하고 책임성 있는 항생제 사용, ⑦건강한 자연환경 조성을 제시하였다.

| 05 | 반려동물과 반려인의 건강은 원헬스이다.

반려동물 양육은 인간과 이들이 함께 살아가는 환경의 밀접한 상호작용이다. 이러한 이유로 반려동물은 원헬스의 주요 대상이다. 최근 반려동물 급증 등으로 반려동물과 사람 간 접촉면이 크게 넓어짐에 따라 반려동물에서 원헬스에 관한 관심이 높아지고 있다.

2023년 7월, 서울시 용산구와 관악구에서 발생한 고양이 집단폐사의 원인이 HPAI로 확인되면서 커다란 사회적 문제가 된 것이 대표적이다. 일부 언론에서는 이를 '제2의 코로나19 등장 신호'로 보도하기도 했다.[432]

반려인은 반려동물과 사는 집을 공유하는 것을 넘어서 침대를 같이 쓰거나 입맞춤, 포옹 등 밀접한 접촉 증가로 인해 인수공통전염병 위험에 서로를 노출하는 기회가 많아지고 있다. 반려동물은 야외에서 야생동물과 사람 사이의 인수공통병원체 전파의 연결고리 역할을 한다.

세계소동물수의사회World Small Animal Veterinary Association는 원헬스위원회 One Health Committee를 두고 원헬스 지침 개발, 교육 및 훈련, 협업, 홍보, 연구 등 활동을 한다. 동 위원회는 원헬스의 세 가지 핵심 영역을 ①인간과 반려동물의 유대, ②비교의학Comparative Medicine[162] 및 중개의학Translational Medicine[163], ③인수공통전염병으로 설정했다.[433]

원헬스에 대한 반려인의 태도는 원헬스 개념에 대한 지식과 인식 수준에 따라 다르다. 반려동물은 다양한 이유로 원헬스와 밀접한 관계가 있다.[434]

첫째, 인간과 반려동물 사이에 존재하는 독특하고 특별한 유대감이다. 반려동물과의 신체적, 정서적 교감은 사람의 스트레스, 불안, 우울증을 줄인다. 개, 소, 말 등 치료 매개동물은 외상후스트레스장애Post-traumatic Stress Disorder, 불안 장애, 우울증, 자폐증 등 환자 치료에 효과가 있다. 반려동물은 산책, 놀이 등을 통해 반려인의 신체 건강을 개선하고, 비만이나 심장병과 같은 만성 질환의 위험을 줄인다. 반려견, 반려묘와 함께 자란 아이는 달걀, 우유, 콩, 견과류 등에 대한 알레르기 유발률이 상대적으로 낮다.[435] 또한 반려동물은 반려인에게 정서적 지지를 제공한다. 반면에 유대감이 깊은 반려인은 적절한 영양, 운동, 수의 진료 등 보살핌을 제공한다.

둘째, 반려동물과 반려인의 건강과 복지는 상호작용한다. 반려동물, 야생동물과 사람은 인수공통질병을 서로 전파할 수 있다. 주된 통제 방법으로는 예찰, 백신접종, 건강 검진, 치료, 교육 및 홍보 등이 있다. 반려동물의 건강과 복지에 대한 반려인의 인식도 점점 높아지고 있다. 적절한 관리 방안으로는 ▲ 영양상 균형 잡힌 먹이 제공, ▲ 규칙적인 운동 제공, ▲ 생활환경 개선, ▲ 정기적인 털 손질, 생활 공간 청소 등 위생 규범 준수, ▲ 정기적인 수의 진료 제공, ▲ 놀이, 애정 표현 등 정서적 교감 강화 등이 있다.

---

162 동물 모델을 이용하여 인간 질병을 연구하고 이해하는 의학 분야이다. 다양한 동물 종의 생리학, 병리학, 유전학 등을 비교함으로써 인간 질병의 메커니즘을 이해하고, 새로운 치료법과 진단법을 개발하는 데 중점을 둔다.

163 기초과학 연구의 발견을 임상적 적용으로 빠르게 전환하여 환자 치료에 적용하는 것을 목표로 하는 의학 분야이다. 이는 의학, 수의학, 생물학, 화학, 공학 등 다양한 분야의 지식과 기술을 융합하여 새로운 의료 솔루션을 제공하는 데 중점을 둔다.

셋째, 반려동물은 환경과도 서로 영향을 주고받는다. 반려동물 사료 산업은 반려동물 사료의 생산과 운송으로 인해 상당한 탄소 발자국을 남긴다. 도시 지역에서 반려동물로 인해 발생하는 쓰레기는 제대로 관리되지 않으면 환경오염의 원인이 될 수 있다. 광견병, 톡소플라즈마증, 개디스템퍼바이러스Canine Distemper Virus, 개파보바이러스Canine Parvovirus 등 일부 전염병은 반려동물에서 야생동물로 전파될 수 있다.[436] 야외에서 개, 고양이의 배회는 이들뿐만 아니라 야생동물, 환경 및 인간 모두의 건강에 해로울 수 있다.[437] 배설물 등 쓰레기 줄이기, 친환경 제품 선택, 일회용 플라스틱 사용 줄이기 등 지속 가능한 반려동물 관리 관행이 요구된다. 반려인에게 이러한 관행에 대해 교육하는 것은 반려동물 소유의 이점과 환경 보호 사이의 균형을 촉진하는 데 필수적이다.

넷째, 반려동물은 사람의 건강을 지키는 파수꾼 역할을 한다. 반려동물은 인간과 같은 환경을 공유하기 때문에 신종 전염병과 환경적 위험을 감지하는 중요한 파수꾼이 될 수 있다. 예를 들어 라임병, 렙토스피라증, 심지어 특정 바이러스 감염 사례는 사람에게 영향을 미치기 전에 반려동물에서 먼저 확인된 바 있다. 또한 개와 고양이는 납, 살충제 및 기타 환경적 오염 물질과 같은 독소에 노출 증상이 더 빨리 나타난다.

반려동물에서 주된 원헬스 접근방법을 활용하는 방법으로는 ▲ 인수공통전염병, 항생제 내성균 관리 등 질병 예방 및 관리, ▲ 반려인에 대한 반려동물 관리와 질병 예방에 관한 교육, 홍보, ▲ 정기적인 반려동물 건강 검진으로 공중보건 증진, ▲ 반려동물의 정신 건강 관리 지원, ▲ 자연 재난 시 대응 등이 있다.

| 06 | 환경보호에는 원헬스가 첩경이다

6.1. 지금은 인류세 멸종 시대이다

지금은 지구의 '6번째 멸종Sixth Extinction' 또는 '인류세[164] 멸종Holocene Extinction' 시대이다.[438],[439] 인류의 환경 파괴적인 활동으로 동식물 대부분이 전례 없는 멸종을 당하고 있다. 과학자들은 이를 '생물학적 학살Biological Annihilation'로 칭한다.[440] 생태계의 생물다양성이 파괴되면서 생물다양성을 통한 생태계 방어 또는 완충 효과가 사라지고 있다. 병원성 미생물이 그동안 숙주로 이용했던 야생 동물종이 사라지면서 이들이 인간에게 직접 침입할 기회가 증가하고 있다.

[사진 18] 인류에 의한 환경 파괴 모습.
(상)목초지 조성을 위한 아마존 밀림 훼손,
(하)산업활동에 따른 대기 오염

2021.02.18. UN 사무총장 안토니오 구테레스Antonio Guterres는 '인류는 너무 오랫동안 자연을 상대로 무의미하고 자살적인 전쟁을 벌여왔다. 그로 인해 지금 '기후 파괴', '생물다양성 훼손', 그리고 '오염 위기'라는 세 가지 유형의 상호 영향을 미치는 환경 위기가 발생했다"라고 말했다.[441]

지구 환경은 산림 파괴, 토지 이용 변화, 산업화, 국제 무역 및 여행 증

---

164 2001년 네덜란드 화학자 파울 크뤼천(Paul Crutzen)이 처음 제안한 이 용어는 인류가 엄청난 영향력을 행사해 지구촌 기후를 변화시켰다는 뜻을 내포하고 있다. 석탄·석유 등 화석연료를 대거 사용하면서 이산화탄소 같은 온실가스를 내뿜었고 이것이 지구온난화·기후변화로 이어지게 됐다는 것이다.

가, 농업에 화학물질 사용 증가 등 인류의 환경 파괴적 활동 때문에 지속 가능성, 건전성을 해치는 방향으로 계속 악화 중이다. 특히, 토지 이용 변화는 야생동물에 존재하던 병원체가 사람이나 가축으로 종간전파 되어 신종 인수공통 질병이 출현하는 최대 동력으로 알려져 있다.[442],[443]

지구 환경은 병원성 미생물에 유리한 방향으로 변하고 있다. 미생물은 새로운 환경에 적응하고, 전 세계로 이동하고, 종간장벽을 뛰어넘고, 항생제 내성을 갖고, 살아갈 숙주, 매개체, 물품 등 선택의 폭이 넓어지고, 더 취약한 집단과 마주하는 등 생존에 점점 더 유리한 상황을 맞고 있다.

일례로, 지구온난화에 따라 세계적으로 진균Fungi 오염 지역의 증가 등으로 양서류의 3분의 1이 멸종되었거나 멸종위기이고 밀, 쌀, 콩 등 곡물도 진균에 오염될 위험에 심각하게 노출되어 있다.

2022년 WHO에 따르면,[444] 보통 사람 건강에 미치는 환경위생의 수준에 상당한 불평등이 존재한다. 불평등은 성별, 인종, 나이 및 기존 건강 조건뿐만 아니라 사회적 및 경제적 차이 등에 의해 야기된다. 첫째, 노출이다. 인수공통 병원체에의 노출은 사냥꾼, 도축업자, 야생동물 무역 종사자, 동물원 직원과 같이 야생동물과 빈번한 접촉을 하는 사람들 사이에서 가장 많다. 둘째, 민감도이다. 성별 및 연령에 따라 민감도가 다르다. 임산부, 노인, 면역결핍자 등이 인수공통병원체에 더 민감하다. 셋째, 보건 긴급상황, 기후변화 등에 대한 적응 역량이다. 경제적 수익이 높은 사람일수록 건강보호, 긴급의료서비스 등에 더 접근이 쉽다.

동물 매개 질병에서 환경의 역할은 크게 3가지이다.[445]

첫째, 병원체의 저수지Reservoir이다. 환경은 병원체의 영양소 및 생존지(미생물, 식물, 동물)가 축적되고 수송되는 곳이다. 토양, 수역 등은 이곳에 서식하는 미생물의 은신처이다. 또한 환경은 병원균, 항생제 내성 유전자 및 화학물질의 자연적 저장소이다. 공기, 물, 토양의 오염은 독성 화학물질, 과잉의 영양분, 병원균, 항생제 등을 축적한다.

둘째, 사람에게 무수한 생태계 서비스를 제공하는 화학적, 생태적 과정에 대한 배양기Substrate 역할이다. 서식처 상태는 생태계 구성과 식물, 동물, 미생물 및 기타 유기체의 생물상biota의 공간적 분포를 명확히 보여준다. 먹이사슬, 경쟁 및 공생과 같은 생태적 공동체 작용이 이들 종Species의 집단 크기를 조절한다. 미생물의 짧은 수명 주기로 인해 환경 스트레스 요인은 병원체와 항생제 내성 미생물의 진화에 뚜렷한 영향을 미칠 수 있다.

셋째, 건강 매개자Health Mediator 역할이다. 환경 자체의 건강 상태에 따라 환경은 동물과 사람의 건강에 긍정적, 부정적 작용을 한다. 화학물질 및 병원체가 토양, 공기 및 물로부터 직접적으로 또는 감염된 동물과 접촉을 통해 사람과 동물에 옮겨질 수 있다.

6.2. 야생동물 보호는 원헬스 증진이다.

자연에서 동물의 서식지는 그 어떤 경우에도 다수 동물종의 서식지이다. 자연에서는 우위를 점하는 동물종이 타 동물종을 공간적으로 완전히 배제하는 경우는 없다. 반면에 인간의 거주지는 공간을 배타적 독점지로 점용하는 특징이 있다.

동물은 자신의 서식지에서 삶의 방식에 자기결정적 존재일 때 조화로운 삶이 가능하다. 이때 꼭 필요한 것이 야생성이다. 야생을 의미하는 'wild'는 'wildeor'(self-willed animal)에서 유래했다. 즉, 야생동물은 자신의 의지를 가진 동물을 의미한다. 야생성에서 가장 중요한 속성은 자신의 의지로 추동되는 존재라는 점 즉, 자율성Autonomy와 자기조직화Self-organization이다.[446]

역사적으로 야생동물은 가축과 인간에게 전염되는 질병의 주요 원천이었다. 박쥐가 대표적이다. 야생동물 단계에서 이들 전염병을 통제하는 것은 병원체 검출의 한계 등으로 중요한 과제로 남아 있다. 인수공통 병원체의 잠재적 저장소로서 야생동물의 역할에 관한 연구는 부족하다. 코로나19 발생 등으로 최근에야 활발해지고 있다. 인류의 야생동물 서식지 침범, 삼림 벌채, 환경오염, 야생동물 사냥 등은 야생동물 유래 질병 발생을 촉진하는 주요 요인이다. 인간, 가축, 질병 매개체의 국제적 이동 증가도 마찬가지이다.

야생동물 서식지 보존은 생물다양성과 건강한 생태계 유지에 중요하다. 야생동물은 '인수공통 병원체 및 매개체의 저장고', '환경오염물질에 오염된 야생동물 유래 식품', '인간과 야생동물의 충돌' 등을 통해 사람의 건강에 영향을 미친다.

야생동물 보호는 곧 원헬스 증진이다. 이를 위한 실행 방안으로는 ▲ 다양한 관련 분야 및 학제 간의 협력 촉진, ▲ 이해관계자의 야생동물 건강관리 역량 강화, ▲ 야생동물 건강 관련 자료의 축적 · 분석 강화, ▲ 야생동물 보호 관련 국제 기준 및 지침 개발, ▲ 야생동물 건강의 중요성에 대한 인식 제고 등이 있다.[447]

WWF에 따르면[448], 1970~2018년간 전 세계 야생동물 기준으로 포유류, 조류, 양서류, 파충류, 어류 종은 마리수 기준으로 평균 69%가 감소하였다. 중남미는 감소 폭이 94%이다. 민물어류 종도 83% 감소하였다. 이러한 생물다양성 상실의 주된 요인이 되는 것은 야생동물 서식지 손실 및 이동경로 파괴이다. 이는 '지구 자원에 대한 인류의 지속 가능하지 않은 활용'의 결과이다.[449],[450]

인간은 지구상 모든 척추동물의 3분의 1 이상을 이용하거나 거래하며 이들의 생존을 위협한다.[451],[452] 이들 중 39%가 멸종 위기이다. 인간에 의한 위협은 생태계의 포식자에 의한 위협보다 최대 300배 이상이다. 인류의 무분별한 생태계 파괴는 척추동물의 다양성 감소를 더욱 촉진한다.

국내에서도 야생동물 서식지가 급감하고 있다. 전국산림면적 감소에 따라 멸종위기 야생생물이 증가했다. 지난 30년 동안 여의도 넓이의 256배, 매일 축구장 10개 넓이의 숲이 사라졌다.

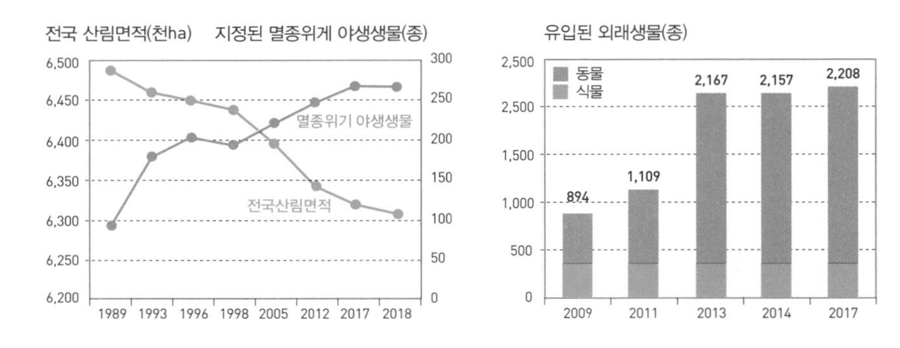

[그림 18] 국내 산림면적 감소에 따른 생물다양성 변화[453]

생물다양성과 원헬스는 서로 밀접한 관련이 있다.

첫째, 생물다양성이 높은 생태계는 병원체의 확산을 억제한다. 이는 '희석 효과'로 알려져 있으며, 다양한 종이 병원체의 숙주가 되어 병원체의 확산을 막아준다. 반면, 생물다양성이 감소하면 특정 종이 과도하게 증가하여 병원체의 전파를 촉진할 수 있다. 생물다양성 손실은 야생에 존재하던 병원체가 사람이나 가축으로 전파되어 신종질병 발생을 촉진한다.

둘째, 원헬스는 생물다양성을 보호함으로써 생태계 내에 존재하는 자연적인 견제와 균형을 유지한다. 이는 질병의 출현과 확산을 막는 데 기여한다. 원헬스는 생태계의 건강을 유지하고 병원체의 확산을 제어함으로써 생물다양성을 강화한다. 특히, 보호 지역 설정, 지속 가능한 농업 실천, 환경 교육과 정책 개발을 통해 생물다양성을 증진한다.

셋째, 생물다양성 손실은 식량 공급원의 가용성과 다양성을 줄인다. 이는 다양한 종들이 농업 생산성과 회복력에 기여하는 생태계 내의 복잡한 상호작용에 뿌리를 둔다. 생물다양성은 토양 비옥도, 수분, 해충 방제, 영양분 순환 등 농업에 중요한 생태계를 지원한다. 예를 들어 벌과 나비와 같은 수분 매개체가 사라지면 곤충 수분에 의존하는 많은 과일과 채소의 수확량이 감소할 수 있다.

6.3. 환경 보존을 위한 원헬스 전략이 필요하다.

생태계는 식물, 동물, 미생물 등의 생물과 토양, 물, 공기 등의 무생물을 포함하는 복잡하고 상호 연결된 시스템이다. 생태계는 동물에게 음식, 물, 쉼터 등 생존과 복지에 필수적인 자원을 제공할 뿐만 아니라 수분, 종자 분산, 영양분 순환과 같은 중요한 서비스를 제공한다. 또한 생태계는 기후를 조절하고, 토양의 비옥도를 유지하며, 공기와 물을 정화하는 등 인류와 동물의 생존, 건강과 복지에 중요한 역할을 한다.

건강한 생태계는 원헬스에서 결정적 기여 요소이다. 생태계의 변화와 혼란은 전염병의 출현과 확산, 천연자원의 황폐화 등으로 이어질 수 있다. 생태계의 건강을 이해하고 보존하는 것은 모든 생명체의 건강과 복리를 증진하고 지구의 지속 가능한 미래를 이루는 데 필수적이다.

자연환경이 건강해야 사람의 건강과 복지도 가능하다. 원헬스에서 환경 위생의 중요성이 그간 경시된 것은 아니지만, 인간과 동물의 건강에 대한 강조에 비해 환경 위생에 관한 관심은 상대적으로 최근의 일이다. 그 이유 중 하나는 역사적으로 공중보건과 수의가 각각 인간과 동물의 건강 문제를 해결하는 데 더 집중됐기 때문이다. 또 다른 이유는 환경 위생이 복잡하고 다면적 사안이나, 이에 적합한 원헬스 접근방식이 최근에야 등장했기 때문이다.

인류의 활동 증가, 기후변화 등 환경을 둘러싼 여건의 변화 속에서 건강하고 지속 가능한 환경 보존을 위해서는 다음과 같은 원헬스 전략을 잘 활용할 필요가 있다.[454]

첫째, '보존 의학Conservation Medicine'[165]이다. 이는 보건학, 생태학, 사회과학 등이 관련되며, 생물다양성과 환경 보존을 위한 사전 예방적 조치를 설계

165 이는 원헬스처럼 동물, 사람, 그리고 환경 사이의 복합적인 건강 관계와 상호작용을 연구하는 분야이다. 특히 생물다양성 보존의 의학적 측면에 집중한다.

한다. 예를 들어 자이언트 판다Giant Panda와 같은 멸종 위기종을 보호하기 위한 노력은 '서식지 파편화'[166]와 질병 전파 문제를 해결하기 위해 보존 의학을 활용했다.

둘째, 숲, 습지, 산호초와 같은 기존 야생생물 서식 지역을 보존하고 황폐화된 경관을 복원한다. 이는 생물다양성을 유지하고 생태계 회복력을 증진하는 데 중추적 역할을 한다. 환경보호가, 지역사회, 정부 등이 적극 협력하여 야생 보호 지역 조성, 서식지 복원 프로젝트 실행 등을 수행할 수 있다.

셋째, 지속 가능하고 생태 친화적인 토지 이용과 농업 관행이다. 농작물 순환 재배, 통합 해충 관리와 같은 생태 친화적 농업 관행을 실행하면 비료, 농약 등 화학물질 투입을 줄이고 토양의 건강을 개선하며 서식지 파괴를 최소화할 수 있다.

넷째, 야생동물 보호 및 관리이다. 멸종위기 종 보호, 야생동물 밀거래 방지, 야생동물 개체군 관리 등이 포함된다. 야생동물 보호 프로그램을 설계할 때 생태적, 사회적, 경제적 요인에 대한 고려가 중요하다.

다섯째, '침입 종'[167] 통제이다. 이는 토종 생태계에 치명적인 영향을 미친다. 원헬스 접근법은 침입종의 예방, 이른 시기 발견 및 관리를 목표로 한다. 침입종을 통제하고 토종 서식지를 복원함으로써 생태계는 자연적인 균형을 회복하여 토착종이 번성할 수 있다.

여섯째, 기후변화 완화 및 적응이다. 온실가스 배출을 줄이고, 재생 에너지원을 활용하고, '기후 스마트Climate-smart'[168]한 정책 추진이 필요하다. 해수면

---

166 산림 벌채, 도시 개발, 농업, 도로 건설 등 다양한 형태의 인간 활동으로 인해 넓고 연속적인 서식지가 작고 고립된 구역으로 나뉘는 과정을 말한다. 이는 야생동물과 생태계에 중대한 영향을 미친다.

167 자연적인 혹은 반(半)자연적인 생태계나 서식지에 정착하여 변화를 일으키고, 토착 생물다양성을 위협하는 외래종을 말한다. 이는 생태계적, 환경적, 경제적 손해를 끼치는 종이다.

168 기후변화에 대응하고 그에 적응하며 영향을 최소화하는 방식이나 접근법을 나타낸다. 주로 농업, 환경보호, 에너지 생산 등 다양한 분야에서 사용된다.

상승, 기상이변과 같은 기후변화의 영향에 대처하는 데 필요한 저수지 건설, 해안 방조시설 강화 등 '적응 조치'를 시행하는 것은 건강한 환경 보존에서 매우 중요하다.

일곱째, 환경 보존 활동에 관한 공감대 형성 및 참여 확대이다. 일반 대중과 이해관계자 사이에서 원헬스에 대한 인식을 높이면 이들의 책임감, 협동심, 참여를 높일 수 있다.

여덟째, 차단방역 조치이다. 국경 검역, 축산농장 질병발생 예방, 야생동물 질병 예찰 등은 환경 보존과 밀접한 관련이 있다. 이러한 조치는 야생동물, 가축, 인간 간의 질병 전파를 방지하여 야생동물에서 발병 위험을 줄이고 생물다양성 보존에 기여한다.

아홉째, 소통 및 협업 촉진이다. 환경 문제를 해결하려면 생태학, 지질학, 기상학 등 다양한 분야의 지식이 필요하다. 이들이 협력하면 환경이 직면한 복잡한 문제를 해결하기 위한 통합적인 전략과 정책을 개발할 수 있다.

| 07 | 강력한 리더십과 충분한 인프라가 원헬스 발전을 이끈다

수의 분야에서 원헬스 접근방식이 원하는 성과를 얻기 위해서는 '강력한 리더십'과 '충분한 인프라'가 뒷받침되어야 한다.

이때 리더십은 수의, 공중보건, 환경 과학, 정책 결정 등 다양한 분야가 참여하는 다면적 리더십이어야 한다. 리더십은 이해관계자 간 협력관계 및 신뢰 구축이 핵심 요건이다. 이는 조직 내, 조직 간, 그리고 지역적, 국가적 및 국제적 수준에서 이루어져야 한다.

공개적인 원헬스 정책이나 전략이 불분명한 경우, 리더십이 발휘되기 위해서는 해당 사안에 대한 사회적, 정치적 합의가 필요하다. 정치 지도자와 고위급 정책관계자는 거버넌스 구조, 정책 수단, 자원 할당에서 원헬스 원칙을 통합하는 데 중추적인 역할을 한다. 원헬스에 대한 이들의 지지가 있어야 보건, 농업, 환경 등 부문의 집단적 전문성을 활용하여 복잡한 보건 문제를 포괄적으로 효율적으로 다룰 수 있다.

또한 원헬스 활동의 성공과 지속 가능성을 보장하기 위해서는 지역사회 참여가 필수적이다. 지역사회와 이해관계자가 의사결정 과정에 적극 참여할 수 있도록 권한을 부여하고, 주인의식을 고취하며, 행동 변화를 촉진하는 데 강력한 리더십은 필수적이다. 리더는 신뢰와 포용력을 갖춤으로써 지역사회의 지원을 동원하여 원헬스 조치의 영향력과 수용도를 높일 수 있다.

리더에게는 원헬스 사안을 둘러싼 정치적, 경제적, 사회적 도전과제에 대한 적절한 인식이 요구된다. 리더는 원헬스의 중요성을 옹호하고, 정책 입안자 및 이해관계자와 소통하며, 업무를 지원하는 데 필요한 자원과 자금을 확보해야 한다. 다양한 이해관계자를 한데 모으고 효과적인 소통과 의사결정을 촉진하는 데 필요한 비전, 방향성, 조정 역량을 제공할 수 있는 강력한 리더십이 있어야 한다. 이를 위해 필요한 리더십은 '통찰력 있는visionary', '협력적인collaborative', '다학제적인interdisciplinary', '전략적인strategic', '소통하는communicative', '현실에 적합한adaptive', '자율적 성격의empowering' 리더십이어야 한다.[455]

충분한 인프라는 인간, 동물, 환경 영역 전반에 걸쳐 포괄적이고 조율된 보건 노력을 지원하는 데 필요한 기초 자원과 시스템을 제공하기 때문에 수의 분야에서 원헬스 접근법을 성공적으로 구현하는 데 필수적이다. 인프라에는 다음과 같은 것들이 포함된다. 우선, 효과적 예찰 및 모니터링 체계이다. 이는 인수공통전염병 등을 식별, 추적, 대응하는 데 핵심적이다. 또 이를 위해서는 선진적 진단 도구와 기술을 갖춘 첨단 실험실이 필요하다. 둘째, 정보소통 및 데이터 공유 플랫폼이다. 셋째, 충분한 수의 의료 시설이다. 여기에는 질병 진단 기관, 동물병원, 원격진료 시설 등이 포함된다. 넷째, 이해관계자 교육 및 훈련 과정이다. 이를 통해 수의 의료, 인수공통전염병, 환경보건 분야의 최신 발전 동향을 파악할 수 있다. 다섯째, 자금 및 자원 할당이다. 충분한 인프라는 적절한 자금과 자원 배분으로 뒷받침되어야 한다.

Part 08

기후변화와 수의 정책

| 01 | 기후변화는 현재 진행형이다

1.1. 기후변화는 인류의 자살폭탄이다

2021년 기후변화에관한정부간패널IPPC[169]은 기후변화 보고서[456]에서 현재의 위기 상황과 원인을 다음과 같이 요약했다.

①인간 활동으로 인해 대기, 해양, 빙권, 생물권에서 광범위하고 급격한 변화가 일어나고 있다.

②최근 많은 지역에서 기후변화가 발생하고 있으며, 이는 근현대 인류사에서 전례 없는 일임을 수많은 증거가 뒷받침하고 있다.

③지난 5년 동안(2016~2020) 기온은 1850년 이후 가장 높았다.

④해수면 상승과 얼음 유실 속도가 더욱 빨라지고 있다.

⑤기상이변 현상이 점점 늘어나고 있으며, 인간 활동이 원인이라는 증거가 쌓이고 있다.

또한 동 보고서는 향후 기후변화를 다음과 같이 전망하였다.

①온실가스를 더 배출할수록 지구 온도는 더 오른다.

②1.5℃ 상승 시에도 전례 없는 극한의 기후 현상이 증가한다.

③온실가스 감축이 빠르게 이루어져도 2050년 이전에 북극 빙하가 9월 중 한 번 이상 거의 녹아 없어진다.

④장기적인 변화 가운데 일부는 온실가스 감축 노력을 다하더라도 멈출 수 없다.

⑤빙상이 녹아내림에 따라 해수면이 아주 크게 상승할 수 있다.

일일 평균 지표면 공기의 온도 및 상대 습도가 사람의 건강에 치명적인 한

---

169 UN의 세계기상기구(WMO)와 환경계획(UNEP)이 1988년 설립한 조직으로, 인간활동에 대한 기후변화의 위험을 평가하여 그 영향 및 실현 가능한 대응전략을 주기적으로 평가하고 관련 보고서를 발행한다.

계치를 초과하는 기후조건에 세계 인구의 약 30%가 연간 적어도 20일 이상 노출된다.[457] 2100년경, 이 수준은 세계 인구의 74%에 도달할 전망이다.

IPCC에 따르면 지구상에서 기후에 추가적인 부담을 주지 않고 1인당 배출할 수 있는 CO_2는 연간 2,000kg이다. 그러나 현실은 훨씬 많이 배출한다. 독일 환경부의 '2019 National Inventory Report'에 의하면 독일인 1인당 연간 8,500kg을 배출한다고 한다.

기후변화는 ▲ 먹이사슬 붕괴, ▲ 해수면 상승, ▲ 혹서, 혹한, 대홍수, 대형산불[170] 등 극단적 자연재해 증가, ▲ 질병 확산, ▲ 생태계 붕괴 등 다양한 방식으로 인류를 멸망으로 이끈다. 이외에도 정치적 불안정 등 인류의 삶에 엄청난 부정적 영향을 미친다.

기후변화는 '위협 승수Threat Multiplier[171]'로 불린다.[458] 이는 기후변화가 지구상에 존재하는 복잡한 생태계 내의 다양한 변수에 직간접적으로 영향을 미치기 때문이다.

기후변화의 주범은 우리 인류의 무분별한 활동으로 인한 이산화탄소 등 온실가스의 과도한 배출이다.[459] 특히 인류가 사용하는 석유, 가스 등 화석연료 산업이 가장 큰 영향을 미친다.

WOAH는 기후변화를 동물 및 사람의 건강과 복지, 식량 안보 등에 대한 세계적인 위협으로 인식한다. WOAH는 각국이 기후변화 적응 및 완화 전략을 동물위생 정책과 프로그램에 통합할 것을 권고한다. 지속 가능한 동물 관리, 재생 에너지 사용, 천연자원의 효율적 사용 등 온실가스 배출을 줄이는 모범적 관행을 장려한다. 기후변화로 인한 동물위생 문제에 대응하는 데 예찰을

---

170 2019년 9월~2020년 2월, 호주 뉴사우스웨일스주 및 빅토리아주에서 발생한 초대형 산불로 인해 거의 30억 마리의 야생동물이 희생되었다.

171 이는 특정 위협 또는 과제의 위험, 복잡성 또는 심각성 수준을 높이는 요인 또는 조건을 의미한다. 다양한 상황에서 위협 승수는 기존 위협의 영향을 악화시키거나 해결해야 할 새로운 문제를 야기한다.

[사진 19] 기후변화 위기 시위 모습

핵심으로 본다. 또한 동물의 건강과 복지 수준을 높게 유지하는 것이 동물사육으로 인한 탄소 발자국을 줄이는 데 기여한다고 본다.

WHO는 기후변화를 인류가 직면한 가장 큰 보건 위협으로 선언했다.[460],[461] 2030~2050년간 기후변화에 기인한 영양실조, 말라리아, 설사, 열사병으로 인해 매년 약 25만 명이 추가 사망할 것으로 예측했다. WHO가 추구하는 '보편적 건강보장Universal Health Coverage'[172]은 기후변화와 밀접한 관련이 있다.[462]

FAO는 축산업이 온실가스 배출의 주요 원천 중 하나이며 배출량 감소를 위해 재생 에너지 사용, 지속 가능한 사료 공급, 효율적인 분뇨 관리, 기후 스마트 농업 관행 등 축산업 시스템의 효율성을 개선해야 한다고 주장한다. 또한 FAO는 기후변화를 동물 건강에 심각한 위협으로 규정한다.[463],[464]

WVA는 기후변화를 전 지구적 긴급상황으로 인정하고 동물, 사람 및 생태계 건강에 관한 기후변화의 동력 및 영향에 관한 지식 및 이해를 높일 수 있도록 연구, 예찰 및 교육을 장려한다.[465] WVA는 기후변화에 따른 보건 사안을 다루는 데 원헬스 접근방식을 활용할 것을 촉구한다. 또한 수의 전문가가 온실가스 배출을 최소화하는 규범을 연구, 검토 및 채택하도록 촉구한다.

172 WHO는 2013년 '모든 사람이 재정적 어려움을 겪지 않으면서 양질의 필수 건강 서비스를 받을 수 있도록 보장하는 것'으로 정의하였다.

1.2. 기후변화는 인류를 굶주림으로 이끈다

2014년 개봉한 미국 영화 '인터스텔라Interstellar' 속의 지구는 사막화와 식량 부족으로 신음하는 디스토피아Dystopia이다. 영화는 이런 사태를 초래한 원인을 과거 인간의 그릇된 활동으로 인한 기후변화로 그린다. 주인공은 희망을 찾기 위해서 가족을 떠나 온갖 위험이 도사린 우주로 향한다. 그런데 우리 현실은 우주로 향할 웜홀Wormhole[173]도, 지구를 구할 영웅도 없다.

기후변화의 최대 근본 원인은 인구 과잉이다.[466] 기후변화가 초래하는 인류의 가장 큰 도전과제도 폭증하는 인구에 어떻게 식량을 충분히 공급할 수 있느냐이다.

기후변화가 식량안보에 미치는 영향은 다양한 생태학적, 역학적, 사회경제적 요인과 얽혀 있어 복잡하고 다면적이다. 기후변화는 온도와 강우량 변화,[174] 작물 생산성 감소, 가축 생산성 저하, 해충 및 질병의 확산 등 여러 방식으로 식량안보에 심각한 위협이 되고 있다.

기온이 상승하고 기상이변이 빈번해지면서 가축은 더위와 높은 습도로 스트레스가 증가한다. 장기간의 고온 스트레스는 가축의 사료 섭취량 감소, 번식력 저하, 면역체계 손상 등으로 이어진다. 이는 가축의 생산성을 떨어뜨린다. 강수량 패턴의 변화는 가뭄이나 홍수로 이어져 목초지 생산 장애에 따른 사료 공급에 차질을 빚어 가축의 건강과 생산성을 더욱 위협한다.

기온상승과 강수 패턴의 변화는 농작물의 성장, 수확량에 악영향을 미친다. 허리케인, 가뭄, 홍수, 폭염과 같은 기상이변의 빈도와 강도가 증가하면 물 자원의 가용성을 불안정하게 만들어 농작물 피해가 증가하고, 식량 생산 체계에

---

173 이론물리학에서 제안된 개념으로, 시공간의 두 지점을 연결하는 일종의 터널 또는 다리이다. 이를 통해 먼 거리의 두 지점을 짧은 시간 안에 이동할 수 있게 해주는 이론적인 구조이다.

174 이는 작물 수확량, 토양 비옥도, 물 가용성에 영향을 미친다. 예를 들어 가뭄, 폭염, 홍수는 농작물을 손상시키고 수확량을 감소시키며 해충과 질병의 위험을 증가시킬 수 있다.

혼란을 초래한다. 예를 들어 밀, 쌀, 옥수수와 같은 주식 작물은 기온이 높아지면 수확량이 감소한다. 기후변화는 식물 질병과 해충의 확산과 생존에 유리한 환경을 조성한다. 해충은 전 세계 곡물생산의 20~40% 이상의 손실을 초래한다.[467]

토양의 질 저하도 있다. 강우량과 홍수의 증가로 토양 침식이 발생하고, 이는 토양의 비옥도를 감소시킨다. 해수면 상승으로 인해 염분이 농지로 유입되어 토양의 질을 악화시킬 수도 있다.

기후변화에 따른 세계적 식량안보 위협에 대한 수의 당국의 대응 방안으로 ▲ 질병 예찰 및 예방 강화, ▲ 내열성, 질병 저항성, 생산성이 높은 가축 선발 등 동물 육종 연구개발, ▲ 원격진료 등을 통해 기상이변 등으로 악화되는 수의 의료에 대한 접근성 개선, ▲ 지속 가능한 동물사육 관행 장려 등이 있다.

1.3. 기후변화가 잠자는 인수공통병원체를 깨운다.

지구온도가 산업화 이전 대비 2℃ 상승 시 2070년까지 3천 종 이상의 포유동물에서 적어도 15,000건의 새로운 종간 병원체 전파가 일어난다.[468] 또한 현재는 지구상 포유동물 중 7%만이 상호 접촉하고 있는데, 앞으로 나머지 93%가 상호 접촉한다면 무슨 일이 발생할지 예측 불가하다. 적어도 1만 개의 '바이러스 종Virus Species'이 사람에 전파될 수 있지만, 현재 대부분은 야생 포유동물에서 조용히 순환하고 있다. 그러나 기후 및 토지 이용에서의 변화가 이전에 지리적으로 고립되어 있던 야생동물종 사이에서 바이러스 공유의 기회를 만들고 있다. 이는 바이러스의 종간전파를 쉽게 만든다.

지구온난화는 야생동물의 서식처 변화 또는 이동을 초래하고, 이는 동물종간 새로운 뒤섞임을 초래하고, 결국 서로 간의 병원체 전파로 신종질병의 출현을 초래한다. 신종질병 대부분은 야생동물이 기후변화로 좀 더 신선한 지역으로 이동할 때 만나는 새로운 동물종에서 일어날 것이다. 특히 동물종이 풍부한 생태계가 있는 고위도 지역, 특히 아프리카, 아시아의 인구밀집 지역에서 일어날 것이다.[469],[470]

기후변화는 벼룩, 모기, 진드기 등의 생애주기에 직접적 영향을 미친다.[471] 이들은 온화한 날씨 때문에 생애주기 및 번식 주기가 연장되어 전 세계 더 많은 곳에서 출현한다. 이전에는 추워 생존하지 못했던 지역까지 도달하여 사람과 동물에 질병을 초래한다. 기후변화에 따른 과도한 강수량, 높은 습도 등이 모기 등의 번식 및 생존율을 높인다.

기후변화가 신종 인수공통질병 등의 출현과 확산에 영향을 미치는 방식은 ▲ 이동 패턴이나 먹이 습관 등 동물 행동의 변화, ▲ 질병 매개체의 지리적 분포의 변화, ▲ 병원체 숙주 또는 매개체의 행동 및 면역 반응의 변화, ▲ 야생동물 서식지 손실 및 파편화, ▲ 영구 동토층의 해동[175], ▲ 홍수 및 가뭄에 따른 물 가용성의 변화 등으로 다양하다.

기후변화에 따른 신종 인수공통질병 위험을 완화하기 위해서는 근본 원인을 해결하는 것이 중요하다. 온실가스 배출을 줄이고, 자연 서식지를 보호 및 복원하며, 지속 가능한 토지 이용 관행을 장려하는 것 등이 해당한다.

기후변화가 코로나19의 출현에 직접적 역할을 했다는 주장도 있다.[472] 지난 세기 동안 진행된 지구온난화가 코로나19의 최초 발생지인 중국 남부지역과 같이, 숙주인 박쥐가 선호하는 산림지역의 확대를 초래했다는 것이다.

기후변화는 현재 진행형이다. 이는 예방하거나 돌이킬 수 있는 수준이 아니다. 앞으로 인류는 언제든 재앙적 수준의 신종질병에 맞부딪칠 수 있다.

---

175 기후변화로 북극의 영구 동토층이 녹으면서 수천 년 동안 얼어 있던 고대 바이러스가 방출되고 있다. 이러한 해빙으로 인해 인간과 동물은 이전에 접해보지 못한 새로운 바이러스에 노출되고 있다.

1.4. 건강한 생태계만이 기후변화를 멈출 수 있다

기후변화, 환경 위생 및 생태계 건강 간의 상호작용은 복잡하고 다면적이며 매우 크다. 이러한 상호 의존성을 이해하는 것은 지구 생태계에서 살아가는 인간과 동물의 건강과 생존에 중요하다.

첫째, 온도 변화는 생물 종의 분포와 풍부함에 영향을 미친다. 지구 온도 상승에 따라 많은 동물 종이 더 시원한 지역으로 이주하도록 강요되어 기존 생태계를 해친다. 바다 수온의 상승은 해양 생물들의 서식지를 변경하고 산호초와 같은 중요한 해양 생태계를 파괴한다. 이는 어류, 조개류 및 기타 해양 생물의 생존에 직접적인 영향을 미친다. 해양 종은 극지방으로 이동하여 원래 서식지와 새로운 서식지 모두에서 먹이사슬을 변화시키고 있다.

둘째, 대기 오염을 악화시킨다. 기온상승은 스모그Smog의 주요 성분인 지상 오존Ozone의 형성을 촉진한다. 기온이 상승하면 산불이 더 빈번하게 발생하여 유해한 입자상 물질과 오염 물질이 대기 중으로 방출된다. 이러한 오염 물질은 폐 깊숙이 침투하여 호흡기 질환을 유발하고 심혈관 질환의 위험을 증가시킬 수 있다. 대기 중 이산화탄소 수치의 증가는 이의 일부가 해양으로 흡수되어 '해양 산성화Ocean Acidification'로 이어진다. 이는 해양 생물, 특히 연체동물이나 산호초의 성장과 생존을 저해한다.

셋째, 강수 패턴을 변화시킨다. 폭우는 병원균과 오염 물질로 수원을 오염시켜 수인성 질병의 위험을 높인다. 변화된 강수 패턴은 더 빈번한 홍수나 가뭄으로 이어지며, 이는 차례로 토양 수분, 식물 성장 및 수질에 영향을 미친다. 이러한 변화는 농업 생산성을 감소시키고 자연 서식지를 변화시킬 수 있다. 장기간의 가뭄은 물 부족을 초래하고 위생 관행을 악화시켜 건강 위험을 더욱 악화시킨다. CO_2 농도 증가와 산성화는 해양 생태계를 파괴한다.

넷째, 농업 시스템을 무너뜨려 농작물 수확량, 식량 유통, 영양의 질에 영향을 미친다. 극심한 기상이변은 농작물을 황폐화시킨다. 또한 온도와 강수량 패턴의 변화는 농작물의 영양 성분을 변화시켜 단백질, 철분, 아연과 같은 필수 영양소를 감소시킨다.

다섯째, 극심한 기상이변의 빈도와 범위가 증가한다. 이는 자연적 동물서식처를 파괴하고, 직접적인 부상과 사망을 초래하고, 주요 인프라를 파괴하고, 의료 서비스를 방해하고, 우울증과 같은 정신 건강 문제를 유발한다. 또한 생계 수단의 파괴는 사회적, 경제적 불평등을 악화시킨다.

여섯째, 생태계의 안정성과 회복력을 위협한다. 생물다양성 손실은 깨끗한 물, 공기, 식량과 같은 천연자원의 가용성을 감소시키고, 기후와 질병을 조절하는 생태계의 능력을 떨어뜨린다.

따뜻한 기온은 많은 생물 종의 지리적 범위를 변화시켜 생태계의 상호작용에 불일치를 초래할 수 있다. 따뜻한 온도는 식물 개화 시기, 동물 번식기를 앞당긴다. 이러한 비동기화Desynchronization는 꽃가루 매개자와 꽃이 피는 식물 또는 포식자와 그 먹이와 같은 서로 의존하는 종 간의 불일치를 초래하여 궁극적으로 생존율과 번식률에 영향을 미친다. 꿀벌과 같은 수분 매개체는 따뜻한 봄으로 인해 더 일찍 출현하는 반면, 이들이 수분하는 식물은 아직 꽃이 피지 않아 중요한 생태적 관계를 방해한다. 산호초는 온도 변화에 매우 민감하고 장기간의 폭염은 산호 표백과 죽음을 초래한다.

지구상에 존재하는 동물의 비중을 볼 때, 1만년 전에는 야생동물 99%, 인간 1% 미만이었으나, 2015년에는 인간 32%, 가축 67%, 야생동물은 오직 1.5%이다. 야생동물의 급격한 감소, 즉 생물다양성의 급감을 보여준다.[473]

일곱째, 모기, 진드기 등 질병 매개체의 분포와 행동에 영향을 미친다. 따뜻한 기온과 변화된 강수량 패턴은 이러한 매개체의 증식에 유리한 조건을 만들어 생존할 수 있는 지리적 범위를 넓히고 활동 시기를 늘린다. 결과적으로 말라리아, 뎅기열, 라임병과 같은 질병이 새로운 지역으로 확산될 수 있다.[474]

생태계의 변화는 인류 사회에도 영향을 미친다. 생태계의 붕괴는 인간의 건강과 복지, 식량 공급, 경제적 안정 등에 직접적인 위협을 가한다. 또한 생태계 변화는 인간의 여가 활동, 관광 및 문화적인 가치와도 밀접한 연관이 있다. 극심한 기상이변, 이재민, 생계 수단의 상실 등은 스트레스, 불안감 등 정신 건강에 큰 영향을 미친다. 가뭄, 홍수, 산불과 같은 자연재해의 영향을 받은 지역사회에서는 우울증, 불안, 외상후스트레스장애의 발생률이 높은 경우가 많다. 또한 해수면 상승이나 사막화와 같은 장기적인 환경 변화에 대처하는 만성적인 스트레스도 정신 건강에 큰 타격을 준다.

기후변화는 야생동물에도 다각적으로 심각한 위협이 된다.

첫째, 서식지 손실과 파편화이다. 북극의 만년설이 녹으면서 북극곰과 바다표범과 같은 생물 종의 서식지가 줄어들고 있다. 숲은 온도와 강수량 패턴의 변화에 따라 변화하고 있으며, 일부 지역은 현재 서식하는 생물 종에 부적합한 환경이 되고 있다. 이러한 변화는 서식지 파편화로 이어질 수 있다. 이러한 파편화는 개체군을 고립시켜 개체가 짝을 찾기 어렵게 만들고 변화하는 환경에 적응하는 데 중요한 유전적 다양성을 감소시킬 수 있다.

둘째, 먹이의 가용성 변화이다. 예를 들어 해양 온난화와 산성화는 해양 먹이사슬의 근간을 이루는 식물성 플랑크톤 개체수의 감소로 이어진다. 이는 작은 어류부터 대형 해양 포유류에 이르기까지 다양한 생물 종에 영향을 미친다. 육지에서는 식물의 수명 주기가 변하면 이에 의존하는 종의 생활 단계가 불일치할 수 있다. 예를 들어 기온이 따뜻해져 봄에 곤충이 일찍 출현하면 철새가 번식지에 도착했을 때 새끼를 먹일 먹이가 부족할 수 있다.

셋째, 번식 패턴의 변화이다. 일부 파충류의 경우 알이 부화되는 온도에 따라 새끼의 성별이 결정된다. 지구 기온이 상승하면 성비가 왜곡되어 개체군의 안정성이 위협받을 수 있다. 마찬가지로 많은 식물은 특정 온도 신호에 의존하여 꽃을 피우고 씨앗을 생산한다. 개화 시기가 바뀌면 식물과 수분 매개자의 상호작용이 중단되어 번식 성공률이 떨어지고 개체수 감소로 이어질 수 있다.

넷째, 질병에 대한 취약성 증가이다. 기온이 따뜻해지고 강수량 패턴이 변화하면 많은 병원균과 기생충의 생존 범위가 넓어질 수 있다.

다섯째, 이동 패턴의 혼란이다. 많은 생물 종은 먹이, 번식, 생존을 위해 이동한다. 기후변화는 이동을 촉발하는 환경 신호를 바꾸고 이동 경로와 목적지의 조건을 변화시킴으로써 이러한 패턴을 방해할 수 있다. 예를 들어 조류는 번식지에 도착했을 때 먹이 가용성이나 적절한 둥지 장소와 같이 의존하는 조건이 달라진 것을 발견할 수 있다. 마찬가지로 바다거북과 같은 해양 생물은 해류와 수온의 변화로 인해 이동 경로와 둥지를 틀 수 있는 해변의 가용성에 영향을 받을 수 있다.

역설적이지만 건강한 생태계를 보전하고 망가진 생태계를 복구하는 것이 기후변화를 멈추게 하는 가장 강력한 수단이다.

첫째, 건강한 생태계, 특히 숲, 습지, 초원, 해양은 중요한 탄소 흡수원 역할을 하므로 이를 보호한다. 숲은 전 세계 육상 탄소의 약 45%를 저장하고 있다. 나무는 광합성 과정에서 대기 중 이산화탄소를 흡수하여 바이오매스와 토양에 저장한다. 마찬가지로 이탄 지대Petlands와 맹그로브 숲Mangroves은 울창한 초목과 물에 잠긴 토양에 막대한 양의 탄소를 저장한다. 때문에 생태계 보호는 탄소를 흡수하고 저장하는 능력을 보호하여 기후변화를 방지하는 데 기여할 수 있다. 개간지를 재조림하거나 습지를 복구하는 등 황폐화된 생태계를 복원하면 이러한 탄소 격리 능력을 강화하여 인간 활동으로 인한 피해를 일부 되돌릴 수 있다.

둘째, 건강한 생태계는 지구의 기후를 조절하는 데 중요한 역할을 한다. 예를 들어 숲은 강우 패턴에 영향을 미치고 토양의 비옥도를 유지하며 사막화를 방지하는 등 지역 기후를 안정시키는 데 필수적인 역할을 한다. 맹그로브, 산호초, 해초밭과 같은 해안 생태계는 기후 변화로 인해 더욱 빈번하고 심각해

지고 있는 폭풍 해일과 해수면 상승의 영향으로부터 해안선을 보호한다. 이러한 자연 장벽을 유지함으로써 기후 영향에 대한 인간 공동체와 생태계의 취약성을 줄여 추가적인 기후 관련 피해에 대한 완충 장치를 마련한다.

셋째, 생물다양성은 생태계 회복력과 기능에 매우 중요하다. 다양한 생태계는 변화하는 환경에 더 잘 적응하고 수분, 수질 정화, 영양분 순환과 같은 필수 서비스를 지속적으로 제공할 수 있다. 생물다양성을 보존하면 생태계가 견고하게 유지되고 탄소를 지속적으로 격리하고 기후를 효과적으로 조절할 수 있다. 토종 종을 다시 심고 침입종을 제거하는 등 손상된 생태계를 복원하면 이러한 시스템이 번성하는 데 필요한 균형 회복에 도움이 될 수 있다.

넷째, 생태계 보존과 복원은 비용 효율적이면서도 여러 가지 공동 이익을 가져다주는 기후 전략이다. 이러한 노력은 식량안보 강화, 수질 개선, 생계 지원, 문화 및 레크리에이션 가치 보존 등 기후 완화 이상의 이점을 제공한다. 예를 들어 습지 복원은 탄소를 격리할 뿐만 아니라 수산업을 지원하고 생물다양성을 증진하며 물 관리를 개선하는 효과도 있다.

| 02 | 기후변화와 동물위생은 상호작용한다

2.1. 기후변화는 병원체에게 기쁜 소식이다

병원체는 숙주나 매개체에서 살거나 자연환경에서 독립적으로 생존한다. 병원체는 자연 환경에서 기후변화의 직접적 작용에 더 민감하다. 자연 환경에서 병원체 생존을 제한하는 주된 요인은 온도와 습도이다. 공기전파 또는 표면접촉에 의한 바이러스 생존은 습도 및 상온에 영향을 받는다. 홍수는 공기 습도를 높여 환경 중 병원체의 생존 및 전파에 우호적인 조건을 창출한다. 기생충은 보통 습도가 높은 날씨 환경에서 더 잘 번식한다.

[그림 19] 기후변화가 동물질병에 영향을 미치는 경로[475]

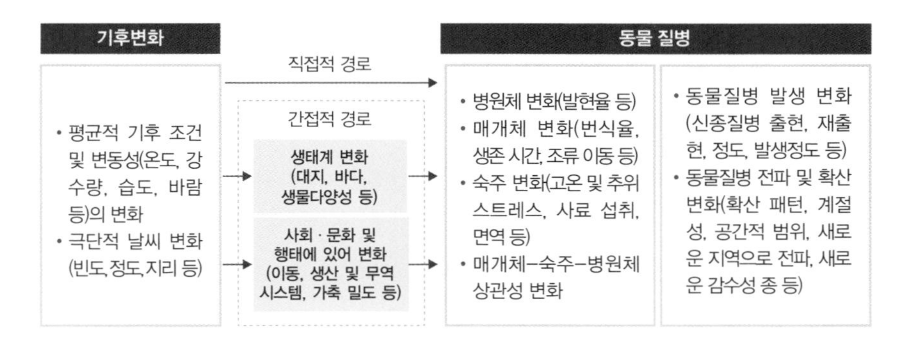

많은 동물질병이 모기, 진드기 등 해충 등의 매개체를 통해 숙주에 전파된다. 알, 번데기, 유충 및 성충 단계의 생애주기를 지닌 병원체 매개체의 경우 기후변화에 가장 감수성 있는 것은 알 및 번데기 단계이다.

기후변화는 병원체의 생존, 복제, 분포에 영향을 미쳐 동물 집단의 질병 역학을 변화시킨다. 이러한 변화를 이해하는 것은 새로운 전염병을 예측하고 관리하는 데 중요하다. 동물 질병 병원체와 기후변화의 상호작용은 질병 생태학에 크게 영향을 미치는 역동적이고 복잡한 관계이다.

첫째, 기후변화는 병원체의 생존과 복제에 중요한 환경 조건에 영향을 미친다. 온도는 많은 병원체의 대사 속도에 영향을 미치는 중요한 요소이다. 따뜻한 온도는 병원체의 수명을 늘려 더 높은 복제 속도와 더 높은 전염 가능성을 초래한다. 또한 더 높은 온도는 많은 병원체의 전염 시즌을 연장한다.

먼저 예를 들면 광견병 바이러스는 너구리, 박쥐, 오소리, 여우 등 매개체에게 장기간 활동을 지원하는 더 따뜻한 조건에서 더 빠르게 퍼질 수 있다. 이러한 전염 기간의 연장은 동물 개체군의 질병 발생 및 지속 가능성을 높인다.

둘째, 기후변화는 병원체의 지리적 분포에 영향을 미치며 종종 이전에 생존하기 어려웠던 지역으로 생존 범위를 넓힌다. 온도가 상승함에 따라 모기와 진드기와 같은 많은 병원체 매개체는 더 높은 고도와 위도를 향해 이동하고 있다. 이러한 변화는 새로운 동물 집단을 면역력이 거의 없거나 전혀 없는 병원체에 노출시킨다.

셋째, 기후변화로 인한 환경 변화는 병원체와 그 매개체에 새로운 서식지를 제공한다. 강우량과 홍수 증가는 웨스트나일바이러스와 리프트계곡열과 같은 질병을 옮기는 모기에게 이상적인 번식지인 물웅덩이 구역의 확산으로 이어질 수 있다. 반대로 가뭄은 제한된 수원 주변에 동물 개체군을 집중시켜 수인성 병원체의 확산을 촉진한다.

예를 들어 라임병은 기후변화에 영향을 강하게 받는다. 따뜻한 겨울과 이른 봄은 매개체인 진드기의 활동 기간을 연장한다. 이는 동물과 인간 모두에게 라임병 사례의 현저한 증가로 이어졌다.

기후변화는 보통은 병원균에게 좋은 소식이다. 따뜻한 기온, 고인 물과 습한 환경, 숙주의 면역력 약화, 병원체의 생존 범위 확장, 생태계 변화 등으로 인해 병원균의 출현과 확산에 새로운 기회를 창출하기 때문이다.

2.2. 기후변화는 동물질병 발생 경향을 바꾼다

기후변화는 최근 동물질병의 발생 양상을 근본적으로 변화시키는 최대 요인이다.[476] 기후변화는 동물위생에 영향을 미치는 요인에 직간접적으로, 상호작용 방식으로, 다양한 수준으로 작용한다.[477],[478],[479],[480],[481],[482] 핵심 요인으로는 ▲ 병원체 및 질병 매개체의 생존, 적응력 및 전파력 변화, ▲ 잠복기 변화[176], ▲ 동물 및 질병 매개체의 서식지 변화 등을 들 수 있다.

고온이 동물에 미치는 생리적 영향은 다양하다. 그중 하나는 대사성 장애

176 기후변화는 질병 매개체의 생태, 숙주-병원체 상호작용, 수인성 및 식품매개 전파, 그리고 감염원의 전반적인 유병률과 분포에 영향을 미쳐 질병 병원체의 잠복기에 영향을 미친다.

이다. 온혈동물은 고온 시 체온상승을 피하기 위해 열 손실을 높이고 열 생산을 줄인다. 호흡 횟수를 높이고, 땀 배출을 높이고, 사료 섭취를 줄인다. 이는 대사성 장애가 발생하는 핵심 원인이다.

동물이 고온에 노출되면 신체는 과도한 열을 발산하려고 한다. 동물은 소화가 열을 발생시키기 때문에 이러한 체내 열을 낮추기 위해 자연스럽게 사료 섭취량을 줄이고 이는 체중 감소를 야기한다. 특히, 여름에 포유 젖소에서 '케톤증Ketosis'[177] 및 '간지방증Liver Lipidosis'[178] 위험이 증가한다.

고온은 동물의 생리적 변화를 일으켜 산화스트레스Oxidative Stress[179], 면역억제, 폐사 등을 초래한다.[483] 심한 고온 스트레스는 젖소에서 초유 면역글로블린Immunogloblin의 감소를 초래해 송아지의 면역 형성 및 생존에 부정적으로 작용한다. 고온에서는 면역 반응과 연관된 유방염 발생이 증가한다.[484] 고온은 감염에 대응해 유선Mammary Gland 보호에서 핵심적 역할을 하는 호중성 백혈구Neutrophil의 기능성을 심각히 저해한다. 지속적 고온은 소에서 제1위 과산증Ruminal Acidiosis[180] 또는 중탄산염Biocarbonate 배출[181] 증가로 인한 파행Lameness의 원인이다.

고온은 심장발작, 탈진, 실신, 경련 및 기관 기능장애를 야기한다. 보통 체온이 정상보다 3~4℃ 더 높을 때 발생한다. 혹서 수준이 심할수록 가축 폐사가 증가한다. 온습지수Temperature-Humidity Index, 즉 불쾌지수가 80이 넘으면

---

177 핏속 혹은 오줌 속의 케톤체들 수준이 높아진 대사 상태를 말한다. 이는 체내의 많은 세포에 주 연료원인 포도당(혈당)에 대한 접근이 제한될 때 발생한다.

178 지방간(Fatty Liver)으로 간세포에 과도한 지방이 축적되는 상태이다.

179 과도한 '산화 또는 항산화 물질' 부족으로 체내에서 산화 및 항산화 문제 사이의 불균형으로 인해 발생한다.

180 하루 중 더 더울 때 사료섭취를 적게 하고 온도가 내려갈 때 더 많이 섭취하는 것은 과산증을 야기한다.

181 상온이 올라감에 따라 호흡률은 입을 벌리고 헐떡거리면서 증가한다. 이 결과 CO_2의 급속한 손실로 인해 '호흡성 알카리혈증'를 초래한다. 소는 요도를 통한 중탄산염 배출을 늘림으로써 벌충한다.

폐사가 증가하며, 87이 최대로 그 이상은 폐사를 초래한다. 이 지표는 젖소에서 고온에 의한 우유생산량 감소의 지표로서 널리 활용된다.[485]

국제적으로 동물위생은 기후변화 대응에서 기술적 및 재정적 우선순위 측면에서 '후회 없는 선택지No-regret Option'로 불린다.[486],[487] 동물질병을 줄임으로써 환경에의 충격 경감, 식량안보 개선, 질병 발생에 따른 지역공동체의 회복력 제고 등을 극대화할 수 있기 때문이다.[488] 동물 관련 온실가스 배출을 줄이기 위한 직접적, 인도적, 비용 대비 가장 효과적 방안은 바로 동물위생 수준을 향상하는 것이다.[489],[490] 이는 더 많은 동물을 기르면서도 더 적은 온실가스 배출을 의미한다. 일례로 미국의 경우 1965년 대비 현재 닭을 1/3 정도 더 많이 기르지만, 이에 드는 자원은 75% 더 적게 소요된다.[491]

가축 질병은 축산에서 온실가스 배출을 높인다. 위생수준이 나쁜 경우, 같은 양의 축산물을 생산하기 위해서 농가가 더 많은 동물을 더 많은 자원을 사용하여 길러야 하기 때문이다. 가축질병은 매년 농장동물 5마리 중 1마리 정도의 목숨을 앗아간다. 소 요네병Johne's Disease은 25% 정도, 소바이러스성설사병Bovine Viral Diarrhea은 16~20% 정도의 온실가스 배출 증가를 초래한다.[492]

동물위생이 온실가스 배출 정도에 영향을 미치는 방식은 주로 생산성을 통해서이다. 이는 동물의 폐사율 및 유병률과 관련된다. 생산성 향상은 보통 동물군 사양관리, 동물위생 및 축산관행 향상을 통해 가능하다. 동물위생 수준 향상은 동물의 폐사율을 줄이고, 번식률 제고 등 생산성을 높임으로써 온실가스 배출을 낮추고 자원활용 효율성을 높인다. 동물은 기후변화에 적응하는 데 곡물보다 좀 더 탄력적이다. 동물질병은 축산분야 등 동물관련 분야가 기후변화에 대응하는 데 방해 요인으로 작용한다.

국가적 기후변화 대응 임무에는 '동물위생 수준 향상'이 반드시 포함되어야 한다. 이를 위해 기후변화와 동물위생의 연관성 및 상호작용을 객관적으로 특정할 수 있는 어떤 표준화된 방법이 있어야 하나 현재는 없다. 국제적으로도 양호한 동물위생 수준이 기후변화 대응에 긍정적으로 작용하는지를 입증하는 객관적인 방법이 미흡한 실정이다.[493] '동물위생 수준 향상이 기후변화에 미치는 영향'은 기후변화에 대한 국제적 대응을 목표로 2015.2.12. 체결된 '파리협정Paris Agreement'에 따른 온실가스 '국가감축목표'의 고려 요소에 없다.[494] 지금이라도 포함되어야 할 것이다.

기후변화의 관점에서 건강한 가축이 주는 혜택을 보기 위해서는 국가적, 국제적 차원에서 동물위생 수준 향상을 위한 분야에 기후대응 자금이 집중적으로 투자되어야 한다.

2.3. 기후변화 대응은 수의업계의 시대적 책무이다

기후변화는 모든 동물 의료 영역에 영향을 미친다. 수의사는 임상, 연구, 교육, 행정 등 다양한 동물 의료 분야에서 자신의 전문성을 활용하여 기후변화의 경감, 적응 및 회복에서 중요한 역할을 한다. 수의사는 기후변화의 영향을 예방 또는 최소화하는 방안으로, 기후변화의 영향에 적응하는 방식으로, 그리고 지속 가능한 방식으로 동물 의료를 제공할 것을 요구받는다. 기후변화에 올바르게 대응하는 것은 수의업계의 시대적 책무이다.

기후변화 대응에서 수의사 역할의 중요성에도 불구하고 이들을 위한 관련 교육이나 훈련 기회는 크게 부족하다. 수의과대학 교과과정, 수의사 직무훈련 등에 기후변화 관련 내용을 충분히 포함하는 것이 중요하다.[495]

기후변화 대응에서 수의업계가 직면한 주요 애로사항으로는 ▲ 새로운 질병 발생 양상, ▲ 빈번한 극단적 기상 조건에 따른 가축 위생관리 애로, ▲ 기후변화 대응을 위한 자원과 인프라 부족, ▲ 유관 학문 분야 간 정보 소통 및 협업 미흡, ▲ 기후변화에 따라 새롭게 요구되는 수의 관행에 적응 애로, ▲ 법적, 제도적, 정책적 지원 및 규제 부족, ▲ 기후변화에 대한 인식 부족, ▲ 기후변화와 동물 의료의 상호작용에 관한 자료 부족 등이 있다.

전 세계가 기후변화로 인한 복잡한 문제에 직면함에 따라 동물의 건강과 복지를 보호할 뿐만 아니라 모두를 위한 지속가능하고 회복력 있는 미래를 도모하는 데 수의사의 역할은 점점 더 중요해지고 있다.

첫째, 지속 가능한 가축 관리를 촉진한다. 수의 부문은 지속 가능한 가축 관리 관행을 장려함으로써 축산업의 온실가스 배출을 완화하는 데 중요한 역할을 할 수 있다. 건강한 동물은 사료 전환율이 높아서 더 적은 양으로 더 많은 것을 생산할 수 있으므로 축산업의 전반적인 환경 발자국을 줄일 수 있다.

열 스트레스, 질병 및 기타 기후 관련 문제에 대한 회복력을 향상시키는 형질을 선별적으로 육종하면 가축사육의 지속 가능성을 개선할 수 있다. 수의사는 변화하는 환경 조건에 더 잘 적응할 수 있는 동물을 선택하도록 안내하여 자원 집약적인 관리 관행의 필요성을 줄일 수 있다.

둘째, 질병 관리 및 원헬스 활동에 주도적 역할을 한다. 수의사는 신종 인수공통전염병을 가장 먼저 발견하는 경우가 많다. 이른 시기 발견은 공중보건, 식량안보, 경제에 심각한 결과를 초래할 수 있는 발병을 예방하는 데 중요하다. 이는 신종 및 기존 질병이 여러 지역에 걸쳐 더 빠르게 확산될 수 있는 기후 변화의 맥락에서 특히 중요하다.

기후변화는 질병 확산을 악화시켜 항생제 사용량을 증가시키고 결과적으로 내성 발생률을 높일 수 있다. 수의사는 책임감 있는 항생제 사용을 장려하고, 차단방역 조치를 시행하며, 대체 질병 관리 전략에 대해 농가를 교육하는 데 중요한 역할을 한다.

셋째, 공중보건 교육 및 홍보에서 중요한 역할을 한다. 수의사는 기후변화가 가축과 환경에 미치는 영향과 지속 가능한 관행 채택의 이점에 대해 이해관계자들을 교육할 수 있는 좋은 위치에 있다. 수의사는 지속 가능한 농업과 기후 회복력을 지원하는 정책을 옹호할 수 있다. 수의사는 정책 토론에 참여하고 전문 지식을 제공함으로써 환경 보호, 동물복지, 공중보건을 증진하는 규정을 만드는 데 도움을 줄 수 있다.

동물복지와 환경 지속 가능성은 서로 연결되어 있다는 인식이 늘어나고 있다. 동물이 건강하고 자연스러운 행동을 표현할 수 있는 높은 복지 시스템은 자원 효율성이 높고 환경적으로 지속 가능한 경향이 있다.

수의조직이 기후변화에 대응하는 방향은 크게 네 가지로 구분한다.[496] 첫째, 동물군 건강의 취약성 또는 회복력에 영향을 미치는 요소를 수의학적 전문성을 토대로 관리함으로써 부정적 영향이 발생하는 것을 차단한다. 둘째, '사전 예찰Warning Surveillance'을 수행하여 부정적인 작용 또는 고위험 상황을 신속하게 파악한 뒤, 심각한 충격을 예방하고 취약성을 경감할 수 있도록 필요한 조치를 이른 시기에 실시한다. 셋째, 동물군이 기후변화의 부정적 영향을 극복하는 데 도움이 되는 수의 의료 서비스를 제공한다. 넷째, 인간활동에 기인한 기후변화의 근본 원인, 즉 야생동물 서식처 파괴, 공장식 가축사육, 동물성단백질 중심 식품소비 등에 초점을 둠으로써 원천에서 기후변화 위험을 제거 또는 경감한다.

더불어 수의조직은 기후변화의 영향을 관리하기 위해 수의 역량을 강화하고 지속가능한 친환경적 수의 정책 및 인프라를 구축해야 한다. 동물 보호자 등의 수의 의료 서비스 접근에 영향을 미치는 사회경제적 불평등을 줄이는 데도 노력해야 한다.

우리가 사는 지구는 그간의 수많은 인간 활동이 초래한 다양한 전 지구적 위협을 동시다발적으로 겪는 중이다. 이들 위협의 대부분은 원인뿐만 아니라 해결책도 본질적으로 서로 연계되어 있다. 기후변화, 식량 불안, 생물다양성 손실 등 전 지구적 위협들 사이에 공유되는 '원인의 원인'에 조치할 필요가 있다는 인식이 세계적으로 증가하고 있다. 이러한 시대에는 오직 인류애만이 전 지구적 연대, 국제적 파트너십, 관련 분야간 협력 등을 통해서 기후변화의 위험을 다룰 수 있다.[497]

기후변화 대응조치는 현실적이며 지속 가능하고 공동체의 경제적 이익에 부합할 때만 실효성과 성공 가능성을 확보할 수 있다.

수의 분야는 사회적 차원 기후변화 대응의 한 부분으로서, 동물위생을 증진함으로써 기후변화 대응에서 생길 수 있는 '리더십 틈새Leadership Gap'를 메울 수 있다.[498] 또한 기후변화에서 전문적 리더십을 제공하기 위해서는 동물위생 현장, 정책 및 연구 관련 부문과의 연계를 강화하고 사회적, 생태적, 경제적 및 공중보건 분야 등과 적극 협력해야 한다.

| 03 | 축산업과 기후변화는 애증의 관계이다

3.1. 축산은 기후변화의 가해자이자 피해자이다

전 세계적으로 사람이 살 수 있는 토지의 절반이 농업에 이용되고 있다. 전 세계 농경지의 4분의 3 이상이 가축 사육에 사용된다. 가축 방목지는 지구 넓이의 약 4분의 1을 차지한다. 전 세계에서 생산되는 농작물의 약 3분의 1이 가축의 사료로 사용된다. 전 세계 방목지와 동물 사료로 사용되는 경작지를 합치면 가축이 농지 사용의 80%를 차지한다.[499] 이 농작물과 목초지 대부분은 산림에서 전환되었다.

토지 이용 변화 외에도 가축은 주로 장내 발효와 분뇨를 통해 온실가스 배출에 직접 기여한다. 또한 기후변화 측면에서 가축사육은 사육에 필요한 사료 및 기타 투입물의 생산을 통해 사육 이전의 단계 즉, 업스트림Upstream에 기여하고, 가축 유래 축산물의 운송, 냉각, 저장 및 가공을 통해 사육 이후의 단계 즉, 다운스트림Downstream에도 기여한다.[500]

축산은 상대적으로 생산 효율이 낮다. 영양분이 물과 공기로 누출되고 대량의 분뇨와 부산물이 발생한다. 가축에 먹이는 농작물과 마른 풀의 질소와 인 중 약 20%만이 우리 식탁에 올라온다. 손실된 영양분 대부분은 지하수와 지표수로 이동하고 담수를 통해 연안 해양으로 운반된다.

축산은 세계 농업생산의 40%, 식품에너지총량Total Food Energy의 18~20%, 식이성 단백질Dietary Protein의 25%를 차지한다. 가축은 인류 생존에 필요한 열량Calories의 18%를 차지하지만, 넓이 기준으로 세계 농토의 83%를 차지한다.[501]

식물 분야에 비해 동물 분야가 기후변화에 미치는 영향은 더 막대하다.[502] 농식품은 모든 인류가 초래하는 온실가스 배출의 약 35%를 차지한다. 이중 '식물기반 식품'이 29%, '동물기반 식품'이 57%, 면화, 고무 생산 등 기타가 14%를 차지한다. 모든 온실가스의 거의 60%는 식품 생산 · 공급 부분이 차지한다.

가축을 기르고 축산물을 생산 · 유통 · 소비하는 것은 지구온난화에 기여하는 인류 활동의 한 부분이다. 그러나 2022년 환경부 발표에 따르면, 2020년 '축산부문 온실가스 배출량'은 국가 총배출량의 약 1.5%[182] 수준이다. 이는 수송부문 14.7%와 비교할 때 매우 적다. 미국도 축산분야의 온실가스 배출량은 전체 배출량의 6%였다.[503] 이는 축산이 지구온난화 주범이라는 일부 주장과 거리가 멀다.

[표 5] 우리나라 국가온실가스 통계(단위: 천톤)[504]

구분		2018년	2019년	2020년	비율(%)
총배출량(CO_2 환산량)		726,978	701,214	646,223	100
에너지 전체		632,629	611,567	569,917	86.8
(수송)		98,102	100,989	96,176	14.7
농업 전체		21,136	20,964	21,050	3.2
축산	소계	9,407	9,486	9,734	1.5
	장내 발효	4,471	4,589	4,743	0.7
	가축분뇨처리	4,936	4,897	4,991	0.8

182 다만, 이는 축산업의 온실가스 배출 발생량을 '장내 발효'와 '분뇨 처리'라는 두 가지 지수만으로 파악하였다는 점에서 한계가 있다. 1996년 IPCC의 지침 기준 3단계 중 가장 기본적인 1단계에 따라 계산된 것이다. 단계가 높을수록 더 고도화되고 정확한 계산이 가능하다.

기후변화에서 축산이 주목받은 계기는 2006년 FAO 보고서 'Livestock's Long Shadow'였다. 동 보고서에서 "축산업이 모든 운송업보다 지구온난화에 더 많은 영향을 끼치며, 축산업의 온실가스 배출량CO_2eq[183]이 인류 활동에 의한 전체 배출량의 18%를 차지한다."라고 언급했기 때문이다. 기후변화 위기의 주범으로 축산을 지목한 것이다. 이는 전 세계적으로 엄청난 논란을 불러왔다.[505] 더 심한 주장도 있다. 2009년 World Watch Institute는 축산업이 전체 온실가스 배출량의 51%를 차지한다고 밝혔다.[506] 일부 전문가는 식육과 유제품을 먹지 않는 것이 기후변화 영향을 줄이는 최고의 방법이라고 주장한다.[507] 그러나, 동 보고서 속 축산업과 운송수단의 비교 범위가 잘못되었다는 주장[184]도 있다.[508]

위와 같은 논란이 있지만, 2023년 FAO는 축산분야의 온실가스 배출을 다음과 같이 요약했다.[509] 이에 따르면 축산업이 온실가스 배출에 상당한 역할을 하는 것은 분명하다. 배출 감축을 위한 노력이 필요한 이유이다.

①축산으로 인한 온실가스 총배출량은 모든 인간활동에 의한 온실가스 배출의 약 14.5%[185]를 차지한다.[510],[511]

②소가 축산분야 온실가스 배출의 약 65%를 차지한다.

③사료 생산 · 가공, 반추동물의 장내 발효, 분뇨 보관 및 처리가 각각 전체 배출의 45%, 39%, 10%를 차지한다.

④모든 동물종에 걸쳐 공급사슬에 따른 화석연료 소비는 축산분야 배출의 약 20%를 차지한다.

---

183 다양한 온실가스 배출량을 대표 온실가스인 CO_2로 환산한 양

184 소의 온실가스 배출량에는 소가 먹은 사료작물의 생산에서 사육 · 도축 · 가공 · 유통 · 판매 등 '생애주기' 배출량을 모두 합산한 반면, 운송수단의 배출량은 원료 생산 등 자동차가 제조되고 폐기되는 전 과정을 계산하지 않고 완성된 자동차가 운행 중인 때의 배출량만을 계산했다는 것이다.

185 이는 전 세계에서 모든 비행기, 기차, 자동차 및 배가 배출하는 전체 양과 동등한 수준이다.

⑤상품 기준으로 볼 때, 전체 온실가스 배출량 중 차지하는 비중은 쇠고기(41%), 우유(20%), 돼지고기(9%), 버팔로 젖 및 고기(8%), 닭고기 및 계란(8%), 소형 반추동물 젖 및 고기(6%) 등의 순서이다.

⑥가축 배출의 약 44%는 메탄 형태이다. 나머지는 아산화질소와 이산화탄소가 각각 29%, 27%로 비슷하다.

2015년 파리협정은 산업화이전 수준과 비교하여 지구 평균온도가 2℃이상 상승하지 않도록 하고, 가능한 한 1.5℃ 이하로 억제하는 것을 목표로 각국이 노력할 것을 규정했다. 이에 따라 각국은 '국가 온실가스 감축목표'[186]를 설정하고, 이를 달성하기 위한 구체적 방법을 제시토록 하고 있다.[187] 2021년 기준, 164개 국가별 감축목표를 분석한 결과, 이들 중 30%가 국내 우선 감축 대상으로 '방목 및 가축사육'을, 21%가 '분뇨 및 축군에 대한 관리 개선'을 제시하였다.[512] 즉, 축산분야를 온실가스 감축의 주요 대상으로 설정하고 있다.

축산과 기후변화는 상호작용한다.[513] 축산업은 운송, 사료 · 비료 · 동물약품 생산 등을 위해 화석연료를 사용함으로써 온실가스 배출에 기여한다. 축산에서 온실가스 배출은 가축 방목지를 만들거나 사료작물용 초지 조성을 위한 삼림 벌채와 같은 토지 이용 변화가 주요 원인이다. 축산은 목조지, 사료작물 재배 등에 따른 토양 침식, 영양분 고갈, 토양 유기물 손실로 이어지며, 이는 토양 황폐화에 이바지하여 토양의 탄소 저장 능력을 감소시킨다. 축산은 식수,

---

186 2030년까지 달성할 것을 국가 스스로 정한 '국가 온실가스 감축목표(Nationally Determined Contributions)'이다. 우리나라는 2018년 총 온실가스 배출량 대비 40%를 2030년까지 감축한다고 발표했다.

187 그러나 이미 비관적 소식이 있다. 2023.11.20. 발표한 UNEP 연례 보고서(Emission Gap Report 2023)에 따르면, 각국이 파리협정에 따른 2030 국가온실가스 감축목표 달성을 위해 현재 국내 자원과 역량만을 활용해 이행 노력을 다할 경우, 산업혁명 이전과 비교해 이번 세기말까지 지구 기온 상승폭은 2.9℃에 달할 것으로 예상된다. 국제적 지원이 제공되는 경우를 가정해도 상승폭은 2.5℃나 된다. 2015년 파리협정에서 합의한 1.5℃를 크게 웃도는 수준이다.

축산시설 청소, 사료작물 관개용수 등을 위해 많은 양의 물이 필요하다. 이로 인해 일부 지역은 물 부족을 초래한다. 동물 폐기물 등으로 인한 물 오염은 생태계를 악화시키고, 부패 과정에서 메탄과 이산화탄소를 배출하는 조류(藻類) 대증식을 촉진함으로써 기후변화를 악화시킨다.

축산은 생물다양성 손실과 연결된다. 같은 동물종이라도 생산성이 높은 품종만 사육함으로써 다른 품종은 거의 멸종된다. 대규모 사육 확대로 자연의 동식물 서식지가 파괴되면서 수많은 생물 종이 이주하거나 멸종 위기에 처한다. 생물다양성 손실은 생태계 회복력을 저해할 뿐만 아니라 자연 탄소 순환을 방해하여 잠재적으로 기후변화 영향을 악화시킨다.

우리나라 농식품부는 2021.12.27. 발표한 '2050 농식품 탄소중립 추진전략'에서 축산분야의 온실가스 배출량을 2050년까지 2018년 대비 56% 감축하는 목표를 설정했다.

3.2. 기후변화는 가축의 건강을 위협한다

축산업은 가축의 건강, 생산성, 지속 가능성에 큰 영향을 미치는 다음과 같은 여러 가지 상호 연관된 요인으로 인해 기후변화에 매우 취약하다.

첫째, 기온상승이다. 이는 사료 섭취량 감소, 성장률 저하, 번식 능력 저하를 유발하는 열 스트레스를 통해 가축에게 직접적인 영향을 미친다. 열 스트레스는 열을 발산하는 능력이 제한적인 소나 돼지 등에서 우유 생산량 감소, 비육우의 체중 증가 감소 등을 초래한다.

둘째, 강수 패턴의 변화이다. 가뭄과 폭우를 포함한 강수량의 변화는 사료와 수자원의 가용성과 품질을 방해한다. 가뭄은 목초지의 성장과 사료의 가용성을 감소시킨다. 반대로 과도한 강우로 인해 토양 침식 및 영양분 유출의 위험이 커진다.

셋째, 극심한 기상이변이다. 이는 가축의 손실, 기반시설의 손상, 공급망의 중단으로 이어질 수 있다. 예를 들어 홍수는 상수원을 오염시키고 수인성 질병을 확산시킬 수 있으며, 산불은 방목지와 농장 시설을 파괴할 수 있다.

넷째, 질병 역학의 변화이다. 기온이 따뜻해지고 강우 패턴이 변화하면 가축에 영향을 미치는 기생충과 질병의 범위와 유병률이 확대될 수 있다. 이 때문에 질병 관리의 부담과 수의학적 치료 및 예방 조치와 관련된 비용이 증가한다.

기후변화는 가축질병에 다양한 영향을 미친다.[514] 따뜻한 기온은 진드기, 모기 등 질병 매개체의 생존율과 번식률을 높인다. 강수량 패턴의 변화는 병원체와 숙주의 생존과 번식에 영향을 미쳐 질병 발생률과 분포에 변화를 초래한다. 기후변화는 공기의 질에도 영향을 미쳐 가축의 호흡기 질환을 초래한다. 고온 다습은 '마이코톡신[188] 생성 균류mycotoxin-producing fungi'의 증식에 기여한다.

반면에 가축질병도 다양한 방식으로 기후변화에 영향을 미친다.

첫째, 가축질병 치료를 위해 항생제 등 동물약품을 사용하는데, 이를 위한 생산, 유통 및 소비에는 온실가스 배출이 수반한다. 질병으로 인한 동물 폐사체를 처리할 때도 마찬가지이다.

둘째, 가축 질병은 가축의 생산성을 낮추므로 농가는 같은 수준의 생산량을 유지하려면 더 많은 동물을 사육해야 하며, 이는 온실가스 배출량 증가로 이어진다.

셋째, 가축 질병 발생은 물과 사료와 같은 자원 사용 증가로 이어져 온실가스 배출에 기여한다. 예를 들어 가축이 아파서 목초지에 방목할 수 없는 경우에는 곡물 사료를 더 많이 먹게 되며, 이로 인해 생산 및 운송에 추가 자원이

---

188 마이코톡신은 동물 사료를 오염시켜 동물의 간, 신장, 구강 및 위점막, 뇌 또는 생식기관 등에 부정적으로 작용한다.

필요하다.

정부당국은 기후변화 관련 가축위생 정책의 성공적 실행을 위해 다음 사항을 유의할 필요가 있다.

첫째, 기후변화와 가축질병 간의 복잡한 관계에 관한 충분한 인식이다.

둘째, 높은 수준의 질병 예찰 및 대응이다. 이에는 적절한 실험실 역량과 질병보고 체계가 필요하며, 이를 위한 충분한 투자와 혁신이 필요하다. 이는 질병 확산을 예방하고 통제하는 데 중요하다.

셋째, 가축질병으로 인한 축산업계의 피해 발생 시 회복력 제고이다. 이를 위해 축산 형태의 다양화, 기후변화에 저항력이 있는 축종 및 품종 장려, 열 스트레스를 줄이기 위한 축사 및 환기 개선, 지속 가능한 가축사육 관행 시행 등을 추진해야 한다.

넷째, 가축위생 정책과 기후변화 완화 정책의 조화이다. 지속 가능한 토지 이용, 야생 동물 서식지 보호 등을 통해 생물다양성을 유지하면 야생동물과 가축 간의 질병 전파 위험도 줄어 든다.

다섯째, 연구개발 강화이다. 정부당국은 기후변화에 탄력적인 동물 육종, 기후변화에 민감한 질병 관리, 지속 가능한 축산 관행 등에 관한 연구개발을 지원해야 한다.

끝으로, 이해관계자 참여, 협력 및 역량 강화이다. 기후친화적 가축위생 정책은 축산농가 등 이해관계자와의 참여와 협력이 필수적이며 기후변화에 관한 교육, 훈련 등을 통해 이들의 기후변화에 대한 대응능력을 강화할 필요가 있다.

3.3. 축산업계의 효과적 대응이 중요하다

가축은 기후변화의 측면에서 원인이자 지속 가능한 잠재적 해결 수단이다. 축산업계는 온실가스 배출을 상당 수준 줄일 수 있는 잠재력이 있다. 이를 위해서는 기술 혁신, 지속 가능한 사육 관행, 정부의 정책적 지원, 소비자 참여 등을 통합하는 다각적인 접근방식이 필요하다.[515]

첫째, 메탄 배출 감소이다. 이는 소화율이 높은 사료나 메탄 억제제가 포함된 사료 등 사료 개선을 통해 가능하다. 지방, 기름 및 특정 식물 화합물과 같은 사료 첨가제를 사용하면 장내 메탄 배출을 크게 줄일 수 있다. 해조류나 곤충 기반 단백질과 같은 대체 사료에 대한 연구개발 또한 보다 지속 가능한 축산업에 기여한다.

둘째, 지속 가능한 축산 관행이다. 목초지 관리가 잘 되면 탄소 흡수 능력이 높아진다. 축산시설의 에너지 소비를 줄이고, 태양광 등 재생 에너지원을 활용하면 기후변화 대응에 기여할 수 있다. 분뇨를 재생 에너지원인 바이오가스, 영양소가 풍부한 비료 등으로 전환하면 폐기물을 최소화하고 자원의 순환을 극대화할 수 있다.

셋째, 기후변화에 강한 가축 육종이다. 사료 효율, 질병 저항성 및 메탄 배출량 감소에 맞는 가축 품종을 개발할 수 있다. 이에는 유전체학 및 생명공학의 발전이 크게 기여한다.

넷째, 친환경적 축산에 대한 농가 및 소비자 인식 제고이다. 지속 가능한 가축 사육 방법 및 축산물 소비에 관해 교육 및 홍보를 제공하여 기후변화 대응능력을 높일 필요가 있다.

다섯째, 정부당국의 정책적 지원 및 인센티브 장려이다. 친환경 분뇨 관리 또는 순환 방목과 같은 환경친화적인 관행을 시행하는 농가에 대한 보조금과 재정적 인센티브 제공은 매우 효과적이다.

| 04 | 기후변화와 반려동물은 의외로 밀접하다

4.1. 반려동물도 온실가스를 많이 배출한다

많은 사람이 기후변화와 반려동물은 별로 상관이 없다고 생각한다. 그러나 사실은 관련이 깊다. 반려동물이 온실가스 배출에 크게 기여한다. 주된 요인은 다음과 같다.[516],[517]

첫째, 사료이다. 이는 가장 큰 요인으로 사료 생산에는 토지, 물, 에너지 등 많은 자원이 필요하다. 원료 생산 과정에서 비료 등 화학물질 사용과 사료 운송이 주요 온실가스 배출원이다.

둘째, 용품 및 폐기물이다. 반려동물용 옷, 장난감, 액세서리, 간식, 침구, 미용용품, 분뇨 등은 생산, 폐기하는 과정에서 온실가스를 많이 배출한다. 이들은 토양, 지하수 등을 오염시키며, 운반과 처리 과정에서 이산화탄소를 배출한다. 분변도 큰 문제이다. 특히 개 배설물은 분해될 때 메탄을 방출한다. 배설물을 방치하면 빗물이 인근 수역으로 유입되어 병원균의 증식에 기여한다. 분변 및 사료 쓰레기는 메탄도 다량 발생시킨다. 미국에서 개와 고양이는 연간 약 5.1백만 톤의 분변을 배출하는데 이는 미국인 약 9천만 명이 배출하는 것과 같은 양이다.[518],[519] 2021년 미국애완동물협회는 미국 반려동물 산업에서 유래하는 플라스틱 오염으로 인한 피해를 약 990억 달러로 추정하였다.

셋째, 여행이다. 반려인의 여행에 반려동물을 동반하는 경우, 반려동물 수송, 반려동물 여행용품 등이 온실가스 배출에 기여한다.

반려동물 소유는 환경 보호 측면에서는 본질적으로 지속 가능하지 않은 요소가 있다. 많은 경우에 단순히 '파괴적 소비주의'가 될 수 있다. 반려인 대부분은 반려동물에 필요한 양보다 더 많은 과잉 영양의 사료를 주는데 세계적으로 이러한 사료를 위한 자원 소비가 상상 이상이다.[520]

영국 애완사료제조협회Pet Food Manufacturers Association에 따르면 연간 CO_2 배출량이 평균 크기 개는 770kg, 큰 개는 2,500kg이고, 평균 크기 고양이는 310kg이다.[521] 큰 개의 경우 일반 승용차 배출량의 2배 수준이다. 고양이 1두는 일반 승용차 1대와 동등한 배출 수준이라는 보고도 있다.[522] 체중 29kg의 개의 CO_2 배출량은 연간 2,828kg로 승용차 1대와 대략 동등하며, 체중 4.2kg의 고양이는 연간 1,164kg의 이산화탄소를 배출한다.[523]

2019년, 네덜란드 전체 온실가스 배출량 중 개 유래가 1.5%를 차지한다.[524] 이는 개의 먹이만 측정한 것으로 장난감 등 다른 요인은 반영하지 않은 수치이다. 일본에서 평균 크기 개 1두의 '환경 발자국Environmental Footprint'**189**은 연간 0.33~2.19 ha로 이는 일본인 1인과 동등한 수준이다.[525] 평균 크기의 고양이는 연간 0.32~0.56 ha 수준이었다.

반려동물은 전 세계 육류 및 물고기의 1/5을 소비한다.[526] 만약 반려동물 사료산업이 국가라면 세계적으로 60번째 이산화탄소 배출국이다. 이들은 가장 에너지 집약적인 '식육 기반 먹이'를 주로 섭취한다. 평균 크기의 개 1두가 연간 360파운드의 식육 및 210파운드의 곡류를 소비한다. 매년 반려동물용 건조식품 생산을 위해 영국 2배 크기의 넓이가 사용된다.

4.2. 반려동물은 기후변화에 취약하다

반려동물이 고온에 장시간 노출될 경우, 탈진, 열사병, 탈수 등을 초래한다. 혹서는 주둥이와 코가 짧은 페르시안 고양이Persian Cat와 같은 '단두종 Brachycephalic'**190**에 심각한 위험을 초래한다.[527] 이들은 헐떡거림을 통해 열을

---

189 사람이 살아가는 데 소비되는 자연의 양을 토지면적으로 환산한 수치. 생태 발자국이 많다는 건 그만큼 환경을 파괴하고 자원을 낭비했다는 뜻이다.

190 납작한 얼굴, 짧은 주둥이, 매우 작은 콧구멍 등이 특징이다. 퍼그, 요크셔테리어, 시추, 페키니즈, 프렌치 불도그, 복서 등이 대표적이다.

식히는 효율이 떨어진다. 너무 어리거나 늙은, 기저질환이 있는, 비만인, 운동이 부족한 반려동물은 특히 취약하다.

야외 기온이 25℃ 도달하면 아스팔트 도로 표면온도는 51.7℃까지 도달하므로 사람 또는 개가 맨발로 걸으면 화상을 입을 위험이 있다.[528] 특히 더운 날씨에 반려동물을 차 안에 방치하는 것은 금물이다.

지구온난화로 인한 따뜻한 날씨가 더 오래 지속되는 것은 곧 야생 고양이 개체수의 증가를 의미한다. 고양이는 따뜻한 날씨가 길수록 교미 기간, 횟수가 많아진다. 고양이 교미 시기가 과거에는 봄과 여름으로 한정되었으나 지금은 지구온난화 영향으로 많은 국가에서 1년 연중으로 바뀌고 있다.

야생 고양이의 개체수 조절은 건강한 생태계 유지 측면에서 중요하다. 천성이 야생동물인 고양이의 사냥 습성은 조류 등 야생동물의 생존을 위협한다. 일례로 2007~2011년 전라남도 홍도 내 철새 사망원인을 분석한 결과, '고양이에 의한 포살'이 392건, 전체의 29.9%로 가장 큰 원인이었다.[529] 뉴질랜드 스티븐스섬 사례의 경우 1894년 등대관리인이 데리고 들어간 고양이가 멸종위기종이었던 '스티븐스섬 굴뚝새'를 수시로 사냥하는 바람에 1년 만에 멸종되었다. 1950년대 온두라스 리틀스완섬에서 '리틀스완아일랜드 후티아'라는 설치류의 멸종도 새롭게 이주한 고양이가 원인이었다. 현재 전 세계 120개 섬에서 조류 123종, 포유류 27종, 파충류 25종이 고양이 포식으로 멸종 위기에 있다.[530]

혹한에 노출되는 것도 반려동물에게 위험하다. 저체온증에 걸릴 수 있으며, 떨림, 무기력, 조정력 상실, 동상 등의 증상이 나타날 수 있다.

태풍, 홍수, 혹서 등 극단적 기후는 반려동물에 폐사, 심각한 부상, 서식처 상실 등을 초래한다. 극단적 기후 발생 시, 사람들이 피난하면서 반려동물을 유기하기도 한다. 간접적 피해로는 극단적 기후 이후 쥐, 벼룩, 진드기 등 질병 매개동물 서식에 우호적 환경이 조성된다는 것이다. 이 때문에 심장사상충병, 라임병 등 매개체 유래 질병의 감염 위험이 증가한다. 인수공통 병원체도 더 빈번하게 출현한다.

또한 가뭄과 홍수와 같은 기상이변은 반려동물용 사료의 가용성과 품질에 영향을 미친다. 이것은 반려동물 사료의 공급 부족 및 가격 상승으로 이어질 수 있다. 게다가 농작물의 영양 성분은 높아진 이산화탄소 수준으로 인해 변할 수 있는데, 이는 결과적으로 반려동물의 건강에 영향을 미친다.

4.3. 반려동물은 사료가 주된 문제이다

반려동물을 기르는 데는 식품, 장난감, 옷, 야외용품 등 다양한 물품이 필요하다. 이들 모두가 기후변화와 관련이 있다. 가장 큰 영향을 미치는 것은 반려동물용 식품 즉, 사료이다.[531],[532]

미국내 개와 고양이는 토지, 물, 화석연료, 인산염 및 살생물제Biocide 측면에서 미국내 식육 소비로 인한 환경적 영향의 25~30% 수준의 환경적 영향을 미친다.[533] 미국의 경우 개가 섭취하는 열량의 33%가 이들이 먹은 식육에서 유래한다. 미국에서 개와 고양이가 소비하는 식육 규모는 전체 식육 생산량의 약 1/4 수준이다.[534] 이들은 연간 64백만 톤의 CO_2를 배출하며, 이는 승용차 13백만 대의 배출량에 상당하다. 이를 전 세계 국가별 식육 소비량 기준으로 본다면 러시아, 브라질, 미국 및 중국 다음인 5번째 대량 배출국이다.[535]

세계적으로 개와 고양이 용도의 건조식품 생산을 위해 영국의 2배 크기인 49백만 헥타르ha의[191] 토지가 필요하며, 이에 따라 발생하는 평균 106톤Metric Ton의 CO_2는 배출량을 기준으로 세계적으로 60번째로 배출이 많은

191 땅의 넓이를 나타내는 미터법 단위로 1ha는 가로와 세로가 각각 100m인 정사각형의 넓이, 즉 10,000㎡를 가리킨다.

국가에 해당한다.[536]

반면에 반려동물이 온실가스 배출에 미치는 영향이 과장되었다는 주장도 있다.[537] 이에 따르면 반려동물 식품으로 인한 전 지구적 연간 온실가스 배출량은 56.3~151.2톤 CO_2 상당량으로, 이는 전 지구적 농업분야 온실가스 배출량(5,189톤 CO_2eq)의 1.1~2.9%를 차지한다. 일부 학자는 대량생산 동물사료로 인한 탄소배출은 '무시할만한 수준'이라고 한다.[538]

전통적으로 반려동물용 식품은 보통 사람이 먹지 않는 식육의 부위 또는 사람이 먹다 남은 음식물을 활용하였다. 그러나 최근에는 사람이 먹는 식육을 활용하는 경향이 증가하고 있다. 특히 중국 등 개발도상국에서의 반려동물 증가 추세로 식육 함량이 더 높은 사료가 증가하고 있다.[539] 이는 개와 고양이를 위해 소, 돼지, 닭, 물고기 등이 더 많이 사육된다는 것을 의미한다.

반려동물용 식품의 생산과 소비는 다양한 경로로 기후변화에 중대한 영향을 미친다.

첫째, 동물성 원료의 생산 및 운송이다. 예를 들어 식육, 생선 등의 생산 및 운송에는 토지, 물, 사료, 차량 등 상당한 자원이 활용되며 이 과정에서 온실가스 배출이 발생한다.

둘째, 식물성 원료인 농작물 생산이다. 옥수수, 밀, 대두 등 사료 원료의 재배에는 비료, 농약 등이 사용되며, 이 과정에서 이산화탄소 등 온실가스가 배출될 수 있다.

셋째, 비닐봉지, 용기 등 사료의 포장이다. 포장재를 생산, 폐기하는 데 에너지와 자원이 필요하며 부적절하게 폐기하면 환경오염으로 이어질 수 있다.

반려동물용 식품이 기후변화에 미치는 영향에 관한 반려인 등 이해관계자의 인식은 미흡하다. 다만 최근 환경적으로 지속 가능한 제품이 시장에 더 많이 나타나는 경향은 그나마 다행이라고 할 수 있다.

4.4. 반려동물에 대한 올바른 접근이 관건이다

반려인이 어떠한 반려동물을 선택하느냐는 기후변화 대응에서 매우 중요하다. 바람직한 접근방식은 다음과 같다.

첫째, 대형보다는 소형 품종을 선택한다. 보통 크기가 작은 반려동물은 큰 반려동물보다 탄소 발자국이 작다. 생존에 필요한 사료와 자원이 적기 때문이다. 개보다는 소형 설치류, 파충류, 새가 반려동물로 좋은 대안이다.

둘째, 개체수를 최소화한다. 특히, 무분별한 번식은 금물이다. 개, 고양이를 일반 펫 숍 등에서 사지 않고 유기동물보호소 등 동물보호기관에서 입양하는 것은 이에 기여한다.

셋째, 육식보다는 잡식, 채식 동물을 선택한다. 채식이 최상이다. 연구 결과 100% 식물기반 사료도 개의 영양과 건강에 문제가 없다.[540],[541] 심지어 육식 동물로 알려진 고양이도 입맛이나 영양적으로도 문제가 없다는 주장도 있다.[542],[543],[544] 반면, 영국 동물보호협회Royal Society for the Prevention of Cruelty to Animals는 '고양이에게 채식 사료를 급여하는 것은 동물 학대'라고 한다.[545] 이에 대해 미국의 동물보호단체 중 하나인 동물의윤리적대우를위한사람들People for the Ethical Treatment of Animals은 "채식 사료에 필수아미노산과 비타민을 첨가하면 고양이 건강에 아무런 문제가 없다"라고 반박한다.[546]

넷째, 지역적 날씨에 맞는 품종을 선택한다. 이런 품종은 기후에 잘 적응하고 탄소 발자국이 적을 수 있다. 단두종의 개를 피하는 것도 좋은 예이다.

다섯째, 곤충, 파충류, 작은 설치류, 어류, 작은 조류와 같이 폐기물이 적게 발생하는 동물을 선택한다.

여섯째, 에너지 소비가 적은 동물을 선택한다. 파충류나 물고기 등 일부 반려동물은 서식지 유지를 위해 항온항습 등 특수 장비가 필요하다.

반려동물이 환경에 미치는 부정적 영향을 최소화하는 것의 핵심은 반려인의 '책임성 있는 주인의식'이다. 이는 반려동물 선택, 관련 제품 사용 등에서 기후변화와 관련된 적절한 인식과 책임성을 갖는 것이다. 반려인이 반려동물과 생활하면서 실천할 수 있는 온실가스 배출 경감 방법은 다양하다. 핵심은 지속 가능성이다.

첫째, 일일 급여 먹이를 줄인다. 반려인은 보통 요구량보다 좀 더 많이 급여한다. 재미 삼아, 동정심으로 주는 것은 금물이다. 수의사의 자문을 통해 적정 필요 열량을 파악할 필요가 있다. 최근 개, 고양이에서 비만은 점증하는 문제이다. 영국 개의 20%는 비만이다.[547]

둘째, 최대한 식육 성분이 적은 식물성분 중심의 사료를 선택한다. 특히, 쇠고기 성분이 포함된 사료는 최대한 지양한다. 소고기는 같은 양의 닭고기에 비해 4배의 탄소 발자국을 남긴다.[548] 동물성 단백질이 필요한 경우, 사람이 먹지 않는 식육 부산물이나 물고기 또는 곤충 기반이 바람직하다. 세계적으로 개와 고양이 사료로 사용되는 가축 유래 식육을 모두 식물성으로 바꾸면 연간 가축 70억 마리가 도축을 피할 수 있다.[549]

셋째, 과시용으로 간식 등을 급여하지 않는다. 이는 폐기물 최소화에 기여한다. 과시용 급여는 건강에도 나쁘다.

넷째, 상업용 사료 대신에 먹이 중 일부는 반려인이 직접 준비한다. 사람의 음식물 찌꺼기나 과일, 채소 등 신선한 농축수산물을 활용할 수 있다. 다만, 이들 중 일부는 반려동물에 해롭다. 예를 들어 고양이는 마늘, 신선 계란을 먹지 못한다. 아보카도나 견과류 대부분은 개에 독성이 있다. 수의사 등의 자문을 받아 준비하는 것이 좋다.

다섯째, 습식보다는 건식 식품을 선택한다. 습식은 건식보다 온실가스를 8배 더 배출한다.[550] 하루에 약 500칼로리의 건식을 먹는 체중 10kg의 개는 연간 828kg의 CO_2를 배출하지만, 같은 양의 습식을 먹는 경우 6,541kg을 배출한다. 이는 브라질 성인 1인 배출량인 6,690kg과 비슷한 수준이다.[551]

여섯째, 지속 가능한 제품을 구입한다.[552] 분변 봉지, 목욕용품, 장난감 등

구입 시 환경에의 지속 가능성을 고려한다. 플라스틱 재질의 제품은 피하는 것이 좋다.[553]

4.5. 반려동물에 관한 기후변화 정책이 필요하다.

지구 기온이 상승하고 기상이변이 빈번해지면서 반려동물은 고온 스트레스, 질병 위험, 서식지 손실, 먹이 부족 등 다양한 문제에 직면한다. 정부당국은 이러한 영향을 완화하고 반려동물의 건강과 복지를 보장하기 위해 다음과 같은 효과적인 정책을 마련할 필요가 있다.[554]

첫째, 지속가능한 동물 보호 관행에 관한 대중 인식 및 교육 강화이다. 이는 ▲ 동물의 고온 스트레스 등 고온 피해, ▲ 폭염 시 반려동물 관리 방안, ▲ 생분해성 쓰레기 봉투 등 친환경적인 반려동물 용품 사용, ▲ 번식업자, 펫숍 등으로부터 반려동물을 구입하는 대신 유기동물보호소 등에서 입양, ▲ 재난 대피의 중요성 등에 중점을 두어야 한다.

둘째, 고온 스트레스 완화 조치이다. 대표적으로 폭염 시 반려인에게 선풍기, 에어컨, 쿨매트 등 적절한 냉각 방안과 쉼터를 제공한다든지, 적절한 환기나 냉방 시스템이 없는 차량에 반려동물 방치 금지 등과 같은 열 스트레스 완화 조치를 법령으로 의무화하는 것 등이 있다.

셋째, 기후에 탄력적인 수의 관행 장려이다. 정부 수의당국은 수의사들이 기후변화가 동물 건강에 미치는 영향에 대한 최신 정보를 습득하도록 장려하고, 새로운 질병 및 기생충의 출현과 같은 기후 관련 건강 문제에 대한 연구개발을 지원하고, 기후에 탄력적인 치료법과 예방 조치를 장려해야 한다.

넷째, 기후변화에 민감한 질병 예찰 체계 강화이다. 수의당국은 이들 동물 질병의 유병률을 모니터링, 보고, 대응하기 위한 프로그램을 수립해야 한다.

다섯째, 동물보호소 지원이다. 구체적 방법으로는 ▲ 적절한 난방, 냉방, 환기 시스템을 갖추도록 자금과 기술 지원, ▲ 극단적 날씨 등 비상 대비 계획 개발, ▲ 재난 발생 시 지자체, 지역사회 단체 등과의 파트너십 구축 등이 있다.

이와 같이 반려동물과 관련 있는 기후변화의 부정적 영향을 줄이거나, 기후변화에 따른 변화된 환경에 적응하기 위한 정책을 마련할 때 유의해야 할 요소가 있다. 첫째, 사람의 복지에 부정적 영향을 미치지 않을 것[555], 둘째, 지속 가능하고 기후를 악화시키는 원인이 되지 않을 것[556], 셋째, 동물 위생과 복지를 충분히 고려할 것[557], 넷째, 측정이 가능할 것[558]이다.

기후변화와 관련된 반려동물 정책에는 반려동물, 사람 및 자연 생태계와 기후변화 간의 상호작용에 대한 '전체론적 접근방식'이 필수이다. 여기서 중요한 점은 기후변화를 둘러싼 대응조치는 반드시 반려동물이 인류에 제공하는 다양한 긍정적 영향 및 혜택을 포함하여 종합적으로 고려되어야 한다는 것이다.

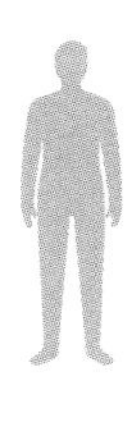

참고문헌

[1] 2011년 한국정책학회 "정책단계별 교육교재 개발" 최종 연구보고서.

[2] 정부 신뢰 제고를 위한 대안 탐색: 정부의 사회적 책임(GSR)을 중심으로, 김태영 · 김기룡 · 송성수, 「한국공공관리학보」 제31권제4호(2017. 12).

[3] Doran, G. T. (1981). There's a S.M.A.R.T. way to write management's goals and objectives. Management Review. 70 (11): 35-36.

[4] Vivancos R, Showell D, Keeble B, Goh S, Kroese M, Lipp A, Battersby J. Vaccination of Poultry workers: delivery and uptake of Seasonal Influenza immunization. Zoonoses Public Health. 2011;58:126-30.

[5] Robert F. Kahrs. Global Livestock Health Policy, Challenges, Opportunities, and Strategies for Effective Action. Iowa State Press, 2004.

[6] WOAH Terrestrial Animal Health Code Chapter 3.1. Introduction to Recommendations on Veterinary Service, Article 3.1.1.

[7] "소 껴안고 눈물 터뜨리는 사람들…농장마다 예약 꽉 찼다". 중앙일보. 2021.03.14

[8] Monique Eloit. WOAH Standards on the Quality of Veterinary Services, WOAH regional seminar on the role of veterinary paraprofessionals in Africa. October 13-15, 2015.

[9] Haseeb Saqib. Promoting Diversity, Equity & Inclusiveness in the Veterinary Profession. RiskingKashmir. April 28, 2023.

[10] Diversity, equity, and inclusion in veterinary medicine. AVMA. 2024.6.7. 인터넷 접속.

[11] Why Diversity, Equity, and Inclusion is Important in the Veterinary Industry - And What to Do About It. Feb. 24, 2023. PetDesk News, Blog.

[12] Niall Connell. Diversity and inclusion in the veterinary professions. 15 August 2019.

[13] Florentine Scilla Lousie Timmenga, Wkduke Jansen, Patricia V. Turner and Nancy De Briyne. Mental well-being and diversity, equity, and inclusiveness in the veterinary profession: Pathways to a more resilient profession. Frontiers in Veterinary Science. 29 July 2022.

[14] Lisa M. Greenhill, Kauline Cipriani Davis, Patricia M. Lowrie and Sandra F. Amass. Navigating Diversity and Inclusion in Veterinary Medicine. Purdue University. November 2020.

[15] Elein Hernandez, Anne Fawcett, Emily Brouwer, Jeff Rau and Patricia V. Turner. Speaking Up: Veterinary Ethical Responsibilities and Animal Welfare Issues in Everyday Practice. Animals (Basel). 2018 Jan; 8(1):15. Jan.22, 2018.

[16] Main D.C.J., Thornton P., Kerr K. Teaching animal welfare science, ethics and law to veterinary student in the United Kingdom. J. Vet. Med. Educ. 2005;32:505-508.

[17] Mullan S., Fawcett A. Making Ethical Decisions. Veterinary Ethics: Navigating Tough Cases. 5M Publisher; Sheffield, UK: 2017. pp.37-39.

[18] Yeates J.W. Response and responsibility: An analysis of veterinary ethical conflicts. Vet. J. 2009;182:3-6.
[19] Anne Quain, Michael P. Ward, and Siobhan Mullan. Ethical Challenges Posed by Advanced Veterinary Care in Companion Animal Veterinary Practice. Animals (Basel). 2021 Nov; 11(11):3010.
[20] Moses, L. Another Experience in resolving veterinary ethical dilemmas: Observations from a veterinarian performing ethics consultation. Am. J. Bioeth. 2018, 18, 67-69.
[21] Fraser, D. A "practical" ehtic for animals. J. Agric. Environ. Ethics 2012, 25, 721-746.
[22] 세계경제포럼(World Economic Forum), 'The Future of Jobs' 보고서, 2016년 1월, 스위스 다보스.
[23] 2018년 서울시 NPO지원센터 및 서울시연구원 지원 연구보고서 〈서울시 시민사회 활성화 정책 제언: 시민사회 현장의 평가와 수요를 중심으로〉
[24] Principles for rational delivery of public and private veterinary services with reference to Africa. FAO. 1997.
[25] Animal Biotechnology: Science-Based Concerns (2002). Chapter 7. Concerns Related to Scientific Uncertainty, Policy Context, Institutional Capacity, and Social Implications. National Academies Press.
[26] Dealing with Uncertainty in Policymaking. Netherlands Environmental Assessment Agency. July 2008.
[27] Mara Dalmatia. Is Science Advice for Policy useful in modern societies? Centre for Philosophy of Sciences of the University of Lisbon. 25 March 2021.
[28] Martha Fedorowicz and Laudan Y. Aron. Improving Evidence-Based Policymaking: A review. Urban Institute. April 2021.
[29] SAPEA, Science Advice for Policy by European Academics. Making Sense of Science for Policy Under Conditions of Complexity and Uncertainty. Berlin: SAPIA (2019).
[30] Davies P. What is evidence-based education? Brit J Educ Stud. (999) 47:108-21.
[31] Bernard C K Choi et. al. Can Scientists and policy makers work together? Journal of Epidemiology & Community Health. Volume 59. Issue 8.
[32] Heather Douglas. Science vs. Politics: The Battle for Integrity (ppt).
[33] WOAH, Terrestrial Animal Health Code, Chapter 2.1. Import Risk Analysis, Article 2.1.1.
[34] WOAH Terrestrial Animal Health Code, Section 2. Risk Analysis
[35] Patrick Boyle. Why do so many Americans distrust science? AAMCNEWS. May 4, 2022.
[36] David Wilkins. What does society expect of vetrerinarians? Acta Veterinaria Scandinavica 2008, 50(Suppl 1): S3. 19 August 2008.
[37] Ele Brown. A vet in a politicl world. Blog. Government Vets. 31 July 2017. 2024.6.7.

인터넷 접속.
[38] R. Scott Nolen. A heart for politics. April 15, 2005. AVMA. 2024.6.7. 인터넷 접속.
[39] James Westgate. Vet wants more scientists to go into politics. Vettimes. January 03. 2023.
[40] Rachel M. Gisselquist. Working Paper No. 2012/30 Good Governance as a Concept, and Why This Matters for Development Policy. United Nations University. World Institute for Development Economics Research. March 2012.
[41] Jessica Donohue. What is good corporate governance? 9 characteristics (with examples). Diligent. March 28, 2024.
[42] 12 Principles of Good Governance. Council of Europe. 2024.6.7. 인터넷 접속.
[43] Terrestrial Animal Health Code. Chater 3.2. Quality of Veterinary Services.
[44] Animal Health and Welfare Framework. Animal & Plant Health Agency, DEFRA, UK, Updated 22 September 2022, 2024.6.7. 인터넷 접속
[45] Lauren Maghak. Overlooked but essential: The role of public health veterinarians in food safety. Center for Science in the Public Interest. October 5, 2023.
[46] 『NPO 지속 가능성 보고 가이드라인』 서울시NPO지원센터. 2014.04.01.
[47] Amy A. Lemke and Julie N. Harris-Wai. Stakeholder engagement in policy development: challenges and opportunities for human genomics. Genet Med. 2015 December ; 17(12): 949-957.
[48] WOAH/TAHC Article 3.2.6. Stakeholder.
[49] Challenges of Animal Health Information Systems and Surveillance for Animal Diseases and Zoonoses, FAO, 2011
[50] Manual on Livestock Disease Surveillance and Information Systems, FAO.
[51] Stakeholder Participation Guide. Supporting stakeholder participation in design, implementation and assessment of policies and actions. Initiative for Climate Action Transparency. April 2020.
[52] Community Tool Box. Communications to Promote Interest and Participation Chapter 7. Section 8. Identifying and Analyzing Stakeholders and Their Interests. Kansas State University.
[53] Eve Tomlinson and Roses Parker. NIHR Network Support Fellows. Six-Step Stakeholder Engagement Framework. Version 1.0. June 2021.
[54] Guidelines for Animal Disease Control, WOAH, May 2014.
[55] Neil Jeffery. Stakeholder Engagement: A Road Map to Meaningful Engagement. Doughty Centre, Cranfield University. July 2009.
[56] Anna Wesselink, Jouni Paavola, Oliver Fritsch, Ortwin Renn, Rationales for public participation in environmental policy and governance: practitioners' perspectives, Environment and Planning A 2011, volume 43.
[57] Eric Mulholland. Cooperation between Stakeholders and Policymakers in the

Implementation of the SDGs: Overview of activities and practices in Europe, ESDN Quarterly Report. Oct. 2018.

[58] Lydia Stowe. 11 Key Benefits of Stakeholder Management for Government Affairs. FiscalNote. March 9, 2023.

[59] Identifying and Analyzing Stakeholders and Their Interests. University of Kansas. 2014.

[60] Stakeholder Engagement for Inclusive Water Governance, OECD Studies on Water. OECD (2015).

[61] 염지선, 성균관대 동아시아 공존 협력 연구센터, 2019.12.29. "어떻게 다양한 이해관계자들을 대화 테이블로 이끌 수 있을까?", Issue Briefing No.12

[62] 박치성, 공공부문 협력의 필요성과 조건, 2017.2.27. 중앙대학교

[63] Eric Mulholland. Cooperation between Stakeholders and Policymakers in the Implementation of the SDGs: Overview of activities and practices in Europe. October 2018.

[64] Terrestrial Animal Health Code. Article 3.5.2. WOAH.

[65] Svenja Springer et. al. Managing conflicting ethical concerns in modern small animal practice—A comparative study of veterinarian's decision ethics in Austria, Denmark and the UK. PLOS ONE, June 18, 2021.

[66] Nicolas Fortané. Veterinarian 'responsibility': conflicts of definition and appropriation surrounding the public problem of antimicrobial resistance in France. PALGRAVE COMMUNICATIONS (2019) 5:67.

[67] Vets speaking up for animal welfare. BVA animal welfare strategy. British Veterinary Association. February 2016.

[68] Ronald M. Davis. Veterinary Public Health: An Evolving Challenge for Public Health Practice. Journal of Public Health Policy. 2011

[69] E. Karatzas et. al. Regulatory Impact Analysis: Towards Evidence-Based Policy Making in Veterinary Medicines Regulation. Regulatory Toxicology and Pharmacology, 2020.

[70] David P. T. Mwenya et al. Policy Development and Implementation in Veterinary Public Health in Africa. Onderstepoort Journal of Veterinary Research, 2011.

[71] M. Jabbar et al. Stakeholder Involvement in Policy Development: Challenges and Opportunities for Sustainable Animal Agriculture in Developing Countries. Outlook on Agriculture, 2008.

[72] WOAH. Public-Private Partnerships in the veterinary domain: Learn more on how to develop impactful and sustainable PPPs in your country.

[73] Bouda Vosough Ahmadi. Public-private partnerships (PPPs) for efficient sustainable animal health systems and veterinary services. Middle East - OIE Regional Commission. 2019.

[74] Public-Private Partnerships and perspectives in the veterinary domain. bulletin PANORAMA 2019-3

[75] The OIE PPP Handbook: Guidelines for Public-Private Partnerships in the veterinary domain. OIE. May 2019.

[76] N'gbocho Bernard N'Guessan et. al., Evaluation of Public - Private Partnership in the Veterinary Domain Using Impact Pathway Methodology: In-depth Case Study in the Poultry Sector in Ethiopia. Frontiers in Veterinary Science. Volume 9/Article 735269. Feb. 2022.

[77] Ana Peres. World Trade Organization: Challenges and Opportunities. House of Commons Library. 25 March 2024

[78] Sayed M Naim K. Ineffectiveness of WTO SPS Measures for Nationa with High Food Imports: The Afghan Perspective. Sep. 11, 2023. 2024년 7월 24일 인터넷 접속

[79] Digby Gascoine. The SPS Agreement: maximising the benefits. WBI-CAREC Seminar on Recent Developments in the Multilateral Trading System in the Agriculture Sector Vienna, 12-14 March 2012

[80] Review of the Implementation of the SPS Agreement and International Standards in ASEAN Member States Final Report. ASEAN-Australia-New Zealand Free Trade Area Economic Cooperation Support Program. August 2018

[81] Marina Murina and Alessandro Nicita. TRADING WITH CONDITIONS: THE EFFECT OF SANITARY AND PHYTOSANITARY MEASURES ON LOWER INCOME COUNTRIES' AGRICULTURAL EXPORTS. POLICY ISSUES IN INTERNATIONAL TRADE AND COMMODITIES RESEARCH STUDY SERIES No. 68. UNCTAD. 2014

[82] Balance in Trade. New Zealand MAF, NZFSA, and Ministry of Foreign Affairs & Trade. 2009

[83] '반려동물은 가족' 펫이코노미 시대 --- 1인당 35만원 카드 지출, 2023.4.17. 연합뉴스

[84] Animal Welfare Guidelines for companion animal practitioners and veterinary teams. WSAVA. 2024.6.8. 접속.

[85] "연 생산 30만 마리, 재고 10만 마리" ... 이 공장 상품은 '반려견' [말티즈 88-3 이야기], 2023.05.18. 중앙일보.

[86] 위성곤 의원 "개 · 고양이 40.3% 불법 번식되어 유통", 2022.9.28. 데일리벳

[87] 합번 뒤에 숨은 불법 반려동물 경매... 20%가 '강아지 공장'서 온다. 2023.8.3. 한겨레.

[88] "연 생산 30만 마리, 재고 10만마리"... 이 공장 상품은 '반려견'. 2023.05.22. 중앙일보.

[89] 직무스트레스 최고 수준, 위험한 임상수의사. 한국반려동물신문2023.1.30. 2024.6.11. 인터넷 접속

[90] Seola Joo, Yechan Jung and Myung-Sun Chun. An Analysis of Veterinary Practitioners' Intention to Intervene in Animal Abuse Cases in South Korea, Animals 2020, 10(5), 802. 6 May 2020,

[91] '동물병원서 겪은 딜레마, 함께 고민해요' 수의 윤리 라운드토론 개설, 2023.1.11. 데일리벳

[92] 전현영, 박소정. 임상수의사의 직무스트레스에 따른 빗속의 사람 그림검사반응특성 연구. 예술심리치료연구 제18권 제4호, 2022년.

[93] R.E. Doyle, B. Wieland, K. Saville, D. Grace & A.J.D. Campbell. The importance of animal welfare and Veterinary Services in a changing world. Rev. Sci. Tech. Off. Int. Epiz., 2021, 40 (2)

[94] Elein Hernandez, Anne Fawcett, Emily Brouwer, Jeff Rau and Patricia V. Turner. Speaking Up: Veterinary Ethical Responsibilities and Animal Welfare Issues in Everyday Practice. Animals 2018, 8, 15.

[95] 천명선, 김진석, 이문한 및 류판동. 한국 수의과대학 학생의 동물에 대한 태도 및 동물진료 관련 윤리적 의사결정. J Vet Clin 27(1) : 29-34 (2010)

[96] "소 브루셀라병 번저도 ... 공수의 부정채혈 여전 '충격'", 2023.2.8. 농민신문

[97] Reform of Veterinary Services: A Policy Framework. FAO. June 2001

[98] 황원경, 이신애 '2023 한국 반려동물 보고서, 반려동물 맞이 준비와 건강관리' KB금융지주 경영연구소, 2023년 6월

[99] '여전히 문제는 PSY'. 돼지와 사람. 2017.5.1.

[100] 김승준, 한국개발전략연구소, 2016년 2월, SDGs와 농업개발 - 식량안보와 포용적 경제성장을 중심으로, 세계농업 186호

[101] Supporting effective decision-making: Livestock sector investment and policy toolkit. 24 April 2020. FAO

[102] OECD-FAO Agricultural Outlook 2021-2030 중 6. Meat 편.

[103] High Level Expert Forum - How to feed the world 20050: Global agriculture towards 2050, 12-13 October 2009, FAO.

[104] 정민국, 김현중, 이형우, 육류 소비행태 변화와 대응과제, 2020.10.1. 한국농촌경제연구원

[105] Guiding Principles for Animal Health and Welfare Policy and Delivery in England. Animal Health and Welfare Board for England, 14 December 2012,

[106] Wobeser G.A. Essentials of Diseases in Wild Animals. 2006.

[107] Velvl W. Greene. Personal hygiene and life expectancy improvements since 1850: Historic and epidemiologic associations. American Journal of Infection Control Vol. 29, Issue 4. August 2001.

[108] Brandon Milholland and Jan Vijg. Why Gilgamesh failed: the mechanistic basis of the limits to human lifespan. Nature Aging. Vol. 2, 14 October 2022

[109] H.B. Chethan Kumar et. al., Animal disease surveillance: Its importance & present status in India. Indian J. Med. Res. 153, March 2021, pp 299-310.

[110] OIE. Guidelines for animal disease control. May 2014.

[111] A. Perez. et. al. Global animal disease surveillance. Spatial and Spatio-temporal Epidemiology 2 (2011) 135 - 145.

[112] Animal Health Surveillance Strategy 2023-2028. Ministry of Agriculture, Food and the Marine. Ireland. 2023.

[113] Guidelines for Wildlife Disease Surveillance: An Overview. OIE. 2024.6.7. 인터넷 접속.
[114] Improved Animal Health for Poverty Reduction and Sustainable Livelihoods, FAO Animal Production and Health Paper 153. FAO, 2002.
[115] "The Economic Impact of Foot and Mouth Disease and its Control in Vietnam", "The Economic Impact of Transboundary Animal Diseases", "Livestock Sector Brief: Economic Impact of Avian Influenza" 등
[116] FAO Animal Production and Health Guidelines : Economic Analysis of Animal Diseases. 2016.
[117] Paul Spicker, South Africa, Understanding incentives. 2006.
[118] Stephen S. Morse. Global Infectious Disease Surveillance and Health Intelligence. Health Affairs, Volume 26, Number 4, 2007.
[119] Ahmad, K. Malaysia culls pigs as Nipah virus strikes again. Lancet 356(9225):230. 2000.
[120] Pro-Poor management of public health risks associated with livestock: The case of HPAI in East and Southeast Asia. Policy Brief. Rome, Italy: FAO. 2007.
[121] Committee on Achieving Sustainable Global Capacity for Surveillance and Response to Emerging Diseases of Zoonotic Origin. Sustaining Global Surveillance and Response to Emerging Zoonotic Diseases. 2009.
[122] Samaan G. et. al. Application of a healthy food markets guide to two Indone · sian markets to reduce transmission of avian Flu. Bull World Health Organ. 2012;90:295-300.
[123] Turkson PK, Okike I. Assessment of practices, capacities and incentives of poultry chain actors in implementation of highly pathogenic avian Influenza mitigation measures in Ghana. Vet Med Sci. 2016;2:23-35.
[124] Bonwitt J, Dawson M, Kandeh M, Ansumana R, Sahr F, Brown H, Kelly AH. Unintended consequences of the 'bushmeat ban' in West Africa during the 2013-2016 Ebola virus Disease epidemic. Soc Sci Med. 2018;200:166-73.
[125] Tossapond Kewprasopsak, Charuk Singhapreecha, Terdsak Yano and Reiner Doluschitz. A long-term negative efect of monetary incentives on the participatory surveillance of animal disease: a pilot study in Chiang Mai, Thailand. BMC Public Health (2022) 22:2454.
[126] Rob Fraser. Compensation Payments and Animal Disease: Incentivising Farmers Both to Undertake Costly On-farm Biosecurity and to Comply with Disease Reporting Requirements. Environ Resource Econ (2018) 70:617-629.
[127] EU Commission. A new Animal Health Strategy for the European Union (2007-2013) where "Prevention is better than cure" 2007
[128] DEBRA, UK. Animal Health and Welfare Pathway. Updated 19 July 2023.
[129] DEFRA, UK. Animal Health and Welfare Strategy for Great Britain. 2004.

[130] Nation Office of Animal Health. Our Vision for UK Animal Health and Welfare. UK, 2019.

[131] Mike Francis. The importance of veterinary vaccines in the One Health Agenda. British Veterinary Association. 19 Nov. 2019. 2024.7.8. 인터넷 접속

[132] Gary Entricana, Michael James Francis. Applications of platform technologies in veterinary vaccinology and the benefits for one health. Vaccine 40 (2022) 2833-2840. 23 March 2022.

[133] From an Idea to the Marketplace: The Journey of an Animal Drug through the Approval Process. FDA. 2024.6.7. 인터넷 접속

[134] WOAH Terrestrial Animal Health Code, Chapter 2.3.2. The Role of Official Bodies in the International Regulation of Veterinary Biologicals.

[135] WOAH Terrestrial Animal Health Code. Article 4.18.5.

[136] Véronique Renault, Marie-France Humblet and Claude Saegerman. Biosecurity Concept: Origins, Evolution and Perspectives. Animals 2022, 12, 63. Dec. 28, 2021.

[137] Véronique Renault, Marie-France Humblet and Claude Saegerman. Biosecurity Concept: Origins, Evolution and Perspectives. Animals 2022, 12, 63. December 28, 2021

[138] FAO Biosecurity Toolkit. 2007.

[139] Allan M. Kelly. Veterinary Medicine in the 21st Century: The Challenge of Biosecurity. ILAR Journal, Volume 46, Issue 1, 2005, Pages 62–64.

[140] Council conclusions on biosecurity, an overall concept with a unitary approach for protecting animal health in the EU, Council of the European Union. 100368/1/19 REV 1, Brussels, 18 June 2019.

[141] Mathieu Fourment, Aaron E. Darling and Edward C. Holme. The impact of migratory flyways on the spread of avian influenza virus in North America. BMC Evolutionary Biology (2017) 17:118.

[142] V. Caliendo et. al., Transatlantic spread of highly pathogenic avian infuenza H5N1 by wild birds from Europe to North America in 2021. Nature. Scientific Reports (2022) 12:11729.

[143] 가축질병 방역상황 점검 영상회의 자료(농식품부, 환경부, 지자체), 2024.2.27., 농림축산식품부

[144] Miguel, E., V. Grosbois, A. Caron, D. Pople, B. Roche, and C.A. Donnelly. A systemic approach to assess the potential and risks of wildlife culling for infectious disease control. Commun. Biol. 3(1):353. 2020.

[145] 허위행, 김화정 등. 철새 이동경로 연구(2018년). 국립생물자원관. 2018년

[146] The Comprehensive Strategic Plan for the Eradication of Bovine Tuberculosis 2004 Edition. USDA/APHIS.

[147] Prevention and Control of Transboundary Animal Diseases in the CAREC Region, Concept Note. CAREC Policy Dialogue on Prevention and Control of Transboundary

Animal Diseases in Nur–Sultan on 23–25 April 2019.
[148] OIE Guidelines for Animal Disease Control, May 2014.
[149] OIE Guidelines for animal disease control, May 2014
[150] A.H. El Idrissi, M. Dhingra, F. Larfaoui, A. Johnson, J. Pinto & K. Sumption. Digital technologies and implications for Veterinary Services. Rev. Sci. Tech. Off. Int. Epiz., 2021, 40(2). 27.05.21.
[151] Digital Revolution in Animal Health. Health for Animals.
[152] 더 차이나 "아이폰 공장인 줄"... 26층 빌딩서 수십만 마리 돼지 키우는 中. 2023.2.11. 중앙일보.
[153] 2022 The State of World Fisheries and Aquaculture. Towards Blue Transformation. FAO. 2022.
[154] United Nations Sustainable Development Goals. UN 인터넷 홈페이지 2024.6.27. 인터넷 접속
[155] FAO. The State of World Fisheries and Aquaculture 2020. Sustainability in action. Rome, 224 pp. 2020.
[156] Peeler E.J. & Ernst I. A new approach to managing emerging diseases. In The role of aquatic animal health in food security. Rev. Sci. Tech. Off. Int. Epiz., 38 (2), 537–551. 2019.
[157] OIE Aquatic Animal Health Strategy 2021–2025. WOAH. 2021.
[158] WOA. Animal Diseases. 2021.
[159] FAO. Transboundary Animal Diseases, 2021
[160] Elizabeth A. Clemmons, Kendra J. Alfson and John W. Dutton Ⅲ. Transboundary Animal Diseases, an Overview of 17 Diseases with Potential for Global Spread and Serious Consequences. Animals 2021, 8 July 2021.
[161] Fernando Torres–Veleza, Karyn A. Havasb, Kevin Spiegelc, Corrie Brownd. Transboundary animal diseases as re–emerging threats – Impact on one health. Seminars in Diagnostic Pathology 36 (2019) 193–196.
[162] FAO and WOAH. Global Framework for the Progressive Control of Transboundary Animal Diseases (GF–TAD). 2004.
[163] Thomson GR. Currently important animal disease management issues in sub–Saharan Africa. Onderstepoort J. Vet. Res. 76(1): 129–134. 2009.
[164] African Swine Fever (ASF). Sanidadanimal.info. 2024.6.25. 인터넷 접속
[165] L.K. Dixon, H. Sun, H. Roberts. African swine fever. Antiviral Research 165 (2019). 02 March 2019.
[166] Brown C. Emerging Zoonoses and Pathogens of Public Health Significance–an Overview. Rev. sci. tech. off. int. epiz. 23: 435–442. 2004.
[167] Pike B, Saylors K, Fair J, LeBreton M, Tamoufe U. Djoko C, Rimoin A, Wolfe N. The Origin and Prevention of Pandemics. Clin. infect. dis. 50: 1636–1640. 2010.

[168] Andres Cartin–Rojas. International Trade from Economic and Policy Perspective. Chapter 7. Transboundary Animal Diseases and International Trade. 2012.

[169] Biruk Akalu. Review on Common Impact and Management of Transboundary Animal Diseases. Juniper Online Journal of Immuno Virology 2(20). July 07, 2017.

[170] Richard Bradhurst, Graeme Garner, et. al. Development of a transboundary model of livestock disease in Europe. Transboundary and Emerging Diseases. June 1, 2021.

[171] Ferran Jori, Marta Hernandez–Jover, Ioannis Magouras, Salome Dürr, and Victoria J. Brookes. Wildlife – livestock interactions in animal production systems: what are the biosecurity and health implications? Animal Frontiers, Volume 11, Issue 5, October 2021, Pages 8 – 19.

[172] Manuel Ruiz–Aravena, Clifton McKee, et. al. Ecology, evolution and spillover of coronaviruses from bats. Nature Reviews/Microbiology Volume 20/May 2022.

[173] Ryan Mcneill and Deborah J. Nelson. Seven things to know about bats and pandemic risk. May 17, 2023. Reuters

[174] Priya Joi, Five reasons why the next pandemic could come from bats. Gavi. June 8, 2023.

[175] "고병원성 조류인풀루엔자(HPAI)의 유입 및 전파확산경로 예측을 위한 가금 산업의 유통 감시 네트워크 시스템 개발에 관한 연구" 과제 보고서. 농림수산식품부. 2012년 4월 9일

[176] 문운경. 오리농장 HPAI 발병요인 철새 예방관리. 월간 오리마을. 2013년 1월

[177] Andres Cartin–Rojas. International Trade from Economic and Policy Perspective. Chapter 7. Transboundary Animal Diseases and International Trade. Universities of Applied Sciences, Austria. August 22, 2012.

[178] Averting risks to the food chain: A compendium of proven emergency prevention methods and tools. Second Edition. FAO, 2019.

[179] 안근승, 아프리카돼지열병 발생 양상, ASF 백신개발 세미나, 2022.7.4.

[180] ASF로 살처분 농가 중 41%가 폐업, 신상돈 기자, Pig & Pork 한돈, 2022.7.5.

[181] Otte, M.J., Nugent, R. and Mcleod, A. Transboudary Animal Diseases: Assessment of socio–economic impacts and institutional Response. Livestock Policy Discussion Paper No. 9, FAO, Feb. 2004.

[182] Jones, B.A., Rich, K.M., Mariner, J.C. et al. The Economic Impact of Eradicating Peste des Petits Ruminants: A Benefit–Cost Analysis. PLOS ONE 11(2): e0149982. (2016)

[183] FAO. Progressive Control Pathway for Foot–and–Mouth Disease Control (PCP–FMD): Principles, stage descriptions and standards. FAO Animal Production and Health Manual No. 19. Rome, Italy. (2012)

[184] WOAH. The OIE Strategy for the Control and Eradication of Peste des Petits Ruminants (PPR). 2017.

[185] Biruk Akalu. Review on Common Impact and Management of Transboundary Animal Diseases. Juniper Online Journal of Immuno Virology 2(20). July 07, 2017.

[186] Biruk Akalu, July 07, 2017. Review on Common Impact and Management of Transboundary Animal Diseases. Juniper Online Journal of Immuno Virology 2(20; JOJIV.MS.ID.555583 (2017)

[187] Torres-Velez, F.; Havas, K.A.; Spiegel, K.; Brown, C. Transboundary Animal Diseases as Re-Emerging Threats - Impact on One Health. Semin. Diagn. Pathol. 2019, 36, 193-196.

[188] APHIS Foreign Animal Disease Framework Response Strategies, Foreign Animal Disease Preparedness & Response Plan, October 2015.

[189] APHIS Foreign Animal Disease Framework Response Strategies, Foreign Animal Disease Preparedness & Response Plan, October 2015. USDA

[190] R.G. Breeze, Technology, public policy and control of transboundary livestock diseases in our lifetimes, Rev. sci. tech. Off. int. Epiz., 2006, 25(1), 271-292.

[191] Emanuela Galasso, Adam Wagstaff. The Aggregate Income Losses from Childhood Stunting and the Returns to a Nutrition Intervention Aimed at Reducing Stunting, World Bank Group, Policy Research Working Paper 8536. August 2018.

[192] L. Myers. Transboundary animal diseases and social instability. International Journal of Infectious Diseases. Volume 53, Supplement. December 2016.

[193] Bruce G. Link and Jo C. Phelan. McKeown and the Idea That Social Conditions Are Fundamental Causes of Disease. American Journal of Public Health. Vol. 92, No.5. May 2002.

[194] Rachel E. Baker et., al. Infectious disease in an era of global change. Nature Reviews/Microbiology, Volume 20/April 2022/203.

[195] Veronna Marie and Michelle L. Gordon. The (Re-)Emergence and Spread of Viral Zoonotic Disease: A Perfect Storm of Human Ingenuity and Stupidity. Viruses 2023, 15, 1638.

[196] Kelly Lee. The Global Governance of Emerging Zoonotic Diseases: Challenges and Proposed Reforms. Feb. 13, 2023.

[197] Ioannis Magouras, Victoria J. Brookes, Ferran Jori, Angela Martin, Dirk Udo Pfeiffer and Salome Dürr. Emerging Zoonotic Diseases: Should We Rethink the Animal-Human Interface? Frontiers in Veterinary Science. Volume 7. October 2020.

[198] Kelley Lee. The Global Governance of Emerging Zoonotic Diseases: Challenges and Proposed Reforms. Council on Foreign Relations Global Health Program. Virtual Workshop on September 28, 2022.

[199] Joel Henrique Ellwanger et. al. Control and Prevention of infectious diseases from a One Health Perspective, Genetics and Molecular Biology, 44, 1(suppl 1), e20200256 (2021).

[200] Michael J. Day. One health: the importance of companion animal vector-borne diseases. Day Parasites & Vectors 2011, 4:49.

[201] Foodborne illness source attribution estimates for Salmonella, Escherichia coli O157, and Listeria monocytogenes — United States, 2021. The Interagency Food Safety Analytics Collaboration (IFSAC). CDC, FDA and USDA. November 2023

[202] Companion Animals and Zoonoses: Understanding the Physician's Role in Disease Prevention, A One Health Perspective for Physicians. NCEZID, CDC. US.

[203] Jason W. Stull, Jason Brophy, J.S. Weese. Reducing the risk of pet-associated zoonotic infections. CMAJ, July 14, 2015, 187(10)

[204] Daszak, P. et al. Emerging infectious diseases of wildlife - threats to biodiversity and human health. Science 287, 443 - 449. 2000.

[205] Cedic C. S. Tan, Lucy van Dorp & Francois Balloux. The evolutionary drivers and correlates of viral host jumps. Nature Ecology & Evolution 8, 960-971 (2024). 25 March 2024

[206] Hilde Kruse, Anne-Mette Kirkemo, and Kjell Handeland. Wildlife as Source of Zoonotic Infections. Emerging Infectious Diseases, Vol. 10, No. 12, December 2004.

[207] David González-Barrio, Zoonoses and Wildlife: One Health Approach. Animals 2022, 12. Feb. 15, 2022.

[208] Andrew M. Ramey. Migratory Birds Disperse Avian Influenza Viruses between East Asia and North America Via Alaska. Proceedings of the HPAI and Wild Birds Webinar Series, August 2-5, 2021.

[209] Kuldeep Dhama, Karthik, K., Sandip Chakraborty, Ruchi Tiwari and Sanjay Kapoor. WILDLIFE: A HIDDEN WAREHOUSE OF ZOONOSIS - A REVIEW. International Journal of Current Research Vol. 5, Issue, 07, pp.1866-1879, July, 2013.

[210] Reducing public health risks associated with the sale of live wild animals of mammalian species in traditional food markets Interim guidance. 12 April 202. OIE, WHO and UNEP.

[211] Raina K. Plowright et. al. Pathways to zoonotic spillover. Nature Reviews Microbiology. Volume 15. August 2017.

[212] Goodwin R, Schley D, Lai KM, Ceddia GM, Barnett J, Cook N. Interdisciplinary approaches to zoonotic disease. Infect Dis Rep. 2012;4:e37.

[213] 한재익. 야생동물 매개 인수공통감염병 대응을 위한 신속 현장적용 진단 기술 개발. 환경부 연구용역 최종보고서. 2019년 6월

[214] Tustin J, Laberge K, Michel P, et al. A National Epidemic of Campylobacteriosis in Iceland, lessons learned. Zoonoses Public Health. 2011;58:440 - 7.

[215] Chloe Clifford Astbury et. al. Policies to prevent zoonotic spillover: a systematic scoping review of evaluative evidence. Globalization and Health (2023) 19:82.

[216] Hongying Li et. al. Wild animal and zoonotic disease risk management and regulation in China: Examining gaps and One Health opportunities in scope,

mandates, and monitoring systems. One Health 13 (2021) 100301.
[217] 왕승준. 야생동물 인수공통감염병 진단. 환경부 연구용역 최종보고서. 2016년 12월
[218] Johnson CK, Hitchens PL, Pandit PS, Rushmore J, Evans TS, Young CCW, Doyle MM. Global shifts in mammalian population trends reveal key predictors of virus spillover risk. Proc Royal Soc B: Biol Sci. 2020;287:20192736.
[219] Allen T, et. al. Global hotspots and correlates of emerging zoonotic Diseases. Nat Commun. 2017;8:1124.
[220] Merry Buckley and Ann Reid. Global Food Safety: Keeping Food Safe from Farm to Table. American Academy of Microbiology. 2010
[221] GENERAL PRINCIPLES OF FOOD HYGIENE CXC 1-1969, Codex Alimentarius Commission.
[222] 알기 쉬운 HACCP 관리 (개정판). 식품의약품안전처. 2015.
[223] OAF/WHO guidance to governments on the application of HACCP in small and/or less-developed food businesses. FAO Food and Nutrition Paper 86.
[224] In-Sik Nam. Reasons for implementing the HACCP system and advantages and disadvantages of HACCP implementation on animal farms in Korea. J. Prev. Vet. Med. Vol. 40, No. 4: 139-143, December 2016.
[225] 남인식. 축산농가 HACCP 심사 분석과 개선. Korean J. Org. Agric. Volume 25, Number 1: 101-112, February 2017.
[226] Elena Radu et. al. Global trends and research hotspots on HACCP and modern quality management systems in the food industry. Heliyon 9 (2023) e18232.
[227] Nam, I. S., H. S. Kim, K. M. Seo, and J. H. Ahn. 2014. Analysis of HACCP system implementation on productivity, advantage and disadvantage of laying hen farm in Korea. Korean J. Poultry Sci. 41: 93-98.
[228] 남인식. 축산농가 HACCp 심사분석과 개선. Korean J. Org. Agric. Volume 25, Number 1: 101-112, February 2017.
[229] Lahsen Ababouch. The role of government agencies in assessing HACCP. Food Control 11 (2000) 137~142.
[230] Ranya Mulchandani, Yu Wang, Marius Gilbert, Thomas P. Van Boeckel. Global trends in antimicrobial use in food-producing animals: 2020 to 2030. PLOS Global Public Health. Feb. 1, 2023.
[231] Ten threats to global health in 2019. WHO Newsroom. 2024.6.8. 인터넷 접속.
[232] Antimicrobial Resistance Collaborators. Global burden of bacterial antimicrobial resistance in 2019: a systematic analysis. The Lancet; 399(10325): P629-655. February 12, 2022.
[233] World AMR Awareness Week: preventing antimicrobial resistance together. WHO. 17 November 2023.
[234] UNEP, Press Release. To reduce superbugs, world must cut down pollution. 07

February 2023.

[235] Drug-Resistant Infections: A Threat to Our Economic future World Bank. March 2027.

[236] Tiseo K., Huber L., Gilbert M., Robinson T.P. & Van Boeckel T.P. Global trends in antimicrobial use in food animals from 2017 to 2030. Antibiotics, 9 (12), Article No. 918. (2020).

[237] UNEP Report. Summary for Policymakers - Environmental Dimensions of Antimicrobial Resistance. 28 February 2022

[238] Giguère, S., Prescott, J.F. and Dowling, P.M. Antimicrobial Therapy in Veterinary Medicine. 5th edition. Wiley-Blackwell. (2013).

[239] U. Magnusson, A. Moodley & K. Osbjer. Antimicrobial resistance at the livestock-human interface: implications for Veterinary Services. Rev. Sci. Tech. Off. Int. Epiz., 40 (2).

[240] Wierup M. The Swedish experience of the 1986 year ban of antimicrobial growth promoters, with special reference to animal health, disease prevention, productivity, and usage of antimicrobials. Microb. Drug Resist. 7 (2), 183-190. (2001).

[241] Aarestrup F.M. The livestock reservoir for antimicrobial resistance: a personal view on changing patterns of risks, effects of interventions and the way forward. Philos. Trans. Roy. Soc. Lond. B, Biol. Sci. 370 (1670), (2015).

[242] The WOAH Strategy on Antimicrobial Resistance and the Prudent Use of Antimicrobials, November 2016.

[243] Why antimicrobial resistance (AMR) calls for a multisectoral One Health approach - NOW. Healthy Developments. 2024.7.6. 인터넷 접속

[244] Nayeem Ahmad, Ronni Mol Joji and Mohammad Shahid. Evolution and implementation of One Health to control the dissemination of antibiotic resistant bacteria and resistance genes: A review. Frontiers in Cellular and Infection Microbiology. January 16, 2023.

[245] Mohamed Rhouma, Marie Archambault and Patrick Butaye. Antimicrobial Use and Resistance in Animals from a One Health Perspective. Vet. Sci. 2023, 10, 319. 28 April 2023.

[246] Strategic Framework for collaboration on antimicrobial resistance. FAO, WHO, WOAH and UNEP. 2022.

[247] Matt Smith et. al. Pet owner and vet interactions: exploring the drivers of MAR. Antimicrobial Resistance and Infection Control (2018) &:46.

[248] Maria Elena Velazquez-Meza et. al. Antimicrobial resistance: One Health approach. Veterinary World, 15(3): 743-749. March 2022.

[249] One Health: Antimicrobial resistance. FAO. 2024.6.8. 인터넷 접속.

[250] Bonnie M. Marshall and Stuart B. Levy. Food Animals and Antimicrobials: Impacts on

Human Health. Clinical Microbiology Reviews, Vol. 24, No. 4. p. 718~733. Oct. 2011.

[251] Ioannis Magouras et. al. Emerging Zoonotic Diseases: Should We Rethink the Animal-Human Interface? Frontiers in Veterinary Science, October 2020. Volume 7. Article 582743.

[252] Stephen S. Morse, Factors in the emergence of infectious diseases, Emerge Infect Dis. 1995 Jan-Mar;1(1):7-15.

[253] Simon J. Anthony et. al. A Strategy To Estimate Unknown Viral Diversity in Mammals, American Society for Microbiology, September/October 2013 Volume 4 Issue 5 e00598-13.

[254] Andrew P. Dobson et. al. Ecology and economics for pandemic prevention, Policy Forum, Science, 24 July 2020. Vol. 369. Issue 6502.

[255] Rodney E. Rohde. Virus Spillover and Emerging Pathogens Pick Up Speed. Contagion. Vol. 06, No. 02. April 2021.

[256] State of the World 2015: Confronting Hidden Threats to Sustainability, Chapter 8. Emerging Diseases from Animals, The Worldwatch Institute, 2015.

[257] M. Stevenson, K. Halpin & C Heuer, Emerging and endemic zoonotic diseases: surveillance and diagnostics, Rev. Sci. Tech. Off. Int Epiz., 2021, 40(1), 119-129.

[258] Schwabe, C.W. Veterinary medicine and human health, 3rd Ed. Villiams & Wilkins, London. 1969.

[259] Allen, T. et. al. Global hotspots and correlates of emerging zoonotic diseases, Nature Communications, 8: 1124, 2017.

[260] The Importance of Emerging Diseases in Public and Animal Health and Trade, Resolution No. XX Adopted by the International Committee of the WOAH on 31 May 2001.

[261] Emerging and Re-Emerging Zoonotic Diseases: Challenges and Opportunities, Resolution No. XXIX Adopted by the International Committee of the WOAH on 27 May 2004.

[262] K.F. Smith, M. Goldberg, S. Rosenthal, L. Carlson, J. Chen, C. Chen, S. Ramachandran, Global rise in human infectious disease outbreaks, J. R. Soc. Interface 11 (101) (2014),

[263] M.E. Woolhouse, F. Scott, Z. Hudson, R. Howey, M. Chase-Topping, Human viruses: discovery and emergence, Philos. Trans. R. Soc. B 367,2864 - 2871. (2012).

[264] B. Cummow, Challenges posed by new and re-emerging infectious diseases in livestock production, wildlife and humans, Livestock Science 130 (2010) 41-46.

[265] Peter Black & Mike Nunn, Impact of Climate Change and Environmental Changes on Emerging and Re-emerging Animal Disease and Animal Production, Conf. WOAH 2009, 15-25

[266] UNEP, ILRI and CGIAR, Preventing the Next Pandemic, Zoonotic diseases and how to break the chain of transmission, A Scientific Assessment with Key Messages for Policy-Makers, A Special Volume of UNEP's Frontiers Report Series, 2020

[267] Li, W., Shi, Z., Yu, M., Ren, W., Smith, C., Epstein, J.H. et al. Bats are natural reservoirs of SARS-like coronaviruses. Science, 310, 676-679. (2005).

[268] Zhou, P. et. al. A pneumonia outbreak associated with a new coronavirus of probable bat origin. Nature, 579(7798), 270-273. (2020).

[269] Sharp, P. M. and Hahn, B. H. The evolution of HIV-1 and the origin of AIDS. Philosophical Transactions of the Royal Society B: Biological Sciences, 365: 2487-2494. (2010).

[270] James M. Hassell, Michael Begon, Melissa J. Ward, and Eric M. Fevre, Urbanization and Disease Emergence: Dynamics at the Wildlife-Livestock-Human Interface, Trends in Ecology & Evolution, Vol. 32, No.1. January 2017.

[271] K.E. Jones, N.G. Patel, M.A. Levy, A. Storeygard, D. Balk, G.L. Gittleman, P. Daszak, Global trends in emerging infectious diseases, Nature 451 (21) 990-994. (2008).

[272] N.D. Wolfe, C.P. Dunavan, J. Diamond, Origins of major human infectious diseases, Nature 447 (2007) 279-283.

[273] Chan, K.H. et. al. The Effects of Temperature and Relative Humidity on the Viability of the SARS Coronavirus. Advances in Virology. (2011)

[274] McLean, R.G., Ubico, S.R., Docherty, D.E., Hansen, W.R., Sileo, L. and McNamara, T.S. West Nile virus transmission and ecology in birds. Annals of the New York Academy of Sciences, 951(1), 54-57 (2001).

[275] Rohr, J.R. et. al. Emerging human infectious diseases and the links to global food production. Nature Sustainability, 2, 445-456. (2019).

[276] Bryony A. Jones et. al. Zoonosis emergence linked to agricultural intensification and environmental change, ResearchGate. 19 December 2013.

[277] Jeff Waage et. al. Changing food systems and infectious disease risks in low-income and middle-income countries. Lancet Planet Health 2022; 6: e760-68.

[278] Tom Levitt. Covid and farm animals: nine pandemics that changed the world. The Guardian. 15 September 2020.

[279] Delia Grace, Jeff Gilbert, Thomas Randolph, Erastus Kang'ethe. The multiple burdens of zoonotic disease and an Ecohealth approach to their assessment. Tropical Animal Health and Production. Vol 44, 67-73 (2012). 12 August 2012.

[280] People, Pathogens and Our Plant, Vol 1: Towards a Once Health Approach for Controlling. Zoonotic Diseases Report 50833-GLB. World Bank (2010).

[281] Devi Sridhar. Bird flu could become the next human pandemic - and politicians aren't paying attention. The Guardian. 16 May 2023.

[282] Ongoing avian influenza outbreaks in animals pose risk to humans. Situation analysis

and advice to countries from FAO, WHO, WOAH. 12 July 2023.
[283] Saima May Sidik. How to stop the bird flu outbreak becoming a pandemic. Nature. NEWS EXPLAINER 01 March 2023.
[284] Georgios Pappas. How the ecological crisis of bird flu could become a human pandemic. Bulletin of the Atomic Scientists. October 12, 2023.
[285] Ashifa Kassam. 'Pandemic potential': bird flu outbreaks fuelling chance of human spillover. The Guardian. 12 January 2023.
[286] Kristen Coppock. UN, WHO address public health concern over avian flu transmission to humans. DVM360. April 18, 2024.
[287] Emerging animal diseases: from science to policy, Colloquium. Belgian Federal Agency for the Safety of the Food Chain & Scientific Committee, 17 October 2008.
[288] Maurizio Ferri, Meredith Lloyd-Evans. The contribution of veterinary public health to the management of the Covid-19 pandemic from a One Health perspective, One Health 12 (2021) 100230. 27 February 2021,
[289] Yewande Alimi et. al. Report of the Scientific Task Force on Preventing Pandemics, Harvard Global Health Institute. August 2021.
[290] Emerging Animal Disease Preparedness and Response Plan, USDA/APHIS/VS, July 2017
[291] UNEP, ILRI and CGIAR, Preventing the Next Pandemic, Zoonotic diseases and how to break the chain of transmission, A Scientific Assessment with Key Messages for Policy-Makers, A Special Volume of UNEP's Frontiers Report Series, 2020.
[292] Ying-Jian Hao et. al. The origins of COVID-19 pandemic: A brief overview. Transbound Emerg Dis. 2022;1 - 17. 4 October 2022.
[293] Jie Zhao, Wei Cui and Bao-ping Tian. The Potential Intermediate Hosts for SARS-CoV-2. Frontiers in Microbiology. Vol. 11. 30 September 2020.
[294] Anna Michelitsch, Kerstin Wernike, Lorenz Ulrich, Thomas C. Mettenleiter, and Martin Beer. Advance in Virus Research, Volume 110. Chapter 3. SARS-CoV-2 in animals: From potential hosts to animal models. 2021.
[295] Screenivasan CC, Thomas M, Wang D, Li F. Susceptibility of Livestock and Companion Animals to COVID-19. J Med Virol (2021) 93(3):1351-60.
[296] Yueying Yang et. al. Analysis of Intermediate Hosts and Susceptible Animals of SARS-CoV-2 by Computational Methods. Zoonoses (2021) 1:6.
[297] EFSA Panel on Animal Health and Welfare, et. al., SARS-CoV-2 in animals: susceptibility of animal species, risk for animal and public health, monitoring, prevention and control. EFSA Journal 2023;21(2):7822, 19 January 2023.
[298] Animals and COVID-19, Updated Apr. 7, 2023, CDC. 2024.6.8. 인터넷 접속.
[299] 김재호, 원헬스(One Health) 측면에서 보건 연구의 동향, BRIC View 동향 리포트, BRIC View 2021-T16

[300] 로널드 오렌슈타인, Ph.D., LL.B. 야생동물 시장과 코로나19, Humane International Korea
[301] X. Wu. et. al. Air pollution and COVID−19 mortality in the United States: Strengths and Limitations of an ecological regression analysis. Science Advances. Vol t, Issue 45. 4 November 2020.
[302] Andrew P et. al. Ecology and economics for pandemic prevention, SCIENCE. Vol. 369. ISSUE 6502. 24 July 2020,
[303] Impact of Covid−19 on the and delivery of veterinary services and animal disease reporting, May − June 2020/June − August 2020. FAO. 2021.
[304] Katie Park. Pet ownership surged during Covid−19. Veterinarians are exhausted. The Philadelphia Inquirer. June 7, 2021.
[305] Kritima Kapoor. Veterinarian's Leadership: Imperative For Global ONe Health In Combating Covid−19 Crisis. epashupalan. April 18, 2021.
[306] Dimpi Choudhury. Contribution of Veterinary Profession towards Covid−19 Crisis. epashupalan. April 16, 2021.
[307] 김기흥 저,「관계와 경계: 코로나 시대의 인간과 동물」 중 "한국 질병관리체계와 인간−동물질병의 공동구성", 인간−동물연구네트워크 엮음, 포도밭 출판, 2021.
[308] "Sentience and Animal Welfare" by Marian Stamp Dawkins (2017); "Consciousness in Humans and Non−human Animals: Recent Advances and Future Directions" by Philip Low et al. (2016); "Animal Emotions and Cognition: New Evidence and Its Implications for Welfare" by Donald Broom and Andrew Fraser (2015) 등이 있다.
[309] World Animal Protection. Animal Sentience.www.worldanimalprotection.org/our−campaigns/sentience/ 2024.6.8. 인터넷 접속
[310] Helen S. Proctor, Gemma Carder and Amelia R. Cornish. Searching for Animal Sentience: A Systematic Review of the Scientific Literature. Animals 2013, 3, 882−906. 4 September 2013.
[311] 브라이언 헤어 및 베네사 우주 저「다정한 것이 살아남는다」, 디플롯 출판, 2021.
[312] E. L. MacLean et. al. "The Evolution of Self−control", Proceedings of the National Academy of Science 111, E2140~E2148 (2014).
[313] Robyn J. Crook. Behavioral and neurophysiological evidence suggests affective pain experience in octopus. iScience 24, 102229. March 19, 2021.
[314] Unveiling the Nexus. The Interdependence of Animal Welfare, Environment & Sustainable Development. World Federation for Animals (WFA). March 2023.
[315] Resolution adopted by the United Nations Environment Assembly on 2 March 2022. 5.4. Animal Welfare−environmet− sustainable development nexus. UNEP/EA.5/Res.1.
[316] Animal Welfare, WOAH. www.woah.org/en/what−we−do/animal−health−and−welfare/animal−welfare. 2024.6.24. 인터넷 접속
[317] Messsent, P.R., Serpell, JA. An historical and biological view of the pet−owner

bond. In: Fogle, B. (Ed), Interrelations between People and Pets. Springfield, IL, pp. 5–22 (1981).

[318] Animal Welfare Guidelines for companion animal practitioners and veterinary teams. WSAVA. 2024.6.8. 인터넷 접속.

[319] 반려동물 숨져도 '부의금' 보내는 시대 .. "가족이니까", 2022.8.21. 경향신문

[320] Amiot C, Bastian B, Martens P. People and companion animals: It takes two to tango. BioScience 66: 552–560 2016.

[321] Wood L., Giles–Corti B, Bulsara M. 2005. The pet connection: Pets as a conduit for social capital? Social Science and Medicine 61: 1159–1173.

[322] Okin GS. Environmental impacts of food consumption by dogs and cats. PLOS ONE 12 (art. e0181301). 2017.

[323] What are the benefits of companion animals to human health? RSPCA knowledgebase. April 13, 2023

[324] Marguerite O'Haire. Companion animals and human health: Benefits, challenges, and the road ahead. Journal of Veterinary Behavior. Volume 5, Issue 5, September–October 2010, Pages 226–234.

[325] 2021–2022 APPA National Pet Owners Survey, Aug. 2021, American Pet Products Association.

[326] Growth from knowledge. Global pet ownership survey. Nuremberg, Germany. 2016.

[327] How to cut your pet's carbon footprint for the climate. Klima, 27 July 2021. 2024.6.8. 인터넷 접속.

[328] Hughes, J., and Macdonald, D.W. 2013. A review of the interactions between free–roaming domestic dogs and wildlife. Biological Conservation. 157(Supplement C): 341 – 351.

[329] Neuter strays for healthier lives. IAPWA, April 24, 2021. https://iapwa.org/neuter–strays–for–healthier–happier–lives/

[330] Global Pet Care Market (2022 to 2030) – Size, Share & Trends Analysis Report. GlobeNewswire, June 03, 2022.

[331] '반려동물 1500만 시대, '펫 헬스테크'가 뜬다' 2022.11.28. 인터비즈.

[332] "유기동물 발생 이유 1위는 '보호자 무책임', 의료비 부담은 10% 미만", AWARE, 국민 2천명 대상 동물복지정책 인식조사 진행, DailyVet, 2023.01.18.

[333] '2022년 동물복지에 대한 국민의식조사' 보고서, (사)동물복지문제연구소 어웨어, 2023년 1월 5일.

[334] Jill N. Fernandes, Paul H. Hemsworth, Grahame J. Coleman and Alan J. Tilbrook. Costs and Benefits of Improving Farm Animal Welfare.

[335] Michelle Sinclair, Claire Fryer and Clive J. C. Phillips. The Benefits of Improving Animal Welfare from the Perspective of Livestock Stakeholders across Asia.

Agriculture 2021, 11, 104. 27 January 2021.
[336] Michelle Sinclair, Hui Pin Lee, Maria Chen, Xiaofei Li, Jiandui Mi, Siyu Chen and Jeremy N. Marchant. Opportunities for the Progression of Farm Animal Welfare in China. Frontiers in Animal Science. Volume 3, Article 893772. May 2022.
[337] Economics and Farm Animal Welfare. UK Farm Animal Welfare Committee. December 2011.
[338] "농장동물 인식조사 및 돼지 복지 평가도구 보고서". (사)동물복지문제연구소 어웨어. 2023.
[339] Drewe Ferguson, Ian Colditz, Teresa Collins, Lindsay Matthews and Paul Hemsworth. Assessing the Welfare of Farm Animals – A Review. September 2012 (revised February 2013).
[340] Terrestrial Animal Health Code, Section 7. Animal Welfare, World Organisation for Animal Health. Animals 2019, 9, 123. 28 March 2019.
[341] Clive J. C. Phillips. Farm Animal Welfare—From the Farmers' Perspective. Animals 2024, 14, 671. 21 Feburary 2024.
[342] 농림축산검역본부, "2022년 동물실험윤리위원회(IACUC) 운영 및 동물실험 실태 조사". 2023.07.11.
[343] Emily Moran Barwick. Is Animal Testing Effective & Does It Save Lives? BiteSizeVegan.org. June 11, 2014.
[344] Why Animals are Used in Research. NIH. 2024.7.12. 인터넷 접속
[345] What we do. Project 1882. 2024.7.12. 인터넷 접속
[346] Jane Marsh. The Pros and Cons of Animal Testing. September 18, 2023. Environment.co.
[347] Paul W. Andrews. The contribution of animal models to the understanding of human disease. Drug Discovery Today. 2015.
[348] Science, Medicine, and Animals. National Academy of Sciences. Institute of Medicine. 1991.
[349] Thomas Hartung. Animal testing and its alternatives – the most important omics is economics. ALTEX. 2008
[350] What Are the Disadvantages of Animal Testing? PETA Blows the Lid off Laboratory Cruelty. PETA. 2024.7.13. 인터넷 접속
[351] Jaewon Shim, Jeongtae Kim, Considerations for experimental animal ethics in the research planning and evaluation process. Kosin Medical Journal 2022;37(4):271-277.
[352] Jaewon Shim, Jeongtae Kim. Considerations for experimental animal ethics in the research planning and evaluation process. Kosin Medical Journal 2022;37(4):271-277.
[353] 함태성. 우리나라 동물보호법제의 문제점과 개선방안에 관한 고찰. 이화여자대학교 법학논집 제19권 제4호 (2015. 6)
[354] [동물과 함께하는 동물법] 제조남방큰돌고래의 도전, 김소리 변호사, 2023.6.29. 데일리벳.
[355] 최대 소고기 수출국인 브라질에서 감정이 있는 생우 수출을 중지하라는 법원 판결이 나왔다.

2023.5.3. 소(牛)가 있는 세상-461.
[356] (사)동물복지문제연구소 어웨어 "2023 동물복지에 대한 국민인식조사" 보고서. 2024.3.26. 발간
[357] 도이치아제. 2022.7.28. 알아두면 좋은 독일의 반려견 세금(Hundesteuer) 제도, Gutentag Korea 독일뉴스.
[358] William A. Geering, Mary-Louise Penrith, and David Nyakahuma. Manual on Procedures for Disease Eradication by Stamping Out. FAO. 2001.
[359] One Health facts, World Organisation for Animal Health, www.woah.org/en/what-we-do/global-initiatives/one-health
[360] How to Feed the World in 2050. FAO. Oct. 12, 2009.
[361] Catherine Machalaba et. al. One Health Economics to confront disease threats. Trans R Soc Trop Med Hyg 2017; 111; 235-237.
[362] S. M. Thumbi et. al. Linking Human Health and Livestock Health: A "One-Health" Platform for Integrated Analysis of Human Health, Livestock Health, and Economic Welfare in Livestock Dependent Communities. PLOS ONE. March 23, 2015.
[363] Clement Meseko, Chinwe Ochu. How a One Health approach can mitigate the social and economic burdens of zoonoses in Africa 22 June 2022.
[364] Olga Jonas. Funding for One Health capacities in low- and middle-income countries. January 15, 2019.
[365] Kristine M. Smith, et. al. Infectious disease and economic :The case for considering multi-sectoral impacts. One Health 7 (2019) 100080.
[366] Putting Pandemics Behind Us: Investing in One Health to Reduce Risks of Emerging Infectious Diseases, World Bank, October 2022.
[367] Vigilato, M.A.N. et al. (2013). Rabies Update for Latin America and the Caribbean. Emerg. Infect. Dis., Vol 19, 678-679.
[368] Vigilato, M.A.N. et al. Progress towards eliminatiing canine rabies: policies and perspectives from Latin America and the Caribbean. Philos, Trans. R. Soc. B Biol. Sci,, Vol 368, 20120143. Royal Society. (2013).
[369] Roberta Torres de Melo et. al. Veterinarians and One Health in the Fight Against Zoonoses Such as Covid-19. Frontiers in Veterinary Science. Volume 7. Article 576262. October 2020.
[370] (근거) 보건의료에서 원헬스에 대한 인식 및 적용의 필요성, 최은주, 한국의료윤리학회지 제25권 제1호, 2022년 3월.
[371] Sara Grant and Christopher W. Olsen. Preventing Zoonotic Diseases in Immunocompromised Persons: The Role of Physicians and Veterinarians. Emerging Infectious Diseases. Vol. 5,No.1, January-February 1999.
[372] Jacqueline Garget. Could bird flu spark the next pandemic - and are we prepared if ti does? University of Cambridge. https://www.cam.ac.uk/stories/bird-flu-

pandemic 2024.6.8. 접속
[373] Chloe Sellwood, Nima Asgari-Jirhandeh, Sultan Salimee. Bird flu: if or when? Planning for the next pandemic. 24 April 2007.
[374] Influenza (Avian and other zoonotic). WHO. 3 October 2023. 2024.6.8. 인터넷 접속
[375] Georgios Pappas. How the ecological crisis of bird flu could become a human pandemic. Bulletin of the Atomic Scientists. October 12, 2023.
[376] Avian Influenza Weekly Update Number 948. WHO. 24 May 2024.
[377] "국내 고병원성 조류 독감, 인체 감염 가능성... 변이 바이러스 잆서 증가", 최지원 기자, 2024.1.31. 동아일보
[378] 권정란, 이호성 등. 원헬스: 개념을 실현할 리더십이 필요하다. Public Health Weekly Report 리뷰와 전망, Vol. 15, No. 44. 2022.
[379] Rajesh Bhatia, National Framework for One Health. FAO. 2021.
[380] Wu, Y. et al. Strengthened public awareness of one health to prevent zoonosis spillover to humans. Sci. Total Environ., Vol 879, 163200p (2023).
[381] Sherman, M.H. et al. (2014). Stakeholder engagement in adaptation interventions: an evaluation of projects in developing nations. Clim. Policy, Vol 14, 417-441. Taylor & Francis.
[382] OH 4 Heal. Stories from the Field. (2022). 2024.6.8. 인터넷 접속
[383] 23 GARC's networks lead the way for all One Health networks. April 2023.
[384] Policy Paper, Review of public engagement. GOV.UK. (2022). 2024.6.8. 인터넷 접속.
[385] J. Lebov, K et. al. A framework for One Health research. One Health 3 (2017) 44-50. 24 March 2017.
[386] C.C. Machalaba et al. Institutionalizing One Health: from assessment to action, Health Security 16 (S1) (2018).
[387] M.T. Flowra, M. Asaduzzaman, Resurgence of infectious diseases due to forced migration: is planetary health and One Health action synergistic? Lancet Planet Health 2 (10) (2018) e419 - e420.
[388] One Health Joint Plan of Action (2022-2026). Working Together for the Health of Humans, Animals, Plants and the Environment, Rome, UN/FAO, UNEP, WHO, WOAH, 2022.
[389] Ria R. et. al. A generalizable one health framework for the control of zoonotic diseases. Scientific Reports (2022) 12:8588. natureportfolio. 21 May 2022.
[390] National Framework for One Health, 2021, FAO
[391] Najibullah Habib, Jane Parry, Rikard Elfving, and Bruce Dunn. Practical Actions to Operationalize the One Health Approach in the Asian Development Bank. ADB East Asia Working Paper Series. No. 50. Asian Development Bank. May 2022.
[392] Daniele Sandra Yopa et. al. Barriers and enablers to the implemenation of one health strategies in developing countries: a systematic review. Frontiers in Public

health. 23 November 2023.
[393] Rajesh Bhatia, Implementation framework for One Health approach. Indian J. Med. Res. 149, March 2019, pp 329–331.
[394] Operational Framework for Strengthening Human, Animal, and Environmental Public Health Systems at their Interface. World Bank and EcoHealth Alliance. 2018
[395] Daniele Sandra Yopa et. al. Barriers and enablers to the implementation of one health strategies in developing countries: a systematic review. Frontiers in Public Health. 23 November 2023.
[396] Rajesh Bhatia. National Framework for One Health. FAO. 2021.
[397] One Health legislation: Contributing to pandemic prevention through law. FAO. July 2020.
[398] Preparing for Highly Pathogenic Avian Influenza, FAO Animal Production and Health Manual. FAO. 2009.
[399] Diann J. Prosser et. al., Maintenance and dissemination of avian–origin influenza A virus within the northern Atlantic Flyway of North America. PLOS Pathogens. June 6, 2022.
[400] Huaiyu Tian et. al. Avian influenza H5N1 viral and bird migration networks in Asia. PNAS Vol.112. No.1: 172 - 177. January 6, 2015.
[401] Josanne H. Verhagen, Ron A. M. Fopuchier and Nicola Lewis. Highly Pathogenic Avian Influenza Viruses at the Wild–Domestic Bird Interface in Europe: Future Directions for Research and Surveillance. Viruses 2021, 13(2), 212. January 30, 2021.
[402] Lydia Bourouiba, Stephen A. Gourley, Rongsong Liu, and Jianhong Wu. The Interaction of Migratory Birds and Domestic Poultry and Its Role in Sustaining Avian Influenza. SIAM J. APPL. MATH. Vol. 71, No. 2, pp 487–516.
[403] Avian flu: managing a deadly risk. AXA Insurance. February 25, 2022.
[404] Su S. et. al. Epidemiology, Evolution, and Recent Outbreaks of Avian Influenza Virus in China. J. Virol. 2015, 89, 8671–8676
[405] Jeong–Hwa Shin et. al. Prevalence of avian influenza virus in wild birds before and after the HPAI H5N8 outbreak in 2014 in South Korea. Journal of Microbiology (2015) Vol. 53, No. 7, pp. 475–480.
[406] 이경주, 박선일. 지리정보시스템 기반의 고병원성 조류인플루엔자 발생 위험지도 구축. J Vet Clin 34(2): 146–151 (2017)
[407] Chatziprodromidou, I.P et. al., Global avian influenza outbreaks 2010–2016: A systematic review of their distribution, avian species and virus subtype. Syst. Rev. 2018, 7, 17.
[408] Scientific Task Force on Avian Influenza and Wild Birds statement on: H5N1 High pathogenicity avian influenza in wild birds – Unprecedented conservation impacts and urgent needs. WHO & FAO, July 2023.

[409] Minxia Liu, Guojuan Zhang, Fengling Yin, Siyuan Wang, Le Li. Relationship between biodiversity and ecosystem multifunctionality along the elevation gradient in alpine meadows on the eastern Qinghai–Tibetan plateau. Ecological Indicators 141 (2022) 109097

[410] Oliver S. Ashford. et. al. Relationships between biodiversity and ecosystem functioning proxies strengthen when approaching chemosynthetic deep-sea methane seeps. Proc. R. Soc. B 288:20210950.

[411] Pubin Hong et. al. Biodiversity promotes ecosystem functioning despite environment change. Ecology Letters. 7 November 2021.

[412] Sarmah, A. K., Meyer, M. T., & Boxall, A. B. A. (2006). "A global perspective on the use, sales, exposure pathways, occurrence, fate and effects of veterinary antibiotics (VAs) in the environment." Chemosphere, 65(5), 725–759.

[413] Kemper, N. (2008). "Veterinary antibiotics in the aquatic and terrestrial environment." Ecological Indicators, 8(1), 1–13.

[414] Boxall, A. B. A. et. al. (2004). Veterinary medicines in the environment. Reviews of Environmental Contamination and Toxicology, 180, 1–91.

[415] 그린피스(Greenpeace) 및 안동대학교 합동 보고서 "벌의 위기와 보호정책 제안", 2023.5.20.

[416] Olivero, J. et. al., Mammalian biogeography and the Ebola virus in Africa. Mammal Review, 47(1), 24–37. (2017)

[417] Nature: How connecting with nature benefits our mental health. Mental Health Foundation. 2021

[418] Marcia P. Jimenez et. al. Associations between Nature Exposure and Health: A Review of the Evidence. International Journal of Environmental Research and Public Health 2021, 18, 4790. 30 April 2021.

[419] An estimated timeline of animal domestication Saey, Tina Hesman. Science News, 2 Aug. 2018.

[420] Thomas Cucchi and Benjamin Arbuckle. Animal domestication: from distant past to current development and issues. Animal Frontiers, Vol. 11, No. 3. May 2021,

[421] Fjolla Zhubi–Bakija et. al., The impact of type of dietary protein, animal versus vegetable, in modifying cardiometabolic risk factors: A position paper from the International Lipid Expert Panel (ILEP). Clinical Nutrition 40 (2021) 255–276.

[422] Peggy L. Schmidt. April 2009. Companion Animals as Sentinels for Public Health. Veterinary Clinics of North America Small Animal Practice 39(2):241–50.

[423] The Role of Companion Animals as Sentinels for Predicting Environmental Exposure Effects on Aging and Cancer Susceptibility in Humans. Proceedings of a Workshop Highlights. National Academies of Sciences, Engineering, and Medicine. September 2022.

[424] One Health: Healthy animals, healthier people, and a healthier planet. AnimalHealthEurope. 23 June 2022. 2024년 7월 14일 인터넷 접속
[425] The Covid-19 pandemic, a human public health crisis resulting from a virus of potential animal origin, underlined the validity of the One Health concept in understanding and confronting global health risks. WOAH, 12 July 2022.
[426] Giulia I. Wegner et. al. Averting wildlife-borne infectious disease epidemics requires a focus on socio-ecological drivers and a redesign of the global food system. Lancet Vol 47 Month May, 2022. April 18, 2022.
[427] Chris Degeling et. al. Implementing a One Health approach to emerging infectious disease: reflection on the socio-political, ethical and legal dimensions, BMC Public Health (2015) 15:1307.
[428] Statistical Yearbook, World Food and Agriculture 2022, FAO, 2022.
[429] 6. Meat. OECD-FAO AGRICULTURAL OUTLOOK 2021-2030. https://www.fao.org/3/cb5332en/Meat.pdf 2024.6.8. 인터넷 접속.
[430] Global Issues: Population. UN. https://www.un.org/en/global-issues/population 2024.6.8. 인터넷 접속
[431] Philip K. Thornton. Livestock production: recent trends, future prospects. Phil. Trans. R. Soc. B (2010) 365.
[432] "고양이, 조류 인플루엔자 감염 ... 제2의 코로나 등장 신호?". 헬스조선. 2023.8.9.
[433] WSAVA; One Health Initiative. Eur. J. Companion Anim. Pract. 2011.21.11.
[434] Paul A.M. Overgaauw, Claudia M. Vinke, Marjan A.E. van Hagen and Len J.A. Lipman. A One Health Perspective on the Human - Companion Animal Relationship with Emphasis on Zoonotic Aspects. Int. J. Environ. Res. Public Health 2020, 17, 3789.
[435] '멍멍이지지'는 오해 ... 반려동물과 자란 아이, 면역력 높다. 2023.3.31. SBS 뉴스.
[436] Liliana Costanzi et. al. Beware of dogs! Domestic animals as a threat for wildlife conservation in Alpine protected areas. European Journal of Wildlife Research (2021) 67:70.
[437] Bruno B. Chomel, Albino Belotto, and François-Xavier Meslin. Wildlife, Exotic Pets, and Emerging Zoonoses. Emerging 2024Infectious Diseases Vol. 13, No. 1, January 2007.
[438] Humans creating sixth great extinction of animal species, say scientists, Adam Vaughan, The Guardian, 19 June 2015.
[439] "지구, 6번째 대멸종기 '인류세' 진행?". 중앙일보 2011.8.24. 보도.
[440] Gerardo Ceballos, Paul R. Ehrlich and Rodolfo Dirzo. Biological annihilation via the ongoing sixth mass extinction signaled by vertebrate population losses and declines. PNAS Vol. 114, No. 30. July 10, 2017.
[441] Launch of the UNEP Making Peace with Nature Report, 18 February 2021. www.

unep.org/events/unep-event/launch-unep-making-peace-nature-report 2024.6.8. 인터넷 접속

[442] Raina K Plowright et. al. Land use-induced spillover: a call to action to safeguard environmental, animal, and human health. Lancet Planet Health 2021;5:e237-45. March 5, 2021.

[443] Jenny E. Goldstein, Ibnu Budiman, Anna Canny and Deborah Dweipartidrisa. Pandemic and human-wildlife interface in Asia: land use changes as a driver of zoonotic virual outbreaks. Environmental Research Letters. 17 (2022). 10 June 2022.

[444] WHO Regional Office for Europe. 2022. A health perspective on the role of the environment in One Health.

[445] WHO Regional Office for Europe. 2022. A health perspective on the role of the environment in One Health.

[446] Morten Tonnessen, Kristin Armstrong OMA and Silver Rattasepp. Thinking about Animals in the Age of the Anthropocene, 2016.

[447] OIE Wildlife Health Framework. September 06, 2021. https://rr-americas.woah.org/en/news/wildlife-health-framework/ 2024.6.8. 인터넷 접속.

[448] Living Planet Report 2022: Building a Nature-Positive Society, World Wildlife Fund, 2022.

[449] Zhifeng Liu1, Chunyang He, Jianguo Wu. The Relationship between Habitat Loss and Fragmentation during Urbanization: An Empirical Evaluation from 16 World Cities. PLOS ONE. April 28, 2016.

[450] What are the extent and causes of biodiversity loss? London School of Economics and Political Science. 2 December, 2022.

[451] Communications Biology 6월 30일 (추후 세부 확인하여 넣을 것)

[452] 인간, '여섯 번째 대멸종' 가속화시킨다[사이언스 브런치]. 2023.6.30. 서울신문

[453] 국회입법조사처. 2022.4.7. 환경파괴로 늘어나는 전염병 현황 및 대응방안. 이슈와 논쟁 제 1699호; 산림청(2019) 한국외래생물정보시스템

[454] Guidance on Integrating Biodiversity Considerations into One Health Approaches. Convention on Biological Diversity. UNEP. CBA/SBSTTA/21/9. 13 December 2017.

[455] Craig Stephena and Barry Stemshorn. Leadership, governance and partnerships are essential One Health competencies. One Health 2016 Dec; 2: 161 - 163.

[456] Working Group, Contribution to the Sixth Assessment Report of the Intergovernmental Panel on Climate Change. The Physical Science Basis. 2021.

[457] Camilo Mora et. al., 19 June 2017, Global risk of deadly heat, Nature Climate Change 7, 501-506 (2017)

[458] National security and the threat of climate change. Center for Naval Analysis (CNA) (2006).

[459] Steffen W. & Hughes L. The critical decade 2013: climate change science, risks and response. Commonwealth of Australia. (2013).

[460] Mohamed Eissa. Climate change is the biggest health threat facing humanity. University of World News. 16 December 2021.

[461] World Health Organisation. Ten threats to global health in 2019. (2019).

[462] Universal health coverage (UHC), WHO. 5 October 2023.http://who.int/news-room/fact-sheets/detail/universal-health-coverage-(uhc) 2024.6.8. 인터넷 접속

[463] Animal health and climate change. FAO. 2020. www.fao.org/3/ca8946en/CA8946EN.pdf

[464] Tackling Climate Change through Livestock, FAO, 2013

[465] WVA Position on the Global Climate Change Emergency, WVA/20/PS/001, 22 Apr. 2021.

[466] Cody Peluso. How is population growth related to climate change? Population Media Center. Dec. 02, 2022.

[467] Katy Wilkinson1 et. al. Infectious diseases of animals and plants: an interdisciplinary approach. Phil. Trans. R. Soc. B (2011) 366, 1933 - 1942.

[468] Colin J. Carlson et. al. Climate change increases cross-species viral transmission risk. Nature. Volume 607, page s555 - 562 (2022). 28 April 2022.

[469] Natasha Gilbert, 5 May 2022. Climate Change will boost animal meet-ups and viral outbreaks. Nature Vol.605, News in Focus

[470] Nick Patterson et. al. Large-scale migration into Britain during the Middle to Late Bronze Age, Nature, 2022 Jan; 601(7894)

[471] Debora Lichtenberg. How Climate Chagne Affects Our Pets. Petful. Dec 4, 2018. 2024.6.8. 인터넷 접속

[472] Robert M. Beyer, Andrea Manica, Camilo Mora, Shifts in global bat diversity suggest a possible role of climate change in the emergence of SARS-CoV-! and SARS-CoV-2, Science of The Total Environment, Volume 767, 1 May 2021.

[473] Sabaratnam Arulkumaran. Climate change is due to "Overpopulation". Annual Scientific Seminar 2022. Climate Change: The Effects on Human and Animal Health. 3 Feb. 2022. Online. youtube.com/watch?v=XBz1AgMyseg.

[474] Mordecai, E. A. et al. Optimal temperature for malaria transmission is dramatically lower than previously predicted. Ecology Letters, 16(1), 22-30. (2013).

[475] Qian Chang, Hui Zhou, Nawab Khan and Jiliang Ma. Can Climate Change Increase the Spread of Animal Diseases? Evidence from 278 Villages in China. Atmosphere 2323, 4, 1581. Oct. 19, 2023.

[476] Delia Grace et. al. Climate and Livestock Disease: assessing the vulnerability of agricultural systems to livestock pest under climate change scenarios. ILRI, 2014.

[477] Howden, S.M.; Crimp, S.J.; Stokes, C. Climate change and Australian livestock

systems: Impacts, research and policy issues. Aust. J. Exp. Agric. 2008, 48, 780–788.

[478] Haile, W.A. Impact of climate change on animal production and expansion of animal disease: A review on Ethiopia perspective. Am. J. Pure Appl. Sci. 2020, 2

[479] Gilbert, M.; Slingenbergh, J.; Xiao, X. Climate change and avian influenza. Rev. Sci. Tech. 2008, 27, 459–466.

[480] Black, P.F.; Murray, J.G.; Nunn, M.J. Managing animal disease risk in Australia: The impact of climate change. Rev. Sci. Tech. 2008, 27, 563–580.

[481] Forman, S. et. al. Climate change impacts and risks for animal health in Asia. Rev. Sci. Tech. 2008, 27, 581–597

[482] Şeyda Özkan et. al. The role of animal health in national climate commitments. FAO. 2022.

[483] Nocola Lacetera. Impact of climate change on animal health and welfare, Animal Frontiers, Vol. 9, No.1. January 2019,

[484] M. I. Yatoo Pankaj Kumar U. Dimri M. C. Sharma. Effects of Climate Change on Animal Health and Diseases. International Journal of Livestock Research Vol 2(3), 15–24.

[485] J. Bohmanova, I. Mixztal, J.B. Cole. Temperature–Humidity Indices as Indicator of Milk Production Losses due to Heat Stress. Journal of Dairy Science Vol. 90, Issue 4, April 2007.

[486] Climate and Livestock Disease: assessing the vulnerability of agriculture systems to livestock pests under climate change scenarios. CIAT/CGIAR/CCFAS/ILRI, 2014

[487] Drieux, E., Van Uffelen, F., Kaugure, L., & Bernous, M. Understanding the future of Koronivia Joint Work on Agriculture. Boosting Koronivia. 2021.

[488] Driux, E., et al. Understanding the future of Koronivia Joint Work on Agriculture. Boosting Koronivia. 2021.

[489] Climate change and the global dairy cattle sector: The role of the dairy sector in a low–carbon future. FAO & GDP, 2018.

[490] Statham, J., et. al. Dairy cattle health and greenhouse gas emissions pilot study, Kenya and the UK. 2020

[491] Carel du Marchie Sarvaas. Better livestock health reduces carbon emissions (commentary). Mongabey Newscast. 20 December 2022.

[492] Carel du Marchie Sarvaas. Better livestock health reduces carbon emissions (commentary). Mongabey Newscast. 20 December 2022.

[493] The role of animal health in national climate commitments. FAO, Global Research Alliance, and Global Dairy Platform, 2022,

[494] Seyda Ozakan et. al. The role of animal health in national climate commitments, FAO, Global Dairy Platform, Global Research Alliance on Agricultural greenhouse

Gases, International Fund for Agricultural Development, The World Bank Group. 2022.

[495] Collin G. Kramer et. al. Veterinarians in a Changing Global Climate: Educational Disconnected and a Path Forward. Frontiers in Veterinary Science. Volume 7. Article 613620. 17 December 2020.

[496] C. Stephen & C. Soos.The implications of climate change for Veterinary Services. Rev. Sci. Tech. Off. Int. Epiz., 2021, 40 (2).

[497] Global Health Security Agenda. Joint Statement of the Global Health Security Agenda Steering Group. (2020).

[498] Stephen C., Carron M. & Stemshorn B. Climate change and veterinary medicine: action is needed to retain social relevance. Can. Vet. J., 60 (12) (2019).

[499] Hannah Ritchie and Max Roser (2019). Half of the world's habitable land is used for agriculture. Published online at OurWorldInData.org.

[500] Shaping the future of livestock. FA〈O, The 10th Global Forum for Food and Agriculture, Berlin, 18–20 January 2018. www.fao.org/3/I8384EN/i8384en.pdf

[501] J Poore and T Nemecek. Reducing food's environmental impacts through producers and consumers. Science Vol. 360, Issue 6392. pp 987–992. June 1, 2018.

[502] Xiaoming Xu et. al. Global greenhouse gas emissions from animal–based foods are twice those of plant–based foods. Nature Food 2, 724–732 (2021)

[503] 〈최윤재의 팩트 체크〉 검증 주제: 축산업은 지구 환경을 오염시킨다(축산업은 기후위기의 주범이다). 축산신문, 2022.05.25.

[504] 정부, 국가온실가스통계, 2022 주요 부문 발췌

[505] Dan Blaustein–Rejto. Livestock Don't Contribute 14.5% of Global Greenhouse Gas Emissions. FAO. March 23, 2023. 2024.6.8. 인터넷 접속.

[506] World Watch, Livestock and Climate Change, World Watch. November/December 2009.

[507] Avoiding meat and dairy is 'single biggest way' to reduce your impact on Earth, Damian Carrington. The Guardian. 31 May 2018.

[508] 〈최윤재의 택트 체크〉 검증 주제: 축산업은 모든 운송 수단보다 온실가스를 더 배출하고 있다. 축산신문, 2022.05.11.

[509] 2023년 3월 5일 기준, Key facts and findings, www.fao.org/news/story/en/item/197623/icode/

[510] Giampiero Grossi et. al. Livestock and climate change: impact of livestock on climate and mitigation strategies. 2018.

[511] 2023년 3월 5일 기준, Key facts and findings, https://www.fao.org/news/story/en/item/197623/icode/

[512] Conference of the Parties serving as the meeting of the Parties to the Paris Agreement. UNFCCC. 2021.

[513] M. Melissa Rojas-Downing, A. Pouyan Nejadhashemi外, Timothy Harrigan, Sean A. Woznicki. Climate change and livestock: Impacts, adaptation, and mitigation. Climate Risk Management 16 (2017) 145-163. Feb. 12, 2017.

[514] Delia Grace et. al. Climate and Livestock Diseases: assessing the vulnerability of agricultural systems to livestock pest under climate change senarios. 2014.

[515] Royford Magiri et. al. African Handbook of Climate Change Adaptation 중 Chapter 90. Impact of Climate Change on Animal Health, Emerging and Re-emerging Diseases in Africa. 2021.

[516] Pim Martens, Bingtao Su, and Samantha Deblomme. The Ecological Paw Print of Companion Dogs and Cats. BioScience Vol. 69. No. 6. June 2019

[517] Jessica Han. The Environmental Impact of Pets: Working Towards Sustainable Pet Ownership. EARTH.ORG. May 25, 2023.

[518] Gregory S. Okin. Environmental impacts of food consumption by dogs and cats. PLOS ONE 12(8). August 2, 2017.

[519] Larry Schwartz. The surprisingly large carbon paw print of your beloved pet, Salon. com. Nov. 20 2014.

[520] Pim Martens, Bingtao Su, and Samantha Deblomme. The Ecological Paw Print of Companion Dogs and Cats, BioScience Vol. 69 No. 6. June 2019.

[521] The Average Carbon Footprint of a Pet. ZeroSmart. Feb. 26, 2022. 2024.6.8. 인터넷 접속

[522] Robert Bale and Brenda Vale. Time to Eat the Dog? The Real Guide to Sustainable Living. January 1, 2009.

[523] Tips for climate-friendly pet keeping. Borneo Bulletin. July 11, 2022. 2024.6.8. 인터넷 접속

[524] Nicoletta Maestrini. How to cut your pet's carbon footprint for the climate. Klima, 27 July 2021.

[525] Bingtao Su and Pim Martens. Environmental impacts of food consumption by companion dogs and cats in Japan, Ecological Indicators 93 (2018). 20 June 2018.

[526] Natasha Hinde. Pets Eat 20% of The World's Meat - So Is Feeding Them Insects The Answer To Saving The Planet? January 10, 2019. HuffPost UK.

[527] Hall, E. J., Carter, A. J., & O'Neill, D. G. Incidence and risk factors for heat-related illness (heatstroke) in UK dogs under primary veterinary care in 2016. Scientific reports, 10(1) (2020).

[528] Climate Central, July 28, 2021, Dog Days of Summer: When Heat Endangers Pets.

[529] 빙기창, 2011. 조류 조사 · 연구 결과 보고서 중 제4장 중간기착지에서의 조류 사망원인, 철새연구센터, 2011

[530] 김유진, 이우신 및 최창용, 제주 마라도에 서식하는 고양이(Felic catus)의 개체군 크기 및 행동권 추정, 한국환경생태학회지 34(1): 9-17, 2020

[531] Jo Adetunji. How cats and dogs affect the climate – and what you can do about it. The Conversation UK. June 5, 2023.

[532] Su, B. et. al. A neglected predictor of environmental damage: The ecological paw print and carbon emissions of food consumption by companion dogs and cats in China. Journal of Cleaner Production, 194. (2018).

[533] 9)와 동일

[534] Noreen O'Donnell. You Love Pets, But What to Do with Their Poop? July 5, 2022.

[535] The truth about cats' and dogs' environment impact. UCLA Institute of the Environment & Sustainability. Aug. 2, 2017.

[536] Jiminys. The Environmental Impact of Dogs. August 11, 2021.

[537] Alexander, P, Berry, A, Moran, D, Reay, D & Rounsevell, M, The global environmental paw print of pet food. Global Environmental Changes 65 (2020). 25 September 2020.

[538] Carbon pawprint: Do dogs and cats harm the planet? French Press Agency–AFP, Daily Sabah. Mar 20, 2021.

[539] Marybeth Minter. Plant–based: A Sustainable Choice for Companion Animals. July 11, 2022.

[540] Amr Abd El–Wahab et. al. Nutrient Digestibility of a Vegetarian Diet With or Without the Supplementation of Feather Meal and Either Corn Meal, Fermented Rye or Rye and Its Effect on Fecal Quality in Dogs, Animals 2021, 11, 496.

[541] Brown, W. et al. An experimental meat–free diet maintained haematologicalcharacteristics in sprint–racing sled dogs. British Journal of Nutrition. 2009;102:1318–1323

[542] Knight A, Satchell L. Vegan versus meat–based pet foods: Owner–reported palatability behaviours and implications for canine and feline welfare. PLOS ONE. 2021; 16(6).

[543] Knight A, Leitsberger M. Vegetarian versus meat–based diets for companion animals. Animals. 2016; 6(9);57

[544] Andrew Knight and Liam Satchell. Vegan versus meat–based pet foods: Owner–reported palatability behaviours and implications for canine and feline welfare, PLOS ONE, June 16, 2021.

[545] Leigh Mcmanus. Cat owners who force their pets to go VEGAN risk 'making their pet seriously ill, RSPCA warns. 24 November 2018.

[546] Is it safe to feed my dog or cat a vegetarian diet? PETA. www.peta.org/about–peta/faq/is–it–to–feed–my–dog–or–cat–a–vegetarian–diet/

[547] How to cut your pet's carbon footprint for the climate. Klima, 27 July 2021.

[548] The carbon footprint of everyday things. Part Ⅲ. SkootEco. Feb. 22, 2024.

[549] Andrew Knight. The relative benefits for environmental sustainability of vegan diets

for dogs, cats and people. PLOS ONE. October 4, 2023.

[550] Damian Carrington. Wet pet food is far worse for climate than dry food, study finds. the Guardian. 17 November 2022.

[551] Vivian Pedrinelli et. al. Environmental impact of diets for dogs and cats. Nature, Scientific Reports (2022) 12:18510. 17 November 2022.

[552] Xu X. et al. Global greenhouse gas emissions from animal-based foods are twice those of plant-based foods. Nat. Food. 2021; (2): 724-732.

[553] Claire Read. How can the veterinary team help reduce the carbon pawprint of pet ownership?, Veterinary Record, Volume 189, Issue 7. 08 October, 2021.

[554] Alexandra Protopopova, Lexis H. Ly, Bailey H. Eagan and Kelsea M. Brown. Climate Change and Companion Animals: Identifying Links and Opportunities for Mitigation and Adaptation Strategies. Integrative and Comparative Biology. Volum3 61, Number 1, pp 166-181. April 19, 2021

[555] Shi, L. et. al. Roadmap towards justice in urban climate adaptation research. Nature Climate Change, 6(2). (2016).

[556] Eriksen, S. et. al. When not every response to climate change is a good one: Identifying principles for sustainable adaptation. Climate and Development, 3(1) (2011).

[557] Shields, S., & Orme-Evans, G. The impacts of climate change mitigation strategies on animal welfare. Animals, 5(2) (2015).

[558] Haasnoot, M., van'tKlooster, S., & Van Alphen, J. Designing a monitoring system to detect signals to adapt to uncertain climate change. Global Environmental Change, 52. (2018).

저　자 | 김용상
발행인 | 장상원

초판 1쇄 | 2024년 10월 1일

발행처 | (주)비앤씨월드 출판등록 1994.1.21 제 16-818호
주소 | 서울특별시 강남구 선릉로 132길 3-6 서원빌딩 3층
전화 | (02)547-5233　　팩스 | (02)549-5235
홈페이지 | http://bncworld.co.kr
블로그 | http://blog.naver.com/bncbookcafe
인스타그램 | @bncworld_books

ISBN | 979-11-86519-83-7　03470